住房和城乡建设部"十四五"规划教材
高等学校建筑环境与能源应用工程专业推荐教材

建筑环境与能源系统
测 试 技 术

陈友明　艾正涛　郝小礼◎编

U0275842

中国建筑工业出版社

图书在版编目（CIP）数据

建筑环境与能源系统测试技术 / 陈友明，艾正涛，
郝小礼编. — 北京：中国建筑工业出版社，2022.12（2024.11重印）
　住房和城乡建设部"十四五"规划教材 高等学校建
筑环境与能源应用工程专业推荐教材
　ISBN 978-7-112-28147-3

Ⅰ. ①建… Ⅱ. ①陈… ②艾… ③郝… Ⅲ. ①建筑工
程—环境管理—系统测试—高等学校—教材②能源管理系
统—系统测试—高等学校—教材 Ⅳ. ①TU—023②TK018

中国版本图书馆 CIP 数据核字（2022）第 209386 号

本书共分 12 章，内容涉及测量和测量仪表的基础知识，测量误差分析与处理，建筑环境与能源应用工程中的温度、湿度、压力压差、流速、流量、液位、冷热量和热流、室内空气污染物、声、光、烟气成分等参数的测量技术，以及智能测量技术及其应用。本书内容系统、全面，既注重基本知识、基本原理、基本方法的介绍，又注重学生的实际应用能力的培养和知识面的拓广。

本书可作为高等院校建筑环境与能源应用工程专业教材，同时，也可供相关工程技术人员使用。

为了更好地支持相应课程的教学，我们向采用本书作为教材的教师提供课件，有需要者可与出版社联系。

建工书院：http://edu.cabplink.com
邮箱：jckj@cabp.com.cn　电话：(010) 58337285

责任编辑：齐庆梅
文字编辑：胡欣蕊
责任校对：芦欣甜

住房和城乡建设部"十四五"规划教材
高等学校建筑环境与能源应用工程专业推荐教材
建筑环境与能源系统测试技术
陈友明　艾正涛　郝小礼◎编
*
中国建筑工业出版社出版、发行（北京海淀三里河路 9 号）
各地新华书店、建筑书店经销
北京红光制版公司制版
建工社（河北）印刷有限公司印刷
*
开本：787 毫米×1092 毫米 1/16　印张：19½　字数：485 千字
2023 年 7 月第一版　2024 年 11 月第二次印刷
定价：**52.00** 元（赠教师课件）
ISBN 978-7-112-28147-3
（40282）

出 版 说 明

党和国家高度重视教材建设。2016 年，中办国办印发了《关于加强和改进新形势下大中小学教材建设的意见》，提出要健全国家教材制度。2019 年 12 月，教育部牵头制定了《普通高等学校教材管理办法》和《职业院校教材管理办法》，旨在全面加强党的领导，切实提高教材建设的科学化水平，打造精品教材。住房和城乡建设部历来重视土建类学科专业教材建设，从"九五"开始组织部级规划教材立项工作，经过近 30 年的不断建设，规划教材提升了住房和城乡建设行业教材质量和认可度，出版了一系列精品教材，有效促进了行业部门引导专业教育，推动了行业高质量发展。

为进一步加强高等教育、职业教育住房和城乡建设领域学科专业教材建设工作，提高住房和城乡建设行业人才培养质量，2020 年 12 月，住房和城乡建设部办公厅印发《关于申报高等教育职业教育住房和城乡建设领域学科专业"十四五"规划教材的通知》（建办人函〔2020〕656 号），开展了住房和城乡建设部"十四五"规划教材选题的申报工作。经过专家评审和部人事司审核，512 项选题列入住房和城乡建设领域学科专业"十四五"规划教材（简称规划教材）。2021 年 9 月，住房和城乡建设部印发了《高等教育职业教育住房和城乡建设领域学科专业"十四五"规划教材选题的通知》（建人函〔2021〕36 号）。为做好"十四五"规划教材的编写、审核、出版等工作，《通知》要求：（1）规划教材的编著者应依据《住房和城乡建设领域学科专业"十四五"规划教材申请书》（简称《申请书》）中的立项目标、申报依据、工作安排及进度，按时编写出高质量的教材；（2）规划教材编著者所在单位应履行《申请书》中的学校保证计划实施的主要条件，支持编著者按计划完成书稿编写工作；（3）高等学校土建类专业课程教材与教学资源专家委员会、全国住房和城乡建设职业教育教学指导委员会、住房和城乡建设部中等职业教育专业指导委员会应做好规划教材的指导、协调和审稿等工作，保证编写质量；（4）规划教材出版单位应积极配合，做好编辑、出版、发行等工作；（5）规划教材封面和书脊应标注"住房和城乡建设部'十四五'规划教材"字样和统一标识；（6）规划教材应在"十四五"期间完成出版，逾期不能完成的，不再作为《住房和城乡建设领域学科专业"十四五"规划教材》。

住房和城乡建设领域学科专业"十四五"规划教材的特点：一是重点以修订教育部、住房和城乡建设部"十二五""十三五"规划教材为主；二是严格按照专业标准规范要求编写，体现新发展理念；三是系列教材具有明显特点，满足不同层次和类型的学校专业教学要求；四是配备了数字资源，适应现代化教学的要求。规划教材的出版凝聚了作者、主审及编辑的心血，得到了有关院校、出版单位的大力支持，教材建设管理过程有严格保障。希望广大院校及各专业师生在选用、使用过程中，对规划教材的编写、出版质量进行反馈，以促进规划教材建设质量不断提高。

住房和城乡建设部"十四五"规划教材办公室
2021 年 11 月

3

前　言

　　人的一生绝大部分时间是在建筑环境中度过的，建筑环境对于人们的舒适、健康和工作效率有着至关重要的影响。要创造一个舒适、健康和高效的建筑环境，需要对建筑室内的热环境、声环境和光环境进行测量和评价，需要对营造建筑室内环境的建筑能源系统及设备的性能参数进行检测，还需要对建筑能源系统运行过程的参数进行测量，为建筑能源系统的控制与管理提供准确可靠的信息。这就要求建筑环境与能源应用工程专业的工程技术人员必须掌握建筑环境与能源系统的相关测试技术。

　　建筑环境与能源系统测试技术是建筑环境与能源应用工程专业主要的专业基础课之一，内容涉及建筑环境及能源系统的参数，包括温度、湿度、压力、流量、流速、液位、热量、热流、空气中有害物质、光照、环境噪声、烟气成分等参数的基本测量方法和测试仪表的原理及应用。这些都是建筑环境与能源应用工程人员从事工程设计、安装调试、运行管理与科学研究的必要而且重要的手段。

　　本教材在总结编者多年从事本课程教学经验的基础上，吸收相关课程教学和科研成果的一些新内容编写而成。第1章讲述测量的基础知识、测量系统的组成和特性。第2章讲述测量误差的分析与处理，使读者能从测量系统的角度对测量误差、测量精度和测量系统有一个总的认识。第3～11章分别介绍建筑环境与设备的主要参数，如温度、湿度、压力、流量、流速、液位、冷热量、热流、室内空气污染物、光、声、烟气成分等参数的测量技术。其中包含了传统的、量大面广的、使用成熟的测试方法（这是本书的基本内容，读者需要牢固掌握），也包含了新发展起来的测量方法，如红外技术、激光测速、PIV❶等技术在建筑环境测量中的应用。第12章介绍了智能测量技术的相关内容，以拓宽读者的知识面。

　　本着加强基础、拓宽专业、培养学生的自学能力和知识更新能力的原则，教材的内容安排突出了以下几点：

　　（1）既注意保持了传统的建筑环境和能源系统参数的基本测试技术，使知识结构具有系统性、渐进性，又力求反映国内外测量技术的新成就、新发展和新趋向，以较大篇幅介绍新技术、新方法和发展方向，如超声波、红外线、激光、PIV、智能测量技术在建筑环境与能源系统参数测试中的应用，以满足"先进性、创新性、适用性"的要求。

　　（2）鉴于建筑环境与能源系统测量仪表涉及学科面广、内容多而零散、各参数测量间相互联系不紧密、逻辑性差，因此着重提取各种测量方法、技术中有规律性和常用的内容，并在此基础上进行归纳总结和分析比较，使读者能够获得一个系统、完整的知识体系。

　　（3）为加强实用性和突出对应用能力的培养，增加了建筑环境与能源系统测量仪表的

---

　　❶　PIV：Particle Image Velaimetry，平面粒成像测速。

应用实例介绍，还增设了根据使用条件进行仪表选型、各种仪表的使用注意事项和误差分析等内容，重点说明解决问题的方法和过程，希望读者能在学习掌握原理知识的同时掌握一些应用技能和方法。

（4）为方便学生自学，在叙述上力求先易后难、通俗易懂、深入浅出和突出重点。在介绍概念原理的同时尽量给出相关基础知识。

（5）将整个教学内容分为12章，每章相对独立，具有很强的针对性和灵活性，既适应不同读者的需要，又便于根据课时要求安排教学。

书中打 * 的内容可作为补充阅读材料（扫描封面二维码免费兑换后，即可阅读），让学生了解更多的测量知识和测试技术。

本书可作为普通高等院校建筑环境与能源应用工程及相关专业"建筑环境与能源系统测试技术"课程的教材，亦可供成人教育同类专业使用。同时，也可作为相关专业工程技术人员设计、施工、运行管理时的参考用书。

由于编者水平所限，书中不妥、错漏之处，恳请读者予以指正。

目　　录

---

* 扫码阅读。

---

* 扫码阅读。

第1章　测量和测量仪表的基础知识

1.1　测量的概念与意义

1.1.1　测量的概念

测量是人类认识自然界中客观事物，并用数量概念描述客观事物，进而达到逐步掌握事物的本质和揭示自然界规律的一种手段，即对客观事物取得数量概念的一种认识过程。在这一过程中，人们借助于专门工具，通过实验和对实验数据的分析计算，求得被测量的值，获得对于客观事物的定量的概念和内在规律的认识。因此可以说，测量就是为取得未知参数值而做的，包括测量的误差分析和数据处理等计算工作在内的全部工作。该工作可以通过手动的或自动的方式来进行。

从计量学的角度讲，测量就是利用实验手段，把待测量与已知的同性质的标准量进行直接或间接地比较，将已知量作为计量单位，确定两者的比值，从而得到被测量量值的过程。其目的是获得被测对象的确定量值，关键是进行比较。

1.1.2　测量与检测的联系与区别

检测主要包括检验和测量两方面的含义。检验是分辨出被测量的取值范围，以此来对被测量进行诸如是否合格等判别。测量是指将被测未知量与同性质的标准量进行比较，确定被测量对标准量的倍数，并用数字表示这个倍数的过程。

1.1.3　测量的意义

化学家、计量学家门德列耶夫说过："科学是从测量开始的，没有测量就没有科学，至少是没有精确的科学、真正的科学"。

人类的知识许多是依靠测量得到的。在科学技术领域内，许多新的发现、新的发明往往是以测量技术的发展为基础，测量技术的发展推动着科学技术的前进。在生产活动中，新工艺、新设备的产生，也依赖于测量技术的发展水平。而且，可靠的测量技术对于生产过程自动化、设备的安全以及经济运行都是不可少的先决条件。无论是在科学实验中还是在生产过程中，一旦离开了测量，必然会给工作带来巨大的盲目性。只有通过可靠的测量，然后正确地判断测量结果的意义，才有可能进一步解决自然科学和工程技术上提出的问题。

1.1.4　测量的构成要素

一个完整的测量包含六个要素，它们分别是：①测量对象与被测量，②测量环境，③测量方法，④测量单位，⑤测量资源，包括测量仪器与辅助设施、测量人员等，⑥数据处理和测量结果。

例如，用玻璃液体温度计测量室温。在该测量中，测量对象是房间，被测量是温度，测量环境是常温常压，测量方法是直接测量，测量单位是℃（摄氏度），测量资源包括玻璃液体温度计和测量人员，经误差分析和数据处理后，获得测量结果并表示为 $t =$ （20.1 $\pm$0.02）℃。

1.2　测量方法

测量方法就是实现被测量与标准量比较的方法，通常有以下三种方法。

1.2.1　直接测量法

使被测量直接与选用的标准量进行比较，或者用预先标定好的测量仪器进行测量，从而直接求得被测量数值的测量方法，称为直接测量法。例如，用水银温度计测量介质温度，用压力表测量容器内介质压力等，都属于直接测量法。

1.2.2　间接测量法

通过直接测量与被测量有某种确定函数关系的其他各个变量，然后将所测得的数值代入该确定函数关系进行计算，从而求得被测量数值的方法，称为间接测量法。例如，用差压式流量计测量标准节流件两侧的压差，进而求得被测对象的流量。

该方法测量过程复杂费时，一般应用在以下情况：

（1）直接测量不方便；

（2）间接测量比直接测量的结果更为准确；

（3）不能进行直接测量的场合。

1.2.3　组合测量法

在测量两个或两个以上相关的未知量时，通过改变测量条件使各个未知量以不同的组合形式出现，根据直接测量或间接测量所获得的数据，通过解联立方程组以求得未知量的数值，这类测量称为组合测量法。例如，用铂电阻温度计测量介质温度时，其电阻值 R 在 0～850℃时与温度 t 的关系是

$$R_t = R_0(1 + At + Bt^2) \tag{1-1}$$

式中　　R_t、R_0——温度分别为 t ℃和 0℃时铂电阻的电阻值，Ω；

　　　　A、B——常数。

为了确定常系数 A 和 B，首先至少需要测得铂电阻在两个不同温度下的电阻值 R_t。然后建立联立方程，通过求解确定 A 和 B 的数值。

组合测量法在实验室和其他一些特殊场合的测量中使用较多。例如，建立测压管的方向特性、总压特性和速度特性曲线的经验关系式等。

注意：间接测量法和组合测量法的区别。

间接测量法的直接测量量和被测量之间具有确定的一个函数关系，通过直接测量量即可唯一确定被测量，而组合测量法被测量和直接测量量或间接测量量之间不是单一的一个函数关系，需要求解根据测量结果所建立的方程组来获得被测量。

1.3　测量分类

在测量活动中，为满足对各种被测对象的不同测量要求，依据不同的测量条件有着不同的测量方法。对测量方法可以从不同角度进行分类，除根据测量结果的获得方式或测量

方法，把测量分为直接测量、间接测量和组合测量（如1.2节所述）三种外，常见的分类方法有以下几种。

1.3.1 静态测量和动态测量

根据被测对象在测量过程中所处的状态，可以把测量分为静态测量和动态测量。

1.3.1.1 静态测量

静态测量是指在测量过程中被测量可以认为是固定不变的，因此不需要考虑时间因素对测量的影响。人们在日常测量中所接触的绝大多数是静态测量。对于静态测量，被测量和测量误差可以当作一种随机变量来处理。

1.3.1.2 动态测量

动态测量是指被测量在测量期间随时间（或其他影响量）发生变化。如弹道轨迹的测量、环境噪声的测量等。对这类被测量的测量，需要当作一种随机过程的问题来处理。

相对于静态测量，动态测量更为困难。这是因为被测量本身的变化规律复杂，测量系统的动态特性对测量的准确度有很大影响。实际上，绝对不随时间而变化的量是不存在的，通常把那些变化速度相对于测量速度十分缓慢的量的测量，简化为静态测量。

1.3.2 等精度测量和不等精度测量

根据测量条件是否发生变化，可以把对某测量对象进行的多次测量分为等精度测量与不等精度测量。

1.3.2.1 等精度测量

等精度测量是指在测量过程中，测量仪表、测量方法、测量条件和操作人员等都保持不变。因此，对同一被测量进行的多次测量结果，可认为具有相同的信赖程度，应按同等原则对待。

1.3.2.2 不等精度测量

不等精度测量是指测量过程中测量仪表、测量方法、测量条件或操作人员等中某一因素或某几个因素发生变化，使得测量结果的信赖程度不同。对不等精度测量的数据应按不等精度原则进行处理。

1.3.3 工程测量与精密测量

根据对测量结果的要求不同，可以把测量分为工程测量与精密测量。

1.3.3.1 工程测量

工程测量是指对测量误差要求不高的测量。用于这种测量的设备和仪表的灵敏度和准确度比较低，对测量环境没有严格要求。因此，对测量结果只需给出测量值。

1.3.3.2 精密测量

精密测量是指对测量误差要求比较高的测量。用于这种测量的设备和仪表应具有一定的灵敏度和准确度，其示值误差的大小一般需经计量检定或校准。在相同条件下对同一个被测量进行多次测量，其测得的数据一般不会完全一致。因此，对于这种测量往往需要基于测量误差的理论和方法，合理地估计其测量结果，包括最佳估计值及其分散性大小。有的场合，还需要根据约定的规范，对测量仪表在额定工作条件和工作范围内的准确度指标是否合格，做出合理判定。精密测量一般是在符合一定测量条件的实验室内进行，其测量的环境和其他条件均要比工程测量严格，所以又称为实验室测量。

此外，测量根据传感器的测量原理可分为：电磁法、光学法、超声法、微波法、电化学法等。根据敏感元件是否与被测介质接触，可分为接触式测量与非接触式测量。根据测量的比较方法，可分为偏差法、零位法和微差法。根据被测参数的不同，可分为热工测量（通常指温度、压力、流量和物位）、成分测量和机械量测量。

1.4　测量误差

1.4.1　基本概念

1.4.1.1　误差的定义

测量是一个变换、放大、比较、显示、读数等环节的综合过程。由于测量系统（仪表）不可能绝对准确，测量原理的局限、测量方法的不尽完善、环境因素和外界干扰的存在以及测量过程可能会影响被测对象的原有状态等，也使得测量结果不能准确地反映被测量的真值而存在一定的偏差，这个偏差就是测量误差。它等于测量结果减去被测量的真值，即

$$\Delta x = x - \mu \tag{1-2}$$

式中　Δx——测量误差；

　　　x——测量结果；

　　　μ——真值。

误差只与测量结果有关，不论采用何种仪表，只要测量结果相同，其误差是一样的。误差有恒定的符号，非正即负，如-1、$+2$。而不应该写成±2的形式，因为它表示被测量值不能确定的范围，不是真正的误差值。

1.4.1.2　真值

式（1-2）只有在真值已知的前提下才能应用，而实际上很多情况真值都是未知的，通常用以下3种方法确定真值。

1. 理论真值：通常把对一个量严格定义的理论值叫作理论真值，如三角形三内角和为180°、垂直度为90°等。如果一个被测量存在理论真值，式（1-2）中的μ应该由它来表示。由于理论真值在实际工作中难以获得常用约定真值或相对真值来代替。

2. 约定真值：约定真值是对于给定不确定度所赋予的（或约定采用的）特定量的值。获得约定真值的方法通常有以下几种：

（1）由计量基准、标准复现而赋予该特定量的值；

（2）采用权威组织推荐的值。例如，由常数委员会（国际科技数据委员会，Committee on Data for Scien Le and Technology，CODATA）推荐的真空光速、阿伏伽德罗常数等；

（3）用某量的多次测量结果的算术平均值来确定该量的约定真值。

1.4.1.3　相对真值

对一般测量，如果高一级测量仪表的误差小于等于低一级测量仪表误差的1/3，对于精密测量，如果高一级测量仪表的误差小于等于低一级测量仪表误差的1/10，则可认为前者所测结果是后者的相对真值。

1.4.2　误差的分类

根据测量误差的性质和出现的特点不同，一般可将测量误差分为三类，即系统误差、随机误差和粗大误差。

1.4.2.1 随机误差

随机误差又称为偶然误差，定义为：测得值与在重复性条件下对同一被测量进行无限多次测量所得结果的平均值之差。其特征是在相同测量条件下，多次测量同一量值时，绝对值和符号以不可预定的方式变化。

随机误差产生于实验条件的偶然性微小变化，如温度波动、噪声干扰、电磁场微变、电源电压的随机起伏、地面振动等。由于每个因素出现与否，以及这些因素所造成的误差大小，人们都难以预料和控制。所以，随机误差的大小和方向均随机不定，不可预见，不可修正。

虽然一次测量的随机误差没有规律，不可预见，也不能用实验的方法加以消除。但是，经过大量的重复测量可以发现，它是遵循某种统计规律的。因此，可以用概率统计的方法处理含有随机误差的数据，对随机误差的总体大小及分布做出估计，并采取适当措施减小随机误差对测量结果的影响。

1.4.2.2 系统误差

系统误差定义为：在重复性条件下，对同一被测量进行无限多次测量所得结果的平均值与被测量的真值之差。其特征是在相同条件下，多次测量同一量值时，该误差的绝对值和符号保持不变，或者在条件改变时，误差按某一确定规律变化。前者称为恒值系统误差，后者称为变值系统误差。在变值系统误差中，又可按误差变化规律的不同分为线性系统误差、周期性系统误差和按复杂规律变化的系统误差。例如，用天平计量物体质量时，砝码的质量偏差，刻线尺的温度变化引起的示值误差等都是系统误差。

在实际估计测量仪表示值的系统误差时，常常用适当次数的重复测量的算术平均值减去约定真值来表示，又称其为测量仪表的偏移。

由于系统误差具有一定的规律性，因此可以根据其产生原因，采取一定的技术措施，设法消除或减小。也可以采用在相同条件下对已知约定真值的标准仪表进行多次重复测量的办法，或者通过多次变化条件下的重复测量的办法，设法找出其系统误差变化的规律后，再对测量结果进行修正。修真值 C 的表达式如下

$$C = \mu - x \tag{1-3}$$

可见，修真值 C 与误差的数值相等，但符号相反。系统误差的补偿与修正一直是误差理论与数据处理所关注的热点问题。

1.4.2.3 粗大误差

粗大误差又称为疏忽误差、过失误差，是指明显超出统计规律预期值的误差。其产生原因主要是某些偶尔突发性的异常因素或疏忽，如测量方法不当或错误，测量操作疏忽和失误（如未按规程操作、读错读数或单位、记录或计算错误等），测量条件的突然较大幅度变化（如电源电压突然增高或降低、雷电干扰、机械冲击和振动等）等。由于该误差很大，明显歪曲了测量结果，故应按照一定的准则进行判别，将含有粗大误差的测量数据（称为坏值或异常值）予以剔除。

1.4.2.4 误差间的转换

系统误差和随机误差的定义是科学严谨的，不能混淆。但在测量实践中，由于误差划分的人为性和条件性，使得它们并不是一成不变的，在一定条件下可以相互转化。也就是说一个具体误差究竟属于哪一类，应根据所考察的实际问题和具体条件，经分析和实验后

确定。如一块电表，它的刻度误差在制造时可能是随机的，但用此电表来校准一批其他电表时，该电表的刻度误差就会造成被校准的这一批电表的系统误差。又如，由于电表刻度不准，用它来测量某电源的电压时势必带来系统误差，但如果采用很多块电表测此电压，由于每一块电表的刻度误差有大有小，有正有负，就使得这些测量误差具有随机性。

1.4.3　误差的来源

为了减小测量误差，提高测量准确度，就必须了解误差来源。而误差来源是多方面的，在测量过程中，几乎所有因素都将引入测量误差。在分析和计算测量误差时，不可能、也没有必要将所有因素及其引入的误差逐一计算。因此，要着重分析引起测量误差的主要因素。

1.4.3.1　测量设备误差

测量设备误差主要包括标准器件误差、装置误差和附件误差等。

1. 标准器件误差：标准器件误差是指以固定形式复现标准量值的器具，如标准电阻、标准量块、标准砝码等，它们本身体现的量值，不可避免地存在误差。任何测量均需要提供比较用的标准器件，这些误差将直接反映到测量结果中，造成测量误差。减小该误差的方法是在选用标准器件时，应尽量使其误差值相对小些。一般要求标准器件的误差占总误差的 1/3～1/10。

2. 装置误差：测量装置是指在测量过程中，实现被测的未知量与已知的单位量进行比较的仪器仪表或器具设备。它们在制造过程中由于设计、制造、装配、检定等的不完善，以及在使用过程中，由于元器件老化、机械部件磨损和疲劳等因素而使设备所产生的误差，即为装置误差。

装置误差包括：在设计测量装置时，由于采用近似原理所带来的工作原理误差，组成设备的主要零部件的制造误差与设备的装配误差，设备出厂时校准与分度所带来的误差，读数分辨力有限而造成的读数误差，数字式仪表所特有的量化误差，模拟指针式仪表由于刻度的随机性所引入的误差，元器件老化、磨损、疲劳所造成的误差，仪表响应滞后现象所引起的误差等。减小上述误差的主要措施是根据具体的测量任务，正确选取测量方法，合理选择测量设备，尽量满足设备的使用条件和要求。

3. 附件误差：附件误差是指测量仪表所带附件和附属工具引进的误差。如千分尺的调整量杆等也会引入误差。减小该误差的办法是在购买设备时，要注意检查设备和附件的出厂合格证和检定证书。

1.4.3.2　测量方法误差

测量方法误差又称为理论误差，是指因使用的测量方法不完善，或采用近似的计算公式等原因所引起的误差。如在超声波流量计中，忽略流速变化的影响，而将其近似为一个常数，在比色测温中，将被测对象近似为灰体，忽略发射率变化的影响等。

1.4.3.3　测量环境误差

测量环境误差是指各种环境因素与要求条件不一致而造成的误差。如对于电子测量，环境误差主要来源于环境温度、电源电压和电磁干扰等；激光测量中，空气的温度、湿度、尘埃、大气压力等会影响到空气折射率，因而影响激光波长，产生测量误差。高准确度的准直测量中，气流、振动也有一定的影响等。

减小测量环境误差的主要方法是改善测量条件，对各种环境因素加以控制，使测量条件尽量符合仪表要求。

1.4.3.4　测量人员误差

测量人员即使在同一条件下使用同一台装置进行多次测量，也会得出不同的测量结果。这是由于测量人员的工作责任心、技术熟练程度、生理感官与心理因素、测量习惯等的不同而引起的，称为人员误差。

为了减小测量人员误差，就要求测量人员要认真了解测量仪表的特性和测量原理，熟练掌握测量规程，精心进行测量操作，并正确处理测量结果。

总之，误差的来源是多方面的，在进行测量时，要仔细进行全面分析，既不能遗漏，也不能重复。对误差来源的分析研究既是测量准确度分析的依据，也是减小测量误差，提高测量准确度的必经之路。

1.4.4　误差的表示方法

误差的表示方法分绝对误差和相对误差两种。

1.4.4.1　绝对误差

测量系统的测量值（即示值）x 与被测量的真值 μ 之间的代数差值，称为测量系统测量值的绝对误差 Δx，或简称测量误差，即

$$\Delta x = x - \mu \tag{1-4}$$

1.4.4.2　相对误差

相对误差有以下 3 种表示方法：

1. 实际相对误差。

$$\delta_{\text{实}} = \frac{\Delta x}{\mu} \times 100\% \tag{1-5}$$

这里的真值可以是理论真值、约定真值和相对真值中的任一种。

2. 标称（示值）相对误差。

$$\delta_{\text{标}} = \frac{\Delta x}{x} \times 100\% \tag{1-6}$$

式中　x——被测量的标称值（或示值）。

3. 引用相对误差。在评价测量系统的准确度时，有时利用实际（或标称）相对误差作为衡量标准也不很准确。例如，用任一已知准确度等级的测量仪表测量一个靠近测量范围下限的小量，计算得到的实际（或标称）相对误差通常总比测量接近上限的大量（如 2/3 量程处）得到的相对误差大得多。因此，有必要引入引用相对误差 γ 的概念，其表达式如下

$$\gamma = \frac{\Delta x}{x_{\text{FS}}} \times 100\% \tag{1-7}$$

式中　x_{FS}——满量程值。

对于多挡仪表，引用相对误差需要按每挡的量程计算。当测量值为测量系统测量范围的不同数值时，即使是同一检测系统，其引用误差也不一定相同。为此，可以取引用误差的最大值，既能克服上述的不足，又更好地说明了测量系统的准确度。

4. 最大引用误差（或满度最大引用误差）。最大引用误差 $\gamma_{\max}$ 是指在规定的工作条件下，当被测量平稳地增加或减少时，在测量系统全量程所有测量值引用误差绝对值的最大者，或者说所有测量值中最大绝对误差的绝对值与量程之比的百分数，即

$$\gamma_{max} = \frac{|\Delta x|_{max}}{x_{FS}} \times 100\% \tag{1-8}$$

最大引用误差是测量系统基本误差的主要形式，故也常称为测量系统的基本误差。它是测量系统的最主要质量指标，能很好地表征测量系统的测量准确度。

1.4.5　测量准确度、正确度和精密度

测量准确度表示测量结果与被测量真值之间的一致程度。在我国工程领域中俗称精度。测量准确度是反映测量质量好坏的重要标志之一。就误差分析而言，准确度反映了测量结果中系统误差和随机误差的综合影响程度，误差大，则准确度低。误差小，则准确度高。当只考虑系统误差的影响程度时，称为正确度。只考虑随机误差的影响程度时，称为精密度。

准确度、正确度和精密度三者之间既有区别，又有联系。对于一个具体的测量，正确度高的未必精密，精密度高的也未必正确，但准确度高的，则正确度和精密度都高，故一切测量要力求准确，也宜分清准确度中正确度与精密度何者为主，以便采取不同的提高准确度的措施。可用射击打靶的例子来描述准确度、正确度和精密度三者之间的关系，如图 1-1 所示。

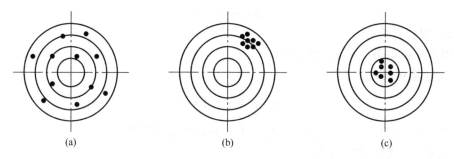

图 1-1　测量准确度、正确度和精密度示意图
(a) 精密度低，正确度高；(b) 精密度高，正确度低；(c) 准确度高

图 1-1 (a) 中，弹着点全部在靶上，但分散。相当于系统误差小而随机误差大，即精密度低，正确度高。

图 1-1 (b) 中，弹着点集中，但偏向一方，命中率不高。相当于系统误差大而随机误差小，即精密度高，正确度低。

图 1-1 (c) 中，弹着点集中靶心。相当于系统误差与随机误差均小，即精密度、正确度都高，从而准确度亦高。

1.5　测量系统

1.5.1　测量系统的组成

完成测量中某一个或几个参数测量的所有装置称为测量系统。测量系统的构成与生产过程的自动化水平密切相关。根据测量系统工作原理、测量准确度要求、信号传递与处理、显示方式及功能等的不同，其结构会有悬殊的差别。它可能是仅有一只测量仪表的简单测量系统，也可能是一套价格昂贵、高度自动化的复杂测量系统。例如，测量水的流

量，常用标准孔板获得与流量有关的差压信号，然后将差压信号输入差压流量变送器，经过转换、运算，变成电信号，再通过连接导线将电信号传送到显示仪表，显示出被测流量值。

任何一个测量系统都可由有限个具有一定基本功能的环节组成。组成测量系统的基本环节有：传感器、变换器、传输通道（或传送元件）和显示装置。

1.5.1.1 传感器

传感器是测量系统与被测对象直接发生联系的器件或装置。它的作用是感受指定被测参量的变化并按照一定规律将其转换成一个相应的便于传递的输出信号，以完成对被测对象的信息提取。例如，热电偶测温，是根据热电效应，将被测温度值转化成热电势，进而实现测温。

传感器通常由敏感元件和转换部分组成。其中，敏感元件为传感器直接感受被测参量变化的部分，转换部分的作用通常是将敏感元件的输出转换为便于传输和后续环节处理的电信号，通常指电压、电流或电路参数（电阻、电感、电容）等电信号。

例如，半导体应变片式传感器能把被测对象受力后的微小变形感受出来，通过一定的桥路转换成相应的电压信号输出。这样，通过测量传感器输出电压便可知道被测对象的受力情况。这里应该说明，并不是所有的传感器均可清楚、明晰地区分敏感和转换两部分，有的传感器已将这两部分合二为一，也有的仅有敏感元件（如热电阻、热电偶）而无转换部分，但人们仍习惯称其为传感器。

传感器的输出信号能否准确、快速和可靠地提取被测对象信息，对测量系统的好坏有着决定性的作用。通常对传感器要求如下：

（1）传感器的输出与输入之间应具有稳定的、线性的单值函数关系。

（2）传感器的输出只对被测量的变化敏感，且灵敏度高，而对其他一切可能的输入信号（包括噪声）不敏感。

（3）在测量过程中，传感器应该不干扰或尽量少干扰被测介质的状态。

实际的传感器很难同时满足上述三个要求，常用的方法是限制测量条件，通过理论与实验的反复检验，并采用补偿、修正等技术手段，才能使传感器满足测量要求。

1.5.1.2 变换器

变换器是将传感器传来的微弱信号经某种方式的处理变换成测量显示所要求的信号。通常包括前置放大器、滤波器、A/D 转换器和非线性校正器等。前置放大器通常安装于传感器部分，这是为避免微弱信号在传送过程中丢失信息而进行的预先放大，这也有利于测量系统的简化。A/D 转换器用于将模拟信号转换成数字信号。非线性校正器用于使输出信号正比于被测参数，有利于数字信号及控制信号的产生。

对于变换器，不仅要求它的性能稳定、准确度高，而且应使信息损失最小。

1.5.1.3 显示装置

显示装置通常指显示器、指示器或记录仪等。用于实现对被测参数数值的指示、记录，有时还带有调节功能，以控制生产过程。

对于智能测量系统，常将计算机、显示和存贮等功能合为一体。

1.5.1.4 传送元件

如果测量系统各环节是分离的，那么就需要把信号从一个环节送到另一个环节。实现这种功能的元件称为传送元件，其作用是建立各测量环节输入、输出信号之间的联系。传送元件可以比较简单，但有时也可能相当复杂。导线、导管、光导纤维、无线电通信，都可以作为传送元件的一种形式。

传送元件一般较为简单，容易被忽视。实际上，由于传送元件选择不当或安排不周，往往会造成信息能量损失、信号波形失真、引入干扰，致使测量准确度下降。例如导压管过细过长，容易使信号传递受阻，产生传输迟延，影响动态压力测量准确度。再比如导线的阻抗失配，会导致电压和电流信号的畸变。

应该指出，上述测量系统组成及各组成部分的功能描述并不是唯一的，尤其是传感器和变换器的名称与定义目前还未统一。即使是同一元件，在不同场合下也可能使用不同的名称。因此，关键在于弄清它们在测量系统中的作用，而不必拘泥于名称本身。

1.5.2　测量系统的基本特性

1.5.2.1　概述

1. 基本特性分类

测量系统的性能在很大程度上决定着测量结果的质量。对于测量系统的性能认识愈全面、愈深刻，愈有可能获得有价值的测量结果。测量系统的基本特性一般分为两类：静态特性和动态特性。这是因为被测参量的变化大致可分为两种情况，一种是被测参量基本不变或变化很缓慢的情况，即所谓"准静态量"。此时，可用测量系统的一系列静态参数（静态特性）来对这类"准静态量"的测量结果进行表示、分析和处理。另一种是被测参量变化很快的情况，它必然要求测量系统的响应更为迅速，此时，应用测量系统的一系列动态参数（动态特性）来对这类"动态量"的测量结果进行表示、分析和处理。

一般情况下，测量系统的静态特性与动态特性是相互关联的，测量系统的静态特性也会影响到动态条件下的测量。但为叙述方便和使问题简化，便于分析讨论，通常把静态特性与动态特性分开讨论，把造成动态误差的非线性因素作为静态特性处理，而在列运动方程时，忽略非线性因素，简化为线性微分方程。这样可使许多非常复杂的非线性工程测量问题大大简化，虽然会因此而增加一定的误差，但是绝大多数情况下此项误差与测量结果中含有的其他误差相比都是可以忽略的。

2. 研究基本特性的目的

研究和分析测量系统的基本特性，主要有以下三个方面的用途：

（1）通过测量系统的已知基本特性，由测量结果推知被测参量的准确值，这是测量系统的最基本目的。

（2）对多环节构成的较复杂的测量系统进行测量结果及不确定度的分析，即根据该测量系统各组成环节的已知基本特性，按照已知输入信号的流向，逐级推断和分析各环节输出信号及其不确定度。

（3）根据测量得到的输出结果和已知输入信号，推断和分析出测量系统的基本特性与主要技术指标。这主要用于该测量系统的设计、研制、改进和优化，以及对无法获得更好性能的同类测量系统和未完全达到所需测量准确度的重要测量项目进行深入分析和研究。

1.5.2.2　测量系统的静态特性

1. 测量系统基本静态特性

测量系统基本静态特性，是指被测物理量和测量系统处于稳定状态时，系统的输出量与输入量之间的函数关系。一般情况下，如果没有迟滞等缺陷存在，测量系统的输入量 x 与输出量 y 之间的关系可以用下述代数方程来描述

$$y = a_0 + a_1x + a_2x^2 + \cdots + a_nx^n \tag{1-9}$$

式中　　$a_0,a_1,\cdots,a_n$——常系数项，决定着测量系统输入输出关系曲线的形状和位置，是决定测量系统基本静态特性的参数。

如果式（1-9）中，除 a_0、a_1 不为零外，其余各项常数均为零，这时测量系统就是一个线性系统。对于理想测量系统，要求其静态特性曲线应该是线性的，或者在一定的测量范围之内是线性的。

测量系统的基本静态特性可以通过静态校准来求取。在对系统校准并获得一组校准数据之后，可用最小二乘法求取一条最佳拟合曲线作为测量系统基本静态特性曲线。

任何一个测量系统，都是由若干个测量设备按照一定方式组合而成的。整个系统的基本静态特性是诸测量设备静态特性的某种组合，如串联、并联和反馈。对任何形式的测量系统，只要已知各组成部分的基本静态特性，就不难求得测量系统总的静态特性。

2. 测量系统的静态性能指标

描述测量系统在静态测量条件下测量品质优劣的静态性能指标有很多，常用的主要指标有准确度、量程、灵敏度等。分析时，应根据各测量系统的特点和对测量的要求而有所侧重。

（1）准确度及准确度等级

测量准确度是指测量结果与被测量的真值之间的一致（或接近）程度。准确度是一个定性的概念，它并不指误差的大小，准确度不能表示为 $\pm5\text{mg}$、$<5\text{mg}$ 或 5mg 等形式，准确度只是表示是否符合某个误差等级的要求，或按某个技术规范要求是否合格，或定性地说明它是高或低。

圆整仪表的最大引用误差 $\gamma_{\max}$ 去掉"％"后的数字，所得系列值即为仪表的准确度等级数。按照国际法制计量组织（OIMI）建议书第 34 条的推荐，仪表的准确度等级采用以下数字：1×10^n、1.5×10^n、1.6×10^n、2×10^n、2.5×10^n、3×10^n、4×10^n、5×10^n 和 6×10^n，其中 $n=1$、0、-1、-2、-3 等。上述数列中禁止在一个系列中同时选用 1.5×10^n 和 1.6×10^n，3×10^n 也只有证明必要和合理时才采用。

测量仪表（或系统）的准确度等级由生产厂商根据其最大引用误差的大小并以选大不选小的原则就近套用上述准确度等级得到。测量仪表的准确度等级是在标准测量条件下所具有的，这些条件包括环境温度、湿度、电源电压、电磁兼容性条件以及安装方式等。如果不符合某些条件则会产生附加误差，如在高温环境下测量，则会对测量仪表产生影响而导致产生温度附加误差。

（2）测量仪表的误差

1）示值误差。测量仪表的示值就是测量仪表所给出的量值。测量仪表的示值误差是指测量仪表的示值与对应真值之差。由于真值不能确定，实际上用的是约定真值。

偏移是指测量仪表示值的系统误差。通常用适当次数重复测量的示值误差的平均值来估计。

2）最大允许误差。测量仪表的最大允许误差有时也称为测量仪表的允许误差限，或简称容许误差，是指测量仪表在规定的使用条件下可能产生的最大误差范围，是衡量测量

仪表质量的最重要的指标。容许误差的表示方法既可以用绝对误差形式，也可以用各种相对误差形式，或者将两者结合起来表示。用满量程（FS）表示。0.025%FS 就是最大允差为 0.025% 乘以满量程。

容许误差是指某一类测量仪表不应超出的误差最大范围，并不是指某一个测量仪表的实际误差。假如有几台合格的毫伏表，技术说明书给出的容许误差是 ±2%，则只能说明这几台毫伏表的误差不超过 ±2%，并不能由此判断其中每一台的误差。

（3）测量范围和量程

测量范围是指测量仪表的误差处在规定极限内的一组被测量的值，也就是被测量可按规定的准确度进行测量的范围。

量程是指测量范围的上限值和下限值的代数差。例如，测量范围为 20～100℃ 时，量程为 80℃，测量范围为 -20～100℃ 时，量程为 120℃。

选择测量仪表的量程时，应最好使测量值落在量程的 2/3～3/4 处。如果量程选择太小，被测量的值超过测量系统的量程，会使系统因过载而受损。如果量程选择得太大，则会使测量准确度下降。

（4）灵敏度

灵敏度表示测量仪表对被测量变化的反应能力，其定义为：当输入量变化很小时，测量系统输出量的变化 Δy 与引起这种变化的相应输入量的变化 Δx 之比值，用 S 表示，即

$$S = \lim_{\Delta x \to 0} \frac{\Delta y}{\Delta x} = \frac{\mathrm{d}y}{\mathrm{d}x} \tag{1-10}$$

如水银温度计输入量是温度，输出量是水银柱高度，若温度每升高 1℃，水银柱高度升高 2mm，则它的灵敏度可表示为 $S = 2\mathrm{mm/℃}$。

测量系统的静态灵敏度可以通过静态校准求得。理想测量系统，静态灵敏度是常量。静态灵敏度的量纲是系统输出量量纲与输入量量纲之比。系统输出量量纲一般指实际物理输出量的量纲，而不是刻度量纲。

对于线性测量系统，特性曲线是一条直线，如图 1-2（a）所示，其灵敏度为

$$S = \frac{y}{x} = k = \tan\theta \tag{1-11}$$

式中　k ——线性静态特性直线的斜率。

对于非线性测量系统，特性曲线为一条曲线，其灵敏度由静态特性曲线上各点的斜率来确定，如图 1-2（b）所示。可见，不同的输入量对应的灵敏度不同。

由于灵敏度对测量品质影响很大，所以，一般测量系统或仪表都给出这一参数。原则上说，测量系统的灵敏度应尽可能高，这意味着它能检测到被测量极微小的变化，即被测量稍有变化，测量系统就有较大的输出，并显示出来。因此，在要求高灵敏度的同时，应特别注意与被测信号无关的外界噪声的侵入。为达到既能检测微小的被测参量，又能控制噪声使之尽可能最低。要求测量系统的信噪比越大越好。一般来讲，灵敏度越高，测量范围越小，稳定性也越差。

与灵敏度类似的性能指标还有以下两种，使用时应注意区分它们之间的不同。

1）分辨力。测量系统的分辨力是指能引起测量系统输出发生变化的输入量的最小变

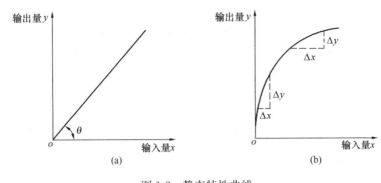

图 1-2 静态特性曲线

（a）线性测量系统；（b）非线性测量系统

化量，用于表示系统能够检测出被测量最小变化量的能力。

许多测量系统在全量程范围内各测量点的分辨力并不相同，为统一描述，常用全量程中能引起输出变化的各点最小输入量中的最大值 $\Delta x_{\max}$ 相对满量程值的百分数来表示系统的分辨力 k，即

$$k = \frac{\Delta x_{\max}}{y_{\mathrm{FS}}} \tag{1-12}$$

式中　y_{FS} ——测量系统的满量程值。

一般指针式仪表的分辨力规定为最小刻度分格值的一半。数字式仪表的分辨力就是当输出最小有效位变化 1 时其示值的变化，常称为"步进量"。在数字测量系统中，分辨力比灵敏度更为常用。例如，用显示保留小数点后两位的数字仪表测量时，输出量的步进量为 0.01，那么 0.01 的输出对应的输入量的大小即为分辨力。

2）死区。死区又叫失灵区、钝感区、阈值等，它指测量系统在量程零点处能引起输出量发生变化的最小输入量。通常均希望减小死区，对数字仪表来说死区应小于数字仪表最低位的二分之一。

（5）迟滞误差

测量系统的输入量从量程下限增至量程上限的测量过程称为正行程，输入量从量程上限减少至量程下限的测量过程称为反行程。理想测量系统的输入——输出关系应该是单值的，但实际上对于同一输入量，其正反行程输出量往往不相等，这种现象称为迟滞，又称滞环，如图 1-3 所示。

迟滞表明测量系统正反行程的不一致性，是由于仪表或仪表元件吸收能量所引起的，例如机械部件的摩擦、磁性元件的磁滞损耗、弹性元件的弹性滞后等。一般需通过具体实测才能确定。

对于同一输入量正反行程造成的输出量之间的差值称为迟滞差值，记为 ΔH。

迟滞误差 δ_H 也称回差或变差，通常用最大迟滞引用误差表示，即

$$\delta_H = \frac{\Delta H_{\max}}{y_{\mathrm{FS}}} \times 100\% \tag{1-13}$$

式中　$\Delta H_{\max}$ ——最大迟滞差值。

（6）线性度

　　理想测量系统的输入——输出关系应该是线性的，而实际测量系统往往并非如此，如图 1-4 所示。测量系统的线性度是衡量测量系统实际特性曲线与理想特性曲线之间符合程度的一项指标，用全量程范围内测量系统的实际特性曲线和其理想特性曲线之间的最大偏差值 ΔL_{max} 与满量程输出值 y_{FS} 之比来表示。线性度也称为非线性误差，记为 δ_L

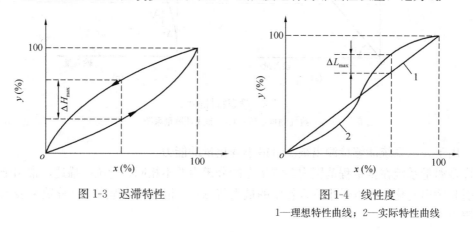

图 1-3　迟滞特性　　　　　　　　　　图 1-4　线性度

1—理想特性曲线；2—实际特性曲线

$$\delta_L = \frac{|\Delta L_{max}|}{y_{FS}} \times 100\% \tag{1-14}$$

　　测量系统的实际特性曲线可以通过静态校准来求得，而理想特性曲线的确定，尚无统一的标准，一般可以采用下述几种办法确定：

　　1）根据一定的要求，规定一条理论直线。例如，一条通过零点和满量程的输出线或者一条通过两个指定端点的直线。

　　2）通过静态校准求得的零平均值点和满量程输出平均值点作一条直线。

　　3）根据静态校准取得的数据，利用最小二乘法，求出一条最佳拟合直线。

　　对应于不同的理想特性曲线，同一测量系统会得到不同的线性度。严格地说，说明测量系统的线性度时，应同时指明理想特性曲线的确定方法。目前，比较常用的是上述第三种方法。以这种拟合直线作为理想特性曲线定义的线性度，称为独立线性度。

　　任何测量系统都有一定的线性范围，在线性范围内，输入输出成比例关系，线性范围越宽，表明测量系统的有效量程越大。测量系统在线性范围内工作是保证测量准确度的基本条件。在某些情况下，也可以在近似线性的区间内工作。必要时，可进行非线性补偿，目前的自动测量系统通常都已具备非线性补偿功能。

　　（7）稳定性

　　稳定性是指测量仪表在规定的工作条件保持恒定时，测量仪表的性能在规定时间内保持不变的能力，即测量仪表保持其计量特性随时间恒定的能力。稳定性可以用几种方式定量表示，例如，测量特性变化某个规定的量所经过的时间，或测量特性经过规定的时间所发生的变化等。

　　影响稳定性的因素主要是时间、环境、干扰和测量系统的器件状况。因此，选用测量系统时应考虑其抗干扰能力和稳定性，特别是在复杂环境下工作时，更应考虑各种干扰如磁辐射，电网干扰等的影响。

（8）重复性

测量仪表的重复性表示在相同条件下，重复测量同一个被测量，多次测量所得测量结果之间的一致程度。相同的测量条件主要包括：相同的测量程序、相同的操作人员、相同的测量仪表、相同的使用条件以及相同的地点，这些条件也称为重复性条件。仪表的重复性是用全测量范围内各输入值所测得的最大重复性误差来确定，以量程的百分数表示。

（9）复现性

复现性是指在变化条件下（即不同的测量原理、不同的测量方法、不同的操作人员、不同的测量仪表、不同的使用条件，以及不同的时间、地点等），对同一个量进行多次测量所得测量结果之间的一致程度，一般用测量结果的分散性来定量表示。复现性也称为再现性。

1.5.2.3 动态特性

动态特性是指仪表对随时间变化的被测量的响应特性。动态特性好的仪表，其输出量随时间变化的曲线与被测量随同一时间变化的曲线一致或者比较接近。但是由于实际被测量随时间变化的形式是各种各样的，所以为了便于比较，在研究动态特性时通常输入标准信号——阶跃变化和正弦变化两种信号来考察仪表的动态特性，前者称为阶跃响应，后者称为频率响应。

为了便于分析和研究仪表的动态特性，一般必须建立仪表输入量（x）和输出量（y）之间的数学模型，对于线性系统其数学模型通常都是一个线性常系数微分方程：

$$a_n \frac{d^n y}{dt^n} + a_{n-1} \frac{d^{n-1} y}{dt^{n-1}} + \cdots + a_1 \frac{dy}{dt} + a_0 y = b_m \frac{d^m x}{dt^m} + b_{m-1} \frac{d^{m-1} x}{dt^{m-1}} + \cdots + b_1 \frac{dx}{dt} + b_0 x$$

只要求解此微分方程就可得到仪表的动态性能指标，例如：响应时间等。在具体处理时，分别求出输出量（y）与输入量（x）的拉氏变换 $Y(s)$ 和 $X(s)$，得到输出与输入的拉氏变换之比 $G(s)$：

$$G(s) = \frac{Y(s)}{X(s)} = \frac{b_m s^m + b_{m-1} s^{m-1} + \cdots + b_1 s + b_0}{a_n s^n + a_{n-1} s^{n-1} + \cdots + a_1 s + a_0} \tag{1-15}$$

式（1-15）称为传递函数，这样就可把解常系数微分方程转化为解一个代数方程，从而大大简化了数学过程。由于动态参数测量涉及的仪表和测量技术复杂，为简便起见，本书只给出动态特性的一般概念。

1. 阶跃响应

为了表征仪表在输入阶跃信号（$t=0$ 时，$x(t)=0$；$t>0$ 时，$x(t)=A$）时，其输出信号 $y(t)$ 随输入信号变化的能力，而引入阶跃响应的概念。一阶仪表的阶跃响应见图 1-5，用时间常数 τ 表示一阶仪表的阶跃响应。时间常数 τ 表征一阶测量仪表惯性的重要特征参数。τ 大，阶跃响应性能差，反之，阶跃响应性能好。

2. 频率响应

当输入信号为正弦波，如图 1-6 所示，$x(t) = A\sin\omega t$，则输出为

$$y(t) = B\sin(\omega t + \varphi)$$

当输入信号的振幅 A 一定时，其频率 ω 发生变化时，输出信号的振幅 B 和相位 φ 也会发生变化。故频率响应就是在稳定状态之下输出与输入信号的振幅比 $\frac{A}{B}$ 和相位 φ 随频

率 ω 变化的情况，如图 1-6 所示。

$$\frac{A}{B} = A(\omega) \text{ 和 } \varphi(\omega)$$

称 $A(\omega)$ 为幅频特性，$\varphi(\omega)$ 为相频特性。若 $\frac{A}{B} \approx 1, \varphi = 0$，仪表的频率响应就好，否则仪表频率响应就差。

仪表的频率响应主要由仪表的固有频率 ω_0 决定。一般 ω_0 高，仪表的频率响应就好，反之就差。

综上所述，测量动态参数时，必须选用动态性能良好的仪表，否则得不到满意的效果。

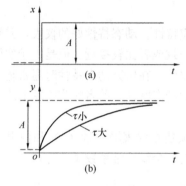

图 1-5　一阶仪表的阶跃响应

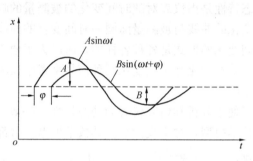

图 1-6　仪表频率响应图示

1.6　测量技术的发展状况

现代测量技术的基础是信息的拾取、传输和处理，涉及多种学科领域。这些领域的新成就往往导致新的测量方法诞生和测量系统、测量设备的改进，使测量技术从中吸取营养而得以迅速发展。测量技术的发展主要表现在以下几个方面。

1.6.1　传感器向着集成化、微型化和智能化的方向发展

敏感元件是测量信号拾取和测量的工具，是测量系统的基本部件，测量技术的发展在相当大的程度上依赖于敏感元件的发展。

材料科学的进步，给敏感元件的发展开拓了广阔的前景。新型半导体材料的发展，造就了一大批对光、电、磁、热等敏感的元器件。功能陶瓷材料可以在精密调制化学成分的基础上，经高精度成形烧结而制成对多种参数进行测量的敏感元件，其不仅具有半导体材料的某些特点，而且极大地提高了工作温度上限和耐腐蚀性，拓宽了应用面。

光导纤维技术的发展不仅使测量信号的传输产生了新的变革，而且光纤传感器可以直接用于某些物理参数的探测，如温度、压力、流量、流速、振动等。光纤传感器对于提高敏感元件的灵敏度、实现敏感元件小型化有着特殊的意义。

敏感元件的性能既取决于元件材料的特性，也与加工技术有关。细微加工技术可使被加工的半导体材料尺寸达到光的波长量级，并可以大量生产，从而可制造出超小型、高稳定性、价格便宜的敏感元件。细微加工技术的发展对于敏感元件的高可靠性、稳定性及小

型化具有重要意义。

微电子技术的发展使得有可能将测量信号的拾取、变换和处理合为一体，构成智能化的传感器，使传感器具有测量、变换、校正、判断和处理的综合能力。智能传感器具有高准确度、高可靠性、多功能、高灵敏度、大测量范围、小型化等特点，是现代测量技术发展的必然趋势。

1.6.2 不断拓展测量范围，努力提高测量准确度和可靠性

随着科学技术的发展，对测量仪表和测量系统的性能要求，尤其是准确度、测量范围、可靠性指标的要求愈来愈高。以温度为例，为满足某些科研实验的需求，不仅要求研制测温下限接近绝对零度（−273.15℃），且测温量程尽可能达到15K（约−258℃）的高准确度超低温测量仪表。同时，某些场合需连续测量液态金属的温度或长时间连续测量2500～3000℃的高温介质温度。目前虽然已能研制和生产最高测温上限超过2800℃的热电偶，但测温范围一旦超过2500℃，其准确度将下降，而且极易氧化从而严重影响其使用寿命与可靠性。因此，各国科技工作者正致力于此项研究。

目前，除了超高温度、超低温度测量仍有待突破外，诸如多相流量测量、脉动流量测量、微差压（几十帕）测量、超高压测量等都是需要尽早攻克的测量难题。

1.6.3 测量原理和测量手段的重大突破

现代科技领域中，出现了许多新的测量技术，如激光、红外、超声波等，它们多是利用各种不同波长电磁波的特性来实现参数测量。这些新的测量技术正在获得越来越多的应用，特别是对于一些特殊测量，如参数场的测量、超低温测量、高温、高压、高速度的测量以及恶劣环境条件下参数测量有着重要的作用，使某些困难的测量问题有望得到较好的解决。

思 考 题

1-1 举例说明什么是直接测量法、间接测量法和组合测量法。

1-2 举例说明什么是随机误差、粗大误差和系统误差。

1-3 测量仪表由哪几部分组成，各部分的作用是什么？

1-4 测仪表时得到某仪表的准确度为1.45%，那么此仪表的准确度等级应为多少？由工艺允许的最大误差计算出某测量仪表的准确度至少为1.45%才能满足工艺的要求，那么应选几级表？

1-5 测量仪表的静态性能指标有哪些？

第 2 章　测量误差分析与处理

　　测量误差理论所要解决的问题，是认识测量误差存在的规律性，找出消除或减小误差对测量结果影响的方法，尽可能获得逼近被测量真值的、正确合理的测量结果。

　　本章将利用概率论和数理统计的知识讨论随机误差的分布规律及处理方法。由于在测量过程中也会有粗大误差和系统误差的存在，而且也只有妥善地处理了这两类误差才有测量的精确度可言。所以，本章也将适当地讨论粗大误差和系统误差的特点及处理方法。为了讨论方便，我们约定：在对粗大误差和系统误差进行讨论之前，所涉及的测定值是只含有随机误差的测定值。

2.1　随机误差的分布规律

2.1.1　随机误差的正态分布性质

　　任何一次测量，随机误差的存在都是不可避免的。这一事实可以由下述现象反映出来：对同一静态物理量进行等精度重复测量，每一次测量所获得的测定值都各不相同，尤其是在各个测定值的尾数上，总是存在着差异，表现出不定的波动状态。测定值的随机性表明了测量误差的随机性质。

　　随机误差就其个体来说变化是无规律的，但在总体上却遵循一定的统计规律。在对大量的随机误差进行统计分析后，人们认识并总结出随机误差分布的如下几点性质：

　　1）有界性：在一定的测量条件下，测量的随机误差总是在一定的、相当窄的范围内变动，绝对值很大的误差出现的概率接近于零。也就是说，随机误差的绝对值实际上不会超过一定的界限。

　　2）单峰性：随机误差具有分布上的单峰性。绝对值小的误差出现的概率大，绝对值大的误差出现的概率小，零误差出现的概率比任何其他数值的误差出现的概率都大。

　　3）对称性：大小相等、符号相反的随机误差出现的概率相同，其分布呈对称性。

　　4）抵偿性：在等精度测量条件下，当测量次数趋于无穷时，全部随机误差的算术平均值趋于零，即

$$\lim_{n \to \infty} \frac{1}{n} \sum_{i=1}^{n} \delta_i = 0 \tag{2-1}$$

　　上述 4 点性质是从大量的观察统计中得到的，为人们所公认。因此，有时也称这些性质是随机误差分布的 4 条公理。

　　理论和实践都证明了：大多数测量的随机误差都服从正态分布的规律，其分布密度函数可用下式表示

$$f(\delta) = \frac{1}{\sigma \sqrt{2\pi}} \exp\left(-\frac{\delta^2}{2\sigma^2}\right) \tag{2-2}$$

如果用测定值 x 本身来表示，则

$$f(x) = \frac{1}{\sigma\sqrt{2\pi}}\exp\left(-\frac{(x-\mu)^2}{2\sigma^2}\right) \tag{2-3}$$

式中，μ 和 σ 是决定正态分布的两个特征参数。在误差理论中，μ 代表被测参数的真值，完全由被测参数本身所决定。当测量次数趋于无穷大时，有

$$\mu = \lim_{n\to\infty}\frac{1}{n}\sum_{i=1}^{n}x_i \tag{2-4}$$

σ 称为均方根误差，表示测定值在真值周围的散布程度，由测量条件所决定。定义式为

$$\sigma = \lim_{n\to\infty}\sqrt{\frac{1}{n}\sum_{i=1}^{n}\delta_i^2} = \lim_{n\to\infty}\sqrt{\frac{1}{n}\sum_{i=1}^{n}(x_i-\mu)^2} \tag{2-5}$$

μ 和 σ 确定之后，正态分布就完全确定了。正态分布密度函数 $f(x)$ 的曲线如图 2-1 所示。由曲线可以清楚地看出：正态分布很好地反映了随机误差的分布规律，与前述 4 条公理相互印证。随机误差的这种正态分布性质可以由概率论的中心极限定理给出理论上的解释。同时由随机误差分布的 4 条公理也可以推导出随机误差服从正态分布。

应该指出，在测量技术中并非所有随机误差都服从正态分布，还存在着其他一些非正态分布（如均匀分布、反正弦分布等）的随机误差。由于大多数测量误差服从正态分布，或者可以由正态分布来代替，而且以正态分布为基础可使得随机误差的分析处理大为简化，所以我们还是着重讨论以正态分布为基础的测量误差的分析与处理，这样做并不失测量误差理论的一般性。

2.1.2　正态分布密度函数与概率积分

由式（2-3）可以看出，正态分布密度函数是一个曲线族，其参变量是特征参数 μ 和 σ。在静态测量条件下，被测量真值 μ 是一定的。σ 的大小表征着各测定值在真值周围的弥散程度。不同 σ 值的 3 条正态分布密度曲线如图 2-2 所示。由图可见，σ 值愈小，曲线愈尖锐，幅值愈大；反之，σ 值愈大，幅值愈小，曲线愈趋平坦。σ 小表明测量列中数值较小的误差占优势；σ 大则表明测量列中数值较大的误差相对来说比较多。因此，可以用参数 σ 来表征测量的精密度，也即是测量列的分散程度。σ 愈小，表明测量的精密度愈高。σ 的量纲与真误差 δ 的量纲相同，所以把 σ 称为均方根误差。

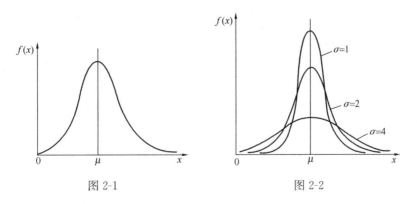

图 2-1　　　　　　　　　　　　　　　图 2-2

然而，σ 并不是一个具体的误差。σ 的数值大小只不过说明在一定条件下进行一列等精度测量时，随机误差出现的概率密度分布情况。在这一条件下，每进行一次测量，具体误

差 δ_i 的数值或大或小，或正或负，完全是随机的，出现具体误差之值恰好等于 σ 值的可能性极其微小。如果测量的分辨率或灵敏度足够高，总会觉察到 δ_i 与 σ 之间的差异。在一定的测量条件下，误差 δ 的分布是完全确定的，参数 σ 的值也是完全确定的。因此，在一定条件下进行等精度测量时，任何单次测定值的误差 δ_i 可能都不等于 σ，但我们却认为这一列测定值具有同样的均方根误差 σ，而不同条件下进行的两列等精度测量，一般来说具有不同的 σ 值。

随机误差出现的性质决定了人们不可能准确地获得单个测定值的真误差 δ_i 的数值。我们所能做的只能是在一定的概率意义之下估计测量随机误差数值的范围，或者求得误差出现于某个区间的概率。这里需要用到概率积分。

服从正态分布的随机变量 x，其分布密度函数由式（2-3）给出，通常也简记为 $N(x；\mu，\sigma)$。将正态分布密度函数积分，获得正态分布函数 $F(x)$（亦称概率积分），即

$$F(x) = \int_{-\infty}^{x} \frac{1}{\sigma\sqrt{2\pi}}\exp\left[-\frac{(x-\mu)^2}{2\sigma^2}\right]\mathrm{d}x \tag{2-6}$$

正态分布函数也常简记为 $N(x；\mu，\sigma)$。

为了求得测定值的随机误差出现于某一区间内的概率，可以通过概率积分来计算。对于服从正态分布的测量误差 δ，出现于区间 $[a,b]$ 内的概率是

$$P(a \leqslant \delta \leqslant b) = \int_{a}^{b} \frac{1}{\sigma\sqrt{2\pi}}\exp\left(-\frac{\delta^2}{2\sigma^2}\right)\mathrm{d}\delta \tag{2-7}$$

由于正态分布密度函数的对称性，可求得 δ 出现于区间 $[-a,a]$ 的概率为

$$P(-a \leqslant \delta \leqslant a) = P(|\delta| \leqslant a) = 2\int_{0}^{a} \frac{1}{\sigma\sqrt{2\pi}}\exp\left(-\frac{\delta^2}{2\sigma^2}\right)\mathrm{d}\delta \tag{2-8}$$

随机误差在某一区间内出现的概率与均方根误差 σ 的大小密切相关，所以可取 σ 的若干倍来描述对称区间。令 $a = z\sigma$，则 $z = a/\sigma$，代入式（2-8），得

$$P(|\delta| \leqslant a) = P(|\delta| \leqslant z\sigma) = \frac{2}{\sqrt{2\pi}}\int_{0}^{z}\exp\left(-\frac{z^2}{2}\right)\mathrm{d}z = \phi(z) \tag{2-9}$$

这个关系式在误差理论中应用很广。$\phi(z)$ 与 z 的关系列于表 2-1 中。

$$\phi(z) = \frac{2}{\sqrt{2\pi}}\int_{0}^{z}\exp\left(-\frac{z^2}{2}\right)\mathrm{d}z \text{ 数值简表}$$

表 2-1

z	$\phi(z)$	z	$\phi(z)$	z	$\phi(z)$
0	0.00000	1.2	0.76986	2.4	0.98361
0.1	0.07966	1.3	0.80640	2.5	0.98758
0.2	0.15852	1.4	0.83849	2.58	0.99012
0.3	0.23582	1.5	0.86639	2.6	0.99068
0.4	0.31084	1.6	0.89040	2.7	0.99307
0.5	0.38293	1.7	0.91087	2.8	0.99489
0.6	0.45149	1.8	0.92814	2.9	0.99627
0.6745	0.50000	1.9	0.94257	3.0	0.99730
0.7	0.51607	1.96	0.95000	3.5	0.999535
0.8	0.57629	2.0	0.95450	4.0	0.999937
0.9	0.63188	2.1	0.96427	4.5	0.999993
1.0	0.68269	2.2	0.97219	5.0	0.999999
1.1	0.72867	2.3	0.97855		

2.2 直接测量误差分析与处理

大多数测定值及其误差都服从正态分布。如果能求得正态分布特征参数 μ 和 σ，那么被测量的真值和测量的精密度也就唯一地被确定下来。然而，μ 和 σ 是当测量次数趋于无穷大时的理论值，在实际测量过程中人们不可能进行无穷多次测量，甚至测量次数不会很多。那么，如何根据有限次直接测量所获得的一列测定值来估计被测量的真值？如何衡量这种估计的精密度和这一列测定值的精密度？这就是本节要解决的问题。

为叙述方便，引入数理统计中常用的两个概念：

1）子样平均值：代表由 n 个元素 $x_1, x_2, \cdots, x_n$ 组成的子样的散布中心，表示为

$$\bar{x} = \frac{1}{n} \sum_{i=1}^{n} x_i \tag{2-10}$$

2）子样方差：描述子样在其平均值附近散布程度，表示为

$$s^2 = \frac{1}{n} \sum_{i=1}^{n} (x_i - \bar{x})^2 \tag{2-11}$$

$\bar{x}$ 和 s^2 是子样的数字特征，为随机变量。当 n 趋于无穷大时，$\bar{x}$ 趋于 μ，s^2 趋于 σ^2。

2.2.1 算术平均值原理、真值的估计

如果一列子样容量为 n 的等精度测定值 $x_1, x_2, \cdots, x_n$，服从正态分布，则可以根据该列测定值提供的信息，利用最大似然估计[1]方法来估计被测量的真值 μ。

由于测定值是服从正态分布的随机变量，其取值为 $x_i (i = 1, 2, \cdots, n)$ 的概率为

$$P_i = f(x_i) \Delta x = \frac{1}{\sigma \sqrt{2\pi}} \exp\left[-\frac{(x_i - \mu)^2}{2\sigma^2}\right] \Delta x$$

其中 Δx 是测定值的凑整误差范围，一般定为测试手段所能达到的最小单位。

因各测定值是相互独立的，所以测定值子样全部出现的概率为

$$P = \prod_{i=1}^{n} P_i = \left(\frac{1}{\sigma \sqrt{2\pi}}\right)^n \exp\left[-\frac{1}{2\sigma^2} \sum_{i=1}^{n} (x_i - \mu)^2\right] (\Delta x)^n \tag{2-12}$$

式中，μ 和 σ^2 是两个待估的未知参数。不同的 μ 和 σ^2，测定值同时出现的概率不同。根据最大似然原理，使测定值 $x_1, x_2, \cdots, x_n$ 同时出现的概率 P 达到最大的参数值，就是未知参数的最大似然估计值。下式

$$L(x_1, x_2, \cdots, x_n; \mu; \sigma^2) = \left(\frac{1}{\sigma \sqrt{2\pi}}\right)^n \exp\left[-\frac{1}{2\sigma^2} \sum_{i=1}^{n} (x_i - \mu)^2\right] \tag{2-13}$$

称为上述测量列数据的似然函数。欲求被测量真值的最大似然估计值，只需使

$$L(x_1, x_2, \cdots, x_n; \mu; \sigma^2) = \max$$

为了便于计算，对式（2-13）两边取对数，得

$$\ln L = -\frac{n}{2} \ln 2\pi - \frac{n}{2} \ln \sigma^2 - \frac{1}{2\sigma^2} \sum_{i=1}^{n} (x_i - \mu)^2 \tag{2-14}$$

真值 μ 的最大似然估计值 $\hat{\mu}$ 可由似然方程 $\dfrac{\partial \ln L}{\partial \mu} = 0$ 求得

---

[1] Maxmum likelihood estimation，MLE。一种重要而普遍的求估计量的方法。

$$\hat{\mu} = \frac{1}{n} \sum_{i=1}^{n} x_i = \bar{x} \tag{2-15}$$

可见，测定值子样平均值是被测量真值的最大似然估计值。

　　用测定值子样平均值对被测量真值进行估计时，总希望这种估计具有良好的性质，即具有协调性、无偏性和有效性。数理统计理论表明：一般情况下，若协调估计值和最有效估计值存在，则最大似然估计将是协调的和最有效的。显然，用测定值子样平均值估计被测量的真值应该具有协调性和有效性。由于测定值子样平均值 $\bar{x}$ 的数学期望恰好就是被测量真值：

$$E(\bar{x}) = E\left(\frac{1}{n} \sum_{i=1}^{n} x_i\right) = \frac{1}{n} \sum_{i=1}^{n} E(x_i) = \frac{1}{n} \sum_{i=1}^{n} \mu = \mu$$

按无偏性的定义，用 $\bar{x}$ 估计 μ 具有无偏性。因此可以说，测定值子样的算术平均值是被测量真值的最佳估计值。这就是所谓算术平均值原理。

　　测定值子样平均值 $\bar{x}$ 是一个随机变量，亦服从正态分布。因此，可以用 $\bar{x}$ 的均方根误差 $\sigma_{\bar{x}}$ 来表征 $\bar{x}$ 对被测量真值 μ 估计的精密度。$\bar{x}$ 的方差 $\sigma_{\bar{x}}^2$ 为

$$\sigma_{\bar{x}}^2 = D(\bar{x}) = D\left(\frac{1}{n} \sum_{i=1}^{n} x_i\right) = \frac{1}{n^2} \sum_{i=1}^{n} D(x_i) = \frac{\sigma^2}{n}$$

写成均方根误差的形式

$$\sigma_{\bar{x}} = \frac{\sigma}{\sqrt{n}} \tag{2-16}$$

由式（2-16）可见，测定值子样平均值 $\bar{x}$ 的均方根误差是测定值母体均方根误差的 $1/\sqrt{n}$ 倍。这表明，在等精度测量条件下对某一被测量进行多次测量，用测定值子样平均值估计被测量真值比用单次测量测定值估计具有更高的精密度。

2.2.2　均方根误差的估计与贝塞尔公式

　　均方根误差表征一列测定值在其真值周围的散布程度，是衡量测量列的精密度参数。根据有限次测量所获得的信息估计均方根误差 σ，仍然需采用最大似然估计。

　　母体方差 σ^2 的最大似然估计值 $\hat{\sigma}^2$ 可由似然方程 $\dfrac{\partial \ln L}{\partial \sigma^2} = 0$，即

$$-\frac{n}{2\sigma^2} + \frac{1}{2\sigma^4} \sum_{i=1}^{n} (x_i - \mu)^2 = 0 \tag{2-17}$$

求得

$$\hat{\sigma}^2 = \frac{1}{n} \sum_{i=1}^{n} (x_i - \hat{\mu})^2 = \frac{1}{n} \sum_{i=1}^{n} (x_i - \bar{x})^2 = s^2 \tag{2-18}$$

因此可以说，测定值子样方差是母体方差的最大似然估计值。但可以证明：这种估计是有偏的。简单证明如下

令
$$\delta_i = x_i - E(x_i) = x_i - \mu, \quad \delta_{\bar{x}} = \bar{x} - \mu$$

则 s^2 的数学期望

$$E(s^2) = E\left[\frac{1}{n} \sum_{i=1}^{n} (x_i - \bar{x})^2\right] = E\left[\frac{1}{n} \sum_{i=1}^{n} (\delta_i - \delta_{\bar{x}})^2\right]$$

$$= \frac{1}{n}\left[\sum_{i=1}^{n} E(\delta_i^2) - 2\sum_{i=1}^{n} E(\delta_i \delta_{\bar{x}}) + \sum_{i=1}^{n} E(\delta_{\bar{x}}^2)\right]$$

$$= \sigma^2 - \frac{2}{n} \sum_{i=1}^{n} E(\delta_i \delta_{\bar{x}}) + \sigma_{\bar{x}}^2$$

而

$$E(\delta_i\delta_{\bar{x}}) = \frac{1}{n}\sum_{j=1}^{n} E(\delta_i\delta_j)$$

且

$$E(\delta_i\delta_j) = \begin{cases} 0 & (i=j) \\ \sigma^2 & (i \neq j) \end{cases}$$

所以

$$E(s^2) = \sigma^2 - \frac{2}{n}\sigma^2 + \frac{\sigma^2}{n} = \frac{n-1}{n}\sigma^2$$

可见，测定值子样方差 s^2 对母体方差 σ^2 的估计是有偏的，偏的存在将引入系统误差。为此，必须用 $n/(n-1)$ 乘以 s^2 来弥补这个系统误差，从有偏估计转化为无偏估计，用 $\hat{\sigma}^2$ 表示 σ^2 的无偏估计值

$$\hat{\sigma}^2 = \frac{n}{n-1}s^2 = \frac{1}{n-1}\sum_{i=1}^{n}(x_i - \bar{x})^2 \tag{2-19}$$

由式（2-19）可得到计算均方根误差的表达式

$$\hat{\sigma}^2 = \sqrt{\frac{1}{n-1}\sum_{i=1}^{n}(x_i - \bar{x})^2} \tag{2-20}$$

式（2-20）称为计算（估计）母体均方根误差 σ 的贝塞尔公式。

2.2.3 测量结果的置信度

任何估计总有一定偏差，不附以某种偏差说明的估计就失去了严格的科学意义。解决此问题需用数理统计中的参数区间估计，即用具有确切意义的数字来表示某个未知母体参数落在一定区间之内的肯定程度。这里只讨论母体参数 μ 的区间估计，也就是测量结果的置信问题。讨论时，假定母体均方根误差 σ 为已知。

对被测量进行 n 次等精度测量，获得一列测定值 $x_1, x_2, \cdots, x_n$，计算得

$$\hat{\mu} = \bar{x} = \frac{1}{n}\sum_{i=1}^{n} x_i$$

$$\hat{\sigma} = \sqrt{\frac{1}{n-1}\sum_{i=1}^{n}(x_i - \bar{x})^2}$$

用 $\hat{\sigma}$ 来估计测定值母体均方根误差 σ，并认为 σ 为已知（不考虑对 σ 估计的偏差，这在一般测量中是完全可以的）。用 $\bar{x}$ 来估计被测量真值 μ。

假设用 $\bar{x}$ 对 μ 进行估计的误差为 $\delta_{\bar{x}}$，那么 $\delta_{\bar{x}} = \bar{x} - \mu$。对于某一指定的区间 $[-\lambda, \lambda]$，$\delta_{\bar{x}}$ 落在该区间内的概率为 $P(-\lambda \leqslant \delta_{\bar{x}} \leqslant \lambda)$。同样地，可以求得测定值子样平均值 $\bar{x}$ 落在区间 $[\mu-\lambda, \mu+\lambda]$ 的概率为 $P(\mu-\lambda \leqslant \bar{x} \leqslant \mu+\lambda)$。

在实际测量过程中，我们真正关心的是被测量真值 μ。确切地说，关心的是真值 μ 处于区间 $[\bar{x}-\lambda, \bar{x}+\lambda]$ 内的概率 $P(\bar{x}-\lambda \leqslant \mu \leqslant \bar{x}+\lambda)$。从代数的观点来看，式

$$\mu-\lambda \leqslant \bar{x} \leqslant \mu+\lambda$$

与式

$$\bar{x}-\lambda \leqslant \mu \leqslant \bar{x}+\lambda$$

是等效的。但从概率的角度来说，概率

$$P(\mu-\lambda \leqslant \bar{x} \leqslant \mu+\lambda)$$

与

$$P(\bar{x}-\lambda \leqslant \mu \leqslant \bar{x}+\lambda)$$

却有着微妙的区别。至少，从表面上看，对于一个固定的数 μ 似乎无概率可言。事实上，

$P(\mu-\lambda\leqslant\bar{x}\leqslant\mu+\lambda)$ 是表示"测定值子样平均值这一随机变量出现于一个固定区间 $[\mu-\lambda,\mu+\lambda]$ 内"这一事件的概率，而 $P(\bar{x}-\lambda\leqslant\mu\leqslant\bar{x}+\lambda)$ 是表示"在宽度一定（其值为 2λ）、中心值（其值为 $\bar{x}$）作随机变动的随机区间 $[\bar{x}-\lambda,\bar{x}+\lambda]$ 内包含被测量真值 μ"这一事件的概率。后者的意义可借助于图 2-3 的几何图形来说明。图 2-3 中，每一直线段的中心代表测定值的一个平均值 $\bar{x}_i$，其长度均为 2λ，所在的位置是区间 $[\bar{x}_i-\lambda,\bar{x}_i+\lambda]$。对于每一平均值 $\bar{x}_i$，相应的线段可能与垂线 μ 相交，如图 2-3 中以 $\bar{x}_1$，$\bar{x}_2$，$\bar{x}_3$，$\bar{x}_4$ 为中心的线段，也可能不相交，如图 2-3 中以 $\bar{x}_5$ 为中心的线段。相交者，表明在宽度为 2λ、中心值为 $\bar{x}_i$ 的区间内包含有被测量真值 μ；不相交，则表明在相应的区间内不包含真值 μ。

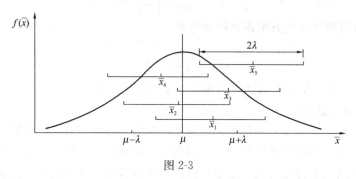

图 2-3

定义区间 $[\bar{x}-\lambda,\bar{x}+\lambda]$ 为测量结果的置信区间，也称为置信限，λ 为置信区间半长，也称为误差限，概率 $P(\bar{x}-\lambda\leqslant\mu\leqslant\bar{x}+\lambda)$ 为测量结果在置信区间 $[\bar{x}-\lambda,\bar{x}+\lambda]$ 内的置信概率。置信概率也常用危险率 α 来表示，即

$$P(\bar{x}-\lambda\leqslant\mu\leqslant\bar{x}+\lambda)=1-\alpha$$

置信区间与置信概率共同表明了测量结果的置信度，即测量结果的可信程度。显然，对于同一测量结果，置信区间不同，其置信概率是不同的。置信区间愈宽，置信概率愈大。反之，置信区间愈窄，置信概率愈小。置信概率究竟取多大，一般根据试验的要求及该项测量的重要性而定。要求愈高，置信概率取得愈小。

至此，可以给测量结果一种完整的表达方式。一般地说，一列等精度测量的结果可以表达为在一定的置信概率之下，以测定值子样平均值为中心，以置信区间半长为误差限的量，即

$$\text{测量结果}=\text{子样平均值}\pm\text{置信区间半长}(\text{置信概率}\ P=?) \tag{2-21}$$

【例 2-1】 在等精度测量条件下对某透平机械的转速进行了 20 次测量，获得如下的测定值（单位：r/min）

4753.1	4757.5	4752.7	4752.8	4752.1	4749.2	4750.6
4751.0	4753.9	4751.2	4750.3	4753.3	4752.1	4751.2
4752.3	4748.4	4752.5	4754.7	4750.0	4751.0	

试求该透平机转速（设测量结果的置信概率 $P=95\%$）。

解：（1）计算测定值子样平均值

$$\bar{x}=\frac{1}{20}\sum_{i=1}^{20}x_i=4752.0$$

（2）计算均方根误差　由贝塞尔公式，求得

$$\hat{\sigma} = \sqrt{\frac{1}{20-1}\sum_{i=1}^{20}(x_i - \bar{x})^2} = 2.0$$

均方根误差 σ 用 $\hat{\sigma}$ 来估计，取 $\sigma = \hat{\sigma} = 2.0$，子样平均值的分布函数为

$$N(\bar{x};\ \mu,\ \sigma_{\bar{x}}) = N\left(\bar{x};\ \mu,\ \frac{\sigma}{\sqrt{n}}\right) = N\left(\bar{x};\ \mu,\ \frac{2.0}{\sqrt{20}}\right)$$

（3）对于给定的置信概率 P，求置信区间半长 λ

题目已给出 $P = 95\%$，故

$$P(\bar{x} - \lambda \leqslant \mu \leqslant \bar{x} + \lambda) = 95\%$$

亦即

$$P(-\lambda \leqslant \bar{x} - \mu \leqslant \lambda) = 95\%$$

设 $\lambda = z\sigma_{\bar{x}}$，且记 $\bar{x} - \mu = \delta_{\bar{x}}$

那么

$$P(|\delta_{\bar{x}}| \leqslant z\sigma_{\bar{x}}) = 95\%$$

查表 2-1 得 $z = 1.96$，故 $\lambda = 1.96\sigma_{\bar{x}} \approx 0.9$。最后，测量结果可达为

$$转速 = 4752.0 \pm 0.9 (\text{r/min})(P = 95\%)$$

在实际测量工作中，并非任何场合下都能对被测量进行多次重复测量，如生产过程中参数测量，多为单次测量。如果知道了在某种测量条件下测量的精密度参数，而且在同样的测量条件下取得单次测量的测定值，那么仿照表达式（2-21）可给出单次测量情况下测量结果的表达式，

$$测量结果 = 单次测定值 \pm 置信区间半长（置信概率 P = ?） \qquad (2\text{-}22)$$

综上所述，对于某一被测量，可以用多次等精度测量所获得的测定值子样平均值表示测量结果，也可以在测量精密度参数 σ 已知的条件下，用单次测量所获得的测定值表示测量结果。不过，二者的可信程度是不同的。或者说，在同样的置信概率之下，二者具有不同的误差限（置信区间半长），前者小，后者大。

【**例 2-2**】对例 2-1 所述的透平机械转速测量，设测量条件不变，单次测量的测定值为 4753.1 r/min，求该透平机转速（测量结果的置信概率仍定为 $P = 95\%$）。

解：（1）本例中测量条件与例 2-1 相同，借助于例 2-1 的计算可知 $\sigma = 2.0$

测定值服从的分布为

$$N = (x;\ \mu,\ \sigma) = N(x;\ \mu,\ 2.0)$$

（2）对于给定的置信概率 $P = 95\%$，求置信区间半长 λ

$$P(x - \lambda \leqslant \mu \leqslant x + \lambda) = 95\%$$

即

$$P(-\lambda \leqslant x - \mu \leqslant \lambda) = 95\%$$

设 $\lambda = z\sigma$，且记 $x - \mu = \delta$，那么 $P(|\delta| \leqslant z\sigma) = 95\%$。查表 2-1 得 $z = 1.96$，故 $\lambda = 1.96\sigma \approx 3.9$。测量结果表达为

$$转速 = 4753.1 \pm 3.9 (\text{r/min}) \quad (P = 95\%)$$

例 2-2 清楚地表明，在同样的置信概率下，用单次测定值表示测量结果比用多次测量所获得的测定值子样平均值表示的误差大。

2.2.4 测量结果的误差评价

对于某一物理量进行测量，其结果总是按式（2-21）或式（2-22）表达为在一定置信

概率之下，以子样平均值（多次等精度测量）或单次测定值（单次测量）为中心，以置信区间半长为界限的量。置信区间半长，是测量的误差限，亦即测量误差。此处所说的测量误差并不是个别测定值与真值之间的真误差，而是真误差在一定概率之下可能出现的一个范围界限。单个测定值的真误差不能表示测量的精密度，而在一定概率之下真误差可能出现的范围的界限值却反映了测量的精密度。所以在实际测量中人们总是把这个界限值（置信区间半长）称为测量误差，作为对测量结果的误差评价。

由于置信概率的不同以及其他意义上的不同，测量结果的误差评价可以有各种不同的表示方法。

2.2.4.1　标准误差

测定值所服从的正态分布 $N(x; \mu, \sigma)$ 的均方根误差 σ 定义为测量列的标准误差，同样，均方根误差 σ_x 定义为子样平均值的标准误差。

由于测定值服从正态分布 $N(x; \mu, \sigma)$，测量列中的随机误差不大于 σ 的概率为

$$P(|x - \mu| \leqslant \sigma) = P(|\delta| \leqslant \sigma) = 0.683$$

若测量结果用单次测定值表示，误差限采用标准误差，则

$$测量结果 = 单次测定值 \, x \pm 标准误差 \, \sigma \, (P = 68.3\%)$$

若测量结果用测定值子样平均值表示，误差限采用标准误差，则

$$测量结果 = 子样平均值 \, \bar{x} \pm 标准误差 \, \sigma_{\bar{x}} \, (P = 68.3\%)$$

可见，标准误差实际上是相应于置信概率 $P = 0.683$ 的误差限。在一定置信概率之下，高精密度的测量得到较小的误差限，低精密度的测量具有较大的误差限。

另外，注意到 σ 恰好是正态分布密度曲线拐点的横坐标，当随机误差 σ 之值超过 σ 后，正态分布密度曲线变化率变小。因此可以说，落在以均方根误差 σ 为半长的区间内的随机误差是经常遇到的，在此范围之外的随机误差则不常遇到。这也是把均方根误差作为标准误差的理由之一。

2.2.4.2　极限误差

测量列标准误差的三倍，定义为测量列的极限误差，记为 Δ

$$\Delta = 3\sigma \tag{2-23}$$

对于服从正态分布的一列测定值，其随机误差的绝对值不超过的 Δ 概率为

$$P(|\delta| \leqslant \Delta) = P(|\delta| \leqslant 3\sigma) = 0.9973$$

也就是说，被测量真值落在 $x \pm 3\sigma$ 范围之内的概率已接近 100%，而落在这个范围之外的概率极小，可以认为不存在。这也就是称三倍标准误差为极限误差的理由。

同样，可以定义子样平均值的极限误差 $\Delta\bar{x}$，它与测量列极限误差的关系是

$$\Delta\bar{x} = \frac{\Delta}{\sqrt{n}}$$

除标准误差、极限误差以外，还可用平均误差、或然误差来作为测量结果的误差评价，但以标准误差的意义最为明确。因此，人们最习惯于接受标准误差，也以标准误差作为测量的精密度参数。实际上，由于各种误差从本质上说是在一定置信概率之下的误差限，而且它们是在同一正态分布下得到的结果，所以它们之间必然存在一定的联系。从这个意义上说，测量的精密度自然也可以由四种误差中的任何一种来衡量。

2.2.5 小子样误差分析、t 分布及其应用（扫码阅读）

2.2.6 非等精度测量与加权平均（扫码阅读）

2-1 2.2节补充材料

2.3 间接测量误差分析与处理

间接测量的误差不仅与有关的各直接测量量的误差有关，还与两者之间的函数关系有关。间接测量误差分析与处理的任务就在于如何通过已经得到的有关直接测量量的平均值（也可以是单次测定值）及其误差，估计间接测量量的真值及误差。

2.3.1 误差传布原理

设间接测量量 Y 是可以直接测量的量 X_1，X_2，$\cdots$，X_m 的函数，其函数关系为

$$Y = F(X_1, X_2, \cdots, X_m) \tag{2-24}$$

假定对 X_1，X_2，$\cdots$，X_m 各进行了 n 次测量，那么每个 $X_i(i=1,2,\cdots,m)$ 都有自己的一列测定值 $x_{i1}, x_{i2}, \cdots, x_{in}$，其相应的随机误差为 $\delta_{i1}, \delta_{i2}, \cdots, \delta_{in}$。

若将测量 X_1，X_2，$\cdots$，X_m 时所获得的第 j 个测定值代入式（2-24），可求得间接测量量 Y 的第 j 个测定值 y_j

$$y_j = F(x_{1j}, x_{2j}, \cdots, x_{mj})$$

由于测定值 $x_{1j}, x_{2j}, \cdots, x_{mj}$ 与真值之间存在随机误差，所以 y_j 与其真值之间也必有误差。记为 δ_{y_j}。由误差定义，上式可写为

$$Y + \delta_{y_j} = F(X_1 + \delta_{1j}, X_2 + \delta_{2j}, \cdots, X_m + \delta_{mj})$$

若 δ_{ij} 较小，且各 $X_i(i=1,2,\cdots,m)$ 是彼此独立的量，将上式按泰勒公式展开，并取其误差的一阶项作为一次近似，略去一切高阶误差项，那么上式可近似地写成

$$Y + \delta_{y_j} = F(X_1, X_2, \cdots, X_m) + \frac{\partial F}{\partial X_1}\delta_{1j} + \frac{\partial F}{\partial X_2}\delta_{2j} + \cdots + \frac{\partial F}{\partial X_m}\delta_{mj} \tag{2-25}$$

间接测量量的算术平均值 $\bar{y}$ 就是 Y 的最佳估计值

$$\bar{y} = \frac{1}{n}\sum_{j=1}^{n}(Y + \delta_{y_j}) = Y + \frac{1}{n}\sum_{j=1}^{n}\delta_{y_j}$$

$$= F(X_1, X_2, \cdots, X_m) + \frac{\partial F}{\partial X_1} \cdot \frac{1}{n}\sum_{j=1}^{n}\delta_{1j} + \frac{\partial F}{\partial X_2} \cdot \frac{1}{n}\sum_{j=1}^{n}\delta_{2j} + \cdots + \frac{\partial F}{\partial X_m} \cdot \frac{1}{n}\sum_{j=1}^{n}\delta_{mj}$$

式中，$\frac{1}{n}\sum_{j=1}^{n}\delta_{mj}$ 恰好是测量 X_m 时所得一列测定值平均值 $\bar{x}_m$ 的随机误差，记为 $\delta_{\bar{x}_m}$，所以

$$\bar{y} = F(X_1, X_2, \cdots, X_m) + \frac{\partial F}{\partial X_1}\delta_{\bar{x}_1} + \frac{\partial F}{\partial X_2}\delta_{\bar{x}_2} + \cdots + \frac{\partial F}{\partial X_m}\delta_{\bar{x}_m} \tag{2-26}$$

另一方面，将直接测量 $X_1, X_2, \cdots, X_m$ 所获得的测定值的算术平均值 $\bar{x}_1, \bar{x}_2, \cdots, \bar{x}_m$ 代入函数式（2-24），并将其在 $X_1, X_2, \cdots, X_m$ 的邻域内用泰勒公式展开，有

$$F(\bar{x}_1, \bar{x}_2, \cdots, \bar{x}_m) = F(X_1 + \delta_{\bar{x}_1}, X_2 + \delta_{\bar{x}_2}, \cdots, X_m + \delta_{\bar{x}_m})$$

$$= F(X_1, X_2, \cdots, X_m) + \frac{\partial F}{\partial X_1}\delta_{\bar{x}_1} + \frac{\partial F}{\partial X_2}\delta_{\bar{x}_2} + \cdots + \frac{\partial F}{\partial X_m}\delta_{\bar{x}_m} \tag{2-27}$$

比较式（2-26）与式（2-27），可得

$$\bar{y} = F(\bar{x}_1, \bar{x}_2, \cdots, \bar{x}_m) \tag{2-28}$$

由式（2-28）可得出结论 1：间接测量量的最佳估计值 $\bar{y}$ 可以由与其有关的各直接测量量的算术平均值 $\bar{x}_i = (i = 1, 2, \cdots, m)$ 代入函数关系式求得。

由式（2-25）及式（2-24）可知，直接测量量 $X_1, X_2, \cdots, X_m$ 第 j 次测量获得的测定值的误差 $\delta_{1j}, \delta_{2j}, \cdots, \delta_{mj}$ 与其相应的间接测量量 Y 的误差 δ_{y_j} 之间关系为

$$\delta_{y_j} = \frac{\partial F}{\partial X_1}\delta_{1j} + \frac{\partial F}{\partial X_2}\delta_{2j} + \cdots + \frac{\partial F}{\partial X_m}\delta_{mj} \tag{2-29}$$

假定 δ_{y_j} 的分布亦为正态分布，那么可求得 Y 的标准误差
而

$$\sum_{j=1}^{n}\delta_{y_j}^2 = \sum_{j=1}^{n}\left(\frac{\partial F}{\partial X_1}\delta_{1j} + \frac{\partial F}{\partial X_2}\delta_{2j} + \cdots + \frac{\partial F}{\partial X_m}\delta_{mj}\right)^2$$

$$= \left(\frac{\partial F}{\partial X_1}\right)^2\sum_{j=1}^{n}\delta_{1j}^2 + \left(\frac{\partial F}{\partial X_2}\right)^2\sum_{j=1}^{n}\delta_{2j}^2 + \cdots + \left(\frac{\partial F}{\partial X_m}\right)^2\sum_{j=1}^{n}\delta_{mj}^2$$

$$+ 2\left(\frac{\partial F}{\partial X_1}\frac{\partial F}{\partial X_2}\sum_{j=1}^{n}\delta_{1j}\delta_{2j} + \frac{\partial F}{\partial X_1}\frac{\partial F}{\partial X_3}\sum_{j=1}^{n}\delta_{1j}\delta_{3j} + \cdots + \frac{\partial F}{\partial X_{(m-1)}}\frac{\partial F}{\partial X_m}\sum_{j=1}^{n}\delta_{(m-1)j}\delta_{mj}\right)$$

根据随机误差的性质，若各直接测量量 $X_i (i = 1, 2, \cdots, n)$ 彼此独立，则当测量次数无限增加时，必有

$$\sum_{j=1}^{n}\delta_{ij}\delta_{kj} = 0 \quad (i \neq k)$$

所以

$$\sum_{j=1}^{n}\delta_{y_j}^2 = \left(\frac{\partial F}{\partial X_1}\right)^2\sum_{j=1}^{n}\delta_{1j}^2 + \left(\frac{\partial F}{\partial X_2}\right)^2\sum_{j=1}^{n}\delta_{2j}^2 + \cdots + \left(\frac{\partial F}{\partial X_m}\right)^2\sum_{j=1}^{n}\delta_{mj}^2$$

则

$$\sigma_{\bar{y}} = \sqrt{\frac{1}{n}\left(\frac{\partial F}{\partial X_1}\right)^2\sum_{j=1}^{n}\delta_{1j}^2 + \frac{1}{n}\left(\frac{\partial F}{\partial X_2}\right)^2\sum_{j=1}^{n}\delta_{2j}^2 + \cdots + \frac{1}{n}\left(\frac{\partial F}{\partial X_m}\right)^2\sum_{j=1}^{n}\delta_{mj}^2}$$

而 $\dfrac{1}{n}\sum_{j=1}^{n}\delta_{ij}^2$ 恰好是第 i 个直接测量量 X_i 的标准误差的平方 σ_i^2，因此可得出间接测量量的标准误差与各直接测量量的标准误差 σ_i 之间如下的关系

$$\sigma_y = \sqrt{\left(\frac{\partial F}{\partial X_1}\right)^2\sigma_1^2 + \left(\frac{\partial F}{\partial X_2}\right)^2\sigma_2^2 + \cdots + \left(\frac{\partial F}{\partial X_m}\right)^2\sigma_m^2} \tag{2-30}$$

由此式可得出结论 2：间接测量量的标准误差是各独立直接测量量的标准误差和函数对该直接测量量偏导数乘积的平方和的平方根。

以上两结论是误差传布原理的基本内容，是解决间接测量误差分析与处理问题的基本依据。式（2-30）的形式可以推广至描述间接测量量算术平均值的标准误差和各直接测量量算术平均值的标准误差之间的关系

$$\sigma_{\bar{y}} = \sqrt{\left(\frac{\partial F}{\partial X_1}\right)^2\sigma_{\bar{x}1}^2 + \left(\frac{\partial F}{\partial X_2}\right)^2\sigma_{\bar{x}2}^2 + \cdots + \left(\frac{\partial F}{\partial X_m}\right)^2\sigma_{\bar{x}m}^2} \tag{2-31}$$

最后，应指出以下两点：

1）上述各公式是建立在对每一独立的直接测量量 X_i 进行多次等精度独立测量的基础上的，否则，严格地说上述公式将不成立；

2）对于间接测量量与各直接测量量之间呈非线性函数关系的情况，上述各式只是近似的，只有当计算 Y 的误差允许作线性近似时才能使用。

2.3.2　间接测量误差分析在测量系统设计中的应用

误差传布原理不仅可以解决如何根据各独立的直接测量量及其误差估计间接测量量的真值及其误差的问题，而且对测量系统的设计有着重要意义。如果规定了间接测量结果的误差不能超过某一值，那么可以利用误差传布规律求出各直接测量量的误差允许值，以便满足间接测量量误差的要求。同时，可以根据各直接测量量允许误差的大小选择适当的测量仪表。下面将讨论误差传布规律在测量系统设计中应用的一些原则。

由误差传布规律，如果间接测量量 Y 与 m 个独立直接测量量 X 之间有函数关系

$$Y = F(X_1, X_2, \cdots, X_m)$$

则 Y 的标准误差为

$$\sigma_y = \sqrt{\left(\frac{\partial F}{\partial X_1}\right)^2 \sigma_1^2 + \left(\frac{\partial F}{\partial X_2}\right)^2 \sigma_2^2 + \cdots + \left(\frac{\partial F}{\partial X_m}\right)^2 \sigma_m^2}$$

假设 σ_y 已经给定，要求确定 σ_1，σ_2，$\cdots$，σ_n。显然，一个方程，多个未知数，解是不定的。这样的问题可用工程方法解决。作为第一步近似，采用所谓"等影响原则"，先假设各直接测量量的误差对间接测量结果的影响是均等的。依据这一原则，应有

$$\left(\frac{\partial F}{\partial X_1}\right)\sigma_1 = \left(\frac{\partial F}{\partial X_2}\right)\sigma_2 = \cdots = \left(\frac{\partial F}{\partial X_m}\right)\sigma_m$$

从而

$$\sigma_y = \sqrt{m}\left(\frac{\partial F}{\partial X_i}\right)\sigma_i$$

或者

$$\sigma_i = \frac{\sigma_y}{\sqrt{m}}\left(\frac{1}{\partial F / \partial X_i}\right) \quad (i = 1, 2, \cdots, m) \tag{2-32}$$

按式（2-32）求得的误差 σ_i 并不一定很合理，在技术上也不一定全能实现。因此，在依据"等影响原则"近似地选择了各直接测量量的误差之后，还要切合实际地进行调整。调整的基本原则应该是：考虑测量仪器可能达到的精度、技术上的可能性、经济上的合理性以及各直接测量量在函数关系中的地位。对那些技术上难以获得较高测量精度或者需要花费很高代价才能取得较高测量精度的直接测量量，应该放松要求，分配给较大的允许误差。而对那些比较容易获得较高测量精度的直接测量量，则应该提高要求，分配给较小的允许误差。考虑各直接测量量在函数关系中的地位不同，对间接测量结果的影响也不同，对于那些影响较大的直接测量量，应该视具体情况提高其精度要求。例如，某些以高次幂形式出现的量，应提高对其测量精度的要求，相反，以方根形式出现的量，则可放松要求。

2.4　组合测量的误差分析与处理 *
（扫描右侧二维码，刮开封面涂层兑换后可免费阅读补充材料）

2-2　2.4节补充材料

2.5　粗大误差

粗大误差是指不能用测量客观条件解释为合理的那些突出误差，它明显地歪曲了测量结果。含有粗大误差的测定值称为坏值或异常数据，应予以剔除。

产生粗大误差的原因是多方面的，主要有：

① 测量者的主观原因　测量时操作不当，或粗心、疏失而造成读数、记录的错误；

② 客观外界条件的原因　测量条件意外的改变（如机械冲击、振动、电源瞬间大幅度波动等）引起仪表示值的改变。

对粗大误差，除了设法从测量结果中发现和鉴别而加以剔除外，重要的是要加强测量者的工作责任心和严格的科学态度，此外，还要保证测量条件的稳定。

本节将介绍几种常用的判定测定值中粗大误差存在与否的准则。

2.5.1　拉伊特准则

大多数测量的随机误差服从正态分布。服从正态分布的随机误差，其绝对值超过 3σ 的出现的概率极小。因此，对大量的等精度测定值，判定其中是否含有粗大误差，可以采用下述简单准则：如果测量列中某一测定值残 v_i 的绝对值大于该测量列标准误差的 3 倍，即 $|v_i| > 3\sigma$，那么可以认为该测量列中有粗大误差存在。此准则为拉伊特准则，或称 3σ 准则。实际使用时，标准误差取其估计值 $\hat{\sigma}$。按拉伊特准则剔除含有粗差的坏值后，应重新计算新测量列的算术平均值及标准误差，判定在余下的数据中是否还有含粗大误差的坏值。

拉伊特准则是判定粗大误差存在的一种最简单的方法。在要求不甚严格时，拉伊特准则因其简单而常被采用。然而，当测定值子样容量不很大时，使用拉伊特准则判定粗差不太准确，因为所取界限太宽，容易混入该剔除的数据。特别是，当测量次数 $n \leqslant 10$ 时，即使测量列中有粗大误差，拉伊特准则也判定不出来。

2.5.2　格拉布斯准则

当测量次数较少时，用以 t 分布为基础的格拉布斯准则判定粗大误差的存在比较合理。

设对某一被测量进行多次等精度独立测量，获得一列测定值 $x_1, x_2, \cdots, x_n$。若测定值服从正态分布 $N(x; \mu, \sigma)$，则可计算出子样平均值 $\bar{x}$ 和测量列标准误差的估计值 $\hat{\sigma}$

$$\bar{x} = \frac{1}{n}\sum_{i=1}^{n} x_i, \quad \hat{\sigma} = \sqrt{\frac{1}{n-1}\sum_{i=1}^{n}(x_i - \bar{x})^2}$$

为了检查测定值中是否含有粗大误差，将 $x_i(i = 1, 2, \cdots, n)$ 由小到大排列成顺序统计量 $x_{(i)}$，使

$$x_{(1)} \leqslant x_{(2)} \leqslant \cdots \leqslant x_{(n)}$$

格拉布斯按照数理统计理论导出了统计量

$$g_{(n)} = \frac{x_{(n)} - \bar{x}}{\hat{\sigma}}, \quad g_{(1)} = \frac{\bar{x} - x_{(1)}}{\hat{\sigma}}$$

的分布，取定危险率 α，可求得临界值 $g_0(n,a)$，而

$$P\left(\frac{x_{(n)} - \bar{x}}{\hat{\sigma}} \geqslant g_0(n,\alpha)\right) = \alpha$$

$$P\left(\frac{\bar{x} - x_{(1)}}{\hat{\sigma}} \geqslant g_0(n,\alpha)\right) = \alpha$$

表 2-2 给出了在一定测量次数 n 和危险率 α 之下的临界值 $g_0(n,a)$。

格拉布斯准则临界值 g_0 (n, a) 表　　　　　　　　　表 2-2

n ＼ α	0.05	0.01	n ＼ α	0.05	0.01
3	1.153	1.155	17	2.475	2.785
4	1.463	1.492	18	2.504	2.821
5	1.672	1.749	19	2.532	2.854
6	1.822	1.944	20	2.557	2.884
7	1.938	2.097	21	2.580	2.912
8	2.032	2.221	22	2.603	2.939
9	2.110	2.323	23	2.624	2.963
10	2.176	2.410	24	2.644	2.987
11	2.234	2.485	25	2.663	3.009
12	2.285	2.550	30	2.745	3.103
13	2.331	2.607	35	2.811	3.178
14	2.371	2.659	40	2.866	3.240
15	2.409	2.705	45	2.914	3.292
16	2.443	2.747	50	2.956	3.336

这样，得到了判定粗大误差的格拉布斯准则：若测量列中最大测定值或最小测定值的残差有满足者，则可认为含有残差 v_i 的测定值是坏值，因而该测定值按危险率 α 应该剔除。

$$|v_{(i)}| \geqslant g_0(n,\alpha)\hat{\sigma} \quad (i=1 \text{ 或 } n) \tag{2-33}$$

应该注意，用格拉布斯准则判定测量列中是否存在含有粗大误差的坏值时，选择不同的危险率可能得到不同的结果。一般危险率不应选择太大，可取 5% 或 1%。危险率 α 的含义是按本准则判定为异常数据，而实际上并不是，从而犯错误的概率。简言之，所谓危险率就是误剔除的概率。

如果利用格拉布斯准则判定测量列中存在含有粗大误差的坏值，那么在剔除坏值之后，还需要对余下的测量数据再进行判定，直至全部测定值满足 $|v_{(i)}| < g_0(n,\alpha)\hat{\sigma}$ 为止。

现举例说明用格拉布斯准则判定粗大误差存在与否的一般步骤。

【例 2-3】测某一介质温度 15 次，得如下一列测定值数据（单位：℃）：

20.42, 22.43, 20.40, 20.43, 20.42, 20.43, 20.39, 20.30,

20.40, 20.43, 20.42, 20.41, 20.39, 20.39, 20.40

试判断其中有无含有粗大误差的坏值。

解：（1）按大小顺序将测定值数据重新排列；

20.30，20.39，20.39，20.39，20.40，20.40，20.40，20.41，

20.42，20.42，20.42，20.43，20.43，20.43，20.43

（2）计算子样平均值和测量列标准误差估计值 $\hat{\sigma}$

$$\bar{x} = \frac{1}{15} \sum_{i=1}^{15} x_i = 20.404, \quad \hat{\sigma} = \sqrt{\frac{1}{15-1} \sum_{i=1}^{15} (x_i - \bar{x})^2} = 0.033$$

（3）选定危险率 α，求得临界值 $g_0(n, \alpha)$

现选取 $\alpha = 5\%$，查表 2-2 得

$$g_0(15, 5\%) = 2.41$$

（4）计算测量列中最大与最小测定值的残差 $v_{(n)}$，$v_{(1)}$，并用格拉布斯准则判定

$$v_{(1)} = -0.104, \quad v_{(15)} = 0.026$$

因

$$|v_{(1)}| > g_0(15, 5\%)\hat{\sigma} = 0.080$$

故 $x_{(1)} = 20.30$ 在危险率 $\alpha = 5\%$ 之下被判定为坏值，应剔除。

（5）剔除含有粗大误差的坏值后，重新计算余下测定值的算术平均值 $\bar{x}'$ 和标准误差估计值 $\hat{\sigma}'$。查表求新的临界值 $g_0'(n, \alpha)$ 再进行判定。

$$\bar{x}' = \frac{1}{14} \sum_{i=1}^{14} x_i = 20.411, \quad \hat{\sigma}' = \sqrt{\frac{1}{14-1} \sum_{i=1}^{14} (x_i - \bar{x})^2} = 0.016$$

$$g_0'(14, 5\%) = 2.37$$

余下测定值中最大与最小残差

$$v_{(1)} = -0.021, \quad v_{(14)} = 0.019$$

而

$$g_0'(14, 5\%)\hat{\sigma}' = 0.038$$

显然 $|v_{(1)}|$ 和 $|v_{(14)}|$ 均小于 $g_0'(14, 5\%)\hat{\sigma}'$，故可知余下的测定值中已无含粗大误差的坏值。

2.6　系统误差

系统误差与随机误差在性质上是不同的，它的出现具有一定的规律性，不能像随机误差那样依靠统计的方法来处理，只能采取具体问题具体分析的方法，通过仔细的校验和精心的试验才可能发现与消除。一般地说，系统误差的处理是属于测量技术上的问题，要从测量技术的角度去全面、深入地讨论系统误差的处理是困难的。本节将主要从对试验数据分析的角度，讨论系统误差的某些性质，提出判定系统误差存在与否的某些准则，并估计残余的系统误差对测量结果的影响。

2.6.1　系统误差的性质

设有一列测定值

$$x_1, x_2, \cdots, x_n$$

若测定值 x_i 中含有系统误差 θ_i，消除系统误差之后其值为 x_i'，则

$$x_i = x'_i + \theta_i$$

其算术平均值

$$\bar{x} = \frac{1}{n}\sum_{i=1}^{n} x_i = \frac{1}{n}\sum_{i=1}^{n}(x'_i + \theta_i) = \frac{1}{n}\sum_{i=1}^{n} x'_i + \frac{1}{n}\sum_{i=1}^{n}\theta_i$$

即

$$\bar{x} = \bar{x}' + \frac{1}{n}\sum_{i=1}^{n}\theta_i \tag{2-34}$$

式中，$\bar{x}'$ 是消除系统误差之后的一列测定值的算术平均值。测定值 x_i 的残差

$$v_i = x_i - \bar{x} = (x'_i + \theta_i) - \left(\bar{x}' + \frac{1}{n}\sum_{i=1}^{n}\theta_i\right) = (x'_i - \bar{x}') + \left(\theta_i - \frac{1}{n}\sum_{i=1}^{n}\theta_i\right) \tag{2-35}$$

即

$$v_i = v'_i + \left(\theta_i - \frac{1}{n}\sum_{i=1}^{n}\theta_i\right)$$

此处，v'_i 是消除系统误差之后的测定值的残差。

由式（2-35）可以得到系统误差的两点性质：

（1）对恒值系统误差，由于

$$\theta_i = \frac{1}{n}\sum_{i=1}^{n}\theta_i$$

所以

$$v_i = v'_i$$

由残差计算出的测量列的均方根误差

$$\sigma = \sqrt{\frac{1}{n-1}\sum_{i=1}^{n} v_i^2} = \sqrt{\frac{1}{n-1}\sum_{i=1}^{n} v_i'^2} = \sigma'$$

此处，σ' 是消除系统误差后测量列的均方根误差。因此，得到系统误差的性质之一：

恒值系统误差的存在，只影响测量结果的正确度，不影响测量的精密度参数。如果测定值子样容量足够大，含有恒值系统误差的测定值仍服从正态分布。

（2）对变值系统误差，一般有

$$\theta_i \neq \frac{1}{n}\sum_{i=1}^{n}\theta_i$$

所以

$$v_i \neq v'_i, \quad \sigma \neq \sigma'$$

因此，得到系统误差的第二个性质：

变值系统误差的存在，不仅影响测量结果的正确度，而且会影响测量的精密度。系统误差的上述两点性质，对通过测量数据来判定系统误差的存在，有着重要的意义。

2.6.2　系统误差处理的一般原则

系统误差的特点和性质决定了其不可能用统计的方法来处理，甚至未必能通过对测量数据的分析来发现（恒值系统误差就是如此），这就增加了系统误差处理的困难。无规律的随机误差可以按一定的统计规律来处理，而有规律的系统误差却没有通用的处理方法可循。不过，一般可根据前人的经验和认识，总结归纳出一些具有普遍意义的原则，指导我

们在一些典型的情况下解决这一棘手的问题。

系统误差处理的一般原则，可以从以下几个方面考虑。

（1）在测量之前，应该尽可能预见到系统误差的来源，设法消除之。或者使其影响减少到可以接受的程度。

系统误差的来源一般可以归纳为以下几个方面：

1）由于测量设备、试验装置不完善，或安装、调整、使用不得当而引起的误差，如测量仪表未经校准投入使用；

2）由于外界环境因素的影响而引起的误差，例如，温度漂移、测量区域电磁场的干扰等；

3）由于测量方法不正确，或者测量方法所赖以存在的理论本身不完善而引起的误差，例如，使用大惯性仪表测量脉动气流的压力，得到的测量结果不可能是气流的实际压力，甚至也不是真正的时均值。

（2）在实际测量时，尽可能地采用有效的测量方法，消除或减弱系统误差对测量结果的影响。

采用何种测量方法能更好地消除或减弱系统误差对测量结果的影响，在很大程度上取决于具体的测量问题。不过，下述几种典型的测量技术可以作为参考。

1）消除恒值系统误差常用的方法是对置法，也称交换法。

这种方法的实质是交换某些测量条件，使得引起恒值系统误差的原因以相反的方向影响测量结果，从而中和其影响。在热力机械试验中，有时用这种方法消除已分析出的系统误差，如确定风洞轴线与测量坐标系统间的夹角时，常采用对置法。

2）消除线性变化的累进系统误差最有效的方法是对称观测法。

若在测量过程中存在某种随时间呈线性变化的系统误差，则可以通过对称观测法来消除。具体地说，就是将测量以某一时刻为中心对称地安排，取各对称点两次测定值的算术平均值作为测量结果，即可达到消除线性变化的累进系统误差的目的。由于许多系统误差都随时间变化，而且在短时间内可认为是线性变化（某些以复杂规律变化的系统误差，其一次近似亦为线性误差）。因此，如果条件许可均宜采用对称观测法。

3）半周期偶数观测法，可以很好地消除周期性变化的系统误差。

周期性系统误差可表示为

$$\theta = a\sin\left(\frac{2\pi}{T}t\right)$$

其中 a 为常数，t 为决定周期性误差的量（如时间、仪表可动部分的转角等），T 为周期性系统误差的变化周期。当 $t = t_0$ 时，周期性误差 θ_0 为

$$\theta_0 = a\sin\left(\frac{2\pi}{T}t_0\right)$$

当 $t = t_0 + \frac{T}{2}$ 时，周期性误差 θ_1 为

$$\theta_1 = a\sin\left[\frac{2\pi}{T}\left(t_0 + \frac{T}{2}\right)\right] = -a\sin\left(\frac{2\pi}{T}t_0\right)$$

而

$$\frac{\theta_0 + \theta_1}{2} = 0$$

可见，测得一个数据后，相隔 t 的半个周期再测一个数据，取二者的平均值即可消去周期性系统误差。

（3）在测量之后，通过对测定值进行数据处理，检查是否存在尚未被注意到的变值系统误差。

（4）最后，要设法估计出未被消除而残留下来的系统误差对最终测量结果的影响。

2.6.3 系统误差存在与否的检验

根据系统误差处理的一般原则，在测量之前及测量之中必须采取正确的方法和措施。尽量消除系统误差对测量结果的影响，提高测量精确度。尽管如此，在取得测量数据之后仍需设法检查是否存在未被注意到的系统误差，以便进一步采取措施消除之，或估计其影响。

一般情况下，人们不能直接通过对等精度测量数据的统计处理来判断恒值系统误差的存在，除非改变恒值系统误差产生的测量条件，但对于变值系统误差，有可能通过对等精度测量数据的统计处理来判定变值系统误差的存在。在容量相当大的测量列中，如果存在着非正态分布的变值系统误差，那么测定值的分布将偏离正态，检验测定值分布的正态性，将揭露出变值系统误差的存在。在实际测量中，往往不必作烦冗细致的正态分布检验，而采用考察测定值残差的变化情况和利用某些较为简捷的判据来检验变值系统误差存在与否。

1. 根据测定值残差的变化判定变值系统误差的存在

若对某一被测量进行多次等精度测量，获得一系列测定值 $x_1, x_2, \cdots, x_n$，各测定值的残差 v_i 可按式（2-35）表示为

$$v_i = v_i' + \left(\theta_i - \frac{1}{n} \sum_{i=1}^{n} \theta_i \right)$$

如果测定值中系统误差比随机误差大（对于多数需要对系统误差进行更正的实际情况，一般总是这样），那么残差 v_i 的符号将主要由 $\left(\theta_i - \frac{1}{n} \sum_{i=1}^{n} \theta_i \right)$ 项的符号来决定。因此，如果将残差按照测量的先后顺序排列起来，这些残差的符号变化将反映出 $\left(\theta_i - \frac{1}{n} \sum_{i=1}^{n} \theta_i \right)$ 的符号变化，进而反映出 θ_i 的符号变化。由于变值系统误差 θ_i 的变化具有某种规律性，因而残差 v_i 的变化亦具有大致相同的规律性。由此可得以下两个准则：

准则 1　将测量列中各测定值按测量的先后顺序排定，若残差的大小（就代数值而言）有规则地向一个方向变化，由正到负或者相反，则测量列中有累进的系统误差（若中间有微小的波动，则是随机误差的影响）。

准则 2　将测量列中各测定值按测量的先后顺序排定，若残差的符号呈有规律的交替变化，则测量列中含有周期性的系统误差（若中间有微小波动，则是随机误差的影响）。

【例 2-4】对某恒温箱内的温度进行了 10 次测量，依次获得如下测定值（单位：℃）：

20.06，20.07，20.06，20.08，20.10

20.12，20.14，20.18，20.18，20.21

试判定该测量列中是否存在变值系统误差。

解：

$$\bar{x} = \frac{1}{10} \sum_{i=1}^{10} x_i = 20.12$$

计算各测定值的残差 v_i，并按先后顺序排列如下：

$$-0.06, \quad -0.05, \quad -0.06, \quad -0.04, \quad -0.02,$$
$$0, \quad +0.02, \quad +0.06, \quad +0.06, \quad +0.09$$

可见，残差由负到正，其数值逐渐增大，故测量列中存在累进系统误差。

2. 利用判据来判定变值系统误差的存在

根据残差变化情况来判定变值系统误差的存在，只有在测定值所含系统误差比随机误差大的情况下才是有效的，否则，残差的变化情况并不能作为变值系统误差存在与否的依据。为此，还需要进一步依靠统计的方法来判别。下面给出几个变值系统误差存在与否的判据。这些判据的实质乃是以检验分布是否偏离正态为基础的。

判据 1：对某一被测量进行多次等精度测量，获得一列测定值 $x_1, x_2, \cdots, x_n$（按测量先后顺序排列），各测定值的残差依次为

$$v_1, v_2, \cdots, v_n$$

把前面 k 个残差和后面（$n-k$）个残差分别求和（当 n 为偶数时，取 $k = n/2$，当 n 为奇数时，取 $k = (n+1)/2$），并取其差值

$$D = \sum_{i=1}^{k} v_i - \sum_{i=k+1}^{n} v_i$$

$$\left(D = \sum_{i=1}^{k} v_i - \sum_{i=k}^{n} v_i, n \text{ 为奇数时} \right)$$

若差值 D 显著地异于零，则测量列中含有累进的系统误差。

判据 2：对某一被测量进行多次等精度测量，获得一列测定值 $x_1, x_2, \cdots, x_n$（按测量先后顺序排列），各测定值的真误差依次为

$$\delta_1, \delta_2, \cdots, \delta_n$$

设

$$C = \sum_{i=1}^{n-1} (\delta_i \delta_{i+1})$$

若

$$|C| > \sqrt{n-1} \sigma^2$$

则可认为该测量列中含有周期性系统误差。其中 σ 是该测量列的均方根误差。

判据 2 是以独立真误差的正态分布为基础的。在实际计算中，可以用残差 v_i 来代替 δ_i，并以估计值 $\hat{\sigma}$ 来代替 σ。

【例 2-5】 以例 2-4 中恒温箱内温度测量获得的数据为例，试用判据 1、判据 2 来判定测量列中是否含有系统误差。

解： 按例 2-9，已得各测定值残差，排列如下：

$$-0.06, \quad -0.05, \quad -0.06, \quad -0.04, \quad -0.02,$$
$$0, \quad +0.02, \quad +0.06, \quad +0.06, \quad +0.09$$

用判据 1 检验

$$D = \sum_{i=1}^{5} v_i - \sum_{i=6}^{10} v_i = -0.23 - 0.23 = -0.46$$

因为
$$|D| \gg \|v_{max}\| = 0.09$$

可见，$|D|$ 显著地异于零，故可认为测量列中含有累进的系统误差。这与用准则 1 判定的结论相同。

应该注意，判据 1 指出，当 $|D|$ 显著异于零时方可认为测量列中会有累进系统误差。至于何谓"显著"，则没有定量的概念。实际上，当测量次数 $n \to \infty$ 时，只要 $D \neq 0$，一般就可认为测量列中含有累进系统误差。但当测量次数 n 有限时，$D \neq 0$ 不能说明累进误差的存在，一般采用 $|D| \gg \|v_{max}\|$ 作为判定测量列中累进系统误差存在的依据。此时，与观察残差变化的准则 1 联合使用是可取的。

用判据 2 检验

$$C = \sum_{i=1}^{n-1} (v_i \cdot v_{i+1}) = 0.0194$$

$$\sigma = 0.055, \quad \sqrt{9}\sigma^2 = 0.0091$$

因为
$$|C| = 0.0194 > \sqrt{9}\sigma^2 = 0.0091$$

故可判定测量列内含有周期性系统误差。这一结果在例 2-4 中未曾得到。这说明，在判定一个测量列中是否会有变值系统误差时，联合运用上述判定变值系统误差存在与否的准则和判据是有益的。

3. 利用数据比较判定任意两组数据间系统误差的存在

设对某一被测量进行 m 组测量，其测量结果为
$$\bar{x}_1 \pm \sigma_1$$
$$\bar{x}_2 \pm \sigma_2$$
$$\vdots$$
$$\bar{x}_m \pm \sigma_m$$

任意两组测量数据之间不存在系统误差的条件是
$$|\bar{x}_i - \bar{x}_j| < 2\sqrt{\sigma_i^2 + \sigma_j^2}$$

【例 2-6】两实验者对同一恒温水箱的温度进行测量，各自独立地获得一列等精度测定值数据（单位：℃）：

实验者 A：91.4，90.7，92.1，91.6，91.3，91.8，90.2，91.5，91.2，90.9

实验者 B：90.92，91.47，91.58，91.36，91.85，91.23，91.25，91.70，91.41，90.67，91.28，91.53

① 试判定两实验者测得的两列温度测量值之间是否存在系统误差。

② 若实验者 A 获得的温度测定值数据为

91.9，91.2，92.6，92.1，91.8，92.3，90.7，92.0，91.7，91.4

实验者 B 获得的温度测定值数据不变，试判定两列温度测量值之间是否存在系统误差。

解：（1）对实验者 A 和 B 的测定值数据求算术平均值和均方根误差的估计值，得到测温结果如下

实验者 A 测温结果 = 91.3±0.2（℃）

实验者 B 测温结果 = 91.35±0.09（℃）

因为 $$91.35-91.30 = 0.05 < 2\sqrt{0.2^2+0.09^2} = 0.44$$

故 A，B 两实验者测得的两列温度测量值之间不存在系统误差。

(2) 若实验者 A 获得的温度测定值数据为

91.9，91.2，92.6，92.1，91.8，92.3，90.7，92.0，91.7，91.4

则实验者 A 测温结果 $=91.8\pm0.2$ （℃），因实验者 B 测温结果仍为 91.35 ± 0.09 （℃）

$$| 91.8-91.35 | = 0.45 > 0.44$$

故此种情况下，A，B 两实验者测得的两列温度测量值之间存在系统误差。

2.6.4　系统误差的估计

2.6.4.1　恒值系统误差的估计

如果一列含有恒值系统误差 θ 的测定值 $x_1,x_2,\cdots,x_n$ ，其真值为 X_0，则测定值 x_i 的真误差 δ_i，为

$$\delta_i = x_i - X_0 = \theta + x_i' - X_0 = \theta + \delta_i'$$

取平均得

$$\frac{1}{n}\sum_{i=1}^{n}\delta_i = \frac{1}{n}\sum_{i=1}^{n}\delta_i' + \theta$$

根据随机误差的性质，当 $n \to \infty$ 时，$\dfrac{1}{n}\sum\limits_{i=1}^{n}\delta_i' = 0$

所以

$$\theta = \frac{1}{n}\sum_{i=1}^{n}\delta_i \quad (n \to \infty)$$

当 n 为有限值时，上式求得的是恒值系统误差的估计值 $\hat\theta$。此处，真误差 δ_i 实际上是不知的。通常用更高精度等级的仪表来测量同一量，获得约定真值 X_{0i}，并把它当作被测量真值 X_0，然后将约定真值 X_{0i} 与实际测定值 x_i 比较，得到测定值的真误差 δ_i。

恒值系统误差 θ 的估计值求出之后，一般可将其反号而作为更正值，对测量结果进行修正。若由于某种原因未予修正，则要作为误差来处理。

2.6.4.2　变值系统误差的估计

依情况不同，变值系统误差需采用不同的方法来估计。

如果能够精确地找到变值系统误差与某种影响因素（如温度变化）之间的理论关系，或虽不能找到确切的理论关系，但可以通过实验来确定变值系统误差与某种影响因素之间的经验公式，则变值系统误差可以通过计算的方法求得。

在许多情况下，人们难以通过确切的理论关系计算变值系统误差，或者没有必要花费很大代价去寻求经验公式，而只能以某种依据为基础来估计变值系统误差的上限和下限，进而估计变值系统误差恒值部分 θ 及一个适当的不确定度 e：

$$\theta = \frac{\lambda_1 + \lambda_2}{2}$$

$$e = \frac{\lambda_1 - \lambda_2}{2}$$

式中，λ_1，λ_2 分别是变值系统误差的上限和下限的估计值。这种不确定度的估计，常带有主观臆断的因素。其置信概率往往是不清楚的。实际上，常把它作为误差的极限值。在这种意义上，它与极限误差类同，但并没有明确的 $P=99.73\%$ 的置信概率。

2.7 误差的综合

在测量过程中，三种不同性质的误差可能同时存在。要判定测量的精度是否达到了预定的指标，需对测量的全部误差进行综合，以估计各项误差对测量结果的综合影响。综合误差计算得太小，会使测量结果达不到预定的精度要求，计算得太大，则会因进一步采取减小误差的措施而造成浪费。

2.7.1 随机误差的综合

若测量结果中含有 k 项彼此独立的随机误差，各单项测量的标准误差分别为 σ_1，σ_2，$\cdots$，σ_k，则 k 项独立随机误差的综合效应应该是它们平方和之均方根，即综合的标准误差 σ 为

$$\sigma = \sqrt{\sum_{i=1}^{k} \sigma_i^2} \tag{2-36}$$

在计算综合误差时，经常用极限误差来合成。只要测定值子样容量足够大，就可以认为极限误差 $\Delta_i = 3\sigma_i$，若子样容量较小，用 t 分布按给定的置信水平求极限误差更合适，此时

$$\Delta_i = t_{\mathrm{p}}\sigma_i$$

综合的极限误差 Δ 为

$$\Delta = \sqrt{\sum_{i=1}^{k} \Delta_i^2} \tag{2-37}$$

实际上，测量结果中总的随机误差，既可以通过分析各项随机误差分别求得各自的极限误差（或标准误差），然后由式（2-37）来求得，也可以根据全部测量结果（各项随机误差源同时存在）直接求得，两种结果十分接近。一般地说，对不太重要的测量，只需由总体分析，直接求总的随机误差，这样做比较简单。对重要的测量，可以通过分析各项随机误差然后合成的方法求总的随机误差，最后再与由总体分析直接求取的总误差比较。二者应相等或近似，以此作为对误差综合的校核。逐项分析随机误差，可以看出哪些误差源对测量结果的影响大，以便找到提高测量水平的工作方向。

应该指出，对于按复杂规律变化的系统误差（常称为系偶误差），也常按随机误差的方法来处理和综合。

2.7.2 系统误差的综合

系统误差的出现是有规律的，不能按平方和之平方根的方法来综合。

不论系统误差的变化规律如何，根据对系统误差的掌握程度可分为已定系统误差和未定系统误差。

1. 已定系统误差的综合

已定系统误差是数值大小与符号均已确定了的误差，其综合方法就是将各项已定系统误差代数相加。

设测量结果中含有 l 个已定系统误差，它们的数值分别为

$$E_1, E_2, \cdots, E_l$$

则总的已定系统误差为

$$E = \sum_{i=1}^{l} E_i \qquad (2\text{-}38)$$

此处，各项恒值系统误差 E_i 可正可负，这一点与随机误差中的极限误差 Δ_i 规定为恒正值是不同的。

2. 未定系统误差的综合

未定系统误差是指不能确切掌握误差大小与符号，或不必花费过多精力去掌握其规律，而只能或只需估计出其不致超过的极限范围 ±e 的系统误差。未定系统误差应按绝对值和的方法来综合。

设测量结果中含有 m 项未定系统误差，其极限值分别为

$$e_1, e_2, \cdots, e_m$$

则总的未定系统误差为

$$e = \sum_{i=1}^{m} e_i \qquad (2\text{-}39)$$

对于 $m > 10$ 的情况，绝对值合成法对误差的估计往往偏大，此时，采用方和根法或广义方和根法比较切合实际。但由于一般工程或科学实验中 m 很少超过 10，所以，对未定系统误差采用绝对值合成法是较为合理的。

2.7.3　误差合成定律

设测量结果中有 n 项独立随机误差（系偶误差也包括在内），用极限误差表示为

$$\Delta_1, \Delta_2, \cdots, \Delta_n$$

有 l 个已定系统误差，其值分别为

$$E_1, E_2, \cdots, E_l$$

有 m 个未定系统误差，其极限值为

$$e_1, e_2, \cdots, e_m$$

则测量结果的综合误差为

$$\Delta_{\sum} = \sum_{i=1}^{l} E_i \pm \left(\sum_{j=1}^{m} e_j + \sqrt{\sum_{k=1}^{n} \Delta_k^2} \right) \qquad (2\text{-}40)$$

2.8　测量不确定度

《测量不确定度表示指南》（Guide to the Expression of Uncertainty in Measurement，简称 GUM）是目前全世界都在执行的国际标准。我国的相关国家标准是《测量不确定度评定和表示》GB/T 27418—2017，它规定了测量中评定与表示不确定度的一种通用规则，适用于各种准确度等级的测量。

2.8.1　概述

1. 不确定度

不确定度（Uncertainty）是与测量结果相关联的，用于合理表征被测量值分散性大小的参数。它是定量评定测量结果的一个重要质量指标。在测量结果的完整表达中应包括不确定度。

不确定度可以是标准差或其倍数，或是说明了置信概率的区间的半宽。以标准差表示

的不确定度称为标准不确定度，以 u 表示。以标准不确定度的倍数表示的不确定度称为扩展不确定度 U 表示。扩展不确定度表明了具有较大置信概率的区间的半宽。

不确定度通常由多个分量组成，对每一分量均要评定其标准不确定度。各标准不确定度分量的合成称为合成标准不确定度，以 u_c 表示，它是测量结果标准差的估计值。首先找出对测量结果的各种影响因素，对每个因素估算它的标准不确定度值，该值称为不确定度分量。因为每一个不确定度分量都会对总的不确定度做出贡献，因此需要求合成标准不确定度的大小，最后对合成标准不确定度乘以一个系数即得到扩展不确定度值，它表明了测量结果以一定的置信概率所处的区间的半宽。

不确定度评定方法分为 A、B 两类。A 类评定采用对观测列进行统计分析的方法，以实验标准差表征。B 类评定则用不同于 A 类的其他方法，以估计的标准差表征。

不确定度的表示形式有绝对、相对两种，绝对形式表示的不确定度与被测量的量纲相同，相对形式无量纲。

2. 不确定度与测量误差的比较

误差与不确定度是完全不同的两个概念，不应该混淆或误用。测量不确定度是说明测量分散性的参数，由人们经过分析和评定得到，因而与人们的认识程度有关。测量结果可能非常接近真值（即误差很小），但由于认识不足，评定得到的不确定度可能较大。也可能测量误差实际上较大，但由于分析估计不足，给出的不确定度却偏小。因此，在进行不确定度分析时，应充分考虑各种影响因素，并对不确定度的评定加以验证。测量误差与测量不确定度的主要区别见表 2-3。

测量不确定度与测量误差的主要区别 表 2-3

	测量误差	测量不确定度
定义	测量结果减真值	用标准差或其倍数，或置信区间的半宽表示
物理意义	表示测量结果偏离真值的程度	表征被测量的分散性
表达符号	非正即负，必有其一	无符号
分类	按性质分为随机误差、系统误差和粗大误差	A 类不确定度评定和 B 类不确定度评定，评定时不必区分性质
自由度	不存在	存在
同测量结果的关系	有关	无关
同人的认识的关系	无关	有关

2.8.2 不确定度的评定

测量不确定度的评定方法分为两类，即 A 类和 B 类，它们与过去的"随机误差"与"系统误差"的分类之间不存在简单的对应关系。"随机"与"系统"表示两种不同性质的误差，而 A 类与 B 类表示两种不同的评定方法。因此，简单地把 A 类不确定度对应于随机误差导致的不确定度和把 B 类不确定度对应于系统误差导致的不确定度的做法是不准确的。

无论是用 A 类还是 B 类方法评定出的标准不确定度的分量都具有同等地位，没有主次之分，它们都对合成标准不确定度做出贡献，只是评定的对象和方法不同。

1. A 类不确定度评定

A 类不确定度是采用对观察列进行统计分析的方法来评定标准不确定度的，用标准误差来表示。

测量列算术平均值的标准误差 $\sigma_{\bar{x}}$ 为

$$\sigma_{\bar{x}} = \frac{\sigma}{\sqrt{n}}$$

标准误差 $\sigma_{\bar{x}}$ 是不确定度的基本表征参数。当测量次数 n 较少时，其估算值会偏大，这时，从理论上可得 A 类不确定度的估算值为

$$u_A = t(n-1)\sigma_{\bar{x}} \tag{2-41}$$

式中，$t(n-1)$ 是一个大于 1 的修正量（被称为 t 分布临界值）。测量次数 n 不同，修正量 $t(n-1)$ 不同。表 2-4 给出了不同测量次数 n 对应的修正量。

$t\ (n-1)$ 值　　　　　　　　　　　　　　　　　　　　　表 2-4

n	2	3	4	5	6	10	20	∞
$t\ (n-1)$	1.84	1.32	1.20	1.14	1.11	1.05	1.03	1.00

2. B 类不确定度的评定

如果实验室拥有足够多的时间和资源，我们就可以对不确定度分量进行详尽的统计研究。例如，采用各种不同类型的仪表、不同的测量方法等。于是，所有这些不确定度分量就可用测量列的统计标准差来表征。换言之，所有不确定度分量可以用 A 类评定得到。然而，这样的研究并非经济可行，很多不确定度分量实际上还必须用别的非统计方法来评定，这就是 B 类评定。

（1）B 类不确定度评定的信息来源

B 类不确定度评定的信息来源主要有以下六项：

1）以前的测量数据；

2）对有关技术资料和测量仪表特性的了解和经验；

3）生产部门提供的技术说明文件；

4）校准证书、检定证书或其他文件提供的数据、准确度的等别或级别，包括目前还在使用的极限误差等；

5）手册或某些资料给出的参考数据及其不确定度；

6）规定实验方法的国家标准或类似技术文件中给出的重复性限 r 或复现性限 R。

（2）B 类不确定度的评定方法

B 类不确定度采用不同于 A 类不确定度的其他方法估算。

首先，根据仪器仪表说明书、国家标准、材料特性等来确定测量误差限 Δ，例如，已知仪表精度等级和量程可计算出误差限。

其次，确定测量误差的分布，常见的有正态分布和均匀分布。

最后，将测量误差限（对应的置信度≈1）换算成相似的标准误差 u_j（对应一倍的标准误差置信度）。

对于均匀分布的误差，其 B 类不确定度估算为

$$u_j = \frac{\Delta}{\sqrt{3}} \tag{2-42}$$

对于服从正态分布的误差，其 B 类不确定度估算值为

$$u_j = \frac{\Delta}{3} \tag{2-43}$$

2.8.3 不确定度的合成

合成不确定度是受多个不确定度分量影响的测量的标准不确定度，用 u_c 表示。

若测量结果中所含各不确定度分量（u_A，u_1，u_2，$\cdots$，u_m）相互独立（即当误差变化时，各个误差分量的变化互不相干），则它们的合成不确定度为

$$u_c = \sqrt{u_A^2 + \sum_{j=1}^{m} u_j^2} \qquad (2\text{-}44)$$

若测量结果中所含各不确定度分量相关，则它们的合成不确定度为

$$u_c = u_A + \sum_{j=1}^{m} u_j \qquad (2\text{-}45)$$

若其中部分分量相关，其他分量相互独立，可将相关各分量加起来作为一个分量，再按式（2-44）式合成。

2.9 有效数字及其计算规则

2.9.1 有效数字

1. 有效数字概念

在对某一物理量实施测量的过程中，不同的测量者会读出不同的结果，例如用分度值为 1℃ 的温度计来测温度恒定的水，甲读数为 45.6℃，乙读数为 45.7℃，丙读数为 45.65℃，我们说 45 是绝对可靠的，而其后面的 0.6、0.7 是估出来的，是可疑的，而丙的读数 45.65℃ 中的 0.05 就更可疑了，可见并非读数时估的位数愈多愈好。一般测量中规定，测量过程中所读的数只保留一位可疑数字，其余数字均为准确可靠数字，这样所记录的数字为有效数字（所估出的数中允许有正负一个单位的误差）。

2. 有效数字位数

有效数字的位数一般由左面第一个非零数字开始计算直至最后一位。

2.9.2 计算规则

按有效数字的有关规定读出的数据，在进行数据处理时，应遵守以下约定：

1）处理数据时，有效数字确定后，其余数字一律舍去，凡末尾有效数字后边的第一位数字小于 5 时舍去，等于 5 时视末尾有效数字的奇偶性而定，末尾有效数字为奇数则进 1，否则舍去，当末尾有效数字后边第一位数字大于 5 时，则进 1。

2）有效数字参加加、减运算以后，其和或差整数后的小数应保留的位数与参加运算的诸数中小数位数最少者相同。因参加运算的数量纲相同，小数后位数最小的数其测量仪表的分度值最大，其最后一位数已是可疑数字，其他各数测量仪表的分度值尽管小，但无法提高计算结果的精度。

【例 2-7】一组测量结果：20.2cm，2.02cm，2.014cm，1.24cm。当进行加法运算时求其有效数字。

解：
$$20.2 + 2.0 + 2.0 + 1.2 = 25.4\text{cm}$$

当参加运算的项数较少时，为了避免过大的舍去误差，往往按下法进行：

$$20.2 + 2.02 + 2.01 + 1.24 = 25.65\text{cm}$$

最后取有效数字为 25.6，即对参加运算的数据多取一位小数进行运算，对其结果取

有效数位。

3）在进行乘除法运算时，各个参加运算的测量值所保留位数应和有效数字位数最少的那个测量值相同。也即和相对误差最大的那个测量值相同。

【例 2-8】求 $0.13 \times 13.4 \times 1.035$ 的有效数字。

解： 0.13 的有效位数为 2，13.4 的有效位数为 3，1.035 有效位数为 4，对以上 3 个数有效位数均取 2。乘法运算为

$$0.13 \times 13 \times 1.0 = 1.7$$

4）在对数计算中，所取对数的尾数应与其真数有效数字位数相等。

【例 2-9】求 $N = \log 150$ 的有效数字。

解： 查得 $N = 2.1761$，其中 2 为首数，0.1761 为尾数，真数 150 为 3 位有效数字，故 $N = 2.176$。

5）所有计算中，对 π、$\sqrt{2}$、$\dfrac{1}{2}$ 等常数有效数字的位数可以是没有限制的，仅根据计算中的需要来取舍。

思　考　题

2-1　试述随机误差的特征。

2-2　为什么方差和标准差可以描述测量的重复性或被测量的稳定性？σ 与 $\sigma/\sqrt{n}$ 有何不同？

2-3　试述直接测量结果处理的步骤。

2-4　试述间接测量时误差处理原则。

2-5　怎样判别和处理粗大误差？

2-6　试述间接测量误差传递与测量误差合成有何异同。

2-7　用标准节流装置测空气流量时，流量计算公式

$$G = \frac{\alpha \varepsilon \pi d^2}{4} \sqrt{2\rho(P_1 - P_2)}$$

式中　α ——流量系数；

　　　ε ——膨胀系数；

　　　d ——节流孔板开孔直径；

　　　ρ ——孔板前的空气密度；

$P_1 - P_2$ ——孔板前后的压力差。

考虑上述参数均为变量，可以直接测量，求流量 G 的方差 σ_G^2 和误差 σ_G/G。如果要求相对误差在 5‰ 以内，计算各自变量的允许误差。

2-8　试述系统误差的判别方法以及处理的一般原则。

2-9　使用热电偶对稳定的恒温液槽测温，取得测量值（mV）

5.30	5.73	6.77	5.26	4.33	5.45	6.09
5.64	5.81	5.75	5.42	5.31	5.86	5.70
4.91	6.02	6.25	4.99	5.61	5.81	5.60

请判断其中是否有坏值，并计算测量平均值及其标准差。

2-10　一个球缺体其底直径 d 和高度 h 已经测得如下：

$d = 70.026 \pm 0.016$mm（置信度 68.3%），$h = 20.000 \pm 0.060$mm（置信度 99.7%），试计算球缺的体积和相对误差。

2-11　试证明一列等精度测量的数据（只含有随机误差），它的剩余误差的代数和为零。

2-12　测量不确定度与测量误差有什么不同之处？测量不确定度有哪两类评定方法？怎样评定？

第3章 温 度 测 量

温度是国际单位制中 7 个基本物理量之一，是各种工艺生产过程和科学实验中非常普遍、非常重要的热工参数之一，也是建筑环境营造和能源应用过程中至关重要的参数。建筑环境设备运行过程及其控制等都直接与温度参数有关，在流量、压力等参数的测量中，温度也是一个十分重要的影响参数。温度还是影响人体热舒适性的一个重要参数。因此，实现准确的温度测量，具有十分重要的意义。

3.1 概述

3.1.1 温度和温标

3.1.1.1 温度的基本概念

温度是物质的状态函数，是表征物体冷热程度的物理量。

温度的宏观概念是建立在热平衡基础上的。任意两个温度不同的物体，只要有温度差存在，热量就会从高温物体向低温物体传递，直到两物体温度相等，即达到热平衡为止。

在微观状态，温度是对分子平均动能大小的一种度量，其高低标志着组成物体的大量分子无规则运动的剧烈程度。温度是大量分子热运动的共同表现，含有统计意义。对于单个分子，温度是无意义的。显然，物体的物理化学特性与温度密切相关。

3.1.1.2 温标

仅仅定义了温度的概念是不完全的，还要确定它的数值表示方法。温标是温度数值化的标尺，它给出了温度数值化的一套规则和方法，并明确了温度的测量单位。各种测温仪表的分度值就是由温标决定的。

要建立温标需要三个要素：

1）选择测温物质，确定它随温度变化的属性即测温属性；

2）选定温度固定点；

3）规定测温属性随温度变化的规律。

1. 经验温标

借助于某一种物质的物理量与温度变化的关系，用实验方法或经验公式所确定的温标称为经验温标。它主要指华氏温标和摄氏温标。这两种温标都是根据液体受热后体积膨胀的性质建立起来的。

（1）摄氏温标（℃）

原始摄氏温标的建立就是选择装在玻璃毛细管中的液体作为测温物质。随着温度的变化，毛细管中液体的长短反映了液体体积膨胀这一测温属性。选择在 1.01325×10^5 Pa 下水的冰点温度作为下限（0℃），水的沸点作为上限（100℃），并且认为在两点之间液柱的长短与温度的关系是线性的，那么可在 0～100℃ 之间均分 100 等份，每一等份为一摄氏度，单位符号为℃。摄氏温标虽不是国际统一规定的温标，却是我国目前的常用温标。

（2）华氏温标（℉）

华氏温标的建立与摄氏温标类似，所不同的是规定在 $1.01325 \times 10^5\,\mathrm{Pa}$ 下水的冰点为 32℉，水的沸点为 212℉，中间划分为 180 等份，每一等份为一华氏度，单位符号为℉。华氏温标在我国已很少使用。

摄氏温标和华氏温标在测温学的发展中起过重要的作用，但它们都存在着明显的缺点：

1）温度测量依赖于选用的测温物质，且应用范围受制作温度计的材料和工作物质的限制。

2）温标的定义具有较大的随机性。虽然它们都选择冰点温度和沸点温度作为固定点，但基本单位不同，所确定的温度数值也就不同，不能严格地保证世界各国所采用的基本测温单位完全一致。

3）假设温度与工作物质的关系为线性，而实际情况并非如此，从而造成中间温度的测量差异。

因此需要建立一种温标，完全不依赖于任何测温物质及其属性。

2. 热力学温标

热力学温标又称绝对温标或开尔文温标，单位符号为 K。热力学温标是以热力学第二定律为基础的一种理论温标，已被国际计量大会采纳作为国际统一的基本温标。它有一个绝对零度，低于零度的温度不可能存在。其特点是不与某一特定的温度计相联系，且与测温物质无关，是由卡诺定理推导出来的，所以热力学温标是一种纯理论的理想温标，无法直接实现。在热力学中从理论上证明，热力学温标与理想气体温标完全一致。所以通常借助于气体温度计经示值修正后来复现热力学温标，但设备复杂、价格昂贵，不适于实际应用。

3. 国际实用温标（扫码阅读）

3.1.1.3　温标的传递

国际上为了统一温度测量标准，相应建立自己国家的温度标准作为本国的温度测量的最高依据——国家基准。我国的国家基准建立在中国计量科学研究院。各地区、省、市建立的为次级标准，须定期由国家基准检定。

3-1　3.1节补充材料

测温仪表按其准确度可分为基准、工作基准、一等基准、二等基准以及工作用仪表。不管哪一等级的仪表都得定期到上一级计量部门进行检定，这样才能保证准确可靠。因此对测温仪表进行检定是除了对测温仪表分度以外的另一重要任务。

3.1.2　温度测量及测温仪表的分类

3.1.2.1　温度的测量

1. 测温依据和数学物理基础

当两个物体同处于一个系统中而达到热平衡时，二者就具有相同的温度。因此可以从一个物体的温度得知另一物体的温度，这就是测温的依据。如果事先已知一个物体的某些性质或状态随温度变化的定量关系，就可以通过该物体的性质或状态的变化情况来获知温度，这就是设计与制作温度计的数学物理基础。

2. 测温物质

自然界中的许多物质，其性质或状态（如电阻、热电势、体积、长度、辐射功率等）都与温度有关，但并不是所有的物质都可作为感温元件，测温物质的选择必须满足以下条件：

1）物质的某一属性 G 仅与温度 T 有关，即 $G=G$（T），其函数关系必须是单调的，且最好是线性的。

2）随温度变化的属性应是容易测量的，且输出信号较强，以保证仪表的灵敏度和测量的准确度。

3）应有较宽的测量范围。

4）应有较好的复现性和稳定性。

完全满足上述条件的物质是难以找到的，一般只能在一定的范围内近似满足，因此由不同材料与结构形式制成的温度计各有其优缺点。

3.1.2.2 测温仪表的分类

温度测量仪表根据工作原理可分为：

1）基于物体受热膨胀原理制成的膨胀式温度计；

2）基于导体或半导体电阻值随温度变化关系的热电阻温度计；

3）基于热电效应的热电偶温度计；

4）基于普朗克定律的辐射温度计，它又可细分为：全辐射温度计、亮度温度计（光学高温计和光电高温计）、比色温度计（双比色、三比色等）；

5）基于全反射原理的光纤温度计；

6）其他温度计，如集成温度传感器制成的温度计、晶体管温度计等。

各种温度测量仪表的原理、测温范围和特点如表 3-1 所示。

温度测量仪表简介 表 3-1

类别	典型仪表		测温范围（℃）	原理	主要特点
膨胀式温度计	玻璃液体温度计		−100～600	液体的热胀冷缩	结构简单、使用方便、测量准确度较高、价格低廉。测量上限和准确度受玻璃质量的限制，易碎；不能远传
	压力式温度计	气体	−270～500	工作介质的热胀冷缩	简单、耐振、坚固、防爆、价格低廉。工业用压力式温度计准确度较低、测温距离短、动态性能差，滞后大
		蒸汽	−20～350		
		液体	−100～600		
	双金属温度计		−80～600	金属的热胀冷缩	结构紧凑、牢固、可靠。测量准确度较低、量程和使用范围有限

续表

类别	典型仪表		测温范围（℃）	原理	主要特点
电阻式温度计	金属热电阻温度计	铂热电阻	−260～850	导体或半导体电阻值随温度变化特性	测量准确度高，便于远距离、多点、集中检测和自动控制。不能测高温，需注意环境温度的影响
		铜热电阻	−50～150		
	半导体热敏电阻		−50～350		灵敏度高、体积小、结构简单、使用方便。互换性较差，测量范围有一定限制
热电偶温度计	标准热电偶		−200～2000	热电效应	测量范围广、测量准确度高、便于远距离、多点、集中检测和自动控制。需进行冷端温度补偿，在低温段测量准确度较低，在高温或长期使用时，易受被测介质影响或气体腐蚀作用而发生劣化，易破坏被测对象的温度场分布
	非标准热电偶				
辐射温度计	全辐射温度计		400～2000	普朗克定律等热辐射原理	测温范围广，不破坏原温度场分布，可测运动物体的温度。易受外界环境的影响，标定和发射率确定较困难
	亮度温度计	光学高温计 光电高温计	800～3200		
	比色温度计		500～3200		
光纤温度计	非功能型光纤温度计 功能型光纤温度计		−50～400	利用光纤的温度	电、磁绝缘性好，高灵敏度。体积很小，质量轻、强度高，不破坏被测温场，抗化学腐蚀、物理和化学性能稳定，柔软可挠曲
	光纤辐射温度计		200～4000	特性或将光纤作为传光物质	
集成温度传感器	模拟集成温度传感器 模拟集成温度控制器 智能温度传感器		−50～150		测温误差小、响应速度快、传输距离远、体积小、微功耗，适合远距离测温、控温

温度测量仪表根据测量方法，或温度传感器的使用方式（感温元件与被测对象接触与否）可分为接触式测温仪表和非接触式测温仪表两大类。

（1）接触式测温仪表

由热平衡原理可知，两个物体接触后，经过足够长的时间达到热平衡，则它们的温度必然相等。如果其中之一为温度计，就可以用它对另一个物体实现温度测量，这种测温方式称为接触法测温，以此为基础设计的温度计称为接触式测温仪表。测量时，温度计必须与被测物体直接接触，充分换热。

接触式测温仪表的优点是：

1）测温准确度相对较高，直观可靠；

2）系统结构相对简单，测温仪表价格较低；

3）可测量任何部位的温度；

4）便于多点集中测量和自动控制。

接触式测温仪表的缺点是：

1）因为要进行充分的热交换，测温时有较大的滞后，响应时间约为几十秒到几分钟。进行动态温度测量时，为减小动态测温误差，应注意采取动态补偿措施；

2）在接触过程中易破坏被测对象的温度场分布和热平衡状态，从而造成测量误差；

3）不能测量移动的或太小的物体；

4）测温上限受到温度计材质的限制，故所测温度不能太高；

5）易受被测介质的腐蚀作用，对感温元件的结构、性能要求苛刻，恶劣环境下使用需外加保护套管。

接触式测温仪表主要有膨胀式温度计、热电阻温度计和热电偶温度计。

（2）非接触式测温仪表

非接触式测温仪表是基于物体的热辐射原理设计而成的。测量时，感温元件不与被测对象直接接触。通常用来测定 1000℃ 以上，移动、旋转或反应迅速的高温物体的温度或表面温度。其优点是：

1）测温范围广（理论上讲没有上限限制），适于高温测量；

2）测温过程中不破坏被测对象的温度场，不影响原温度场分布；

3）能测运动物体的温度；

4）热惯性小，探测器的响应时间短，测温响应速度快，约 2～3s，易于实现快速与动态温度测量。在一些特定的条件下，例如核子辐射场，辐射测温可以进行准确而可靠的测量。

非接触式测温仪表的缺点是：

1）它不能直接测得被测对象的真实温度。要得到真实温度，需要进行发射率的修正。而发射率是一个影响因素相当复杂的参数，这就增加了对测量结果进行处理的难度。

2）由于是非接触，辐射温度计的测量受中间介质的影响较大。特别是在工业现场条件下，周围环境比较恶劣，中间介质对测量结果的影响就更大。在这方面，温度计波长范围的选择是很重要的。

3）由于辐射测温的原理复杂，导致温度计结构复杂，价格较高。

非接触式测温仪表主要有辐射温度计、光纤辐射温度计等，其中前者又分为全辐射温度计、亮度温度计（光学高温计、光电高温计）和比色温度计。

接触式测温仪表和非接触式测温仪表的主要区别如表 3-2 所示。

接触式测温仪表和非接触式测温仪表比较　　　　　　　　表 3-2

	接触式测温仪表	非接触式测温仪表
特点	结构简单、可靠，维护方便，价格低廉。仪表读数直接反映被测对象真实温度。可测量任何部位的温度。便于多点集中测量和自动控制	结构复杂，体积大，调整麻烦，价格昂贵。仪表读数不是被测对象的真实温度。不易组成测温、控温一体化的温度控制系统，且不改变被测介质温度场
测量条件	感温元件要与被测对象良好接触，感温元件不应改变被测对象的温场，被测温度不能超过感温元件的上限，被测对象不对感温元件产生腐蚀	由被测对象发出的辐射能充分照射到检测元件，需准确知道被测对象的发射率

续表

	接触式测温仪表	非接触式测温仪表
测量范围	特别适合连续在线测量 1200℃ 以下，热容大，无腐蚀性对象的温度，测量热容量小的物体有困难	原理上可测超低温到极高温，但在 1000℃ 以下测温误差相对较大。能测运动物体和热容小物体的温度
准确度	标准表可高达 0.01 级，工业用仪表通常为 1.0 级、0.5 级、0.2 级和 0.1 级。	测温误差通常为 20℃ 左右，条件好的可达 5～10℃
响应时间	通常较长，约几十秒到几分钟	较短，约 2～3s

　　温度测量仪表还可根据测温范围分为高温、中温和低温温度计，根据仪表准确度等级分为基准、标准和工业用温度计。

　　由于电子器件的发展，集成温度传感器、便携式数字温度计已逐渐得到应用。它配有各种样式的热电偶和热电阻探头，使用比较方便灵活。便携式红外辐射温度计的发展也很迅速，装有微处理器的便携式红外辐射温度计具有存贮计算功能，能显示一个被测表面的多处温度，或一个点温度的多次测量的平均温度、最高温度和最低温度等。

　　此外，还研制出多种其他类型的温度测量仪表，如用晶体管测温元件和光导纤维测温元件构成的仪表，采用热像扫描方式的热像仪。热像仪能直接显示和拍摄被测物体温度场的热像图。目前已用于检查大型炉体、发动机等的表面温度分布，对于节能非常有益。另外还有利用激光，测量物体温度分布的温度测量仪器等。

3.2　膨胀式温度计

3.2.1　概述

　　利用物质的热膨胀（体膨胀或线膨胀）性质与温度的物理关系制作的温度计称为膨胀式温度计。

　　膨胀式温度计具有结构简单、使用方便、测温范围广（-200～600℃），测温准确度较高、成本低廉等优点。因此，在石油、化工、医疗卫生、制药、农业、气象和人工环境等工农业生产和科学研究的各个领域中有着广泛的应用。

　　膨胀式温度计种类很多，按制造温度计的材质可分为液体膨胀式（如玻璃液体温度计）、气体膨胀式（如压力式温度计）和固体膨胀式（如双金属温度计）三大类。

　　本章将分别介绍膨胀式温度计的结构、工作原理、分类和用途。

3.2.2　玻璃液体温度计

　　玻璃液体温度计是利用感温液体（水银、酒精、煤油等）在透明玻璃感温泡和毛细管内的热膨胀作用来测量温度的，它广泛应用于工业、农业、科研等部门，是最常用的测温仪器。玻璃液体温度计具有结构简单、读数直观、使用方便、价格便宜等优点，其测温范围为 -100～600℃。

3.2.2.1　结构

　　玻璃液体温度计主要由感温泡、玻璃毛细管和刻度标尺三部分组成，如图 3-1 所示。当然不同用途的温度计其结构也不完全相同，如有的温度计在玻璃毛细管上装有安全泡与中间泡。

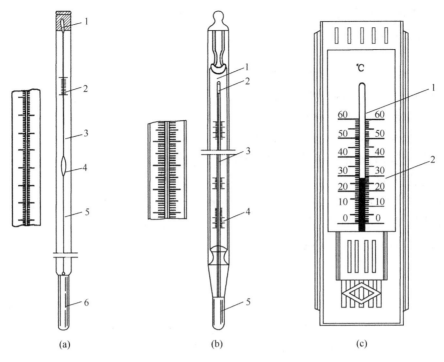

图 3-1 玻璃液体温度计

(a) 棒式温度计：1—安全泡；2—标尺；3—毛细管；4—中间泡；5—辅助标尺；6—感温泡；

(b) 内标式温度计：1—标尺板；2—安全泡；3—毛细管；4—辅助标尺；5—感温泡；

(c) 外标式温度计：1—毛细管；2—标尺

（1）感温泡：感温泡位于温度计的下端，是玻璃液体温度计的感温部分，可容纳绝大部分的感温液，所以也称为贮液泡。感温泡直接由玻璃毛细管加工制成（称拉泡）或由焊接一段薄壁玻璃管制成（称接泡）。

（2）玻璃毛细管：玻璃毛细管是连接在感温泡上的中空细玻璃管，感温液体随温度变化在其内上下移动。

（3）标尺：标尺用来表明所测温度的高低，其上标有数字和温度单位符号。可将表示标尺的分度线直接刻在毛细管表面，或单独刻在白瓷板上衬托在毛细管背面。

（4）安全泡：安全泡是指位于玻璃毛细管顶端的扩大泡，其容积大约为毛细管容积的三分之一。安全泡的作用有两个：

1）当被测温度超过测量上限时，防止由于温度过高而使玻璃管破裂和液体膨胀冲破温度计。

2）便于接上中断的液柱。

（5）中间泡：中间泡是为了提高示值的准确度，在感温泡和标尺下限刻度之间制作的一个贮液泡。目的是当温度计上升到下限刻度时，能容纳膨胀的液体，这样可使具有较高测量上限的温度计的标尺缩短。对于比较精密的温度计还设有辅助标尺，即在中间泡下面刻有零位线，以便检查温度计的零位变化。

（6）感温液：感温液是封装在温度计感温泡内的测温物质。通常需要根据温度计的测量范围、准确度、灵敏度、稳定性、使用场所、温度计的结构和生产成本等因素选择感温液的种类。无论怎样选择感温液，均应满足以下条件：

　　1）体膨胀系数大；

　　2）黏度小，表面张力大；

　　3）在较宽的温度范围内能保持液态；

　　4）在使用温度范围内，化学性能稳定；

　　5）在高温状态下蒸气压低；

　　6）便于提纯，不变质，无沉淀现象。

　　常用的感温液有水银、甲苯、乙醇和煤油等有机液体。

3.2.2.2 测温原理

　　玻璃液体温度计是根据物质的热胀冷缩原理制成的。它利用作为介质的感温液体随温度变化而体积发生变化与玻璃随温度变化而体积变化之差来测量温度。可见，温度计所显示的示值即为液体体积与玻璃毛细管体积变化的差值。

　　为了进一步说明玻璃液体温度计的测温原理，特引进体膨胀和视膨胀的概念。

　　（1）体膨胀：物质受热后的热膨胀包括体积膨胀与压力膨胀，这里只考虑体积膨胀，简称体膨胀。描述体膨胀大小的量称为体膨胀系数。通常把温度变化1℃所引起的物质体积的变化与它在0℃时的体积之比，称为平均体膨胀系数，用 β 来表示。

　　当温度由 t_1 变化到 t_2 时，就有

$$\beta = \frac{V_{t_2} - V_{t_1}}{(t_2 - t_1)V_0} \tag{3-1}$$

式中　β——感温液的平均体膨胀系数，℃$^{-1}$；

　　　V_{t_1}——温度为 t_1 时工作物质的体积，m^3；

　　　V_{t_2}——温度为 t_2 时工作物质的体积，m^3；

　　　V_0——温度为0℃时工作物质的体积，m^3。

　　当 $t_1 = 0$℃时，令 $t = t_2$ 则式（3-1）又可写成

$$\beta = \frac{V_t - V_0}{V_0 t} \tag{3-2}$$

　　或可写成

$$V_t = V_0(1 + \beta t) \tag{3-3}$$

　　（2）视膨胀：当温度计受热时，感温液体受热膨胀，使感温液体在毛细管中上升。同时感温泡和毛细管也因受热膨胀而容积增大，使得感温液柱下降。但由于感温液的体膨胀系数大，而玻璃的体膨胀系数小，其结果是感温液体上升了一段距离。所以，感温液体在玻璃毛细管中随温度上升而上升，或随温度下降而下降。感温液与玻璃体膨胀系数之差被称为视膨胀系数，表示如下

$$K = \beta - \gamma \tag{3-4}$$

式中　K——玻璃液体温度计的视膨胀系数，℃$^{-1}$；

　　　γ——玻璃的体膨胀系数，℃$^{-1}$。

　　综上所述，玻璃液体温度计的示值实际上是感温液体积与玻璃体积变化之差值。

表 3-3 是用于玻璃液体温度计中的比较常用的几种感温液体的体膨胀系数。

各种感温液的体膨胀系数 表 3-3

感温液	使用范围 (℃)	体膨胀系数 (℃$^{-1}$)	视膨胀系数 (℃$^{-1}$)	感温液	使用范围 (℃)	体膨胀系数 (℃$^{-1}$)	视膨胀系数 (℃$^{-1}$)
汞铊	$-60\sim0$	0.000177	0.000157	煤油	$0\sim300$	0.00095	0.00093
水银	$-30\sim800$	0.00018	0.00016	石油醚	$-120\sim20$	0.00142	0.00140
甲苯	$-80\sim100$	0.00109	0.00107	戊烷	$-200\sim20$	0.00092	0.00090
乙醇	$-80\sim80$	0.00105	0.00103				

3.2.2.3 分类

玻璃液体温度计的应用十分广泛，其种类规格繁多。通常按以下几种情况加以分类。

1. 按结构分类

玻璃液体温度计按结构可分为棒式温度计、内标式温度计和外标式温度计三种。

（1）棒式温度计

图 3-1（a）为棒式温度计，它具有厚壁的毛细管，温度标尺直接刻度在毛细管表面。玻璃毛细管又分透明棒式和熔有釉带棒式两种。这种温度计的结构决定了测量准确度较高，因此我国目前生产的一、二等标准水银温度计都是采用这种结构形式。如一等标准水银温度计是透明棒式的，读取示值时可从正反两面读数，从而可消除由于插入不垂直而带来的视差，提高了测量准确度。二等标准水银温度计是在其玻璃毛细管刻度标尺的背面熔入一条乳白色釉带。其他工作用玻璃温度计有的是熔入白色釉带，有的是熔入彩色釉带，以便读数直观、刻度清晰。

（2）内标式温度计

图 3-1（b）为内标式温度计，其标尺是一长方形薄片，一般为乳白色玻璃或白瓷板。玻璃毛细管紧贴靠在标尺板上，两者一起封装在一个玻璃外套管内。这种温度计读取示值方便清晰，多用于二等标准水银温度计、实验室温度计以及工作用玻璃液体温度计。同棒式温度计相比，内标式温度计具有较大的热惯性。

（3）外标式温度计

图 3-1（c）为外标式温度计，其玻璃毛细管紧贴在标尺板上。这种温度计的标尺板可用塑料、金属、木板等材料制成。外标式温度计主要用于测量不超过 50～60℃ 的空气温度，例如广泛用于室温测量的温度计和气象部门用于测量最高与最低温度的温度计等。

2. 按准确度等级分类

玻璃液体温度计按准确度亦可分为：标准温度计、高精密温度计和工作用温度计。

（1）标准温度计

标准温度计包括一等标准水银温度计、二等标准水银温度计和标准贝克曼温度计。

一等标准水银温度计目前主要作为在各级计量部门量值传递使用的标准器。为了提高读数准确度，一等水银温度计采用透明棒式结构，可从正、反两面读数。一等标准水银温度计的测量范围为 $-60\sim500$℃，最小分度值为 0.05℃ 或 0.1℃。

二等标准水银温度计也是目前各级计量部门量值传递使用的标准器，其最小分度值仅为 0.1℃，比一等标准水银温度计差，因此无需正、反面读数以消除视差。二等标准水银温度计有棒式和内标式两种。棒式温度计结构除有乳白色釉带外，其他方面与一等标准水银温度计相同。由于该温度计在量值传递时所使用的设备简单，操作方便，数据处理容易，所以在 $-60\sim500℃$ 范围内，可作为工作用玻璃液体温度计以及其他各类温度计、测温仪表的标准器使用。

贝克曼温度计属于结构特殊的玻璃液体温度计，专用于测量温差，所以又被称为差示温度计。它分为标准和工作用两大类，测量起始温度可以调节，使用范围为 $-20\sim125℃$，其示值刻度范围为 $0\sim5℃$，最小分度值是 $0.01℃$。贝克曼温度计与一般的玻璃液体温度计不同之处在于它有两个贮液泡和两个标尺。由于贝克曼温度计可在不同温区内测量温差，因此为得到被测对象的真实温度，就必须对温度计在各个不同的温区所显示的每个示值进行修正。

（2）高精密温度计

这是一种专门用于精密测量的玻璃液体温度计，其分度值一般为小于或等于 $0.05℃$。在检定该温度计时可用一等标准铂电阻温度计作为标准，而不能使用一、二等标准水银温度计。

（3）工作用温度计

直接用在生产和科学实验中的温度计统称为工作用温度计。工作用温度计包括实验室用和工业用温度计两种。

实验室用玻璃液体温度计常常是为一定的实验目的而设计制造的，其准确度比工业用玻璃液体温度计要高，属于精密温度计。

实验室温度计在结构上分为棒式和内标式两种。棒式温度计一般在温度计背面熔有白色或其他彩色釉带。实验室温度计的最小分度值一般为 $0.1℃$、$0.2℃$ 或 $0.5℃$。准确度最高的实验室温度计是量热式温度计和贝克曼温度计，它们最小分度值可达 $0.01℃$ 或 $0.02℃$，对测量微小温差的分辨率可估读到千分之一摄氏度。

工业用玻璃液体温度计，种类繁多，在生产和日常生活中被大量地使用。根据不同用途冠以不同的名称，如石油产品用玻璃液体温度计、粮食用温度计、气象用温度计等。为了满足各种场合的测温需要，工业温度计可做成各种不同形状和尾部弯成不同的角度。

3. 按使用方式分类

按玻璃液体温度计使用时的浸没方式基本可分为全浸式温度计和局浸式温度计两类。

（1）全浸式温度计

全浸式温度计使用时，插入被测介质的深度应不低于液柱弯月面所指示位置的 $15mm$。因此当用全浸式温度计测量不同温度时，其插入深度要随之改变。全浸式温度计受环境温度影响很小，故其测量准确度较高。通常在全浸式温度计的背面都标有"全浸"字样的标志。

（2）局浸式温度计

局浸式温度计使用时，插入被测介质的深度应为温度计本身所标志的固定的浸没位置。由于局浸式温度计的插入深度是固定不变的，故测温时不必随温度变化而改变浸没深度。局浸式温度计由于液柱大部分露在被测介质之上，故受周围环境温度影响较大，测量准确度低于全浸式温度计。

3.2.2.4 误差分析（扫码阅读）

3.2.3 固体膨胀式温度计

固体膨胀式温度计，主要指双金属温度计，它具有结构简单、牢固可靠，维护方便，抗振性好，价格低廉，无汞害及读数指示明显等优点，但准确度不高。使用范围一般为：$-80\sim600℃$。

3.2.3.1 工作原理

双金属温度计是利用两种线膨胀系数不同的材料制成的，其中一端固定，另一端为自由端，如图 3-2 所示。当温度升高时，膨胀系数较大的金属片伸长较多，必然会向膨胀系数较小的金属片一面弯曲变形。温度越高，产生的弯曲越大。通常，将膨胀系数较小的一层称为被动层，而膨胀系数较大的一层称为主动层。双金属温度计的测温性能与双金属片的特性有着直接的关系。双金属片在一定温度范围内受热弯曲变形的规律为

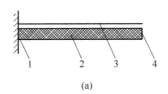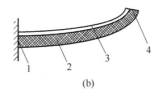

(a)   (b)

图 3-2 双金属片受热变形示意图

(a) 受热前；(b) 受热后

1—固定端；2—主动层；3—被动层；4—自由端

$$\alpha = \frac{3}{2}\frac{l(a_2-a_1)}{\delta_1+\delta_2}(t-t_0) \tag{3-5}$$

式中　α——双金属片的偏转角；

$\quad\quad l$——双金属片的长度，m；

$\quad\quad a_1$——双金属片被动层的膨胀系数，$℃^{-1}$；

$\quad\quad a_2$——双金属片主动层的膨胀系数，$℃^{-1}$；

$\quad\quad \delta_1$——双金属片被动层的厚度，m；

$\quad\quad \delta_2$——双金属片主动层的厚度，m；

$\quad\quad t$——工作温度，℃；

$\quad\quad t_0$——初始温度，℃。

由式（3-5）可知，在双金属片的长度 l、被动层和主动层厚度 δ_1 和 δ_2 一定，而且（a_2-a_1）在规定的温度范围内保持常数时，双金属片的偏转角 α 与温度 t 的关系呈线性。

3.2.3.2 结构

要使双金属温度计的灵敏度提高，即弯曲变形显著，应尽量增加双金属片的长度。双金属温度计有杆式、螺旋式和盒式三种，前两种如图 3-3 所示。

对于杆式双金属温度计，芯杆和外套的膨胀系数不同，在温度变化时，芯杆就和外套产生相对运动。杠杆系统由拉簧、杠杆和弹簧组成，用于将自由端产生的微小位移进行放大，再带动指针直接指示温度。

对于螺旋式双金属温度计，其感温元件为两种膨胀系数不同的双金属片。双金属片可

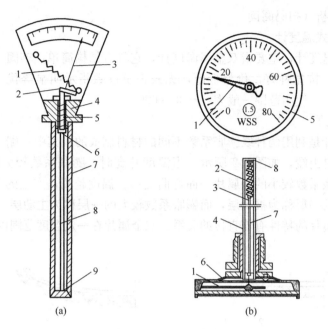

图 3-3　双金属温度计

（a）杆式双金属温度计：1—拉簧；2—杠杆；3—指针；4—基座；

5—弹簧；6—自由端；7—外套；8—芯杆；9—固定端；

（b）螺旋式双金属温度计：1—指针；2—双金属片；3—自由端；

4—金属保护管；5—刻度盘；6—表壳；7—传动机构；8—固定端

制成螺旋形或螺线形，一端固定在金属保护管上，另一端为自由端，并和指针系统相连接。在温度变化时，双金属片会产生形变，使自由端产生角位移，通过传动机构的放大，带动指针偏转，在刻度盘上显示出温度值。

双金属温度计的外壳直径一般有 60mm、100mm、150mm 三种。其保护管直径有 4mm、6mm、8mm、10mm、12mm 五种，它们长度可根据需要来确定，最长可达 2000mm。

双金属片作为双金属温度计的感温元件，是温度计的核心部件，在选择双金属片材料时应注意：

1）为提高感温元件的灵敏度，应使主动层材料的热膨胀系数尽量高，被动层材料的热膨胀系数尽量低，且热膨胀系数在使用范围内应保持稳定。

2）双金属片应有较高的弹性模量，较低的弹性模量温度系数，以便制作出的感温元件有较宽的工作温度范围。

3.2.4　压力式温度计

压力式温度计是利用封装于密闭容积内的工作介质随温度升高而压力升高的性质，通过对工作介质的压力测量来测量温度的一种机械式测温仪表。

3.2.4.1　分类及特点

压力式温度计的测量范围为：−80～600℃。适用于生产过程中 20m 之内的非腐蚀性液体、气体和蒸汽的温度测量。根据所测介质的不同，又可分为普通型和防腐型。普通型适用于不具腐蚀作用的液体、气体和蒸汽，防腐型采用全不锈钢材料，适用于中性腐蚀的液体和气体。常用压力式温度计的技术参数如表 3-4 所示。

常用压力式温度计的技术参数　　　　　表 3-4

名称	型号	测量范围（℃）	准确度等级
压力式温度计	WTZ-280	$-20\sim+60$, $0\sim100$, $0\sim120$, $20\sim120$, $60\sim160$	1.5
	WTQ-280	$-40\sim+60$, $0\sim160$, $0\sim200$, $0\sim300$	2.5
电接点压力式温度计	WTZ-288	$-20\sim+60$, $0\sim100$, $0\sim120$, $20\sim120$, $60\sim160$	1.5
	WTQ-288	$-40\sim+60$, $0\sim160$, $0\sim200$, $0\sim300$	2.5

压力式温度计的特点如下：

1）结构简单，价格便宜。

2）抗振性好，防爆性好，除电接点式外，一般压力式温度计不带任何电源。故常应用在飞机、汽车、拖拉机上，也可将它作为温度控制装置。

3）读数方便清晰，信号可以远传。

4）热惯性较大，动态性能差，示值的滞后较大，不易测量迅速变化的温度。

5）测量准确度不高，只适用于一般工业生产中的温度测量。

3.2.4.2 结构

压力式温度计的结构如图 3-4 所示。在温度计的密闭系统中，填充的工作介质可以是液体、气体和蒸汽。仪表中包括温包、金属毛细管、基座和具有扁圆或椭圆截面的弹簧管。弹簧管一端焊在基座上，内腔与毛细管相通，另一端封死为自由端。在温度变化时，温度计的压力变化，使弹簧管的自由端产生角位移，通过拉杆、齿轮传动机构（3 和 4）带动指针偏移，则在刻度盘上指示出被测温度。

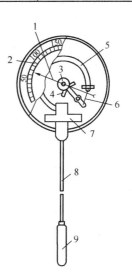

图 3-4　压力式温度计
1—指针；2—刻度盘；
3—柱齿轮；4—扇齿轮；
5—弹簧管；6—拉杆；
7—基座；8—毛细管；
9—温包

3.3　热电偶温度计

热电偶具有结构简单、测量准确度较高、裸丝热容量小、材料的互换性好等优点。利用热电偶作为传感器的热电偶温度计测温范围低温可至 4K，高温可达 2800℃。热电偶能进行多点温度测量，其输出信号能够远距离传送，便于检测和控制。因此热电偶在工业生产及科学研究中得到了广泛的应用。

3.3.1　热电偶测温原理

3.3.1.1　热电效应

把两种不同的导体或半导体连接成闭合回路，如图 3-5 所示，如果将它们的两个接点分别置于不同的温度，则在该回路就会产生电势，这种现象称为热电效应，或称塞贝克效应（Seebeck）。产生的电势通称为热电势，记作 $E_{AB}(T, T_0)$。

热电偶是热电偶温度计的敏感元件，它测温的基本原理是基于热电效应。如图 3-5 所

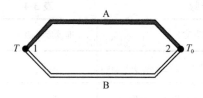

图 3-5　热电偶原理图

示，把两种不同的导体（或半导体）A 和 B 连接成闭合回路，当两接点 1 与 2 的温度不同时，如 $T > T_0$，则回路中就会产生热电势 $E_{AB}(T, T_0)$。导体 A、B 称为热电极，其中，A 表示热电偶的正极，B 表示负极。两热电极 A 和 B 的组合称为热电偶。在两个接点中，接点 1 是将两电极焊在一起，测温时将它放入被测对象中感受被测温度，故称之为测量端、热端或工作端，接点 2 处于环境之中，要求温度恒定，故称之为参考端、冷端或自由端。

热电偶就是通过测量热电势来实现测温的。该热电势由两部分组成：接触电势（又称珀尔帖电势）与温差电势（又称汤姆逊电势）。

3.3.1.2　两种导体的接触电势

接触电势是基于珀尔帖（Peltier）效应产生的，即由于两种不同的导体接触时，自由电子由密度大的导体向密度小的扩散，直至达到动态平衡为止而形成的热电势。自由电子扩散的速率与自由电子的密度和所处的温度成正比。

设导体 A 与 B 的自由电子密度分别为 N_A、N_B，并且 $N_A > N_B$，则在单位时间内，由导体 A 扩散到导体 B 的自由电子数比从 B 扩散到 A 的自由电子数多，导体 A 因失去电子而带正电，导体 B 因获得电子而带负电，因此，在 A 和 B 间形成了电势差。这个电势在 A、B 接触处形成一个静电场，阻碍扩散作用的继续进行。在某一温度 T 下，电子扩散能力与静电场的阻力达到动态平衡，此时在接点处形成接触电势，并表示为

$$E_{AB}(T) = \frac{kT}{e} \ln \frac{N_{AT}}{N_{BT}} \tag{3-6}$$

式中　$E_{AB}(T)$ ——导体 A 和 B 在温度 T 时的接触电势，V；

　　　　T——接点处绝对温度，K；

　　　　k——玻耳兹曼常数，$k = 1.38 \times 10^{-23}$ J/K；

　　　　e——单位电荷，$e = 1.60 \times 10^{-19}$ C；

　　　N_{AT}——导体 A 在温度 T 时的自由电子密度，cm^{-3}；

　　　N_{BT}——导体 B 在温度 T 时的自由电子密度，cm^{-3}。

注意：接触电势 $E_{AB}(T)$ 脚码 AB 的顺序代表电位差的方向，即自由电子传递的方向。如果改变脚码的顺序，电势"E"前面的符号也应随之改变，即在热电势符号"E"前加"$-$"号。

从式（3-6）中看出，接触电势的大小与接点温度的高低以及导体 A 和 B 的自由电子密度有关。温度越高，接触电势越大，两种导体自由电子密度的比值越大，接触电势也越大。当 A 和 B 为同一种材质时，则有 $E_{AA}(T) = 0$。

3.3.1.3　单一导体中的温差电势

温差电势是基于汤姆逊效应（Thomson）产生的，即同一导体的两端因其温度不同而产生的一种热电势。

设导体 A 两端温度分别为 T 和 T_0，且 $T > T_0$。此时形成温度梯度，使高温端的自由电子能量大于低温端的自由电子能量，因此从高温端扩散到低温端的自由电子数比从低

温端扩散到高温端的要多，结果高温端因失去自由电子而带正电荷，低温端因获得自由电子而带负电荷。因而，在同一导体两端便产生电位差，并阻止自由电子从高温端向低温端扩散，最后使自由电子扩散达到动平衡，此时所形成的电位差称为温差电势，用下式表示

$$E_A(T, T_0) = \frac{k}{e} \int_{T_0}^{T} \frac{1}{N_{AT}} d(N_{AT} \cdot T) \tag{3-7}$$

式中，$E_A(T, T_0)$ 为导体 A 两端温度各为 T 和 T_0（$T > T_0$）时的温差电势，V。

同理，当导体 B 两端温度分别为 T 和 T_0，且 $T > T_0$ 时，也将产生温差电势。从式（3-7）可见，温差电势的大小取决于热电极两端的温差和热电极的自由电子密度，而自由电子密度又与热电极材料成分有关。温差越大，温差电势也越大。当热电极两端温度相同时，温差电势为零，即 $E_A(T, T_0) = 0$。

3.3.1.4 热电偶闭合回路的总电势

如图 3-6 所示的热电偶闭合回路中将产生两个温差电势 $E_A(T, T_0)$、$E_B(T, T_0)$ 及两个接触电势 $E_{AB}(T)$、$E_{AB}(T_0)$。设 $T > T_0$、$N_A > N_B$，由于温差电势比接触电势小，所以在热电偶回路总电势中，以导体 A 和 B 在热端的接触电势 $E_{AB}(T)$ 所占百分比最大，决定了回路总电势，即热电势的方向，这时总的热电势 $E_{AB}(T, T_0)$ 可写成

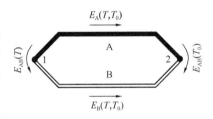

图 3-6 热电偶闭合回路的电势分布示意图

$$E_{AB}(T, T_0) = E_{AB}(T) + E_B(T, T_0) - E_{AB}(T_0) - E_A(T, T_0)$$

$$= \frac{kT}{e} \ln \frac{N_{AT}}{N_{BT}} + \frac{k}{e} \int_{T_0}^{T} \frac{1}{N_{BT}} d(N_{BT} \cdot T) - \frac{kT_0}{e} \ln \frac{N_{AT_0}}{N_{BT_0}}$$

$$- \frac{k}{e} \int_{T_0}^{T} \frac{1}{N_{AT}} d(N_{AT} \cdot T) \tag{3-8}$$

经推导整理后可得

$$E_{AB}(T, T_0) = \frac{k}{e} \int_{T_0}^{T} \ln \frac{N_{AT}}{N_{BT}} dT \tag{3-9}$$

由式（3-9）可知，热电偶产生的热电势与自由电子密度及两接点温度有关。自由电子密度不仅取决于热电偶材料特性，而且随温度变化而变化，它们并非常数。所以，当热电偶材料一定时，热电势 $E_{AB}(T, T_0)$ 成为温度 T 和 T_0 的函数差，即

$$E_{AB}(T, T_0) = f(T) - f(T_0) \tag{3-10}$$

如果能使冷端温度 T_0 固定，即 $f(T_0) = C$（常数），则对确定的热电偶材料，其热电势 $E_{AB}(T, T_0)$ 就只与热端温度呈单值函数关系，即

$$E_{AB}(T, T_0) = f(T) - C \tag{3-11}$$

这种特性称为热电偶的热电特性，可通过实验方法求得。由此可见，当保持热电偶冷端温度 T_0 不变时，只要用仪表测得热电势 $E_{AB}(T, T_0)$，就可求得被测温度 T。

国际温标规定：在 $T_0 = 0℃$ 时，用实验的方法测出各种不同热电极组合的热电偶在不同的工作温度下所产生的热电势值，并制成一张张表格，这就是常说的分度表。温度与热

电势之间的关系也可以用函数关系表示，称为参考函数。新的国际温标《The International Temperature Scale of 1990》ITS—90 的分度表和参考函数是由国际电工委员会和国际计量委员会合作安排，国际上有权威的研究机构（包括中国在内）共同参与完成的，它是热电偶测温的主要依据。有关标准热电偶的分度表和参考函数详见附录 A 和附录 B。

3.3.1.5　结论

由以上热电偶的测温原理，可得：

1）热电偶测温三要素，即不同材质、不同温度和闭合回路，三者缺一不可。

2）若 $f(T_0)$ 固定，则 $E_{AB}(T, T_0)$ 是被测温度 T 的单值函数。

3）冷端温度恒定与否，决定了测温的准确度高低。

由式（3-9）可见，热电偶热电势与温度之间的关系是非线性的，二者之间严格的数学函数关系难以准确得到，只能依据国际温标用实验的方法得到，即制成热电偶分度表。

3.3.2　热电偶的基本定律及其应用

根据热电偶的测温原理可以引出热电偶的基本定律。这些定律在实际测温中是非常重要的，必须着重理解和掌握。

3.3.2.1　均质导体定律及其应用

均质导体定律是：由一种均质材料（自由电子密度处处相同）构成的热电偶，不论其截面积和长度以及各处的温度分布如何，都不能产生热电势。

由均质材料 A 组成的热电偶如图 3-7 所示。由于材料相同，有 $N_{AT} = N_{BT}$，则在两接点处的接触电势为零。

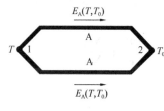

图 3-7　均质导体定律

导体 A 两端温度不同，也会产生温差电势，但此回路中所产生的两温差电势大小相等，方向相反，故回路中总热电势为零。该结论也可由式（3-9）直接推导出。

该定律表明：

1）热电偶必须由两种不同性质的材料组成，且热电偶两接点温度不同。

2）热电势仅取决于组成热电偶的材料、热端和冷端的温度，而与热电偶的几何形状、尺寸大小和沿电极温度分布无关。

3）由一种材料组成的闭合回路存在温差时，回路如果产生热电势，便说明该材料是不均匀的。产生的热电势越大，热电极的材料不均匀性越严重。可见，均质导体定律为检查热电极材料均匀性提供了理论依据。

同名极法检定热电偶就是根据这个定律进行的。在实际检定工作中，常采用改变热电偶插入检定炉深度的方法来判断热电偶的不均匀性。

4）热电极材料不均匀性越大，测量时产生的误差就越大，所以热电极的均匀性是衡量热电偶质量的重要指标之一。

3.3.2.2　参考电极定律

两种导体 A、B 分别与参考电极 C（或称标准电极）组成热电偶，如图 3-8 所示。如果它们所产生的热电势为已知，那么，A 与 B 两个热电极配对后组成热电偶的热电势为：

$$E_{AB}(T, T_0) = E_{AC}(T, T_0) + E_{CB}(T, T_0) = E_{AC}(T, T_0) - E_{BC}(T, T_0) \tag{3-12}$$

式中　$E_{AB}(T, T_0)$——由导体 A 与 B 组成的热电偶在接点温度分为 T 和 T_0 时的热电势，V；

$E_{AC}(T,T_0)$——由导体 A 与 C 组成的热电偶在接点温度分为 T 和 T_0 时的热电势，
V；

$E_{BC}(T,T_0)$——由导体 B 与 C 组成的热电偶在接点温度分为 T 和 T_0 时的热电势，
V。

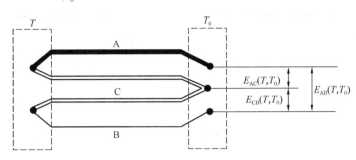

图 3-8 参考电极回路

该定律证明如下，由式（3-9）和图 3-8 可得

$$E_{AC}(T,T_0) = \frac{k}{e}\int_{T_0}^{T}\ln\frac{N_{A_T}}{N_{C_T}}dT$$

$$E_{CB}(T,T_0) = \frac{k}{e}\int_{T_0}^{T}\ln\frac{N_{C_T}}{N_{B_T}}dT$$

将两式相加得

$$E_{AC}(T,T_0) + E_{CB}(T,T_0) = \frac{k}{e}\int_{T_0}^{T}\ln\frac{N_{A_T}}{N_{C_T}}dT + \frac{k}{e}\int_{T_0}^{T}\ln\frac{N_{C_T}}{N_{B_T}}dT$$

$$= \frac{k}{e}\int_{T_0}^{T}\ln\frac{N_{A_T}}{N_{B_T}}dT = E_{AB}(T,T_0)$$

参考电极定律为制造和使用不同材料的热电偶奠定了理论基础，也为测试和设计热电偶提供了依据。即可采用同一参考电极与各种不同材料组成热电偶，先测试其热电特性，然后再利用这些特性组成各种配对的热电偶，这是研究、测试热电偶的通用方法。由于纯铂丝的物理化学性能稳定、熔点高、易提纯，故常用铂丝作为参考电极。

3.3.2.3 中间导体定律及其应用

在热电偶回路中接入第三种导体，只要与第三种导体相连接的两接点温度相同，则接入第三种导体后，对热电偶回路中的总电势没有影响。下面给出该定律的证明。

图 3-9 是把热电偶冷端接点分开后引入第三种导体的示意图，若被分开后的两点 2、3 温度相同且都等于 T_0，那么热电偶回路的总电势为

$$E_{ABC}(T,T_0) = E_{AB}(T) + E_B(T,T_0) + E_{BC}(T_0) + E_C(T_0,T_0)$$
$$+ E_{CA}(T_0) - E_A(T,T_0) \tag{3-13}$$

由温差电势定义可得：$E_C(T_0,T_0) = 0$，由参考电极定律可得

$$E_{BC}(T_0) + E_{CA}(T_0) = E_{BA}(T_0) = -E_{AB}(T_0)$$

则式（3-13）变为

$$E_{ABC}(T,T_0) = E_{AB}(T) + E_B(T,T_0) - E_{AB}(T_0) - E_A(T,T_0)$$
$$= E_{AB}(T,T_0) \tag{3-14}$$

同理，还可加入第四、第五种导体等等。中间导体定律具有如下作用：

1）为在热电偶闭合回路中接入各种仪表、连接导线等提供理论依据。即只要保证连接导线、仪表等接入时两端温度相同，则不影响热电势，如图 3-10 所示。

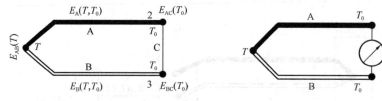

图 3-9　中间导体定律　　　　　图 3-10　热电偶回路中接入仪表

2）可采用开路热电偶（即热电偶的热端开路），对液态金属进行温度测量，如图 3-11 (a) 所示。图中，被测液态金属为第三种导体 C，使用时应注意保持接点温度 T 相同。图 3-11(b) 为利用开路热电偶测量金属壁面温度的示意图。图中，被测金属壁面为第三种导体 C，连接导线为第四种导体 D，显示仪表为第五种导体 E。使用时也应注意保持各接点温度 T、T'_0 和 T_0 相同。

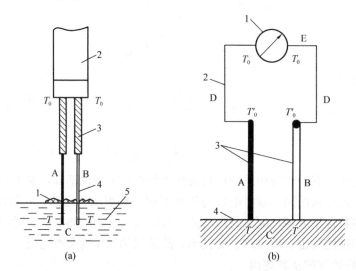

(a)　　　　　　　　　　　(b)

图 3-11　利用热电偶中间导体定律组成的测温回路

（a）测量液态金属温度：1—渣；2—保护套管；3—绝缘套管；4—热电偶；5—熔融金属

（b）测量金属壁面温度：1—显示仪表；2—连接导线；3—热电偶；4—被测金属壁面

3.3.2.4　中间温度定律及其应用

在热电偶回路中，两接点温度分别为 T,T_0 时的热电势，等于该热电偶在两接点温度分别为 T,T_n 和 T_n,T_0 时相应热电势的代数和，即

$$E_{AB}(T,T_0) = E_{AB}(T,T_n) + E_{AB}(T_n,T_0) \tag{3-15}$$

证明如下

$$E_{AB}(T,T_n) = f(T) - f(T_n)$$

$$E_{AB}(T_n,T_0) = f(T_n) - f(T_0)$$

两式相加得

$$E_{\mathrm{AB}}(T,T_n) + E_{\mathrm{AB}}(T_n,T_0) = f(T) - f(T_0) = E_{\mathrm{AB}}(T,T_0)$$

中间温度定律具有如下作用：

1）为在热电偶回路中应用补偿导线提供了理论依据（详见 3.3.3 节）。

2）为制定和使用热电偶分度表奠定了基础。

各种热电偶的分度表都是在冷端温度为 0℃时制成的。如果在实际应用中热电偶冷端不是 0℃而是某一中间温度 T_n，这时仪表指示的热电势值为 $E_{\mathrm{AB}}(T,T_n)$。而 $E_{\mathrm{AB}}(T_n,0)$ 值可从分度表查得，将二者相加，即可得 $E_{\mathrm{AB}}(T,0)$ 值，按照该电势值再查相应的分度表便可得到被测对象的实际温度值。

【例 3-1】 用镍铬-镍硅（K 型）热电偶测量炉温，热电偶的冷端温度为 40℃，测得的热电势为 35.72mV，问被测炉温为多少？

解： 查 K 型热电偶分度表知：$E_{\mathrm{K}}(40,0)=1.611\mathrm{mV}$，测得 $E_{\mathrm{K}}(t,40)=35.72\mathrm{mV}$，则 $E_{\mathrm{K}}(t,0)=E_{\mathrm{K}}(t,40)+E_{\mathrm{K}}(40,0)=35.72+1.611=37.33\mathrm{mV}$。

据此再查上述分度表知，37.33mV 所对应的温度为 $t=900.1℃$，则被测炉温为 900.1℃。

3.3.3 热电偶的冷端温度处理

如前所述，为使热电偶的热电势与被测温度间成单值函数关系，热电偶的冷端必须恒定，一般采取以下方法。

3.3.3.1 补偿导线法

在实际应用中，热电偶的长度一般为几十厘米至一二米，因而参考端离被测对象很近，易受热源影响，难以保持恒定。通常热电偶的输出信号要传至远离数十米的控制室里，最简单的方法是直接把热电偶电极延长。但实际上有的热电偶是贵金属，价格昂贵，不能拉线过长，而即使是非贵金属热电偶，有的比较粗也不适宜拉线过长。特别是在工业装置上使用的热电偶一般都有固定结构，所以也不能随意延长。解决上述问题最常用的方法是采用"补偿导线"。

1. 原理

在一定温度范围内，与配用热电偶的热电特性相同或相近的一对带有绝缘层的廉价金属导线称为补偿导线。由带补偿导线的热电偶组成的测温电路如图 3-12 所示，其中 A'、B' 为补偿导线。补偿导线实际上是两种不同的廉金属导体组成的热电偶，在一定温度范围内（例如 0～100℃），它的热电特性与主热电偶 AB 的热电特性基本相同，即

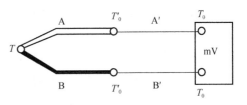

图 3-12 带补偿导线的热电偶测温原理图

$$E_{\mathrm{A'B'}}(T'_0,T_0) = E_{\mathrm{AB}}(T'_0,T_0) \tag{3-16}$$

所以 A'、B' 可视为 A、B 热电极的延长，即热电偶的冷端从 T'_0 处移到 T_0 处。带有补偿导线的热电偶回路的总热电势，即仪表测得值为

$$E = E_{\mathrm{AB}}(T,T'_0) + E_{\mathrm{A'B'}}(T'_0,T_0) = E_{\mathrm{AB}}(T,T_0) \tag{3-17}$$

可见此时热电势只同 T 和 T_0 有关。原冷端 T_0' 的变化不再影响读数。若 $T_0=0$，则仪表对应着热端的实际温度值，若 $T_0 \neq 0$，则应再进行修正。

补偿导线的作用主要有：

1）将热电偶的参考端延伸到远离热源或环境温度较恒定的地方，减少测量误差。这是普通连接导线所做不到的。

2）降低成本。

3）改善热电偶测量线路的力学与电学性能。采用多股或小直径补偿导线可提高线路的柔性，使接线方便，并可调节线路的电阻以及避免外界干扰。

2. 型号和结构

随着热电偶的标准化，补偿导线也形成了标准系列。国际电工委员会 IEC 制定的标准如表 3-5 所示。

补偿导线一览表　　　　　　　　　　　　　　　　　　表 3-5

补偿导线 型号	配用热电偶 分度号	补偿导线		绝缘层颜色	
		正极	负极	正极	负极
SC	S	SPC（铜）	SNC（铜镍）	红	绿
KC	K	KPC（铜）	KNC（铜镍）	红	蓝
KX	K	KPX（镍铬）	KNX（镍硅）	红	黑
EX	E	EPX（镍铬）	ENX（铜镍）	红	棕
JX	J	JPX（铁）	JNX（铜镍）	红	紫
TX	T	TPX（铜）	TNX（铜镍）	红	白

注：1. 型号第一个字母与配用热电偶的分度号相对应；

　　2. 型号第二个字母 "X" 表示延伸型补偿导线，字母 "C" 表示补偿型补偿导线。

补偿导线分普通型和带屏蔽层型两种。普通型由线芯 1、绝缘层 2 及保护套 3 组成。普通型外边再加一层金属编织的屏蔽层 4 就是带屏蔽层的补偿导线，如图 3-13 所示。

3. 使用注意事项

1）补偿导线只能与相应型号的热电偶配套使用。

2）补偿导线与热电偶连接处的两个接点温度应相同。

3）由于补偿导线与所配用的热电偶的热电极化学成分不同，因此它只能在规定的温度范围内使用。

一般在 $0 \sim 100℃$，补偿导线与热电偶的热电势相等或相近，但其间的微小差值在精密测量中不可忽视。例如，K 型热电偶和相对应的 KC 型补偿导线在 $0 \sim 100℃$ 时的热电势如表 3-6 所示。由表可知：在 $0 \sim 40℃$ 时，补偿导线与热电偶的测量值相等，而随着温度的升高，其误差逐渐加大，必须加以修正。

4）补偿导线有正、负极之分，应与相应热电偶的正、负极正确连接，否则，不仅起不到补偿作用，而且还会造成更大的测量误差。

5）要根据所配仪表的不同要求来选用补偿导线的直径。

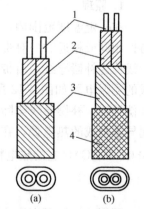

图 3-13　补偿导线的结构

（a）普通型；（b）带屏蔽层型

1—线芯；2—塑胶绝缘层；

3—塑胶保护套；4—屏蔽层

温度 (℃)	K 型热电偶的热电势 (mV)	KC 型补偿导线的热电势 (mV)	补偿导线与热电偶的热电势差值 (mV)
0	0	0	0
20	0.798	0.798	0
40	1.611	1.611	0
80	3.266	3.357	0.091
100	4.095	4.277	0.182

K 型热电偶和 KC 型补偿导线在 0～100℃ 时的热电势表　　表 3-6

3.3.3.2 计算修正法

当热电偶冷端温度 T_0 不等于 0℃ 时，需对仪表的示值加以修正，因为热电偶的温度与热电势的关系和分度表都是在冷端为 0℃ 时得到的。根据式（3-15）可得如下修正式

$$E_{AB}(T,0) = E_{AB}(T,T_0) + E_{AB}(T_0,0) \tag{3-18}$$

3.3.3.3 冷端恒温法

保持冷端恒温的方法很多，常见的有以下两种：

1. 冰点槽法

把冷端放在盛有绝缘油的试管中，然后再将其放入装满冰水混合物的冰点槽中。为了保持 0℃ 时误差能在 ±0.1℃ 之内，实验室对水的纯度、碎冰块的大小和冰水混合状态都有要求，另外对插入速度也应加以注意。为了防止短路，两根电极丝要分别插入各自的试管中，如图 3-14 所示。这种方法是一种理想方法，只适用于实验室和精密测量中，工业中使用极为不便。

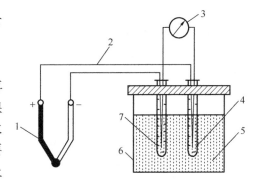

图 3-14　冰点槽法

1—热电偶；2—补偿导线；3—显示仪表；
4—绝缘油；5—冰水混合物；6—冰点槽；
7—试管

2. 恒温箱法

把冷端补偿导线引至电加热的恒温器内，维持冷端为某一恒定的温度。通常一个恒温器可供许多支热电偶同时使用，此法适于工业应用。

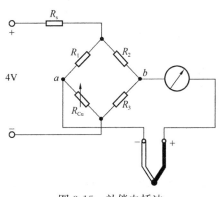

图 3-15　补偿电桥法

3.3.3.4 模拟补偿法

1. 补偿电桥法

补偿电桥法是利用不平衡电桥产生的电势来补偿热电偶冷端温度变化而引起的热电势变化。主要有铜电阻补偿法、二极管补偿法、铂电阻补偿法等，其原理大致相同，仅以铜电阻补偿法为例加以说明。

如图 3-15 所示，电桥由 R_1、R_2、R_3（均为锰铜电阻）和 R_{Cu}（铜电阻）组成，串联在热电偶回路中，热电偶冷端与电桥中 R_{Cu} 处于相同温度。

当冷端 $T_0 = 0℃$ 时，$R_{Cu} = R_1 = R_2 = R_3 = 1\Omega$，这时电桥平衡，无电压输出，回路中的电势就是热电偶产生的电势，即为 $E(T, 0)$。当 T_0 变化时，R_{Cu} 也随之改变，于是电桥两端 a、b 就会输出一个不平衡电压 U_{ab}。如适当选择 R_{Cu}，可使电桥的输出电压 $U_{ab} = E(T_0, 0)$，从而使回路中的总电势仍为 $E(T, 0)$，起到了冷端温度的自动补偿。实际补偿电桥一般是按在 $T_0 = 20℃$ 时保持电桥平衡设计的，因此在使用这种补偿器时，必须把仪表的起始点调到 20℃ 处。

2. 晶体三极管冷端补偿电路

图 3-16 为晶体三极管冷端补偿电路。其实质为在热电偶输出端叠加一个热电压，以使热电偶输出的热电势只与测量端温度有关。经推导得

$$U_{out} = \frac{R_3}{R_1}U_{tc} - \frac{R_3}{R_2}\gamma T_0 \tag{3-19}$$

式中　　U_{tc}——为热电偶的热电势，V；

　　　　γ——晶体三极管的温度系数；

　　　　T_0——冷端温度，K。

3. 集成温度传感器补偿法

为提高热电偶的测量准确度，一些厂家相继推出了集成温度传感器冷端补偿法，如美国 AD 公司生产的集成电路芯片 AC1226、带冷端补偿的单片热电偶放大器 AD594/AD595 等。

(1) AC1226 冷端补偿电路

C1226 是专用的热电偶冷端补偿集成电路芯片，在 0～70℃ 补偿范围内具有很高的准确度，其补偿绝对误差小于 0.5℃。该芯片的补偿输出信号不受其电源电压变化的影响，可与各种温度测量芯片或线路组成带有准确冷端补偿的测温系统。图 3-17 为由隔离型 AC1226 组成的高温测量冷端补偿电路原理图。它具有信号处理功能，这是芯片 1B51 本身所具备的。它可以和 E、J、K、S、R 或 T 型热电偶相接。图中 * 号表示所连接引脚必须和所用热电偶信号相对应。其测温范围为所连热电偶的测温范围。

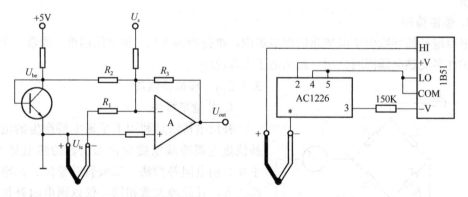

图 3-16　晶体三极管冷端补偿电路　　　　图 3-17　AC1226 冷端补偿电路

(2) AD594/AD595 补偿电路

AD594/AD595 是具有热电偶信号放大和冰点补偿双重功能的集成芯片，共有两个等级：C 级和 A 级，分别具有 ±1℃ 和 ±3℃ 的校准准确度。其中 AD594 适用于 T 型热电

偶，AD595 适用于 K 型热电偶。其输出电势与热电偶的热电势关系如下

$$E_{AD594} = 193.4(E_T + 0.016) \tag{3-20}$$

$$E_{AD595} = 247.3(E_K + 0.016) \tag{3-21}$$

式中　E_{AD594}、E_{AD595}——AD594 和 AD595 的输出，mV；

　　　E_T、E_K——T 型偶和 K 型偶热电势，mV。

3.3.3.5　数字补偿法

目前常用的数字补偿法是采用最小二乘法，根据分度表拟合出关系矩阵，这样只要测得热电势和冷端温度，就可以由计算机自动进行冷端补偿和非线性校正，并直接求出被测温度。该方法简单、速度快、准确度高，且为实现实时控制创造了条件。

3.3.4　热电偶的材料和种类

在实际应用中，为了工作可靠且有足够的测量准确度，并不是所有的材料均可用来作热电偶，对组成热电偶的材料要求如下：

（1）热电特性好。热电特性指的是热电势与温度的关系，它又可分为以下四个方面：

1）热电势与温度应为单值的、线性的或者接近线性的关系。这样，可以使显示仪表的刻度线性化，以提高内插准确度。

2）在测温中产生的热电势或热电势随温度的变化率要大，以保证有足够的测量灵敏度。

3）稳定性好，即在测量温度范围内，经过长期使用后，热电势不产生变化，或在规定的允许范围内变化。

4）互换性好，即采用同样材料和工艺制造的热电偶，其热电特性相同，这样可制定统一的分度表，便于配接温度变送器。

（2）物理化学性能稳定，不易被氧化、腐蚀或玷污。

（3）测温范围宽。在选择热电偶材料时，最好选熔点高、饱和蒸气压低的金属或合金。这样的热电偶不仅测温上限高，而且测温范围宽。

（4）良好的物理特性：如高的电导率，小的比热，小的电阻温度系数等。如果电阻温度系数太大，则在不同的温度下，热电偶本身的电阻相差很大，当采用动圈仪表测温时，就会产生较大的附加误差。用于低温测量的热电偶，要求有较小的热导率，以减小热传导误差。

（5）材料的机械强度高，加工工艺简单，价格便宜。

热电偶的分类方法很多。按热电势-温度关系是否标准化可分为标准化热电偶和非标准化电偶。按使用的温度范围可分为高温热电偶和低温热电偶。按热电极材料的性质可分为金属热电偶、半导体热电偶和非金属热电偶。按热电极材料的价格可分为贵金属热电偶和廉金属热电偶。贵金属热电偶指由铂族、金、银及其合金构成的热电偶，除此之外统称廉金属热电偶。它们特性的比较如表 3-7 所示。

贵金属热电偶与廉金属热电偶的特性比较　　　　　　表 3-7

种类	优点	缺点
贵金属热电偶	准确度高、热电极均匀性好，可作为标准热电偶。稳定性好。可在 1000℃ 以上使用。抗氧化、耐腐蚀。电阻小。损坏后可回收再利用	热电势小，灵敏度低。热电势与温度呈非线性关系。不适宜在还原气氛中应用。因无高准确度补偿导线，补偿接点误差大。不适宜测量 0℃ 以下的低温。热导率高，价格昂贵

种类	优点	缺点
廉金属热电偶	灵敏度高。热电势与温度呈线性关系。可在还原气氛中应用。有高准确度补偿导线，补偿接点误差小。可测量 0℃ 以下的低温。价格便宜	抗氧化、耐腐蚀差。热电极均匀性差。在高温下稳定性差，寿命短。除钨铼以外，不适宜测量 1300℃ 以上的高温。电阻率高

3.3.4.1　标准化热电偶

标准化热电偶是指生产工艺成熟、成批生产、性能优良并已列入国家标准文件中的热电偶，它具有统一的分度表，不用单支标定，可互换并有配套仪表供使用。选择热电偶进行温度测量时，应兼顾温度测量范围、价格和准确度三方面需求。

目前国际上已有 8 种标准化热电偶，其性能简介如表 3-8 所示，其中：温度的测量范围是指热电偶在良好的使用环境下允许测量温度的极限值。实际使用，特别是长期使用时，一般允许测量的温度上限是极限值的 $60\%\sim80\%$。

标准化热电偶性能比较　　　　　　　　　　　　　　　　　　　表 3-8

分度号	热电偶		等级	温度范围（℃）	允许误差
	正极	负极			
S	铂铑 10[①]	铂	Ⅰ	$0\sim1100$	$\pm1℃$
				$1100\sim1600$	$\pm[1+0.003(t-1100)]℃$
			Ⅱ	$0\sim600$	$\pm1.5℃$
				$600\sim1600$	$\pm0.25\%\,|t|$
R	铂铑 13	铂	Ⅰ	$0\sim1100$	$\pm1℃$
				$1100\sim1600$	$\pm[1+0.003(t-1100)]℃$
			Ⅱ	$0\sim600$	$\pm1.5℃$
				$600\sim1600$	$\pm0.25\%\,|t|$
B	铂铑 30	铂铑 6	Ⅱ	$600\sim1700$	$\pm0.25\%\,|t|$
			Ⅲ	$600\sim800$	$\pm4.0℃$
				$800\sim1700$	$\pm0.5\%\,|t|$
K	镍铬	镍硅	Ⅰ	$-40\sim1100$	$\pm1.5℃$ 或 $\pm0.4\%\,|t|$
			Ⅱ	$-40\sim1300$	$\pm2.5℃$ 或 $\pm0.75\%\,|t|$
			Ⅲ	$-200\sim40$	$\pm2.5℃$ 或 $\pm1.5\%\,|t|$
N	镍铬硅	镍硅	Ⅰ	$-40\sim1100$	$\pm1.5℃$ 或 $\pm0.4\%\,|t|$
			Ⅱ	$-40\sim1300$	$\pm2.5℃$ 或 $\pm0.75\%\,|t|$
			Ⅲ	$-200\sim40$	$\pm2.5℃$ 或 $\pm1.5\%\,|t|$
E	镍铬	铜镍合金（康铜）	Ⅰ	$-40\sim800$	$\pm1.5℃$ 或 $\pm0.4\%\,|t|$
			Ⅱ	$-40\sim900$	$\pm2.5℃$ 或 $\pm0.75\%\,|t|$
			Ⅲ	$-200\sim40$	$\pm2.5℃$ 或 $\pm1.5\%\,|t|$
J	纯铁	铜镍合金（康铜）	Ⅰ	$-40\sim750$	$\pm1.5℃$ 或 $\pm0.4\%\,|t|$
			Ⅱ	$-40\sim750$	$\pm2.5℃$ 或 $\pm0.75\%\,|t|$

续表

分度号	热电偶		等级	温度范围(℃)	允许误差
	正极	负极			
T	纯铜	铜镍合金 （康铜）	Ⅰ Ⅱ Ⅲ	−40～350 −40～350 −200～40	±1.5℃或±0.4%｜t｜ ±2.5℃或±0.75%｜t｜ ±2.5℃或±1.5%｜t｜

① 铂铑 10 表示含铂 90%，铑 10%，依此类推。

注：1. t 为被测温度。｜t｜为 t 的绝对值。

2. 允许误差以温度偏差值或被测温度绝对值的百分数表示，二者之中采用最大值。

热电偶热电势与温度之间存在非线性，使用时应进行修正，常用的热电偶非线性补偿方法有：分段线性处理与修正相结合的方法，基于最小二乘法的自动分段拟合法以及利用神经网络进行模型辨识和非线性估计等方法。

1. 贵金属热电偶（扫码阅读）

2. 廉金属热电偶（扫码阅读）

3.3.4.2 非标准化热电偶

非标准化热电偶包括钨铼系、铂铑系和铱铑系热电偶等，使用较为普遍的是第一种。非标准化热电偶虽然也有热电偶分度表，但一个热电偶有一个分度表，分度表不能共用，其主要性能见表 3-9。

3-3 3.4节补充材料(1)

非标准化热电偶的性能　　　　表 3-9

名称	热电极材料		使用温度范围(℃)	过热使用温度(℃)	特　征
	正极	负极			
钨铼系	WRe5 WRe3	WRe26 WRe25	0～2300	3000	适用于还原性、H_2 及惰性气体，质脆
铂铑系	PtRh20 PtRh40	PtRh5 PtRh20	300～1500 1100～1600	1800 1800	在高温下使用，热电势小，其他性能与 R 型热电偶相同
铱铑系	Ir	IrRh40、 IrRh50、IrRh60	1100～2000	2100	适用于真空、惰性气体及微氧化性气氛，质脆
镍钼系	Ni	NiMo18	0～1280		可用于还原性气氛，热电势大

1. 钨铼热电偶（WRe）（扫码阅读）

2. 非金属热电偶（扫码阅读）

3.3.5　热电偶的结构

在工业生产过程和科学实验中，根据不同的温度测量要求和被测对象，需要设计和制造各种结构的热电偶。从结构上看热电偶主要分为普通型、铠装型与薄膜型 3 种。

3-4 3.3节补充材料(2)

3.3.5.1　普通型热电偶

这种热电偶又称为装配式热电偶，如图 3-18 所示，其焊接端即为测量端。它主要由以下 4 部分组成。

1. 热电极

它的直径由材料的价格、机械强度、电导率及用途和测温范围所决定。如是贵金属，热电极直径多为 0.3～0.65mm 的细丝，若是廉金属，热电极直径一般为 0.5～3.2mm。热电极的长度由安装条件、热电偶的插入深度来决定，通常为 350～2000mm。

2. 绝缘套管

它的作用是防止两个热电极之间或热电极与保护套管之间短路。绝缘套管的材料由使用温度范围确定：在 1000℃以下多采用普通陶瓷，在 1000～1300℃之间多采用高纯氧化铝，在 1300～1600℃之间多采用刚玉。补偿导线的绝缘材料多采用有机材料。

3. 保护管

它的作用是使热电偶不直接与被测介质相接触，以防机械损伤或被介质腐蚀、沾污。由此可见，保护管是热电偶得以在恶劣、特殊环境下使用的关键。保护管的材质一般根据测量范围、加热区长度、环境气氛以及测温的时间常数等条件来决定，主要有金属、非金属和金属陶瓷 3 种。

（1）金属材料，如钢管、无缝钢管、不锈钢管和耐热钢管等。金属保护管的特点是机械强度高、韧性好、抗熔渣腐蚀性强，因此金属保护管多数用于要求有足够机械强度的场合。但它们在 800℃以上时，气密性有所下降。

（2）非金属材料。非金属保护管主要包括高熔点氧化物及复合氧化物，如 $A1_2O_3$、SiO_2、MgO、ZrO_2、BeO 等，氮化物，如 Si_3N_4、BN 等，碳化物，如 SiC 等以及硼化物 ZrB_2 等。非金属保护管主要用于高温，也可在不宜用金属套管的低温中使用。其抗腐蚀性强，但是质地较脆。

（3）金属陶瓷。金属材料虽然坚韧，但往往不耐高温以及抗腐蚀性差。陶瓷材料恰好相反，它们能耐高温、抗腐蚀，但是很脆。为此，人们将金属与陶瓷结合，集两者之优点，得到了一种既耐高温、抗腐蚀，又抗热震的坚韧材料——金属陶瓷。所谓金属陶瓷，是指由一种金属或合金，同一种或几种陶瓷材料组成的非均质的复合材料。主要有 $A1_2O_3$ 基金属陶瓷、ZrO_2 基金属陶瓷、MgO 基金属陶瓷和碳化钛系列金属陶瓷。金属陶瓷保护管常用于化工厂、熔融金属和高温炉的温度测量。

4. 接线盒

接线盒的作用是固定接线座和连接热电极与补偿导线。通常由铝合金制成，一般分为普通式和密封式两种。为了防止灰尘和有害气体进入热电偶保护套管内，接线盒的出线孔和盖子均用垫片和垫圈加以密封。接线盒内用于连接热电极和补偿导线的螺丝必须紧固，以免产生较大的接触电阻而影响测量的准确性。

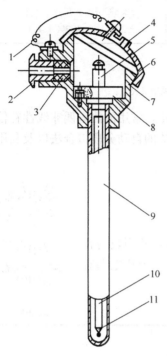

图 3-18 普通型热电偶
结构示意图

1—链条；2—出线孔螺母；
3—出线孔密封圈；4—盖子；
5—接线柱；6—盖子的密封圈；
7—接线盒；8—接线座；
9—保护管；10—绝缘套管；
11—热电极

3.3.5.2 铠装型热电偶

铠装型热电偶是将热电极丝和绝缘材料一起紧压在金属保护管中，三者经组合加工成可弯曲的坚实组合体，如图 3-19 所示。

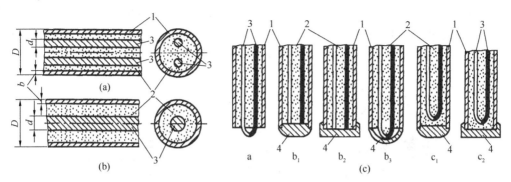

图 3-19　铠装型热电偶结构示意图
(a) 双芯；(b) 单芯；(c) 测量端形状
1—保护套管（金属）；2—绝缘材料；3—热电极；4—封帽；a—露头型；
b_1，b_2，b_3—带帽碰底型；c_1，c_2—带帽不碰底型

铠装热电偶是针对热电偶的结构而命名的，保护套管内可以铠装不同分度号的热电偶丝。如保护套管内铠装 K 型热电偶丝，就通常称之为 K 型铠装热电偶，其他依此类推。若保护管内铠装一对热电偶丝，就称为单芯铠装热电偶，否则称为多芯铠装热电偶。

铠装热电偶可用于测量高压装置及狭窄管道处的温度，与普通型热电偶相比，具有如下优点：

1）外径细（0.25～12mm），热容量小，因此响应速度快，适于测量热容小的物体温度和进行动态测温。

2）由于套管内部是填充实芯的，所以能适应强烈的冲击和振动。

3）由于套管薄，并进行过退火处理，故具有很好的可挠性，可任意弯曲，曲率半径能小到套管外径的 1/2～1/5，便于安装使用在结构复杂的装置上，如狭小、弯曲的测量场合。

4）热电偶的长度可根据需要任意截取，若测量端损坏，将损坏部分截去并重新焊接后可继续使用，寿命长。

5）可以作为感温元件放入普通型热电偶保护套管内使用。

6）性能稳定、规格齐全、价格便宜。

7）测量范围宽、测量对象广，在－200～1600℃内的各种测量场合均可使用。

某公司开发的一种复合管型铠装热电偶，可长时间在 1260℃ 下使用。该热电偶采用特种镍基耐热合金作铠装热电偶的保护套管材料，其主要成分为 Ni-Cr 合金，并添加有 Al、Fe 等元素。它具有耐高温、抗氧化、使用寿命长等优点，其热电特性与 N 型或 K 型热电偶完全相同。在高温下热稳定性高，即使在含氢的还原性气体中也可使用。因生产工艺独特，可生产超常规的长热电偶，其结构如图 3-20 所示。

3.3.5.3 薄膜型热电偶

薄膜型热电偶是一种比较先进的瞬态温度传感器，对传热面与流体的影响小，反应时

间仅为数毫秒级，因此非常适用于动态测温以及测量微小面积的温度。薄膜热电偶动态特性的好坏与其热接点材料和厚度密切相关，其测温范围一般在 300℃ 以下。

薄膜型热电偶是采用真空蒸镀或化学涂层的方法将两种热电极材料附着在绝缘基板上形成薄膜状的热电偶，如图 3-21 所示。其热接点很薄，厚度最薄约 0.01～0.1m，其热电极一般为镍铬-镍硅或铜-康铜等。使用时将其粘贴在被测物体的表面上，使薄膜层成为待测面的一部分，所以可略去热接点与待测面间的传热热阻。

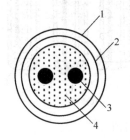
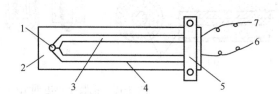

图 3-20　复合管型铠装热　　　　　图 3-21　薄膜型热电偶结构示意图
电偶结构示意图　　　　　　　　　1—测量端点；2—衬架；3—铁膜；4—镍膜；
　　　　　　　　　　　　　　　　　5—接头夹具；6—镍丝；7—铁丝
1—外层铠装；2—内层铠装；

3—热电偶丝；4—绝缘物（MgO）

国产的有 BMB—Ⅰ型便携式薄膜热电偶，它以陶瓷片作为基体材料，较好地解决了绝缘以及镀膜牢固性问题。该薄膜热电偶测温范围是 0～1200℃，测温准确度为 0.5%，时间常数小于 50 μs，可广泛用于各种科研和生产行业。

3.3.6　热电偶的实用测温电路

3.3.6.1　工业用热电偶测温的基本线路

如图 3-22 所示，热电偶测温线路由热电偶、中间连接部分（补偿导线、恒温器或补偿电桥、铜导线等）和显示部分（或微机）组成。连接时应注意：热电偶冷端和补偿导线接点的两个端子必须保持在同一温度上，否则将引起误差。

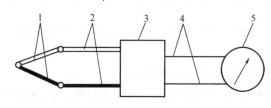

图 3-22　工业用热电偶测温的基本线路
1—热电偶；2—补偿导线；3—恒温器
或补偿电桥；4—铜导线；5—显示仪表

3.3.6.2　热电偶的串联

1. 热电偶的正向串联

正向串联就是各同型号热电偶异名极串联的接法，如图 3-23(a) 所示。图中 n 只同型号的热电偶 A、B 的正负极相连接，C、D 为与热电偶相匹配的补偿导线，其余的连接线均为铜导线。

如果有若干个同型号的热电偶正向串联起来称之为热电堆，其总热电势为

$$E_\mathrm{T}(T,T_0) = E_1(T,T_0) + E_2(T,T_0) + \cdots + E_n(T,T_0) = \sum_{i=1}^{n} E_i(T,T_0) \quad (3\text{-}22)$$

式中　$E_i(T,T_0)$——各单支热电偶的热电势，mV；

$E_\mathrm{T}(T,T_0)$——正向串联回路的总热电势，mV。

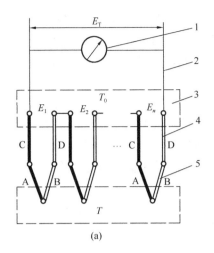 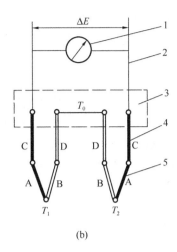

图 3-23 热电偶串联

（a）正向串联；（b）反向串联

1—显示仪表；2—铜导线；3—恒温器或补偿电桥；4—补偿导线；5—热电偶

采用热电堆来测量同一温度，可使输出电势增加，进而提高仪表的灵敏度。在相同条件下，热电偶的正向串联回路可与灵敏度较低的电测仪表配合。其缺点是：当一只热电偶烧断时，整个仪表回路开路，不能正常工作。

2. 热电偶反向串联

热电偶反向串联是将两只同型号热电偶的同名极相串联，这样组成的热电偶称为微差热电偶。如图 3-23(b) 所示，其输出热电势 ΔE 反映了两个测量点（T_1 和 T_2）的温度之差，即

$$\Delta E = E(T_1, T_0) - E(T_2, T_0) = E(T_1, T_2) \tag{3-23}$$

3.3.6.3 热电偶的并联

将 n 只同型号的热电偶的正极和负极分别连接在一起的线路称为并联线路，如图 3-24 所示。如果几只热电偶的电阻值均相等，则并联测量线路的总热电势等于几只热电偶热电势的平均值，即

$$E = \frac{E_1 + E_2 + \cdots + E_n}{n} \tag{3-24}$$

并联线路常用来测量温度场的平均温度。同串联线路相比，并联线路的热电势虽小，但其相对误差仅为单只热电偶的 $1/\sqrt{n}$，且当某只热电偶断路时，测温系统仍可照常工作。

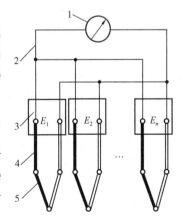

图 3-24 热电偶并联

1—显示仪表；2—铜导线；

3—恒温器或补偿电桥；

4—补偿导线；5—热电偶

3.3.7 热电偶测温误差分析

3.3.7.1 分度误差

分度误差是指热电偶分度时产生的误差，其值不得超过最大允许误差。它主要由标准热电偶的传递误差和测量仪表的基本误差组成。前者可通过标准热电偶的温度修正值来消除或降低。后者是由热电

偶的实际热电特性与分度表的偏差造成的。因为热电偶的热电特性是随材料成分、结晶结构与应力而变化的，即使分度号相同的热电偶，它们的热电特性也不能完全一致。这种偏差对一般工业热电偶的测量是可以忽略不计的，但若用于精密测量，则应用校验方法进行修正。

对于有统一分度表的标准化热电偶，分度的结果就是给出与分度表相比较的偏差值，对于非标准化热电偶，分度的结果是给出温度和热电势的对应关系，即热电特性。它可用表格或曲线表示。按照规定条件使用时，热电偶分度误差的影响同其他误差相比相对较小，但若超出规定范围使用，则误差较大，所以应对热电偶进行定期检定。

3.3.7.2　冷端温度引进的误差

除平衡点与计算点外，在其他各点的冷端温度均不能得到完全补偿，由此产生的误差各热电偶均不相同。如铂铑－铂热电偶在正常工作条件下约为±0.04mV，镍铬-镍硅热电偶约为±0.16mV，镍铬-康铜约为±0.18mV。

3.3.7.3　补偿导线的误差

在规定的工作范围内，它是由于补偿导线的热电特性与所配热电偶的热电特性不完全相同所造成的，如表 3-8 所示。若补偿导线使用不当，如未按规定使用或正负极接错等，将使误差显著增加。

3.3.7.4　热交换所引起的误差

热交换所引起的误差主要由三方面组成。

1. 热平衡不充分所造成的误差

实际测温时，热电偶热端未与被测对象充分接触，未达到热平衡而造成的误差。

2. 动态测温误差

当被测对象温度变化时，由于温度传感器固有的热惯性和仪表的机械惯性，使温度计示值不能迅速跟踪其变化而造成的误差称为动态测温误差。它属于动态测温中的难题，通常以前者为主。被测对象温度变化越快，动态测温误差越大。

常采取以下措施减小动态测温误差：

1）采用导热性能好的材料做保护管，并将管壁做得很薄、内径做得很小。但这样会增加导热误差和降低机械强度，设计、使用时应多方权衡。

2）尽量缩小热电偶测量端的尺寸，并使体积与面积之比尽可能小，以减小测量端的热容量、提高响应速度。

3）减小保护管与热电偶测量端之间的空气间隙或填充传热性能好的其他材料。

4）增加被测介质流经热电偶测量端的流速，以增加被测介质和热电偶之间的对流换热。

3. 热损失

热损失指沿电极方向的导热损失和保护管向周围环境的辐射换热损失。它主要取决于沿电极方向的温差、被测介质与周围环境的温差和插入深度。

为了减少辐射散热造成的误差，应采取以下措施：

1）在管壁外敷设绝热层，如石棉、玻璃纤维等，以尽量减少管壁与被测介质或测量端的温差。

2）尽量减少保护管的外径以及保护管、热电极的黑度系数。

3）在热电偶和管壁间加装防辐射罩，以减小热电偶与管壁之间的直接辐射。

为了减小导热误差可采取以下措施：

1）增加热电偶的插入深度，以减小露在管壁外面的长度。如改垂直安装为倾斜安装，或在弯头处安装，或将直形热电偶改成"L"形，如图 3-25 所示。

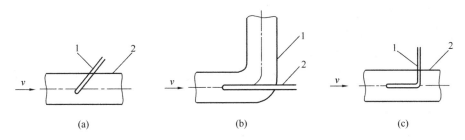

图 3-25　增加热电偶插入深度的方法

(a) 倾斜安装热电偶：1—热电偶；2—管道直管段

(b) 在弯头处安装热电偶：1—管道弯头处；2—热电偶

(c) 选用"L"形热电偶：1—"L"形热电偶；2—管道直管段

2）减小保护管的直径和壁厚。

3）采用导热系数小的保护管材料，以减小导热误差，但这样会增加热惯性，使动态误差增大，因此应综合考虑。

4）在管道和热电偶的支座外面包上绝热材料，以减小热电偶保护管两端的温度差。

为减小动态测温误差和热损失，除采取以上措施外，还可通过对温度传感器进行传热分析，来优化设计或建立模型进行补偿修正。

3.3.7.5　因测量系统绝缘电阻下降而引进的误差

因测量系统绝缘电阻下降而引进的误差主要包括以下两方面：

（1）在高温下使用的热电偶，其绝缘性能的降低，主要是由于绝缘物或填充物的绝缘电阻降低，致使热电势泄漏而引起热电势下降。例如，用热电偶测量电炉温度时，当炉温升至 800℃ 以上时，炉体耐火砖的绝缘电阻急剧下降，导致炉体带电。此时通过炉体耐火砖而插入炉中的热电偶的保护管与上述耐火砖类似，在高温下绝缘电阻也急剧下降。于是炉体所带的电就通过此保护管而窜入热电极，使热电偶带电达几伏至几十伏，称为对地干扰电压。此时若传输导线或仪表内也有接地点的话，就会形成回路，把干扰电流输入仪表而产生影响。可以采用以下 3 种方法消除对测量结果的影响。

1）把热电偶浮空，即热电偶与炉体不接触。

2）在热电偶瓷保护管外再加一金属套管，然后把金属套管接地，这样可以把由炉体漏至热电偶的干扰电压导向大地。

3）采用三线热电偶，即从热电偶热端再引出一根线接地，把由炉体漏至热电偶的干扰电压，在进入仪表输入回路前短路掉。

（2）在低温下使用的热电偶，其绝缘性能下降主要是由于空气中水分凝结造成的。因此应将保护管内充满干燥空气后加以密封，切断同外界的联系。

3.3.7.6　热电偶不均质引起的误差

由均质导体定律可知：均质的热电偶产生的热电势，只与热端与冷端的温度有关，而与沿偶丝长度方向的温度变化无关。但在实际应用中，热电偶总要或多或少地存在不均匀性，当它处于均匀温场内时，即沿偶丝长度方向不存在温度梯度时，不会引起热电势的变化，当其处于有温度梯度的场合时，势必将引起热电势的变化，给测量造成影响，且温度梯度越大，热电极不均匀性的影响就越大。

3.3.7.7 其他误差

除上述各项误差外，热电偶测温时还会产生以下误差：

1) 由于热电极变质而带来的误差。

2) 由于测量线路总电阻发生变化或由于显示仪表本身准确度等级的局限所产生的误差。

3) 高速气流引起的误差

当测量高速流动的气流温度时，因气体的压缩与内摩擦发热，使显示温度高于真实温度。

4) 由于屏蔽和绝缘不良而引入的干扰电压，将经过热电偶的连接导线进入仪表而产生误差。

5) 不同的换热方式以及不同的测量对象还会产生一些其他的误差。

总之，要针对具体测量仪表及其应用情况，运用传热学和误差的基本理论，对测温过程进行分析，进而求出实际测温误差。

3.3.8 热电偶的检定和分度

为了保证热电偶的测量准确度，必须对其进行定期检定。热电偶的检定是指对热电偶热电势与温度的已知关系进行校验，以检查其误差的大小。分度则是指确定热电偶热电势与温度的对应关系。由于检定与分度的方法是一致的，本书仅以检定为例进行介绍。

热电偶的检定方法有两种：比较法和定点法。这里介绍工业上较为常用的比较法，即用被校热电偶和标准热电偶同时测量同一对象的温度，然后比较两者的示值，以确定被校热电偶的基本误差等质量指标。

3.3.8.1 检定意义

1) 热电偶在使用前应预先进行检验或检定。

2) 热电偶经过一段时间的使用后，由于氧化、腐蚀、还原、污染和高温挥发等因素的影响，使热电特性与分度时偏差较大，故必须进行定期检定。

3) 非标准热电偶必须进行个别分度。

4) 在科学实验中，有时为了提高测量的准确度，使用前往往都要对热电偶进行单独的分度。

3.3.8.2 检定系统

用比较法在管状炉中检定热电偶的系统如图 3-26 所示。其中管状电炉用电阻丝作加热元件，一般炉体长度为 600mm，中部应有长度不小于 100mm 的恒温段。管状炉内腔长度与直径之比至少为 20：1，才能确保在炉内有足够长的等温区域，即造成一个均匀的温度场。为使被检热电偶和标准热电偶的热端处于同一温度环境中，可在管状炉的恒温区放置一个镍块，在镍块上钻孔，以便把各支热电偶的热端插入其中，进行比较测量。电位差计的准确度等级应不小于 0.03 级。

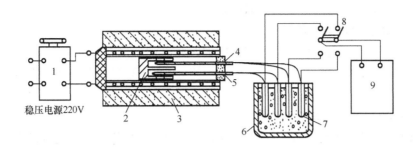

图 3-26 热电偶检定系统图

1—调压变压器；2—镍块；3—管状电炉；4—标准热电偶；5—被检热电偶；

6—冰点槽；7—试管；8—切换开关；9—直流电位差计

3.3.8.3 检定注意事项

1）在每一检定点上，管状炉的温度应稳定在检定点温度的±10℃内，且在读取热电势的示值时炉温变化不得超过 0.2℃。

2）冰点槽必须是均匀的纯净冰水混合物，热电偶的冷端必须插入冰点槽的中部，且相互绝缘。

3）被校热电偶若是铂铑—铂材料，则在校验前应对其进行退火和清洁处理，被校热电偶若是廉金属材料，则应将标准热电偶的测量端用套管加以保护以免被污染。

4）每一只热电偶的每一检定点的读数不得少于 4 次，且按等时间间隔交替进行，即按照标准→被检 1→被检 2→…→被检 n→被检 n→…→被检 2→被检 1→标准的循环顺序读数，再进行数据处理。

5）检定时热电偶为裸露状，不外加保护管。

3.3.9 热电偶的选择、使用和安装

3.3.9.1 热电偶的选择

在实际测温时，被测对象极其复杂，应在熟悉被测对象、掌握各种热电偶特性的基础上，根据测量要求、使用环境、温度的高低等正确地选择热电偶。

1. 按使用温度选择

当 $t<1000$℃时，多选用廉金属热电偶，如 K 型热电偶。它的特点是使用温度范围宽，高温下性能较稳定。当 $t=-200\sim300$℃时，最好选用 T 型热电偶，它是廉金属热电偶中准确度最高的，也可选择 E 型热电偶，它是廉金属中热电势变化率最大、灵敏度最高的。当 $t=1000\sim1400$℃时，多选用 R、S 型热电偶。当 $t<1300$℃时，可选用 N 型或者 K 型热电偶。当 $t=1400\sim1800$℃时，多选用 B 型热电偶。当 $t<1600$℃时，短期可用 S 型或 R 型热电偶。当 $t>1800$℃时，常选用钨铼热电偶。

2. 根据被测介质选择

（1）氧化性气氛

当 $t<1300$℃时，多选用 N 型或 K 型热电偶，因为它们是廉金属热电偶中抗氧化性最强的；当 $t>1300$℃时，选用铂铑系热电偶。

（2）真空、还原性气氛

当 $t<950$℃时，可选用 J 型热电偶，它既可以在氧化性气氛下工作，又可以在还原性

气氛下工作，当 $t>1600℃$ 时，应选用钨铼热电偶。

3. 根据冷端温度的影响选择

当 $t<1000℃$ 时，可选用镍钴-镍铝热电偶，其冷端温度在 $0\sim300℃$ 时，可忽略其影响，它常被用于飞机尾喷口排气温度的测量。当 $t>1000℃$ 时，常选用 B 型热电偶，一般可忽略冷端温度的影响。

4. 根据热电极的直径与长度选择

热电极直径和长度的选择是由热电极材料的价格、比电阻、测温范围及机械强度决定的。对于快速反应，必须选用细直径的电极丝。测量端越小，越灵敏，响应速度越快，但电阻也越大。如果热电极直径选择过细，会使测量线路的电阻值增大。若选择粗直径的热电极丝，虽然可以提高热电偶的测温范围和寿命，但要延长响应时间。热电极丝长度的选择是由安装条件，主要是由插入深度决定的。

综上所述，热电偶丝的直径与长度，虽不影响热电势的大小，但是它却直接与热电偶的使用寿命、动态响应特性及线路电阻有关，所以它的正确选择也是很重要的。

3.3.9.2　热电偶的安装

热电偶的安装应遵循如下原则：

1. 安装方向

安装热电偶时，应尽可能保持垂直，以防保护管在高温下产生变形。若水平安装热电偶，则在高温下会因自重的影响而向下弯曲，可用耐火砖或耐热金属支架来支撑，以防止弯曲。

测流体温度时，热电偶应与被测介质形成逆流，亦即安装时热电偶应迎着被测介质的流向插入，至少须与被测介质成正交。

2. 安装位置

热电偶的测量端应处于能够真正代表被测介质温度的地方。如测量管道中流体的温度，热电偶工作端应处于管道中流速最大的地方，热电偶保护管的末端应越过管道中心线约 $5\sim10\text{mm}$。

3. 插入深度

热电偶应有足够的插入深度。在实际测温过程中，如热电偶的插入深度不够，将会受到与保护管接触的侧壁或周围环境的影响而引起测量误差。对金属保护管热电偶，插入深度应为直径的 $15\sim20$ 倍。对非金属保护管热电偶，插入深度应为直径的 $10\sim15$ 倍。增加热电偶插入深度的方法如图 3-25 所示。此外，热电偶保护管露在设备外的部分应尽可能短，最好加保温层，以减少热损失。

4. 细管道内流体温度的测量

在细管道（直径小于 80mm）内测温，往往因插入深度不够而引起测量误差，安装时应接扩大管，如图 3-27(a) 所示。或按图 3-27(b) 所示的方法，选择适宜部位安装，以减小或消除此项误差。

5. 含大量粉尘气体的温度测量

由于气体内含大量粉尘，对保护管的磨损严重，因此应按图 3-28 所示，采用端部切开的保护筒。如采用铠装热电偶，不仅响应快，而且寿命长。

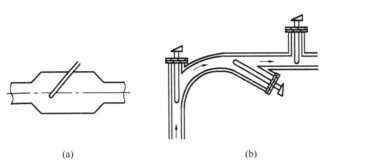

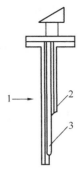

图 3-27　细管道内流体温度的测量

（a）安装扩大管；（b）选择适宜安装部位

图 3-28　含大量粉尘气体
的温度测量

1—流体流动方向；2—端部切开
的保护筒；3—铠装热电偶

6. 负压管道中流体温度的测量

热电偶安装在负压管道中，必须保证其密封性，以防外界冷空气吸入，使测量值偏低。

7. 接线盒安装

导线及电缆等在穿管前应检查其有无断头和绝缘性能是否达到要求，管内导线不得有接头，否则应加接线盒。热电偶接线盒的盖子应朝上，以免雨水或其他液体的侵入，影响测量的准确度。

8. 如果被测物体很小，在安装时应注意不要改变原来的热传导及对流条件

3.3.9.3　热电偶的使用

1）为减小测量误差，热电偶应与被测对象充分接触，使两者处于相同温度。

2）保护管应有足够的机械强度，并可承受被测介质的腐蚀。保护管的外径越粗，耐热、耐腐蚀性越好，但热惰性也越大。

3）当保护管表面附着灰尘等物质时，将因热阻增加，使指示温度低于真实温度而产生误差，故应定期清洗。

4）磁感应的影响。热电偶的信号传输线，在布线时应尽量避开强电区（如大功率的电机、变压器等），更不能与电网线近距离平行敷设。如果实在避不开，也要采取屏蔽措施或采用铠装线，并使之完全接地。若担心热电偶受影响时，可将热电极丝与保护管完全绝缘，并将保护管接地。

5）如在最高使用温度下长期工作，应注意热电偶材质发生变化而引起误差。

6）冷端温度的补偿与修正

热电偶的冷端必须妥善处理，保持恒定，补偿导线的种类及正、负极不要接错，补偿导线不应有中间接头，补偿导线最好与其他导线分开敷设，详见3.3.3节。

7）热电偶的焊接、清洗、定期检定与退火等应严格按照有关规定进行。

3.4　电阻式温度计

电阻式温度计是利用物质在温度变化时本身电阻也随之发生变化的特性来测量温度

的。当被测介质中有温度梯度存在时，所测的温度是感温元件所在范围介质中的平均温度。

3.4.1　电阻式温度计的测温原理

电阻式温度计是利用导体或半导体的电阻值随温度变化的性质来测量温度的。

3.4.1.1　电阻的温度特性

电阻阻值随温度变化的特性可用电阻温度系数 α 来表示，其定义为

$$\alpha = \frac{R_t - R_{t_0}}{R_{t_0}(t - t_0)} = \frac{1}{\Delta t}\frac{\Delta R}{R_{t_0}} \tag{3-25}$$

式中　α——电阻温度系数，$℃^{-1}$；

　　R_t——温度为 t 时热电阻的电阻值，Ω；

　　R_{t_0}——温度为 t_0 时热电阻的电阻值，Ω。

电阻温度系数 α 给出了温度每变化 1℃时热电阻阻值的相对变化量，由式（3-25）可看出，α 是在 $t_0 \sim t$ 之间的平均电阻温度系数。对于金属热电阻有：$\alpha > 0$，即电阻随温度升高而增加。对于半导体热敏电阻，温度系数 α 可正可负，对于常用的 NTC 型热敏电阻 $\alpha < 0$，即电阻随温度升高而降低。

一般取 $t_0 = 0℃$，$t = 100℃$，则式（3-25）变为

$$\alpha = \frac{R_{100} - R_0}{100R_0} \tag{3-26}$$

3.4.1.2　热电阻的纯度

热电阻的纯度对电阻温度系数影响很大，一般用电阻比 $W = R_{100}/R_0$ 来表示。W 越大，纯度越高，α 值越大；W 越小，杂质越多，α 值越小，而且不稳定。例如，作为基准器用的铂电阻，要求 $\alpha > 3.925 \times 10^{-3}℃^{-1}$。一般工业上用的铂电阻则要求 $\alpha > 3.85 \times 10^{-3}℃^{-1}$。另外，$\alpha$ 值还与制造工艺有关，因为在电阻丝的拉伸过程中，电阻丝的内应力会引起 α 的变化，所以电阻丝在做成热电阻之前，必须进行退火处理，以消除内应力。

图 3-29 给出了电阻比 R_t/R_0 与温度 t 的特性曲线。由图可见，铜热电阻的特性比较接近直线，而铂电阻的特性呈现出一定的非线性，温度越高，电阻的变化率越小。

由于热电阻在温度 t 时的电阻值与 R_0 有关，所以对 R_0 的允许误差有严格的要求。另外 R_0 的大小也有相应的规定。R_0 越大，则热电阻体积越大，这不仅需要较多的材料，而且使测量的时间常数增大，同时电流通过电阻丝产生的热量也增加，但引线电阻及其变化的影响变小。R_0 越小，情况则相反。因此，需要综合考虑选用合适的 R_0。

3.4.1.3　测温热电阻的要求

尽管导体或半导体材料的电阻值对温度的变化都有一定的依赖关系，但适用于制作温度检测元件的并不多，作为热电阻必须满足以下要求：

1）要有尽可能大而且稳定的电阻温度系数。

2）电阻率要大，以便在同样灵敏度下减小元件的尺寸。

3）电阻随温度变化要有单值函数关系，最好呈线性关系。

4）在电阻的使用温度范围内，其化学和物理性能稳定，在加工时要有较好的工艺性。

5）材料要易于提纯，要能分批复制而不改变其性能，要有良好的互换性。

6）材料的价格便宜，有较高的性能价格比。

3.4.1.4 电阻式温度计的特点

1. 优点

1）工业上广泛用于测量－200～850℃内的温度，其性能价格比高。在少数情况下，低温可测至1K，高温达1000℃。

2）同类材料制成的热电阻不如热电偶测温上限高，但在中、低温区稳定性好、准确度高，且不需要冷端温度补偿，信号便于远传。

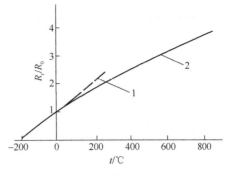

图 3-29　常用热电阻的特性曲线
1—铜热电阻；2—铂电阻

3）与热电偶相比，同样温度下，灵敏度高、输出信号大，易于测量。

4）标准铂电阻温度计的准确度最高，在ITS—90国际温标中，作为13.8033～1234.93K范围内的内插用标准温度计。

2. 缺点

1）不适于测量高温物体。

2）不同种类的电阻式温度计个体差异较大，如铜电阻温度计感温元件结构复杂，体积较大，热惯性大，不适于测体积狭小和温度瞬变对象的温度，半导体热敏电阻的互换性差等。

3.4.1.5 电阻式温度计的分类

按用途可分为：标准电阻温度计和工业用电阻温度计。

按结构可分为：普通型热电阻温度计、铠装热电阻温度计和薄膜热电阻温度计。

按感温元件的材料可分为：金属热电阻温度计和半导体热敏电阻温度计。

实践证明，大多数金属在温度每升高1℃时，电阻将增加0.4％～0.6％。半导体热敏电阻在温度每升高1℃时，电阻将变化2％～6％，显然半导体热敏电阻的灵敏度比金属高，但其复现性和稳定性较差，每支需单独标定，所以半导体电阻温度计的应用还受到一定的限制。

3.4.2 金属热电阻温度计

金属热电阻主要由铂电阻、铜电阻、镍电阻、铁电阻和铑铁合金等，主要金属热电阻的品种、代号、分度号和测温范围等如表3-10所示。其中，铂电阻和铜电阻最为常用，有统一的制作要求、分度表和计算公式；铂电阻测温准确度最高。

金属热电阻的基本参数　　　　　　　　　　　　　　　　　　表 3-10

热电阻名称	代号	分度号	测量范围（℃）	R_0 及允许误差（Ω）		W 及允许误差	
				R_0 名义值	允许误差	W 名义值	允许误差
铂热电阻	IEC (WZP)	Pt10	0～850	10	A 级：$\pm(0.15+0.002)\lvert t\rvert$	1.3850	± 0.001
		Pt100	－200～850	100	B 级：$\pm(0.30+0.005)\lvert t\rvert$		
铜热电阻	WZC	Cu50	－50～150	50	$\pm(0.30+0.006)\lvert t\rvert$	1.428	± 0.002
		Cu100		100			

续表

热电阻名称	代号	分度号	测量范围（℃）	R_0 及允许误差（Ω）		W 及允许误差	
				R_0 名义值	允许误差	W 名义值	允许误差
镍热电阻	WZN	Ni100	−60～180	100	±0.18	1.617	±0.003
		Ni300		300	±0.54		
		Ni500		500	±0.90		

注：热电阻感温元件实际的使用温度同它的骨架材料有关，其实际使用温度范围在产品说明书或合格证书中注明，请注意查阅。

3.4.2.1　铂电阻温度计

工业生产和科研试验研究中大量使用铂电阻温度计（PRT），在我国一般习惯称为铂热电阻，国外称 RTD。铂电阻温度计具有较高准确度，在 ITS—90 的 13.8033～1234.93K 范围内，用作内插用标准仪器。

铂电阻温度计按用途分有标准型和工业型两种，前者按结构又可分为长杆型、套管型和高温型 3 种。后者有时又被简称为热电阻温度计，又可分为普通型、铂膜型和铠装型。这些铂电阻温度计的结构已基本定型，并有良好的性能。本书主要介绍工业型铂电阻温度计。

1. 特点

铂是一种贵金属，铂电阻温度计具有如下特点：

1）准确度高、稳定性好、性能可靠以及抗氧化性很强。铂在很宽的温度范围内，约在 1200℃以下都能保证上述特征。

2）铂很容易提纯，复现性好。

3）与其他材料相比，铂有较高的电阻率。

4）在 0～100℃内，铂电阻的平均电阻温度系数约为 3.925×10^{-3}℃$^{-1}$。

5）质地柔软，易加工成形，可制成很细的铂丝（0.02mm 或更细）或极薄的铂箔。

因此铂被普遍认为是一种较好的热电阻材料。但铂电阻的电阻与温度为非线性关系，电阻温度系数 α 比铜电阻小，在还原介质中工作时易被玷污变脆，此外价格较贵也是铂电阻的缺点之一。

2. 温度特性

作为标准用的铂电阻温度计可以用一种严密、合理的方程来表述其电阻比与温度的关系，但是该方程比较复杂。对于工业用铂电阻温度计可以用简单的分度公式来描述其电阻与温度的关系。工业用铂电阻温度计的使用范围是−200～850℃，在如此宽的温度范围内，很难用一个数学公式准确表示，为此需要分成两个温度范围分别表示：

对于−200～0℃的温度范围有

$$R_t = R_0[1 + At + Bt^2 + C(t-100)t^3] \tag{3-27}$$

对于 0～850℃的温度范围有

$$R_t = R_0(1 + At + Bt^2) \tag{3-28}$$

式中，A、B 和 C 为常数，在 ITS—90 中，它们规定如下：

$$A = 3.9083 \times 10^{-3}℃^{-1}$$

$$B = -5.775 \times 10^{-7} \text{℃}^{-2}$$
$$C = -4.183 \times 10^{-12} \text{℃}^{-4}$$

3. 结构

（1）普通型

普通型工业用铂电阻温度计属装备式电阻温度计，尽管它们的外形差异很大，但是基本结构却大致相似。普通型铂电阻温度计主要由感温元件、引线、保护管和接线盒4部分组成，如图3-30所示。通常还具有与外部测量及控制装置、机械装置相连接的部件。它的外形结构与普通热电偶外形结构基本相同，特别是保护管和接线盒是难以区分的，可是内部结构不同，使用时应加以注意，以免不慎弄错。

1）感温元件。感温元件是用来感受被测对象温度的，是热电阻温度计的核心部分，由电阻丝和绝缘骨架构成，其三种典型结构如图3-31所示。

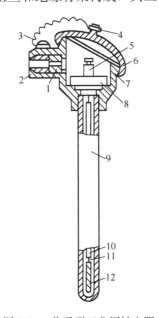
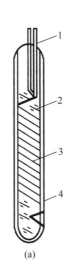
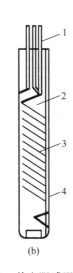
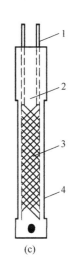

图3-30 普通型工业用铂电阻
温度计结构
1—出线孔密封圈；2—出线孔螺母；3—小链；4—盖；5—接线柱；6—盖的密封圈；7—接线盒；8—接线座；9—保护管；10—绝缘管；11—引出线；12—感温元件

图3-31 热电阻感温元件结构
（a）玻璃骨架；（b）陶瓷骨架；
（c）云母骨架
1—引出线；2—骨架；3—铂丝；
4—外壳或绝缘片

① 热电阻丝。一般为直径0.03～0.07mm的细铂丝。由于铂的电阻率较大，而且相对机械强度较大，因此电阻丝不是太长，往往只绕一层，而且是裸丝，每匝间留有空隙以防短路。为了使感温元件没有电感，无论哪种热电阻都必须采用无感绕法，即先将电阻丝对折起来进行双绕，使两个端头都处于支架的同一端。

② 绝缘骨架。绝缘骨架是用来缠绕、支撑或固定热电阻丝的支架，它的性能将直接影响热电阻的特性。其材质多为云母、陶瓷、玻璃等材料，如表3-11所示。骨架的形状多是片状或棒形的。

绝缘骨架性能　　　　　　　　　　　　　　　　　　**表 3-11**

结构类型	云母骨架	陶瓷骨架	玻璃骨架
测温范围（℃）	−200～500	−200～850	−200～400
特点	在 550℃时，云母片就会发生脱水现象，即释放出水蒸气。这不仅破坏原有绝缘性能，还沾污铂丝	体积小、热响应快、抗振性强，绝缘性好、测量范围广	体积小、热响应快、抗振性强

2）引线。引线是热电阻出厂时自身具备的，其功能是使感温元件能与外部测量线路相连接。引线通常位于保护管内。因保护管内温度梯度大，引线要选用纯度高、不产生热电势的材料。对于工业铂电阻，中低温用银丝作为引线，高温用镍丝。对于铜和镍电阻的引线，一般都用铜、镍丝。为了减少引线电阻的影响，其直径往往比电阻丝的直径大很多。

3）保护管。它是用来保护已经绕制好的感温元件免受环境损害的管状物，其材质有金属、非金属等多种材料。将热电阻装入保护管内，同时将其引出线和接线盒相连。

（2）铂膜型

铂膜型热电阻是改变原有的铂丝线绕工艺，将铂质膜层用特殊工艺制成的。通常根据膜层厚度可分为厚膜型和薄膜型。厚膜型是将铂粉等印制在氧化铝制成的载体上，然后再烧制，再在表面覆盖一层釉，再次焙烧以在铂元件的表面形成一层坚固的保护膜，膜层厚度约为 7 μm。厚膜型的使用温度不太高，约为 500℃。薄膜型铂电阻是用真空溅射薄膜元件，经过光刻、镀保护膜，焊接引线而做成，膜层厚度约为 2～3 μm。薄膜型铂电阻的测温范围是 −50～600℃，适宜于工业化大规模生产，是现在比较常见的工业铂热电阻。

铂膜型工业用铂电阻温度计，其主要优点是：

1）膜层取用的铂质材料少，故原材料成本低，贵金属的利用率高。

2）元件结构牢固、耐振动、绝缘性好。

3）体积小、阻值大、灵敏度高。

4）铂电阻热容量小，导热系数大，热响应时间快，约为 0.15～0.35s。它特别适用于物体表面、狭小区域、快速及需要高阻值的测温场合。

（3）铠装型

铠装型工业用铂电阻温度计是将感温元件、金属导线装入细不锈钢管或铜制的保护套管内。其绝缘骨架多为陶瓷骨架或玻璃骨架，其保护管外径为 3～8mm，管内用氧化镁绝缘材料牢固填充。铂电阻的 3 根引线与保护管之间，以及引线相互之间要绝缘好，充分干燥后，将其端头密封再经磨具拉制，组合成坚实的整体。因此这种温度计又被称为整体式电阻温度计，其结构如图 3-32 所示。

同普通装配式热电阻相比铠装热电阻具有如下优点：

1）外径尺寸小，套管内为实体，响应速度快。当保护管外径为 3mm 时，其热响应时间约为 5s。与此相比，外径为 12mm 的装配式热电阻热响应时间约为 25s。

2）具有良好的绝缘性能和优良的机械强度，感温元件结构牢固，密封性好，测温时不直接与有害介质接触，故其使用寿命长，适合安装在环境恶劣的场合。

3）不仅抗振、抗冲击性能好，而且易弯曲，使用方便，适合安装在结构复杂的部位，

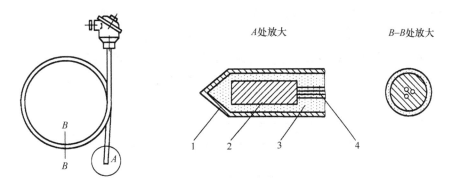

图 3-32 铠装型工业用铂电阻温度计

1—金属套管；2—感温元件；3—绝缘材料；4—引出线

如安装在管道狭窄和要求快速反应、微型化等特殊场合。

4）可对-200~600℃温度范围内的气体、液体介质和固体表面进行自动检测，并且可直接用铜导线和二次仪表相连接使用，具有良好的电输出特性。

3.4.2.2 铜电阻温度计

在一般测量准确度要求不高、温度较低的场合，普遍地使用铜电阻温度计。它属工业型热电阻温度计。

1. 特点

铜电阻温度计的优点是：

1）价格便宜，容易提纯，也容易加工成绝缘的细丝。

2）具有较高的电阻温度系数 α，且与温度呈线性关系，一般取 $\alpha = 4.26 \sim 4.38 \times 10^{-3} ℃^{-1}$。

它的缺点是：

1）测温范围窄。铜在 150~200℃ 范围内长期加热时，其机械强度会显著下降。在250℃以上很易氧化，所以铜电阻温度计只能在-50~150℃温度范围内和无水分及无腐蚀性的环境下工作。

2）体积大，热惯性大。由于铜丝属于高导电材料，电阻率很小，因此，必须使用较长导线来绕制，才能得到给定的电阻值，从而增加了感温元件的体积和热惯性。

2. 温度特性

铜电阻的温度特性与使用温度有关，在 0~100℃范围内，铜电阻和温度呈线性关系

$$R_t = R_0(1 + At) \tag{3-29}$$

式中，A 为常数，一般取 $A = 4.33 \times 10^{-3} ℃^{-1}$。

当测温范围为-50~150℃时，铜电阻温度计的温度特性为

$$R_t = R_0(1 + At + Bt^2 + Ct^3) \tag{3-30}$$

式中，A、B 和 C 为常数，其取值分别为 $A = 4.28899 \times 10^{-3} ℃^{-1}$；$B = -2.1133 \times 10^{-3} ℃^{-1}$；$C = 1.233 \times 10^{-3} ℃^{-1}$。

3. 结构

铜电阻温度计感温元件结构如图 3-33 所示。由于铜电阻的电阻率较小，要保证 R_0 需

要很长的铜丝，因此不得不将铜丝绕成多层，这就必须用漆包铜线或丝包铜线。铜的机械强度较低，电阻丝的直径需较大，一般纯度为 99.99% 的漆包铜丝直径约为 0.13mm。漆包铜线或丝包铜线双绕在塑料骨架上，端头与补偿绕组焊在一起，然后与引出线相连。为消除铜丝在绕制过程中产生的应力，需对其进行老化处理，并在 800℃ 中保持 30min。

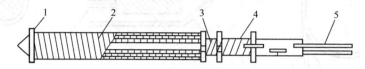

图 3-33　铜电阻温度计感温元件结构

1—骨架；2—铜丝；3—扎线；4—补偿绕组；5—引出线

3.4.2.3　镍电阻温度计

镍电阻的电阻温度系数 α 约为铂的 1.5 倍，使用温度范围为 $-50 \sim 300℃$。但是，温度在 200℃ 左右时，电阻温度系数 α 具有特异点，故多用于 150℃ 以下。其阻值与温度的关系式为

$$R_t = 100 + 0.5485t + 0.665 \times 10^{-3}t^2 + 2.805 \times 10^{-9}t^4 \tag{3-31}$$

我国虽已规定其为标准化的热电阻，但还未制定出相应的标准分度表，故目前多用于温度变化范围小，灵敏度要求高的场合。

上述 3 种热电阻均是标准化的热电阻温度计，其中铂热电阻还可用来制造精密的标准热电阻温度计，而铜和镍只能用于制造工业用热电阻温度计。

3.4.2.4　金属热电阻温度计的引线与测量电路

热电阻引线对测量结果有较大的影响，目前常用的引线方式有两线制、三线制和四线制 3 种。

1. 两线制

在热电阻感温元件的两端各连一根导线的引线形式为两线制，如图 3-34 所示。从图中可见，热电阻两引线电阻 R_A、R_B 和热电阻 R_t 一起构成电桥测量臂，这样引线电阻、引线电阻因沿线环境温度变化而引起的阻值变化量，以及因被测对象温度变化而引起的热电阻 R_t 的阻值变化量 ΔR_t 一起作为有效信号被转换成测量信号，从而造成测量误差。可见，这种引线方式结构简单、安装费用低，但是引线电阻以及引线电阻的变化会带来附加误差。因此两线制适用于引线不长，测温准确度要求较低的场合。

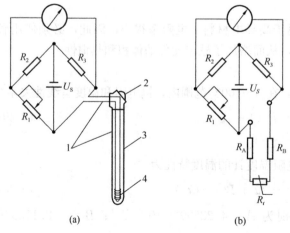

图 3-34　两线制引线的热电阻温度计

（a）引线连接图；（b）等效原理示意图

1—连线；2—接线盒；3—保护套管；4—热电阻感温元件

2. 三线制

在热电阻感温元件的一端连接两根引线，另一端连接一根引线，此种引线形式称为三线制，如图 3-35 所

示。从图中可见，当电桥平衡时有

$$R_3(R_1 + R_A) = R_2(R_t + R_B) \tag{3-32}$$

若 $R_2 = R_3$，则有

$$R_1 + R_A = R_t + R_B \tag{3-33}$$

若两引线电阻相等，即 $R_A = R_B$，则上式变成 $R_1 = R_t$。可见，这种引线形式可以较好地消除引线电阻的影响，且引线电阻因沿线环境温度变化而引起的阻值变化量也被分别接入两个相邻的桥臂上，可相互抵消。因此三线制测量准确度高于两线制，应用较广。工业热电阻温度计通常采用三线制接法，尤其是在测温范围窄、导线长、架设铜导线途中温度发生变化等情况下，必须采用三线制接法。

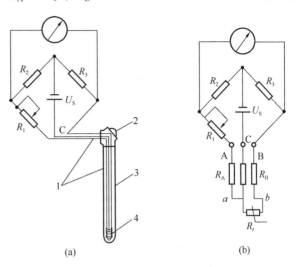

图 3-35　三线制引线的热电阻温度计
(a) 引线连接图；(b) 等效原理示意图
1—连线；2—接线盒；3—保护套管；
4—热电阻感温元件

3. 四线制

在热电阻感温元件的两端各连两根引线的方式称为四线制，如图 3-36(a) 所示。其中两根引线为热电阻提供恒流源，在热电阻上产生的压降通过另两根引线引至电位差计进行测量。

当按图 3-36(b) 连接转换开关时，通过调节尺，使电桥平衡，则有

$$R_3(R_1 + R_A) = R_2(R_t + R_B) \tag{3-34}$$

再按图 3-36(c) 连接转换开关，调节 R_1 使电桥再度平衡，则有

$$R_3(R_1' + R_B) = R_2(R_t + R_A) \tag{3-35}$$

式中，R_1' 为按图 3-36(c) 连接并达到平衡时，R_1 的新阻值，Ω。

若 $R_2 = R_3$，则联合式（3-34）和式（3-35）可得

$$R_t = \frac{R_1 + R_1'}{2} \tag{3-36}$$

可见，四线制不管引线电阻是否相等，通过两次测量均能完全消除引线电阻对测量的影响。这种方式主要用于高准确度温度检测。

值得注意的是，无论是三线制还是四线制，引线都必须从热电阻感温元件的根部引出，不能从热电阻的接线端子上分出，以免从接线端子到感温元件根部这段导线电阻对测量结果带来影响。

4. 铂电阻测温电路

铂热电阻测温电路传统的办法是利用不平衡电桥把电阻的变化转变为电压。该方法存在的问题是桥臂电阻和电桥输出电压之间为非线性关系，由式（3-27）和式（3-28）可知，铂热电阻的阻值和温度之间也存在非线性关系。这样，铂热电阻的非线性和不平衡电桥固有的非线性势必给温度测量带来很大的非线性误差。特别是当测温范围较宽时，其非

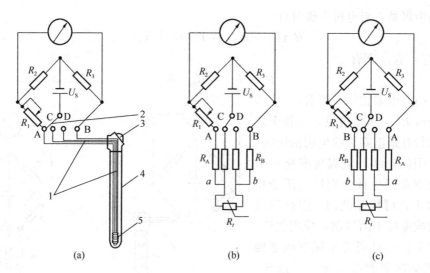

图 3-36　四线制引线的热电阻温度计

（a）引线连接图；（b）、（c）等效原理示意图

1—连线；2—转换开关；3—接线盒；4—保护套管；5—热电阻感温元件

线性更明显。解决该问题常用的方法有数字补偿法和模拟补偿法。查表法是数字补偿法中最常用的一种方法，较为简单实用。模拟补偿法又可分为简单模拟电路和集成芯片补偿法，前者如图 3-37 所示。该电路在 $-100℃$ 时输出为 $0.97V$，$200℃$ 时输出为 $2.97V$。如果增加合适的增益调节电路和偏移控制则可以增大输出信号。图中，利用电阻 R_2 的少量正反馈实现 PT100 的非线性补偿，该反馈回路当 PT100 阻值较高时输出电压略有提高，这有助于传输函数的线性化处理。图 3-37 中输出电压的表达式为

$$U_{\text{out}} = E \times \cfrac{\cfrac{R_2//R_t}{R_2//R_t + R_5}}{\cfrac{R_4}{R_4 + R_3} - \cfrac{R_5//R_t}{R_5//R_t + R_2}} \tag{3-37}$$

常用的集成芯片有 XTR105 和 XTR106。XTR105 是美国 BURR—BROWN 公司生产的用于温度检测系统中的温度-电流变送器，它可将铂电阻的阻值随温度的变化量转换成电流，该电流值仅与 RTD 的阻值有关，而与线路电阻，包括连接电缆的电阻和接插件的接触电阻等无关，不仅可以消除线路电阻所产生的误差，而且可以对铂电阻中的温度三次项进行线性补偿，因此提高了温度检测系统的线性度和准确度。XTR106 是美国 BB公司推出的高准确度、低漂移、自带两路激励电压源、可驱动电桥的 $4\sim 20mA$两线制集成单片变送器。它的最大特点是可以对不平衡电桥的固有非线性进行

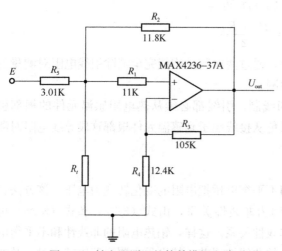

图 3-37　铂电阻测温的简单模拟电路

二次项补偿，因此可以使桥路传感器的非线性得以显著改善，改善前后非线性比最大可达 20:1。

3.4.3 半导体电阻温度计

前面介绍的各种热电阻温度计虽然各有良好的测温性能。然而，最大不足之处是低温时电阻值小、灵敏度低。为克服这个弱点，20 世纪 50 年代就开始选用半导体作为测温元件，至今已获得很大进展。半导体电阻温度计有锗电阻温度计、碳电阻温度计、碳玻璃电阻温度计和热敏电阻温度计。

热敏电阻温度计是一种电阻值随温度呈指数变化的多晶半导体电阻温度计。最初仅用于测温准确度较低的常温区。近 10 年发展极为迅速，技术特性和测温对象均有很大变化，其测温范围最低可达 $-269℃$，最高可达 $1350℃$，现已大量用于家电、汽车的温度检测和控制中。

3.4.3.1 热电特性及分类

热敏电阻温度计的温度特性可近似表示如下

$$R_t = Ae^{B/t} \tag{3-38}$$

式中　R_t——热敏电阻温度计在温度为 t 时的电阻值，Ω；

　　　A——常数，Ω；

　　　B——热敏指数，$℃$。

A 和 B 取决于半导体材料和结构。对上式进行微分，可得热敏电阻温度计在某一温度点的温度系数

$$\alpha = \frac{1}{R_t}\frac{dR_t}{dt} = -\frac{B}{t^2} \tag{3-39}$$

由式（3-39）可见，电阻温度系数并非常数，它随着温度 t 平方的倒数而变化，这样就使灵敏度随温度升高而降低，从而限制了热敏电阻在高温下的使用。随着 B 的取值不同，α 可正可负，由此将热敏电阻温度计分为 3 类：

1）负温度系数热敏电阻 NTC。通常所说的热敏电阻就是指 NTC。它的特点是，B 取正值，在 $1500 \sim 6000K$ 之间，电阻随温度的升高而降低，具有负的温度系数。

NTC 型热敏电阻主要由锰、铁、镍、钴、钛、钼、镁等复合氧化物高温烧结而成，通过不同的材质组合，能得到不同的电阻值 R_0 及不同的温度特性。

2）正温度系数热敏电阻 PTC。它的特点与 NTC 正好相反，电阻随温度的升高而增加，并且当达到某一温度时，阻值突然变得很大。根据这个特性，PTC 型热敏电阻可用作位式（开关型）温度检测元件，起报警作用。

3）临界温度热敏电阻 CTR。这种温度计的热电特性与 NTC 相似，不同之处是在某一温度下，其电阻值急剧下降，必须分段研究其特性。CTR 可用于低温临界温度报警中。

3.4.3.2 特点

半导体热敏电阻具有以下一些优点：

1）灵敏度高。一般来说，热敏电阻的电阻温度系数都在 $-3 \times 10^{-2} \sim -6 \times 10^{-2}℃^{-1}$ 之间，是金属电阻的 10 多倍，可不用放大器直接输出信号，因此，可大大降低显示仪表的要求。

2）电阻值高。半导体热敏电阻在常温下的阻值很大，通常在数千欧以上，这样引线

电阻（一般最多不超过 10Ω）几乎对测温没有影响，所以根本不必采用三线制或四线制，给使用带来了方便，较适宜远距离测量。

3）响应时间快。半导体热敏电阻的重量轻，热惯性也小，时间常数通常为 $0.5\sim3s$，可用于动态测温、热容量小的场合的测温。

4）体积小、结构简单、便于成形。可用于地方狭小场合的测温，如能用于人体特殊部位的测量。

半导体热敏电阻根据需要可制成各种形状，如珠形、扁圆形、杆形、圆片形等，如图 3-38 所示，目前最小的珠形热敏电阻可达 $\phi0.2mm$，常用来测"点"温和表面温度

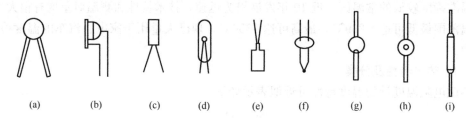

$$(a)\qquad(b)\qquad(c)\qquad(d)\qquad(e)\qquad(f)\qquad(g)\qquad(h)\qquad(i)$$

图 3-38　热敏电阻的结构形式
(a) 圆片形；(b) 薄膜形；(c) 杆形；(d) 管形；(e) 平板形；
(f) 珠形；(g) 扁圆形；(h) 垫圈形；(i) 杆形（金属帽引出）

5）资源丰富、价格低廉、化学稳定性好，元件表面用玻璃等陶瓷材料封装，可用于环境较恶劣的场合。

半导体热敏电阻的主要缺点是其阻值与温度的关系具有较大非线性，元件的稳定性、复现性及互换性差。而且除高温热敏电阻外，不能用于 $350℃$ 以上的高温检测。

3.4.4　热电阻温度计的使用和误差分析（扫码阅读）

3.5　非接触温度测量

3-5 3.4节补充材料

3.5.1　概述

非接触式测温仪表主要是基于热辐射机理的一种温度传感器，这类温度传感器的最大特点就是传感器的任何部分不与被测介质接触，它通过测量物体的辐射能或与辐射能有关的信号来实现温度测量。

常见的非接触式测温仪表有红外测温仪、辐射高温计、光学高温计、光电高温计、比色高温计、红外成像仪等。这里介绍本专业常用的红外测温仪和红外成像仪。

3.5.2　红外测温仪

根据普朗克定律确定的全辐射体的光谱辐射出射度与波长和温度的关系如图 3-39 所示。由图可见，2000K 以下的曲线最高点所对应的波长已不是可见光，而是红外线，而人眼是看不到这种射线的，所以较低温度的测量要采用红外测温仪表。红外测温仪表就工作在这个红外线波长区，因此可测较低的温度。它的原理和结构与辐射高温计、光电高温计相似。红外测温仪表是一种测温上限较低的仪表，可测量 $0\sim400℃$ 范围的温度。

红外测温仪由光学系统、红外探测器、信号处理放大部分及显示仪表等部分组成。其中光学系统与红外探测器是整个仪表的关键，而且它们具有特殊的性质。红外光学材料又

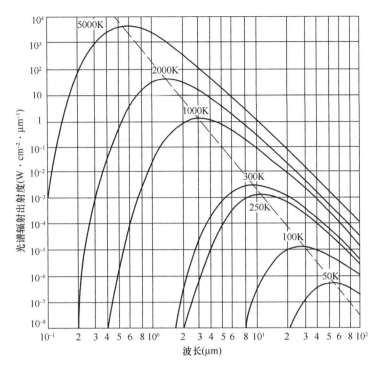

图 3-39　全辐射体的光谱辐射出射度与波长和温度的关系

是光学系统中的关键器件，它是对红外辐射透过率很高，而对其他波长辐射不易透过的材料。红外探测器的作用是把接收到的红外辐射强度转换成电信号。它有光电型和热敏型两种类型。光电型探测器是利用光敏元件吸收红外辐射后其电子改变运动状况而使电气性质改变的原理工作的，常用的光电探测器有光电导型和光生伏特型两种。热敏型探测器是利用了物体接收红外辐射后温度升高的性质，然后测其温度工作的。根据测温元件的不同，又有热敏电阻型、热电偶型及热释电型等几种。在光电型和热敏型探测器中，前者用得较多。

此处以图 3-40 所示的红外辐射温度计为例介绍其原理及结构，被测物体 1 的辐射线由窗口 2 进入光学系统，首先到达分光片 3。分光片是由能透过红外线的专门光学材料制成，中间沉积了某种反射材料。红外线能透过分光片，而其他波长的辐射能被反射出去，不能透过。透过分光片的红外线经过聚光镜 4、调制盘 5 被调制成脉冲红外光波，它投射到置于黑体腔中的红外光敏探测器 6 上，最终转换成交变的电信号输出。使用黑体腔是为了提高光敏探测器的吸收能力，提高灵敏度。由于探测器输出的交变电信号与被测温度及黑体腔温度均有关，所以必须恒定黑体腔的温度，以消除背景温度的影响。黑体腔的温度由温度控制器控制在 40℃。输出的电信号经运算放大器 A1 和 A2 整形、放大后，送入相敏功率放大器 7，经解调器 8 整形后的直流电流由显示器指示被测温度。由分光片反射出来的其他波长下的光波反射到反光片 11，经 12、13 透镜，14 目镜组成的目镜系统，可以观察到被测目标及透镜 12 上的十字交叉线，以瞄准被测目标。

图 3-41 所示的是美国 Raytek 公司生产的 Raynger ST 系列便携式红外测温仪。它通过接受被测物体发射、反射和传导的能量来测量其表面温度。测温仪内的探测元件将采集

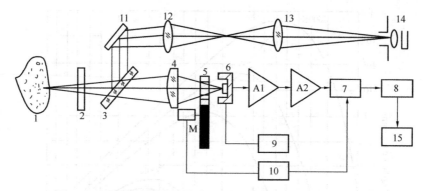

图 3-40　红外辐射温度计

1—被测物体；2—窗口；3—分光片；4—聚光镜；5—调制盘；6—红外探测器；

7—相敏功率放大器；8—解调、整形部分；9—温度控制器；10—信号发生器；

11—反光片；12、13—透镜；14—目镜；15—显示仪表

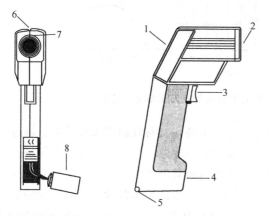

图 3-41　Raynger ST 系列便携式红外测温仪

1—液晶显示（LCD）；2—光学元件；3—扳机；

4—电池盒；5—绳/带系环；6—准星槽；

7—激光（如选有激光）；8—电池

的能量信息输送到微处理器中进行处理，然后转换为数字信号在 LCD 液晶屏上显示。

该仪器携带测量方便，测量精确度较高（读数值的 1%），测温范围为 32～500℃，响应时间为 500ms（95% 响应），并具有高、低温报警功能，目前得到广泛的使用。

3.5.3　红外热像仪测温

任何温度高于绝对零度的物体都会发射红外线，且红外线的辐射强度与物体绝对温度的四次方成正比。红外成像技术就是通过测试物体发射红外线的辐射强度来测量温度场的。

红外热成像技术测温方法为非接触测量，不会影响被测目标的温度分布，对远距离目标、高速运动目标、带电目标、高温目标及其他不可接触目标都可采用。不必像一般的热电偶、热电阻那样要求与被测目标达到热平衡。由于辐射传播速度为光速，因此测温的响应快，速度仅取决于热成像系统自身的响应时间，有些探测器响应时间已达微秒或纳秒级，测温范围从负几十摄氏度到几千摄氏度，灵敏度可达到 0.01℃，空间分辨率高，非常适合温度场的测量，广泛用于测量固体表面温度。

3.5.3.1　热像仪的工作原理

热像仪是利用红外扫描原理测量物体表面温度分布的。它可以摄取来自被测物体各部分射向仪器的红外辐射通量。利用红外探测器，按顺序直接测量物体各部分发射出的红外辐射通量，综合起来就得到物体发射红外辐射通量的分布图像，这种图像称为热像图。由于热像图本身包含了被测物体的温度信息，也有人称之为温度图。图 3-42 为扫描式热像仪原理示意图。它由光学会聚系统、扫描系统、探测器、视频信号处理器、显示器等几个

主要部分组成。目标的辐射图形经光学系统汇聚和滤光，聚焦在焦平面上。焦平面内安置一个探测元件。在光学会聚系统与探测器之间有一套光学机械扫描装置，它由两个扫描反射镜组成，一个用作垂直扫描，一个用作水平扫描。从目标入射到探测器上的红外辐射随着扫描镜的转动而移动，按次序扫过物空间的整个视场。在扫描过程中，入射红外辐射使探测器产生响应。一般来说，探测器的响应是电压信号，它与红外辐射的能量成正比，扫描过程使二维的物体辐射图形转换成一维的模拟电压信号序列。该信号经过放大、处理后，由电视屏或监测器显示红外热像图，实现热像显示和温度测量。

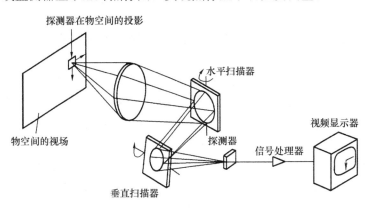

图 3-42　红外热像仪工作原理图

3.5.3.2　热像仪的组成

不同的热像仪，其实施方法可以很不相同，最简单的热像仪只沿一个坐标轴方向扫描，另一维扫描由被测物体本身的移动来实现。这类热像仪只适用于测量运动着或转动着的物体红外辐射的分布。对一般物体，需要进行二维的扫描才能获得被测物体的热像图。最近发展起来的热像仪，功能更为全面，不仅可以摄取热像图，而且能够进行热像的分析、记录。可以满足许多热测量问题的需要。

图 3-43 所示的为基本热像仪系统框图。

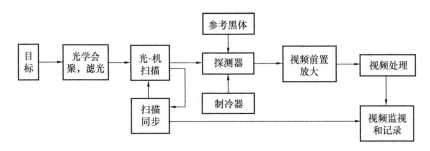

图 3-43　基本热像仪系统框图

光机扫描红外成像的系统是通过光机扫描使单元探测器依次扫过物体（对象）的各部分，形成物体的二维图像。光机扫描成像的红外探测器在某一瞬间只能看到目标很小的一部分，这一部分通常称为"瞬态视场"。光学系统能够在垂直和水平两个方向上转动。水平转动时，瞬时视场在水平方向上横扫过目标区域的一条带。光学系统垂直转动和水平转动相配合，在瞬时视场水平扫过一条带后，与前一条带相衔接，经过多次水平扫描，完成整个视场扫描，机械运动又使其回到原来的位置，如果探测器的响应足够快，则它对任一瞬间视场都会产生一个与接收到的入射红外辐射强度成正比的输出信号。在整个扫描过程中，探测器的输出将是一个强弱随时间变化，且与各瞬时视场发出的红外辐射强度变化相应的序列电压信号。光机扫描的方式有两种：物扫描和像扫描。

物扫描的扫描机构置于聚焦的光学系统之前，直接对来自物体的辐射进行扫描。由于来自物体的辐射是平行光，所以这种扫描方式又称为平行光束扫描。物扫描有多种光路系统。像扫描机构置于聚焦光学系统和探测器之间，是对成像光束进行扫描。由于这种扫描机构是对汇聚光束进行，所以又称为汇聚光束扫描机构。

焦平面红外热像仪与光机扫描成像仪的主要区别在于用数组式凝视成像的焦平面代替了原有的光机扫描系统。

凝视成像的焦平面红外热像仪关键技术是探测器由单片集成电路组成，被测目标的整个视野都聚焦在上面，使图像更加清晰，同时具有自动调焦图像冻结、连续放大、具备点温、线温、等温和语音注释图像等功能，仪器采用 PC 卡，存储容量可高达 500 幅图像。仪器小巧轻便、使用方便。在性能上大大优于光机扫描式红外热像仪。

热释电红外热成像系统也属于非扫描型的热成像系统，它采用热释电材料作靶面，制成热释电摄像管，直接利用电子束扫描和相应的处理电路将被测物体的温度信号转换成电信号。热释电红外热成像系统的优点是：结构简单，不需要制冷，光谱响应范围可以覆盖整个红外波段，故可测量常温至 3570℃ 的温度范围，其缺点是测温误差较大。

探测器是红外热成像系统的核心部分。物体所发出的总辐射能量是由某一波长范围的单色辐射组成的。在室温环境下，热辐射的中心波长为 10 μm，分布范围为 5.5～23 μm，200℃ 左右时，中心波长移至 7 μm 附近。理论上，只要物体温度高于热力学零度，都可使探测器上产生信号。但实际上，由于材质限制，探测器主要接收 3～12 μm 区间的红外线，由于 5～8 μm 是水的主要吸收波段，因此常采用 3～5 μm 或 8～12 μm 两种波段作为分析光源。

常见的红外线热像仪探测器种类有非室温和室温两种。非室温探测器包括 3～5 μm 波段的硅化铂、汞镉碲及 8～12 μm 波段的汞镉碲及量子井红外线光侦检器等。非室温探测器需在低温下工作，才能避免电子常温跃迁所造成的噪声。为此需以制冷器降温。同时，为避免探测器感应热辐射时因热传导造成热损失，热像仪探测器需置于真空容器内（杜瓦瓶），探测器、杜瓦瓶及制冷器所组成的感应组件称为热像仪的发动机或光电模块。室温探测器主要感应 8～12 μm 波段，以电阻式与压电感应式为主，探测器不需在低温下操作，不需制冷器。

一般商用热像仪最常用的探测器规格为 320mm×240mm 或 256mm×256mm，可用总像素超过 70000。非室温探测器的像素大小多为 30 μm，室温探测器一般以 50 μm 为主。室温探测器的发展方向是在进一步减小像素面积的同时保持可接受解析温差。

3.5.3.3　影响使用效果的因素与措施

1. 被测物体发射率对测温的影响

红外热像仪是通过测量在一定波长范围内物体表面的辐射能量，再换算成温度的。但是，物体表面的辐射能量不仅由表面温度决定，还受表面发射率影响。为了解决被测物体发射率对测温的影响，在红外热成像系统中都设置了发射率设定功能，只要事先知道被测物体的发射率，并在测温系统中予以设定，便可得到正确的温度测量结果。因此，为获得物体表面准确的真实温度，需要预先确定被测表面的发射率。

2. 背景对测温的影响

红外热成像仪的探测器不仅接受被测物体表面发射的辐射能，还可能接受周围环境经被测物体表面反射和透过被测物体的辐射能。后两部分的辐射会直接影响到测温的准确度。因此，当被测物体表面发射率低，背景温度高，而被测温度又和背景温度相差不大时，就会引起很大的测温误差。为了消除背景温度对测温的影响，红外热成像仪系统通常采取了两种背景温度补偿方法：

1）以背景温度不变为前提，只要知道背景温度，对背景温度的变化取平均值，通过系统软件的计算，即可得到正确的测量值。这种补偿只适于背景温度变化不大的情况。

2）实时补偿，当背景温度随时间变化很大、很快时，使用另外一个专门测量背景温度的传感器，再通过软件进行实时补偿。

3. 大气对测温的影响

被测物体辐射的能量必须通过大气才能到达红外热成像仪。由于大气中某些成分对红外辐射的吸收作用，会减弱由被测物体到探测器的红外辐射，引起测温误差，另外大气本身的发射率也将对测量产生影响。为此，除了充分利用"大气窗口"以减少大气对辐射能的吸收外，还应根据辐射能在气体中的衰减规律，在热成像仪的计算软件中对大气的影响予以修正。

4. 工作波长的选择

在用红外热成像仪测量物体表面温度时，选择工作波长是非常重要的。选择工作波长的依据是：测量的温度范围、被测物体的发射率、大气传输的影响。依据测温范围选择工作波长时，高温测量一般选用短波，低温测量选择长波，中温测量波长选择介于二者之间。对于发射率既随温度变化又随波长变化的物体，其工作波段的选择不能只依据温度范围，而主要依据发射率的波长温度的变化。例如高分子塑料在 $3.43\,\mu m$ 或 $7.9\,\mu m$ 处、玻璃在 $5\,\mu m$ 处、只含 CO_2 和 NO_x 的清洁火焰在 $4.5\,\mu m$ 处均有较大的发射率。为了测量这些对象的温度，就要选用这些具有大发射率的波段。为了减少辐射在大气中的衰减，工作波段应选择大气窗口，特别是对长距离的测量，如从卫星处探测地面辐射的遥感更是如此。当然在一些特殊场合，如测量现场含有大量的水蒸气，则工作波段应特别避开水蒸气的几个吸收波段。

3.6 气流温度测量

3.6.1 概述

实际工程实践中的气流温度测量通常有以下几种情况：

1）建筑室内低速流动的空气及空调通风设备风管内流动的空气温度的测量；

2）在管道内，速度快但温度不高的气体温度测量；

3）工业锅炉和工业窑炉中速度不高，但温度很高的燃烧气流的温度测量；

4）内燃机、燃气轮机等高速喷射燃烧气流温度的测量。

前两种情况，在工程测量中涉及面广，测温仍以接触法为主。应用热电偶采取一定的技术措施，能获得较为理想的测量结果。后一种情况是指各类喷射出来的燃烧气流的测温，对这类喷焰或等离子气体喷焰的温度测量可采用非接触法。在气流测温中，会碰到一些其他测温所没有的特殊问题，具体叙述如下：

1) 用热电偶测量高速气流温度时，由于气体的热容和对流换热系数均小于液体，故气流与热电偶之间的换热能力差，两者长时间达不到热平衡状态。此外，在许多场合，气流的温度分布不均匀，因此，热电偶所产生的热电势值不能反映气流的真实温度，特别当气流产生温度波动时，将造成较大动态误差。

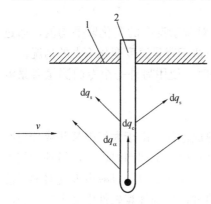

图 3-44　热电偶与周围物体的热交换
1—壁面；2—热电偶

2) 当热电偶的温度较高时，它以辐射换热方式向周围较冷物体传递热量和以热传导方式沿其自身由热端向冷端传递热量，如图 3-44 所示。由于上述两项热损失的存在，导致热电偶测得的温度总是低于实际温度值，从而引起测量误差。

3) 由于热电偶对气流的制动作用，将被制动的气流的动能转化为热能，使热电偶测得的温度偏高。当气流流速高于 0.2 马赫时，由此引起的误差是不容忽视的，并且气流速度越高，误差值也就越大。

4) 用来制作热电偶的铂、铱、钯等贵金属成分会对含有 H_2、CO、CH_4 等可燃气体的燃烧反应起催化作用，导致热电偶所测的温度高于实际温度。

通过上述分析得知，要提高低速高温气流或高速低温气流测温的准确度，关键是提高气流与热电偶之间的对流换热能力和设法减少热电偶对其周围较冷物体的热辐射及热传导损失。

3.6.2　低速气流的温度测量

3.6.2.1　对流换热

基于牛顿冷却定律，单位时间内气体以对流换热方式传给热电偶的热流量 dq_α 为

$$dq_\alpha = \alpha \cdot A \cdot (t_g - t_t) \tag{3-40}$$

式中　dq_α——气流通过对流换热传递给热电偶的热流量，W；

α——表面对流换热系数，$W/(m^2 \cdot ℃)$；

A——换热面积，m^2；

t_g——气流温度，℃；

t_t——热电偶温度，℃。

从上式看出，当其他条件一定的前提下，对流换热系数 α 越大，气流与热电偶达到热平衡所需时间越短。α 是个很复杂的参数，其值与热电偶结构、尺寸、被测介质的流态及物质有关。因此，为提高低速气流的测温准确性，必须提高 α 数值。

3.6.2.2　辐射换热

辐射换热与温度的四次方成正比，所以随着温度的升高，热电偶辐射换热损失较导热损失增加速度快得多。当温度很高时，辐射换热损失将在所有热损失中占主导地位。根据热辐射定律，单位时间内热电偶以辐射换热的形式向周围较冷物体散失的热量 dq_ε 为

$$dq_\varepsilon = \varepsilon \cdot \sigma \cdot A[(t_t + 273)^4 - (t_c + 273)^4] \tag{3-41}$$

式中　　dq_ε——热电偶的辐射热损失，W；

　　　　ε——热电偶发射率；

　　　　t_c——周围物体温度，℃；

　　　　t_t——热电偶的温度，℃。

若不考虑导热，当被测对象达到稳定状况后，气流与热电偶达到热平衡，即 $dQ_\alpha = dQ_\varepsilon$，则有

$$\alpha \cdot A(t_g - t_t)d\tau = \varepsilon \cdot \sigma \cdot A[(t_t + 273)^4 - (t_c + 273)^4] \cdot d\tau \tag{3-42}$$

热电偶辐射热损失带来的示值误差 Δt_ε 为

$$\Delta t_\varepsilon = t_g - t_t = \frac{\varepsilon \cdot \sigma}{\alpha}[(t_t + 273)^4 - (t_c + 273)^4] \tag{3-43}$$

从上式可见，为减小 Δt_ε，应采取如下措施：

（1）提高对流换热系数 α，具体考虑如下措施：

1）采用抽气式热电偶。

2）对流换热系数 α 的大小与热电偶直径有直接的关系。当气流垂直绕流直径较小的圆柱体时，气流对圆柱体的对流换热系数 α 近似与 $1/\sqrt{d}$ 成正比，d 为偶丝直径。很明显，偶丝越细，α 越大。当然，偶丝的直径不可能无限度地减小，还须兼顾到热电偶的机械强度。

3）热电偶安装在管道的转弯处，在管道转弯处气体处于紊流状态，会出现无规则的漩涡，从而改善对流换热状况，提高对流换热的能力。

（2）对管壁应采取保温措施，以减小自身的导热损失。

（3）增大热电偶周围物体温度。为提高 t_c，应在热电偶的结构上增加辐射屏蔽罩，这样与热电偶测量端进行辐射换热的壁面不是温度较低的器壁，而是受到气流加热温度较高的屏蔽罩内壁，使辐射误差大为减小。

（4）采用发射率 ε 低的材料作保护管。普通耐热合金钢的发射率比较小，而陶瓷保护管的发射率比较大（在1500℃时，$\varepsilon = 0.8 \sim 0.9$）。由于测量高温时，热电偶的保护管均采用陶瓷塑料，所以，带来的辐射误差也是比较大的，为此，可直接用不带保护管的铂铑-铂热电偶裸丝直接测温。

思　考　题

3-1　什么是温标？简述 ITS-90 温标的 3 个基本要素内容。

3-2　接触式测温和非接触式测温各有何特点，常用的测温方法有哪些？

3-3　膨胀式温度计有哪几种，各有何优缺点？

3-4　常用热电阻有哪些，各有何特点？

3-5　热电阻的引线方式主要有哪些，各自的原理和特点是什么？

3-6　热电偶的测温原理是什么，使用时应注意什么问题？

3-7　可否在热电偶闭合回路中接入导线和仪表，为什么？

3-8　为什么要对热电偶进行冷端补偿，常用的方法有哪些，各有什么特点，使用补偿导线时应注意什么问题？

3-9　已知图 3-12 中 AB 为镍铬-镍硅热电偶，请选择补偿导线 A′B′ 的材料。若图中 $T_0 = 0$℃，$T = 100$℃，求毫伏表的读数。若其他条件不变，只将补偿导线换成铜导线，结果又如何？

3-10 将一只灵敏度为0.08mV/℃的热电偶与毫伏表相连，已知接线端温度为50℃，毫伏表读数是60mV，那么热电偶热端温度是多少？

3-11 热电偶主要有哪几种，各有何特点？

3-12 热电偶测温的基本线路是什么？串联、并联有何作用？

3-13 如何进行热电偶的检定，其测温误差主要有哪些？

3-14 如何进行热电偶的选择、使用和安装？

3-15 红外测温仪是基于什么原理测量温度的？

3-16 影响红外热像仪使用效果的因素有哪些？

第4章 湿 度 测 量

4.1 概述

湿度是表示空气干湿程度的物理量，是表示空气中水蒸气含量多少的尺度。如果生产和生活环境中的空气湿度过高或过低，就会使人体感到不适，以致影响身体健康，甚至会影响工业生产的正常进行。为了很好地控制空气的湿度，以满足生产和生活上的要求，应当对空气的湿度进行测量，并通过空气调节装置对房间的空气进行有效控制。因此，在建筑环境与设备工程实践中，对空气湿度的测量是必不可少的，它和温度等参数一样都是衡量空气状态及质量的重要指标。

测量中表示空气湿度的常用方法为相对湿度和含湿量。

空气相对湿度是指空气中水蒸气的分压力 P_q（Pa）与同温度下饱和水蒸气压力之比，用符号 ϕ 表示

$$\phi = \frac{P_q}{P_{qb}} \times 100\% \tag{4-1}$$

式中 P_{qb}——在相同温度下饱和水蒸气的压力，Pa。

通过对某一温度下的水蒸气分压力及相同温度下饱和水蒸气压力的分析可以得到：空气的相对湿度是干球温度 T、湿球温度 T_s 和大气压力 B 的函数，即

$$\phi = f(T, T_s, B) \tag{4-2}$$

使用过程中，当大气压力确定后，常常将相对湿度与干、湿球温度之间的关系作成图表，如焓湿（$i\text{-}d$）图等，以便直接查用。

含湿量是指 1kg 干空气中的水蒸气含量。当大气压力 B 一定时，相应于每一个 p_q 有一确定的含湿量值，即湿空气的含湿量与水蒸气的分压力互为函数。在一定温度下，空气中所能容纳的水蒸气含量是有限度的，超过这个限度时，多余的水蒸气就由气相变成液相，这就是结露。这时的水蒸气分压力称为此温度下的饱和水蒸气压力，对应于饱和水蒸气压力的温度称为露点温度。

空气的露点温度只与空气的含湿量有关，当含湿量不变时，露点温度亦为定值，也就是空气中水蒸气分压力高，使其饱和而结露所对应的温度就较高。反之，水蒸气分压力低，使其饱和而结露所对应的温度就较低。因此，空气露点温度可以作为空气中含水蒸气量多少的一个尺度，来表示空气的相对湿度。因而，空气相对湿度又可写为

$$\phi = \frac{P_{bl}}{P_{qb}} \times 100\% \tag{4-3}$$

式中　P_{bl}——空气在露点温度 T_L 时的饱和水蒸气压力，Pa；

$\quad\quad P_{qb}$——空气在干球温度 T 时的饱和水蒸气压力，Pa。

空气的饱和水蒸气压力是饱和温度的单值函数。测出干球温度 T 和露点温度 T_L，就可从有关手册的图表中直接查得对应于干球温度 T 和露点温度 T_L 的饱和水蒸气压力 P_{qb} 和 P_{bl}，由式（4-3）求出相对湿度 ϕ 值。

下面介绍几种测量相对湿度的常用方法和仪表。

4.2　干湿球湿度计

4.2.1　干湿球湿度计的原理

干湿球湿度计的基本原理为：当大气压力 B 和风速 v 不变时，利用被测空气对应于湿球温度下饱和水蒸气压力和干球温度下的水蒸气分压力之差，与干湿球温度之差之间存在的数量关系确定空气湿度。

湿球温度下饱和水蒸气分压力和干球温度下水蒸气分压力之差与干湿球温度差之间的关系可由式（4-4）表达：

$$P_{bs} - P_q = A(T - T_s)B \tag{4-4}$$

将式（4-4）代入式（4-1）得：

$$\phi = \left[\frac{P_{bs} - A(T - T_s)B}{P_{qb}} \right] \times 100\% \tag{4-5}$$

式中　ϕ——相对湿度，%；

$\quad\quad P_{bs}$——湿球温度下饱和水蒸气分压力，Pa；

$\quad\quad P_q$——湿空气的水蒸气分压力，Pa；

$\quad\quad A$——与风速有关的系数，$A = 0.00001\left(65 + \dfrac{6.75}{v}\right)$；

$\quad\quad T$——空气的干球温度，℃；

$\quad\quad T_s$——空气的湿球温度，℃；

$\quad\quad B$——大气压力，Pa；

$\quad\quad P_{qb}$——干球温度下的饱和水蒸气分压力，Pa；

$\quad\quad v$——流经湿球的风速，m/s。

显然，根据 T、T_s 分别对应有确定的 P_{qb}、P_{bs} 值。所以，根据干、湿球温度计的读数差，即可由上式确定被测空气的相对湿度。干湿球温度计的差（$T-T_s$）愈大，则空气相对湿度愈小，反之亦然。

干湿球湿度计，一般只能在冰点以上温度情况下使用，其相对湿度测量误差较小，当在低于冰点温度使用时，其测量误差将增大。

根据以上原理可制成普通干湿球湿度计、通风干湿球湿度计和电动干湿球湿度计。

4.2.2　普通干湿球湿度计

用两支相同的温度计，一支温度计保持原状，它可直接测出空气的温度，称之为干球温度。另一支温度计的温包上包有脱脂纱布条，纱布的下端浸在盛有蒸馏水的容器里，因毛细作用纱布会保持湿润状态，它测出的温度称之为湿球温度。将它们固定在平板上并标以刻度，附上计算表，这样就组成了普通干湿球湿度计，如图4-1所示。

湿球温度计温包上包裹的潮湿纱布，其中的水分与空气接触时产生热湿交换。当水分蒸发时，会带走热量使温度降低，其温度值在湿球温度计上表示出来。温度降低的多少取决于水分的蒸发强度，而蒸发强度又取决于温包周围空气的相对湿度。空气越干燥，即相对湿度越小时，干湿球两者的温度差也就越大。空气越湿润，即相对湿度越大时，干湿球两者的温度差也就越小。若是空气已达到饱和，干湿球温度差等于零。

这样，在测得干湿球温度后，通过计算或查表、查焓湿图（i-d 图），便可求得被测空气的相对湿度。

普通干湿球温度计的使用、校验与玻璃液体温度计相同。

普通干湿球温度计结构简单，使用方便。但周围空气流速的变化，或存在热辐射时都将对测定结果产生较大影响。

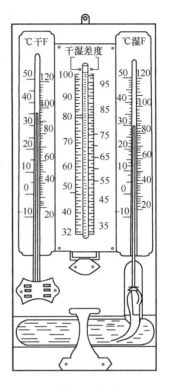

图4-1 普通干湿球湿度计

4.2.3 通风干湿球湿度计

为了消除普通干湿球湿度计因周围空气流速不同和存在热辐射时产生的测量误差，设计生产了通风干湿球湿度计。

通风干湿球湿度计选用两支较精确的温度计，分度值在 0.1～0.2℃。其测量空气相对湿度的原理与普通干湿球湿度计相同。

通风干湿球湿度计有手动式（风扇由发条驱动）和电动式（风扇由微电机驱动）。手动式如图4-2所示。其温度计刻度范围为−26～+51℃，最小刻度值为 0.2℃。它与普通干湿球湿度计的主要差别是在两支温度计的上部装有一个小风扇，可使在通风管道内的两支温度计温包周围的空气流速稳定在 2～4m/s，消除了空气流速变化的影响，另外在两支温度计温包部还装有金属保护套管以防止热辐射的影响。

湿球温度计温包上包裹的纱布是测定湿球温度的关键。纱布应使用干净、松软、吸水性好的脱脂纱布，纱布裁成小条，宽度约为温包周长的 $1\frac{1}{4}$ 倍，长度比温包长 20～30mm。将纱布条单层包在温包上用细线扎紧温包上端后缠绕至纱布条下部，以保证纱布条不散开。装保护套管时，注意不要把纱布条挤成团。使用中注意纱布不要弄脏，并经常更换。

像使用普通温度计一样，应提前 15～30min 将通风干湿球温度计放置于测定场所。观测前 5min 用滴管将蒸馏水加到纱布条上，不要把水弄到保护套管壁上，以免通风通道堵塞。上述准备工作完毕，即可将风扇发条上满，大约 2～4min 后通道内风速达到稳定后就可以读取温度值了。

测得干湿球温度后，按仪器所附相对湿度计算表查出被测空气的相对湿度，也可以用前面介绍过的公式进行计算。

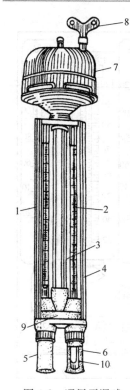

图 4-2　通风干湿球
湿度计

1、2—水银温度计；

3—金属总管；

4—护板；5、6—外护管；

7—风扇外壳；8—钥匙；

9—塑料箍；10—内管

4.2.4　电动干湿球湿度计

为了能自动显示空气的相对湿度和远距离传送湿度信号，采用电动干湿球湿度计。它的干湿球是用金属电阻（镍电阻）代替膨胀式温度计，并设置一个微型轴流风机，以便在热电阻周围造成 2.5m/s 的风速，提高测量精度。电动干湿球湿度计的传感器如图 4-3 所示，图中 2 镍电阻一支测量空气温度，称干球镍电阻，另一支包有纱布作为湿球镍电阻，都正对空气入口。由于风机的通风作用，可以减少热电阻的时间常数。当湿球镍电阻表面水分蒸发达到稳定状态时，干、湿球镍电阻同时发出对应于干、湿球温度的电阻信号。将这信号输入显示仪表或调节仪表，就能进行远距离测量和调节。

电动干湿球湿度计如图 4-4 所示。它是由两个不平衡电桥接在一起组成的，称为复合电桥。图中 R_w 为干球热电阻，接在干球电桥的一个臂上；R_s 为湿球热电阻，接在湿球电桥的一个臂上。干球电桥输出的不平衡电压是干球温度 t_w 的函数，而湿球电桥输出的是湿球温度 t_s 的函数。两电桥输出信号通过补偿可变电阻 R 连接，R 上的滑动点为 D。湿球电桥输出信号小于干球电桥输出信号。

当湿球电桥上输出电压与干球电桥输出的部分电压（R_{DE} 上的电压）相等时，检流计上无电流，此时称双电桥处于平衡状态。在双电桥平衡时，D 点位置反映了干、湿球电桥输出的电压差，也间接地反映了干、湿球温差。故可变电阻 R 上的滑动点 D 的位置反映了相对湿度，根据计算和标定，可在 R 上标出相对湿度值。在测量时，靠手动调节 R 的滑动点 D，使双电桥处于平衡，即检流计 3 中无电流，此时根据 R 上的指针读出相对湿度值。如果作为调节仪表，则可变电阻 R 作为相对湿度的给定值，通过旋钮改变 D 点位置，即改变了给定值。此时双电桥的不平衡信号，则作为调节器的输入信号。

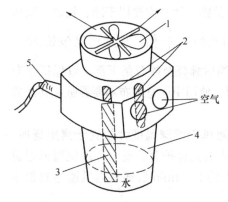

图 4-3　电动干湿球湿度计的传感器

1—轴流风机；2—镍电阻；

3—纱布；4—盛水杯；5—接线端子

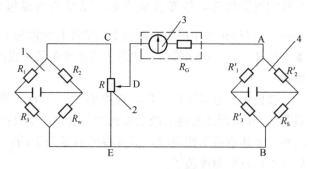

图 4-4　电动干湿球湿度计原理图

1—干球温度测量桥路；2—补偿可变电阻；

3—检流计；4—湿球温度测量电桥

4.3 毛发湿度计 *

（扫码阅读）

4.4 电阻式湿度计

电阻湿度计是由传感器和指示仪表两部分组成。

4.4.1 电阻式湿度计的原理

某些盐类放在空气中，其含湿量与空气的相对湿度有关，而含湿量大小又引起本身电阻的变化。因此可以通过这种传感器将空气相对湿度转换为其电阻值的测量。

金属盐氯化锂（LiCl）在空气中具有很强的吸湿性，而吸湿量又与空气的相对湿度有关。空气的相对湿度越大，氯化锂吸湿也越多，反之，空气的相对湿度越小，氯化锂吸湿也越少。同时，氯化锂的导电性能也随之变化。氯化锂吸湿越多其阻值越小，吸湿越少其阻值越大。氯化锂电阻湿度计就是根据这个特性制成的。氯化锂电阻式湿度计的传感器就是根据这一原理工作的。

4.4.2 氯化锂电阻湿度传感器

氯化锂电阻湿度传感器分梳状和柱状两种。前者金箔梳状电极镀在绝缘板上，后者用两根平行的铂丝电极绕制在绝缘柱上，图 4-5 是这两种传感器的结构。利用多孔塑料聚乙烯醇作为胶合剂，使氯化锂溶液均匀地附在绝缘板（或绝缘柱）的表面，多孔塑料能保证水蒸气和氯化锂溶液之间有良好的接触。柱状或梳状电极间的电阻值的变化就反映了空气相对湿度的变化。

氯化锂传感器的测湿范围与所涂氯化锂浓度及其他成分有关。氯化锂的感湿范围与其浓度相对应。采用某一浓度制作的组件在其有效的感湿范围内，其电阻值随周围空气相对湿度的变化符合指数关系。当湿度低于其有效的感湿范围时，其阻值迅速增加，趋于无限大。而当高于该范围时，其阻值变得非常小，乃至趋于零。单个传感器有效感湿范围一般在 $20\%RH$ 以内，例如 0.05% 的浓度时对应的感湿范围约为 $80\%\sim100\%RH$，0.2% 的浓度时对应

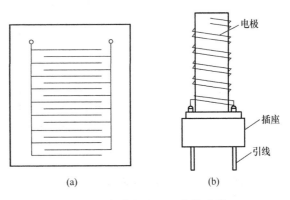

图 4-5　氯化锂电阻湿度传感器
（a）梳状；（b）柱状

范围约为 $60\%\sim80\%RH$ 等。由此可见，要测量较宽的湿度范围时，必须把不同浓度的组件组合在一起使用，例如 5 个组件组合的，可测 $15\%\sim100\%RH$。图 4-6 示出了多片组合传感器电路及其组合特性。图中 $R_{\phi1}$，$R_{\phi2}$，$\cdots$，$R_{\phi n}$ 是分别涂有不同浓度的 LiCl 溶液的传感器，其浓度依次降低。每个传感器分别串联有 R_1，R_2，$\cdots$，R_n 固定电阻，其阻值依次减小。当被测空气相对湿度处于较低范围时，R_1、$R_{\phi1}$ 支路电阻较小，此时 $R_{\phi2}$，$\cdots$，$R_{\phi n}$ 支路电阻较大，故其并联总电阻由 R_1、$R_{\phi1}$ 支路决定。当空气相对湿度变化到 $R_{\phi2}$ 的有效测

湿范围时，同理，$R_{\phi2}$、R_2 支路电阻较小，组合电阻由 $R_{\phi2}$、R_2 支路决定。以此类推可得到较宽的测量范围，这也是氯化锂电阻湿度传感器并联测量的原理。图 4-6（b）是组合特性图。

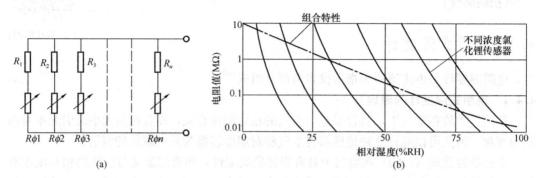

（a）

图 4-6　氯化锂的组合传感器及其特性

（a）组合传感器；（b）组合传感器特性

用交流电桥测量氯化锂湿度传感器电阻，因交流电桥使用交流供电，可防止氯化锂溶液发生电解。最高使用温度 55℃，当大于 55℃ 使用时，氯化锂溶液将蒸发。被测空气应清洁、无粉尘、纤维等。

4.4.3　氯化锂电阻湿度变送器

图 4-7 示出变送器的框图，将氯化锂传感器 R_ϕ 接入交流测量电桥，此电桥将传感器电阻信号转换为交流电压信号 $u(\phi)$，再经放大、检波电路转换为与相对湿度相对应的直流电压 $U(\phi)$。为了获得 $0\sim10\mathrm{mA\cdot DC}$ 的标准信号，需经电压-电流转换器，将 $U(\phi)$ 转换成 $0\sim10\mathrm{mA\cdot DC}$ 信号 $I(\phi)$，此 $I(\phi)$ 即变送器的输出。

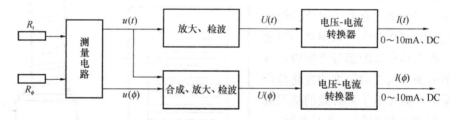

图 4-7　氯化锂温湿度变送器框图

实践表明，氯化锂传感器的电阻还与其温度有关，为消除温度对测量精度的影响，采取温度补偿措施，即将温度传感器 R_t 接入另一交流电桥，其输出的交流信号接入湿度变送器中的放大器的输入端，用以抵消温度对湿度测量的影响。温度信号也经变送器变送为 $0\sim10\mathrm{mA\cdot DC}$ 信号 $I(t)$。温、湿度变送器输出的标准信号，便于远距离传送、记录和调节，测量和调节精度高，常用于高精度的温、湿度测量和调节系统。

4.5　氯化锂露点式湿度计

它是通过测量氯化锂饱和溶液的饱和水蒸气压力与被测空气的水蒸气压力相等（即达到平衡）时，盐溶液的温度，即平衡温度来确定被测空气的露点温度，再根据空气的干球温度和露点温度求出空气的相对湿度。

4.5.1 氯化锂露点湿度传感器原理

氯化锂具有强烈的吸收水分的特性，将它配成饱和溶液后，它在每一温度时都有相对应的饱和蒸气压力。当它与空气相接触时，如果空气中的水蒸气分压力大于该温度下氯化锂饱和溶液的饱和蒸气压力，则氯化锂饱和溶液便吸收空气中的水分。反之，如果空气中的水蒸气分压力低于氯化锂溶液的饱和蒸气压力，则氯化锂溶液就向空气中释放出其溶液中的水分。纯水和氯化锂饱和溶液的饱和蒸气压力曲线如图 4-8 所示。在图 4-8 中，曲线①是纯水的饱和蒸气压力曲线，线上任意一点表示该温度下的饱和水蒸气压力数值，而曲线下方的任一点表示该温度下的水蒸气呈未饱和状态的分压力。曲线②是氯化锂饱和溶液的饱和蒸气压力曲线，线上的点也表示该温度下氯化锂溶液的饱和水蒸气压力的数值。而位于曲线②上方的点，表示所接触空气的水蒸气分压力高于该温度下氯化锂溶液的饱和蒸气压力，此时氯化锂溶液将吸收空气中的水分。而位于曲线②下方的点，表示所接触空气的水蒸气压力低于该温度下氯化锂溶液的饱和蒸气压力，此时溶液将向空气中蒸发水分。氯化锂溶液的饱和蒸气压力只相当于同一温度下水的饱和蒸气压力的 12% 左右，也就是说氯化锂溶液在相对湿度为 12% 以下的空气中是固相，在 12% 以上的空气中会吸收空气中的水分潮解成溶液，只有当它的蒸气压力等于空气中的水蒸气分压力时，才处于平衡状态。从图中还可以看出氯化锂溶液的饱和蒸气压力与温度有关，随着温度的上升而增大。

另外，氯化锂在液相时，它的电阻非常小，在固相时，它的电阻又非常大。氯化锂若在 12% 以下相对湿度的空气中，它由液相转变为固相时，电阻值急剧增加。假定某种空气状态的水蒸气分压为 P，温度为 T，它在图 4-8 中即为 A 点。由 A 点向左和 P 连线与纯水的饱和蒸气压曲线①交于 B 点，由 B 点向下引垂线交横坐标的某一温度值为 T_L。显然，T_L 即为空气的露点温度。再将 PA 延长与氯化锂溶液的饱和蒸气压力曲线相交于 C，由 C 点向下引垂线交于横坐标得 T_C 值，这就是氯化锂溶液的平衡温度，此时它的饱和蒸气压力也等于 P。因此，如果将氯化锂溶液放在上述空气中，设法把氯化锂溶液的温度加热到 T_C，使氯化锂溶液的饱和蒸气压力等于 A 点空气的水蒸气分压力 P。那么，测出 T_C 的温度值，根据水和氯化锂溶液饱和蒸气压力曲线的关系也就得知空气的露点温度 T_L，T_C 与 T_L 的关系为

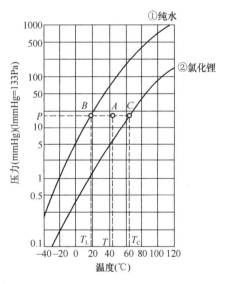

图 4-8 纯水和氯化锂饱和
蒸气压力曲线

$$T_L = aT_C + b \tag{4-6}$$

式中　a、b——常数。

测出 T 和 T_L，便可确定空气的相对湿度。氯化锂的露点湿度测量传感器就是根据以上原理设计制造的。

4.5.2　氯化锂露点湿度测量传感器

氯化锂露点湿度测量传感器的构造如图 4-9 所示。测量空气相对湿度时，将氯化锂露点传感器放置在被测空气中，如被测空气中的水蒸气分压力高于氯化锂溶液的饱和蒸汽压力，则氯化锂溶液吸收被测空气中的水分而潮解，使氯化锂溶液的电阻减小，两根加热丝间的电阻减小，通过的电流增大，开始加热，使氯化锂溶液温度上升，此作用一直持续到氯化锂溶液的饱和蒸气压力与被测空气中的水蒸气分压力相等，这时氯化锂溶液吸收空气中的水分和放出的水分相平衡，氯化锂溶液的电阻也就不再变化，加热丝所通过的电流也就稳定下来。反之，如被测空气中的水蒸气分压力低于氯

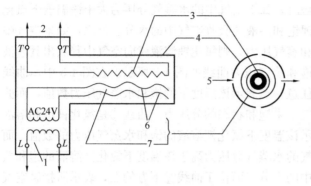

图 4-9　氯化锂露点湿度传感器
1—加热电源变压器；2—接仪表；3—铂电阻；4—保护罩；
5—被测气体；6—铂电极；7—氯化锂溶液（湿敏层）

化锂溶液的饱和蒸气压力，则氯化锂溶液放出其水分，这使其本身的电阻增大，因而使加热丝中的电流减小，于是产生的热量减少，则氯化锂溶液的温度下降，这样氯化锂溶液的饱和蒸气压力也随之下降。当氯化锂溶液的蒸气压力与被测空气中的水蒸气的分压力相等时，氯化锂溶液的温度就稳定下来。这个达到蒸气压力平衡时的温度称为平衡温度，热电阻测得的温度就是平衡温度。由于平衡温度与露点温度呈一一对应关系，所以，知道平衡温度值后，就相当于测量出露点温度。同时再测出被测空气的温度。将测量到的露点温度和被测空气温度的信号，输入双电桥测量电路，用适当的指示记录仪表，可直接指示空气的相对湿度。

4.5.3　氯化锂露点式湿度变送器

水蒸气分压力 P_q 和饱和水蒸气压力 P_{qb} 可分别近似地表示为 $P_q = Ae^{-\frac{B}{L}}$ 和 $P_{qb} = Ae^{-\frac{B}{T}}$。

将上式代入式（4-1）可得

$$\phi = e^{-B\left(\frac{1}{L} - \frac{1}{T}\right)} \times 100\%$$

将式（4-6）代入上式后，得

$$\phi = e^{-B\left(\frac{1}{aT_C + b} - \frac{1}{T}\right)} \times 100\% \tag{4-7}$$

由式（4-7）可知，相对湿度是平衡温度 T_C 和干球温度 T 的函数，根据这个数学式，适当选择两个测温度电阻，使其阻值变化分别比例于 T_C 和 T，再通过一定的电子线路进行模拟运算和放大器，即可获得与空气相对湿度成比例的电信号，这就是变送器的输出。

变送器的框图如图 4-10 所示，测量平衡温度的电阻 R_C 和测量干球温度的电阻 R 分别接到运算转换器 $\phi - V$ 单元，经电路运算放大输出与相对湿度呈对数关系的电压信号 V_1，这是因为 $\ln\phi = -B\left(\dfrac{1}{aT_C + b} - \dfrac{1}{T}\right)$ 的缘故。为了使输出电压信号与相对湿度呈线性关系，

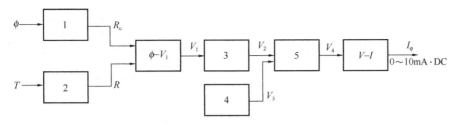

图 4-10　氯化锂露点湿度变送器框图

1—氯化锂露点温度传感器；2—干球温度传感器；3—线化器；4—零点迁移回路；
5—量程调整单元；$\phi-V$ 运算转换器；$V-I$ 转换器

需经线化器 3 进行线化运算。变送器输出 $0\sim10\text{mA}\cdot\text{DC}$ 信号。

氯化锂露点式湿度计能连续指示，远距离测量与调节，不受被测气体温度的影响，使用范围广，传感器可再生使用。但在使用中受加热电源电压波动和空气流速波动的影响，也受有害的工业气体的影响。

4.6　电容式湿度计

4.6.1　电容式湿度传感器

电容式湿度传感器的工作原理是通过环境湿度的变化引起传感器介电常数的变化，产生的电信号经过处理后，直接显示出空气的相对湿度。

近年来，市场上电容式湿度传感器多为热固聚酯电容式湿度传感器，采用聚酯膜作为电介质和铝箔为电极绕制而成，用环氧树脂包封。其独特的多层结构能非常好地抵抗环境诸如湿气、尘埃、脏物、油，及一些化学品的侵蚀。

4.6.2　电容式湿度传感器分类

（1）氧化铝电容式

氧化铝电容式湿度传感器的核心部分是吸水的氧化铝层，其上布满平行且垂直于其平面的管状微孔，它从表面一直深入到氧化层的底部。氧化铝层具有很强的吸附水汽的能力。通过对这样的空气、氧化铝和水组成的体系的电介性质的研究表明，在给定的频率下，介电常数随水汽吸附量的增加而增大。氧化铝层吸湿和放湿程度随着被测空气的相对湿度的变化而变化，因而其电容量式空气相对湿度的函数。

传感器的结构如图 4-11（a）所示，氧化铝层 1 的电极膜可采用石墨和一系列金属制成，电极膜非常薄，一般采用喷涂或真空镀膜法成膜，这样能允许水蒸气直接穿过电极膜进入氧化铝层。

（2）热固聚酯电容式

热固聚酯电容式湿度传感器的核心部分是聚合物介质层见图 4-11（b）。环境空气中的水汽透过上层铝箔电极层与聚合物介质接触，聚合物介质吸收水分改变了探头的介电常数，从而改变了探头的电容。聚合物介质吸湿量的大小取决于环境相对湿度，通过测量探头电容的变化即可测量出空气的相对湿度。

4.6.3　电容式湿度传感器的连接方式

电容式湿度传感器需要提供直流电压才能工作，其工作电压大多在 $0\sim10\text{VDC}$ 之间，

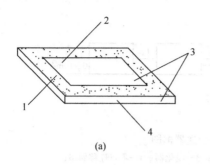
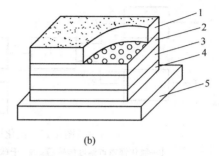

图 4-11 电容式湿度传感器

(a) 氧化铝电容式 (b) 热固聚酯电容式

(a) 1—多孔氧化铝层；2—镀膜电极；3—接线柱；　(b) 1—热固聚合物（保护层）；2—多孔铝箔层（电极）；

4—咬合铝基极导线（铝条咬合）　　　　　　3—热固聚合物（介质）；4—铝箔层（电极）；

5—硅或陶瓷基片

输出电压一般正比于供电电压。传感器的接线柱一般为三根，一根为供电正极，一根为电压输出正极，另一根为电压负极。图 4-12 为某型号电容式湿度传感器工作时电压连接方式。

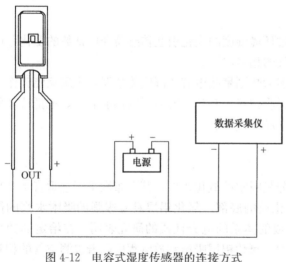

图 4-12 电容式湿度传感器的连接方式

4.6.4 电容式湿度传感器的湿度计算

电容式湿度传感器的输出电压与相对湿度的线性度一般较好，在粗略计算下，可认为其为线性关系：

$$U_{out} = a \times RH + b \qquad (4\text{-}8)$$

式中　U_{out}——传感器输出电压，V；

RH——相对湿度 $\phi \times 100$ 后的值；

a——输出电压与相对湿度之间的斜率 $U_{out}/\phi\%$（一阶导数）；

b——湿度传感器的零点，V。

式（4-8）为传感器在特定的工作电压下的湿度计算式，但实际工程中，供电电压与厂家标定的标准电压有所出入，因此，湿度计算式需要进行修正：

$$U_{out} = U_{in}(\alpha \times RH + \beta) \qquad (4\text{-}9)$$

式中　U_{in}——实际供电电压，V；

α——斜率 a/U_{in}；

β——湿度传感器的零点与 U_{in} 的比值。

为进行精确计算，对输出电压与相对湿度曲线进行二阶拟合，可得出输出电压与相对湿度之间的二阶关系式：

$$U_{\mathrm{out}} = aRH^2 + bRH + c \tag{4-10}$$

式中 a、b、c——拟合常数。

通常情况下，厂家测定的是 25℃时的各种常数，如温度相差太大，而且湿度计算精确度要求较高时，还需对湿度进行温度补偿：

$$U_{\mathrm{out}} = (\alpha_1 T^2 + \alpha_2 T + \alpha_3) \times RH + (\beta_1 T^2 + \beta_2 T + \beta_3) \tag{4-11}$$

式中 T——测试环境的温度，℃；

α_1、α_2、α_3、β_1、β_2、β_3——出厂参数。

4.7 湿度传感器的基本技术指标*

（扫码阅读）

4-2 4.7节补充材料

4.8 湿度计的标定与校正装置

湿度计的标定与校正需要一个维持恒定相对湿度的校正装置，并且用一种可作为基准的方法去测定其中的相对湿度，再将被校正仪表放入此装置进行标定。校正装置所依据的方法有重量法、双压法及双温法等。下面介绍比较广泛使用的双温法及其校正装置。

双温法的基本原理是将某一温度和压力下被水汽饱和的湿空气（或其他气体），在恒压下使其温度升高到设定值，通过道尔顿定律和气体状态方程即可计算出在较高温度下的气体相对湿度。这种方法有密闭循环和连续流动两种类型。前者通常称为双温法，能产生范围相当宽的已知湿度的气体。其相对湿度的准确度可达 $1\%RH$，或更好些。

双温法的原理示意图如图 4-13 所示，T_s、T_c 分别为设定的饱和温度和试验腔温度，$T_c > T_s$。通过气泵使气流在饱和器与试验腔之间不断循环，经过一定时间之后。气流中的水汽达到 T_s 温度下的饱和状态。假设汽体为理想气体，并且饱和器总压力 P_s 等于试验腔内汽体总压力 P_c，则在温度为 T_c 的试验腔内气体的相对湿度可用下式计算：

$$\phi = \frac{P_w(T_s)}{P_w(T_c)} \times 100\% \tag{4-12}$$

式中 $P_w(T_s)$——在温度 T_s 下的饱和水蒸气压力，Pa；

$P_w(T_c)$——在温度 T_c 下的饱和水蒸气压力，Pa。

当 $P_s \neq P_c$ 时，特别是在气流速度较高的情况下，就需要考虑进行压力修正，则有

$$\phi = \frac{P_w(T_s)}{P_w(T_c)} \cdot \frac{P_c}{P_s} \times 100\% \tag{4-13}$$

对于真实气体，还需将饱和水蒸气压乘以系数：

$$\phi = \frac{f(P_s, T_s) P_w(T_s) P_c}{f(P_c, T_c) P_w(T_c) P_s} \times 100\% \tag{4-14}$$

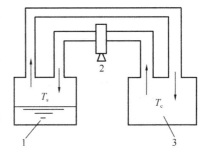

图 4-13 密闭循环式湿度
发生器示意图
1—饱和器；2—气泵；3—试验腔

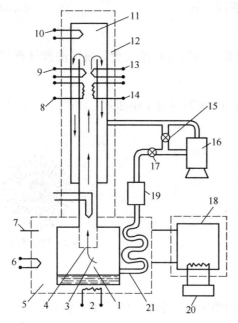

图 4-14　密闭循环式湿度校验设备
1—饱和器；2—加热器；3—饱和空气；
4—水雾分离器；5—恒温槽；6—温度
传感器；7—搅拌器；8—辅助电加热；
9—温度传感器；10—试验腔温度传感
器；11—试验腔；12—绝热层；13—温
度传感器；14—手动加热器；15—旁通
阀；16—气泵；17—流量控制阀；
18—低温液槽；19—流量计；
20—冷机；21—换热器

根据两个温度原理制成湿度校验设备如图 4-14 所示，适用于零上也适用于零下温度，并且在高流速和低流速条件下，都能使空气充分饱和。饱和器 1 置于恒温槽 5 中，恒温槽通过温度传感器 6、控制器及电加热器 2 实现自动恒温。试验腔 11 采用同心管结构。

在密闭系统内，借助无油气泵 16 使空气在饱和器和试验腔之间密闭连续循环流动。气体的流速由控制阀 17、旁通阀 15 和流量计 19 来控制。气流首先经过盘管 21 充分换热，然后进入饱和器 1。饱和器中的湿度发生器采用离心式结构，即气体沿切线方向进入盛水的圆筒饱和器，喷嘴位于水面上方，与水面成一定角度。由于气流冲击水面以及离心力作用形成涡流，使气体同水充分混合。水雾和液态水被离心力甩向饱和器壁。被分离的气体从顶部进入水雾分离器 4，其残余的小水滴，则由放在排气口前的筛网捕集器捕集（图中未画出）。空气在饱和器内达到饱和。饱和气体通过试验腔内管向上流动，然后改变方向，在内管和外管之间的环形通道向下流动。这种回流作用有利于温度分布均匀。来自饱和器的湿空气被设置在内管的加热器 8、14 加热之后进入试验腔 11。加热器 14 为手动调节加热器，用以提供给定温度所需的热量，辅助加热器 8 与温度传感器 9、13 与调节器（图中未画）组成温度自控系统，使试验腔内的温度保持在给定值。试验腔的温度由温度传感器 10 测量。12 为同心管的绝热层，用以减小试验腔同外界环境的热交换。如果要装置在低温下工作，通过由冷冻机 20 和低温液槽 18 组成的制冷系统，使恒温槽在给定的温度下运转。

思 考 题

4-1　相对湿度的定义是什么？何谓露点温度？试说明相对湿度与露点温度之间的关系。

4-2　简述干湿球湿度计的测试原理。

4-3　普通干湿球湿度计与电动干湿球湿度计有何异同？

4-4　电阻和电容湿度传感器的原理是什么？

4-5　简述氯化锂露点湿度传感器的原理。

第5章 压力压差测量

5.1 概述

5.1.1 压力、压差测量的意义

首先，工业生产中许多生产工艺过程，包括建筑和人工环境设备的运行过程，经常要求在一定的压力或一定的压力变化范围内进行，如制冷机工质压，风道空气压力，锅炉的汽包压力、炉膛压力、烟道压力等。因此，正确地测量和控制压力是保证生产过程、制冷空调系统良好地运行，达到优质高产、低消耗的重要环节。其次，压力测量或控制可以防止生产设备因过压而引起破坏或爆炸，这是安全生产所必需的。再有，通过测量压力和压差可间接测量其他物理量，如温度、液位、流量、密度与成分量等。因而，压力和差压的检测在各类工业生产领域、建筑和人工环境设备领域中占有很重要的地位。

5.1.2 基本概念（扫码阅读）

5.1.3 压力测量仪表的分类

压力测量仪表，按敏感元件和工作原理的特性不同，一般分为4类：

（1）液柱式压力计。它是根据流体静力学原理，把被测压力转换成液柱高度来实现测量的，主要有U形管压力计、单管压力计、斜管微压计、补偿微压计和自动液柱式压力计等。

5-1 5.1节补充材料

（2）弹性式压力计。它是根据弹性元件受力变形的原理，将被测压力转换成位移来实现测量的，常用的弹性元件有：弹簧管、膜片和波纹管等。

（3）负荷式压力计。它是基于流体静力学平衡原理和帕斯卡定律进行压力测量的，典型仪表主要有活塞式、浮球式和钟罩式3大类。它普遍被用作标准仪器对压力检测仪表进行标定。

（4）电气式压力计。它是利用敏感元件将被测压力转换成各种电量，如电阻、电感、电容、电位差等。该方法具有较好的动态响应，量程范围大，线性好，便于进行压力的自动控制。

各种测压仪表分类及性能特点如表5-1所示。

压力测量仪表分类及性能特点   表5-1

类别	压力表形式	测压范围（kPa）	准确度等级	输出信号	性能特点
液柱式压力计	U形管	$-10\sim10$	0.2, 0.5	液柱高度	实验室低、微压和负压测量
	补偿式	$-2.5\sim2.5$	0.02, 0.1	旋转刻度	用作微压基准仪器
	自动液柱式	$-10^2\sim10^2$	0.005~0.01	自动计数	用光、电信号自动跟踪液面，用作压力基准仪器

类别	压力表形式	测压范围 （kPa）	准确度等级	输出信号	性能特点
弹性式 压力计	弹簧管	$-10^2 \sim 10^6$	$0.1 \sim 4.0$	位移、转角 或力	直接安装，就地测量或校验
	膜片	$-10^2 \sim 10^3$	$1.5, 2.5$		用于腐蚀性、高黏度介质测量
	膜盒	$-10^2 \sim 10^2$	$1.0 \sim 2.5$		用于微压的测量与控制
	波纹管	$0 \sim 10^2$	$1.5, 2.5$		用于生产过程低压的测控
负荷式 压力计	活塞式	$0 \sim 10^6$	$0.01 \sim 0.1$	砝码负荷	结构简单、坚实，准确度极高，广 泛用作压力基准器
	浮球式	$0 \sim 10^4$	$0.02, 0.05$		
电气式压力 计（压力传 感器）	电阻式	$-10^2 \sim 10^4$	$1.0, 1.5$	电压、电流	结构简单，灵敏度高，测量范围广， 频率响应快，但受环境温度影响大
	电感式	$0 \sim 10^5$	$0.2 \sim 1.5$	毫伏、毫安	环境要求低，信号处理灵活
	电容式	$0 \sim 10^4$	$0.05 \sim 0.5$	伏、毫安	动态响应快，灵敏度高，易受干扰
	压电式	$0 \sim 10^4$	$0.1 \sim 1.0$	伏	响应速度快，多用于测量脉动压力
	振频式	$0 \sim 10^4$	$0.05 \sim 0.5$	频率	性能稳定，准确度高
	霍尔式	$0 \sim 10^4$	$0.5 \sim 1.5$	毫伏	灵敏度高，易受外界干扰

压力测量仪表按测量范围可分为 5 类，如表 5-2 所示。

压力测量仪表的测量范围 表 5-2

仪表类型	微压表	低压表	中压表	高压表	超高压表
测量范围（MPa）	$\leqslant 0.01$	$0.01 \sim 0.6$	$0.6 \sim 10$	$10 \sim 600$	$\sim > 600$

5.2 液柱式压力计

液柱式压力计是以液体静力学原理为基础的。它们一般采用水银、水、酒精作为工作液，用 U 形管、单管等进行测量，且要求工作液不能与被测介质起化学作用，并应保证分界面具有清晰的分界线。该方法常用于实验室或科学研究的低压、负压或压力差的测量，具有结构简单、使用方便、准确度较高等优点。其缺点是量程受液柱高低的限制，玻璃管易损坏，只能就地指示，不能进行远传。

5.2.1 U 形管压力计

5.2.1.1 工作原理

图 5-1 是用 U 形管测量压力的原理图。它的两个管口分别接压力 p_1 和 p_2。当 $p_1 = p_2$ 时，左右两管的液体高度相等。当 $p_1 > p_2$ 时，U 形管两管内的液面便会产生高度差，如图 5-1 所示。根据流体静力学原理有

$$\Delta p = p_1 - p_2 = \rho g h \tag{5-1}$$

式中 ρ——U 形管压力计工作液的密度，kg/m^3；

g——U 形管压力计所在地的重力加速度，m/s^2；

h——U 形管左右两管的液面高度差，m。

如果将 p_2 管通大气压，即 $p_2 = p_0$，则所测为表压。由此可见：

（1）U形管压力计可以检测两个被测压力之间的差值（即差压），或检测某个表压。

（2）若提高U形管内工作液的密度 ρ，则可扩大仪表量程，但灵敏度降低，即在相同压力的作用下，h 值变小。

5.2.1.2 误差分析

用U形管压力计进行压力测量，其误差主要有：

（1）温度误差。这是指由于环境温度的变化，而引起刻度标尺长度和工作液密度的变化，一般前者可忽略，后者应进行适当修正。例如，当水从10℃变化到20℃时，其密度从999.8kg/m³ 减小到998.3kg/m³，相对变化量为0.15％。

（2）安装误差。安装时应保证U形管处于严格的铅垂位置，在无压力作用下两管液柱应处于标尺零位，否则将产生安装误差。例如，U形管倾斜5°时，液面高度差相对于实际值要偏大约0.38％。

（3）重力加速度误差。由原理可知，重力加速度也是影响测量准确度的因素之一。当对压力测量要求较高时，应准确测出当地的重力加速度，使用地点改变时，也应及时进行修正。

（4）传压介质误差。在实际使用时，一般传压介质就是被测压力的介质。当传压介质为气体时，如果与U形管两管连接的两个引压管的高度差相差较大，而气体的密度又较大时，必须考虑引压管内传压介质对工作液的压力作用。若温度变化较大，还需同时考虑传压介质的密度随温度变化的影响。当传压介质为液体时，除了要考虑上述各因素外，还要注意传压介质和工作液不能产生溶解和化学反应等。

（5）读数误差。读数误差主要是由于U形管内工作液的毛细作用而引起的。由于毛细现象，管内的液柱可产生附加升高或降低，其大小与工作液的种类、温度和U形管内径等因素有关。当管内径大于等于10mm时，U形管单管读数的最大绝对误差一般为1mm。此误差不随液柱高度而改变，是可以修正的系统误差。

5.2.2 单管压力计

为了克服U形管压力计测压时需两次读数的缺点，出现了方便读数减少读数误差的单管式压力计。

单管式压力计的工作原理与U形管压力计相同。它以一个截面积较大的容器取代了U形管中的一根玻璃管，如图5-2所示。

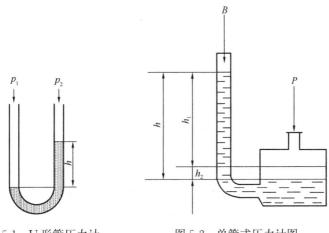

图5-1　U形管压力计　　图5-2　单管式压力计图

因为
$$h_1 f = h_2 F$$

所以
$$h_2 = h_1 \frac{f}{F} \tag{5-2}$$

式中　h_1、h_2 ——工作液体在玻璃管内上升和在大容器内下降的高度，m；

　　　　f、F ——玻璃管和大容器的截面积，m^2。

将式（5-2）代入式（5-1），得

$$p = \rho g h = \rho g (h_1 + h_2) = \rho g h_1 \left(1 + \frac{f}{F}\right) \tag{5-3}$$

由于 $F \gg f$，故 $\dfrac{f}{F}$ 可忽略不计，式（5-3）可写成：

$$p = \rho g h_1 \tag{5-4}$$

因此，当工作液体密度一定时，只需一次读取玻璃管内液面上升的高度 h_1，即可测得压力值。

单管式压力计的组成如图 5-3 所示。测量玻璃管接在容器底部，标尺零位在下部。

单管式压力计的测量范围，以水为工作液体时一般为 $0 \sim \pm 1.47 \times 10^4 \, \mathrm{Pa}$，以水银为工作液体时一般为 $0 \sim \pm 2.0 \times 10^5 \, \mathrm{Pa}$。

使用方法与 U 形管压力计相同。测量负压时，被测压力与玻璃管相接，容器接口通大气，读值为负值。

多管压力计是将数根玻璃管接至同一较大容器上，可同时测量多点的压力值。

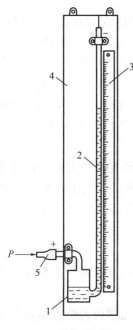

图 5-3　单管式压力计

1—容器；2—测量管；
3—刻度尺；4—底板；
5—连接管

5.2.3　斜管式压力计

因 U 形管压力计和单管式压力计不能测量微小压力，为此产生了斜管式压力计。它是将单管式压力计垂直设置的玻璃管改为倾斜角度可调的斜管，如图 5-4 所示，所以也常称它为倾斜式微压计。当被测压力与较大容器相通时，容器内工作液面下降，液体沿斜管上升的高度为

$$h = h_1 + h_2 = l\sin\alpha + h_2 \tag{5-5}$$

因为
$$lf = h_2 F$$

所以
$$h = l\left(\sin\alpha + \frac{f}{F}\right) \tag{5-6}$$

被测压力为

$$p = \rho g h = \rho g l \left(\sin\alpha + \frac{f}{F}\right) \tag{5-7}$$

式中　l ——斜管中工作液体向上移动的长度，m；

　　　　α ——斜管与水平面的夹角；

　　f、F ——玻璃管和大容器的截面积，m^2。

从式（5-7）中得知，当工作液体密度 ρ 不变，其在斜管中的长度即可表示被测压力的大小。斜管式压力计的读数比单管式压力计的读数放大了 $\dfrac{1}{\sin\alpha}$ 倍，因此可测量微小压

力的变化。常用的斜管式压力计的构造和组成如图 5-5 所示。通常斜管可固定在五个不同的倾斜角度位置上，可以得到五种不同的测量范围。工作液体一般选用表面张力较小的酒精。

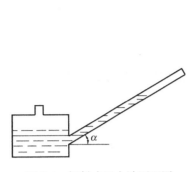

图 5-4 倾斜式压力计原理图

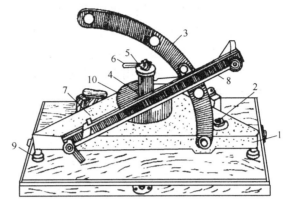

图 5-5 斜管式压力计

1—底板；2—水准器；3—弧形支架；4—加液盖；
5—零位调节旋钮；6—多向阀手柄；7—游标；
8—倾斜测量管；9—脚螺丝；10—容器

令

$$K = \rho g \left(\sin\alpha + \frac{f}{F} \right) \tag{5-8}$$

式中　K——仪器常数。

K 值一般定为 0.2、0.3、0.4、0.6、0.8 五个，分别标在斜管压力计的弧形支架上。此时，式（5-7）可写为

$$p = Kl \ (\mathrm{mmH_2O}) \tag{5-9}$$

斜管式压力计结构紧凑，使用方便，适宜在周围气温为 $+10\sim+35℃$，相对湿度不大于 80%，且被测气体对黄铜、钢材无腐蚀的场合下使用，其测量范围为 $0\sim\pm2.0\times10^3$ Pa，由于斜管的放大作用提高了压力计的灵敏度和读数的精度，最小可测量到 1Pa 的微压。

使用前首先将酒精 $\rho=0.81\mathrm{g/cm^3}$ 注入压力计的容器内，调好零位。压力计应放置平稳，以水准气泡调整底板，保证压力计的水平状态。根据被测压力的大小，选择仪器常数 K，并将斜管固定在支架相应的位置上。按测量的要求将被测压力接到压力计上，可测得全压、静压和动压。

根据实验，斜管的倾斜角度不宜太小，一般不小于 15° 为宜，否则读数会困难，反而增加测量的误差。应注意检查与压力计连接的橡皮管各接头处是否严密。测定完毕应将酒精倒出。

5.3　弹性压力计

弹性压力计是利用各种形式的弹性元件，在被测介质的表压或真空度作用下产生的弹性变形与被测压力之间的关系制成的。它是工业生产和实验室中应用最广的一种压力计，

具有如下特点：

（1）结构简单、坚实牢固、价格低廉。

（2）准确度较高、测量范围广。

（3）便于携带和安装使用，可以配合各种变换元件做成各种压力计。

（4）可以安装在各种设备上或用于露天作业场合，制成特殊形式的压力表还能在恶劣的环境条件下工作，如高温、低温、振动、冲击、腐蚀、黏稠、易堵和易爆等。

（5）其频率响应低，不宜用于测量动态压力。

5.3.1　基本原理

弹性元件受外部压力作用后，通过受压面表现为力的作用，其力 F 的大小为

$$F = Ap \tag{5-10}$$

式中　A——弹性元件承受压力的有效面积，m^2。

根据虎克定律，弹性元件在一定范围内弹性变形与所受外力成正比，即

$$F = Cx \tag{5-11}$$

式中　C——弹性元件的刚度系数，N/m；

　　　x——弹性元件在外力 F 作用下所产生的位移（即形变），m。

由以上两式得

$$x = \frac{A}{C}p \tag{5-12}$$

式（5-12）中弹性元件的有效面积 A 和刚度系数 C 与弹性元件的性能、加工过程和热处理等有较大关系。当位移量较小时，它们可视为常数，压力与位移呈线性关系，否则，不为常数，应分段线性化或进行修正，使用时还应注意温度对其影响。比值 A/C 的大小决定了弹性元件的压力测量范围和灵敏度，比值越大，可测压力范围越小，灵敏度越高，反之亦然。

5.3.2　弹性元件

弹性元件是弹性压力计的测压敏感元件。同样压力下，不同结构、不同材料的弹性元件会产生不同的弹性变形。其材料通常使用合金结构钢，如镍铬结构钢、镍铬钼结构钢等，也有使用碳钢、铜合金和铝合金的，不同的弹性元件所适用的测压范围有所不同。工业上常用的弹性压力计所使用的弹性元件有以下 3 种：膜片、波纹管和弹簧管，结构如图 5-6所示。

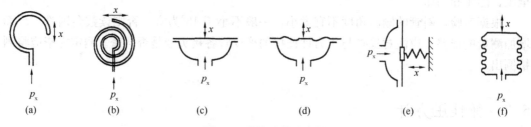

图 5-6　弹性元件示意图

(a) 单圈弹簧管；(b) 多圈弹簧管；(c) 平面膜；
(d) 波纹膜；(e) 挠性膜；(f) 波纹管

5.3.2.1 弹簧管

弹簧管是由法国人波登发明的，所以又称为波登管。它是一根弯成 $270°$ 圆弧的、具有椭圆形（或扁圆形）截面的空心金属管子，如图 5-7所示。管子的自由端 B 封闭，管子的另一端 A 开口且固定在接头上，空心管的扁形截面长轴 $2a$ 与和图面垂直的弹簧管几何中心轴 OO 平行。弹簧管结构简单，测量范围最高可达 $10^9\,Pa$，因而在工业上应用普遍。弹簧管有单圈和多圈之分，多圈弹簧管自由端的位移量较大，测量灵敏度也较单圈弹簧管高。

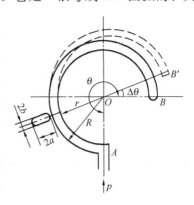

图 5-7 单圈弹簧管结构

当被测介质从开口端进入并充满弹簧管的整个内腔时，椭圆截面在被测压力 p 的作用下将趋向圆形，即长半轴 a 将减小，短半轴 b 将增加。由于弹簧管长度一定，使弹簧管随之产生向外挺直的扩张变形，结果改变弹簧管的中心角，使其自由端产生位移，由 B 移到 B'，如图 5-8 中的虚线所示。若输入压力为负压时，B 点的位移方向与 BB' 完全相反。

弹簧管既可以直接带动传动机构就地显示，又可以接转换元件将信号远传。根据弹性元件的各种不同形式，弹性压力计可分为相应的各种类型。

5.3.2.2 膜片

膜片是一种沿外缘固定的片状测压弹性元件，在外力作用下通过膜片的变形位移测取压力的大小。膜片的特性一般用中心的位移和被测压力的关系来表征。

膜片又分为平面膜片、波纹膜片和挠性膜片。其中平面膜可以承受较大被测压力，但变形量较小，灵敏度不高，一般在测量较大的压力而且要求变形不很大时使用。波纹膜片是一种压有环状同心波纹的圆形薄膜，其波纹的数目、形状、尺寸和分布均与压力测量范围有关。其测压灵敏度较高，常用在小量程的压力测量中。为提高灵敏度，得到较大位移量，可以把两块金属膜片沿周边对焊起来，成一薄膜盒子，称为膜盒。挠性膜片一般不单独作为弹性元件使用，而是与线性较好的弹簧相连，起压力隔离作用，主要是在较低压力测量时使用。膜片可直接带动传动机构就地显示，但是由于膜片的位移较小，灵敏度低，更多的是与压力变送器配合使用。

5.3.2.3 波纹管

波纹管是一种具有等间距同轴环状波纹、能沿轴向伸缩的测压弹性元件，用金属薄管制成，形状类似于手风琴的褶皱风箱。波纹管在受到外力作用时，其膜面产生的机械位移量主要不是靠模面的弯曲形变，而是靠波纹柱面的舒展或压屈来带动膜面中心作用点的移动。波纹管有单波纹管和双波纹管之分，其位移 x 与作用力 F 的关系为

$$x = \frac{1-\mu^2}{Eh_0} \frac{n}{A_0 - \alpha A_1 + \alpha^2 A_2 + B_0 h_0^2 / R_B^2} F \tag{5-13}$$

式中　　　h_0 ——非波纹部分的壁厚，m；

　　　　　n ——完全工作的波纹数；

　　　　　μ ——泊松比；

　　　　　E ——弹性模量，Pa；

α——波纹平面部分的倾斜角；

R_B——波纹管的内径，m；

A_0、A_1、A_2 和 B_0——与材料有关的系数。

由于波纹管的位移相对较大，一般可直接带动传动机构，就地显示。其优点是灵敏度高，可以用来测取较低的压力或压差。但波纹管迟滞误差较大，准确度最高仅为 1.5 级。

各种弹性元件的结构和性能指标见表 5-3。

弹性元件的结构和性能指标 表 5-3

类别	名称	测量范围 （MPa）	动态性质	
			时间常数（s）	自振频率（Hz）
弹簧管	单圈弹簧管	$0\sim981$		$10^2\sim10^3$
	多圈弹簧管	$0\sim98.1$		$10\sim10^2$
膜片	平面膜	$0\sim98.1$	$10^{-5}\sim10^{-2}$	$10\sim10^4$
	波纹膜	$0\sim0.981$	$10^{-2}\sim10^{-1}$	$10\sim10^2$
	挠性膜	$0\sim0.0981$	$10^{-2}\sim1$	$1\sim10^2$
波纹管	波纹管	$0\sim0.981$	$10^{-2}\sim10^{-1}$	$10\sim10^2$

5.3.3　单圈弹簧管压力计

弹簧管压力计结构简单，使用方便，价格低廉，测压范围宽，应用十分广泛。一般弹簧管压力计的测压范围为 $-10^5\sim10^9\,\mathrm{Pa}$，准确度最高可达 0.1 级。

5.3.3.1　结构

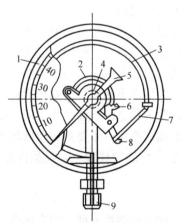

图 5-8　弹簧管压力计结构图

1—面板；2—游丝；3—弹簧管；4—中心齿轮；5—指针；6—扇形齿轮；7—拉杆；8—调节螺钉；9—接头

如图 5-8 所示，被测压力由接头输入，使弹簧管的自由端产生位移，通过拉杆使扇形齿轮作逆时针偏转，于是指针通过同轴的中心齿轮的带动而作顺时针的偏转，在面板的刻度标尺上显示出被测压力的数值。游丝是用来克服因扇形齿轮和中心齿轮的间隙所产生的仪表变差。改变调节螺钉的位置（即改变机械传动的放大系数），可以实现压力表的量程调节。若输入压力为负压时，齿轮、指针的旋转方向相反。

5.3.3.2　工作原理

当被测介质从开口端进入并充满弹簧管的整个内腔时，椭圆截面在被测压力 p 的作用下将趋向圆形，弹簧管随之产生向外挺直的扩张变形，结果改变弹簧管的中心角，使其自由端产生位移，中心角相对变化量与被测压力的关系如下

$$\frac{\Delta\theta}{\theta}=\frac{1-\mu^2}{E}\frac{R^2}{bh}\left(1-\frac{b^2}{a^2}\right)\frac{\alpha}{\beta+\kappa^2}p \qquad (5\text{-}14)$$

式中　θ——弹簧管中心角的初始角；

$\Delta\theta$——受压后中心角的改变量；

a、b——弹簧管椭圆形截面的长半轴和短半轴，m；

h——弹簧管椭圆形截面的管壁厚度，m；

R——弹簧管弯曲圆弧的外半径，m；

κ——几何参数，$\kappa = \dfrac{Rh}{a^2}$；

α、β——与比值 a/b 有关的参数。

式（5-14）仅适用于薄壁（$h/b < 0.7 \sim 0.8$）的弹簧管。由上式可知，如 $a = b$，则 $\Delta\theta = 0$，这说明具有圆形截面的弹簧管不能用作压力检测敏感元件。对于单圈弹簧管，中心角变化量 $\Delta\theta$ 一般较小。要提高 $\Delta\theta$，可采用多圈弹簧管，圈数一般为 2.5～9。

弹簧管位移量与中心角初始值和改变量的关系如下：

$$x = \frac{\Delta\theta}{\theta}R\sqrt{(\theta - \sin\theta)^2 + (1 - \cos\theta)^2} \tag{5-15}$$

5.4 负荷式压力计

负荷式压力计应用范围广、结构简单、稳定可靠、准确度高、重复性好，可测正、负及绝对压力，既是检验、标定压力表和压力传感器的标准仪器之一，又是一种标准压力发生器，在压力基准的传递系统中占有重要地位。

5.4.1 活塞式压力计

5.4.1.1 原理和结构

活塞式压力计是根据流体静力学平衡原理和帕斯卡定律，利用压力作用在活塞上的力与砝码的重力相平衡的原理设计而成的。由于在平衡被测压力的负荷时，采用标准砝码产生的重力，因此又被称为静重活塞式压力计。其结构如图 5-9 所示，主要由压力发生部分和测量部分组成。

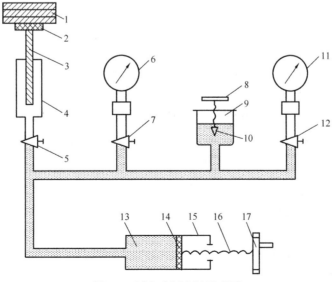

图 5-9 活塞式压力计示意图

1—砝码；2—砝码托盘；3—测量活塞；4—活塞筒；5、7、12—切断阀；
6—标准压力表；8—进油阀手轮；9—油杯；10—进油阀；11—被校压力表；
13—工作液；14—工作活塞；15—手摇泵；16—丝杆；17—加压手轮

（1）压力发生部分。压力发生部分主要指手摇泵，通过加压手轮旋转丝杆，推动工作活塞（手摇泵活塞）挤压工作液，将待测压力经工作液传给测量活塞。工作液一般采用洁净的变压器油或蓖麻油等。

（2）测量部分。测量活塞上端的砝码托盘上放有荷重砝码，活塞插入活塞筒内，下端承受手摇泵挤压工作液所产生的压力 p。当作用在活塞下端的油压与活塞、托盘及砝码的质量所产生的压力相平衡时，活塞就被托起并稳定在一定位置上，这时压力表的示值为

$$p = \frac{(m_1 + m_2 + m_3)g}{A} \tag{5-16}$$

式中　　　　p——被测压力，Pa；

m_1、m_2 和 m_3 ——活塞、托盘和砝码的质量，kg；

　　　　A——活塞承受压力的有效面积，m^2；

　　　　g——活塞式压力计使用地点的重力加速度，m/s^2。

5.4.1.2　误差分析

1. 重力加速度的影响

重力加速度与所在地的海拔、纬度有关，可用下式计算

$$g = \frac{9.80665(1 - 0.0025\cos2\phi)}{1 + \dfrac{2H}{r}} \tag{5-17}$$

式中　r——地球半径，按 $r = 6371 \times 10^3$ m 计算；

　　　H——压力计使用地点的海拔高度，m；

　　　ϕ——压力计使用地点的纬度。

2. 空气浮力的影响

若考虑空气对砝码产生浮力的影响，则应在式（5-16）中引进空气浮力修正因子如下

$$K_1 = 1 - \frac{\rho_1}{\rho_2} \tag{5-18}$$

式中　ρ_1、ρ_2 ——当地空气和砝码的密度，kg/m^3。

可见，若忽略空气浮力的影响，将使所测压力值偏大。

3. 温度变化的影响

当环境温度不是 20℃ 时，应在式（5-16）中引进如下温度修正因子

$$K_2 = \frac{1}{[1 + (\alpha_1 + \alpha_2)(t - 20)]\left(1 + \beta g \dfrac{m_1 + m_2}{A_0}\right)} \tag{5-19}$$

式中　α_1、α_2 ——活塞与活塞缸材料的线膨胀系数，$℃^{-1}$；

　　　　t——工作时的环境温度，℃；

　　　　A_0——20℃时活塞的有效面积，m^2；

　　　　β——压力每变化 9.80665Pa 时活塞有效面积的变化率，Pa^{-1}。

当活塞与活塞缸材料相同时

$$\beta = \frac{1}{E}\left(2\mu + \frac{r^2}{R^2 + r^2}\right) \tag{5-20}$$

式中　E——活塞与活塞缸材料的弹性模量，Pa；

μ——活塞与活塞缸材料的泊松比；

r、R——活塞、活塞缸半径，m。

5.4.1.3 使用注意事项

（1）使用前应检查各油路是否畅通，密封处应紧固，不得存在堵塞或漏油现象。

（2）活塞进入活塞筒中的部分应等于活塞全长的 $2/3\sim3/4$。

（3）活塞压力计的编号要和专用砝码编号一致，严禁多台压力计的专用砝码互换。在加减砝码时应避免活塞突升突降。正确的做法是在加减砝码之前应先关闭通往活塞的阀门，当确认所加减砝码无误后，再打开阀门。

（4）活塞和活塞筒之间配合间隙非常小，因而两者之间沿轴向黏滞的油液所产生的剪力将对精确测量有影响。为了减小这类静摩擦，测量时可轻轻地转动活塞。

（5）活塞应处于铅直位置，即活塞压力计底盘应利用其上的水泡，将其调成水平。

（6）当用作检定压力仪表的标准仪器时，压力计的综合误差应不大于被检仪表基本误差绝对值的 $1/3$。压力计量程使用的最佳范围应为测量上限的 $10\%\sim100\%$，当低于 10% 时，应更换压力计。

（7）校验或检定其他压力表时的操作步骤，应详见相关指导手册；当校验真空表时，操作步骤略有不同，应加以注意。

5.4.2 浮球式压力计

浮球式压力计由于介质是压缩空气，故克服了活塞式压力计中因油的表面张力、黏度等产生的摩擦力，也没有漏油问题，相对于禁油类压力计和传感器的标定更为方便。

浮球式压力计通常由浮球、喷嘴、砝码支架、专用砝码（组）、流量调节器、气体过滤器、底座等组成，其结构如图 5-10 所示。其工作原理如下：从气源来的压缩空气经气体过滤器减压，再经流量调节器调节，达到所需流量（由流量计读出）后，进入内腔为锥形的喷嘴，并喷向浮球，气体向上的压力使浮球在喷嘴内飘浮起来。浮球上挂有砝码（组）和砝码架。当浮球所受的向下的重力和向上的浮力相平衡时，就输出一个稳定而准确的压力 p，其关系如下：

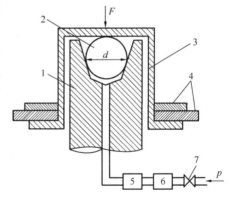

图 5-10 浮球压力计结构原理图
1—喷嘴组件；2—浮球；3—砝码支架；4—砝码（组）；5—流量调节器；6—气体过滤器；7—阀门

$$p = \frac{(m_1 + m_2 + m_3)g}{A} \qquad (5-21)$$

式中 m_1、m_2 和 m_3 ——浮球、砝码和砝码架的质量，kg；

A——浮球的最大截面积，$A = \dfrac{\pi d^2}{4}$，d 为浮球的最大直径，m。

5.5 电气式压力检测仪表

电气式压力检测仪表是利用压力敏感元件（简称压敏元件）将被测压力转换成各种电量，如电阻、频率、电荷量等来实现测量的。该方法具有较好的静态和动态性能，量程范围大、线性好，便于进行压力的自动控制，尤其适合用于压力变化快和高真空、超高压的测量。主要有压电式压力计、电阻式压力计、振频式压力计等。

5.5.1　压电式压力计

压电式压力计的原理是基于某些电介质的压电效应制成的。主要用于测量内燃机气缸、进排气管的压力。航空领域的高超音速风洞中的冲击波压力，枪、炮膛中击发瞬间的膛压变化和炮口冲击波压力，以及瞬间压力峰值等。

5.5.1.1　压电效应

某些晶体在受压时发生机械变形（压缩或伸长），则在其两个相对表面上就会产生电荷分离，使一个表面带正电荷，另一个表面带负电荷，并相应地有电压输出，当作用在其上的外力消失时，形变也随之消失，其表面的电荷也随之消失，它们又重新回到不带电的状态，这种现象称为压电效应。现以石英晶体为例来说明压电效应及其性质。

图 5-11（a）是天然结构石英晶体的理想外形，它是一个正六面体。在晶体学中可以用 3 根互相垂直的轴来表示石英晶体的压电特性：纵向轴 z-z 称为光轴，经过正六面体棱线并与光轴垂直的 x-x 称为电轴，而垂直于正六面体棱面，同时与光轴和电轴垂直的 y-y 轴称为机械轴，如图 5-11（b）所示。当外部力沿电轴 x-x 方向作用于晶体时产生电荷的压电效应称为纵向压电效应，而沿机械轴 y-y 方向作用于晶体产生电荷的压电效应称为横向压电效应。当外部力沿光轴 z-z 方向作用于晶体时，不会有压电效应产生。

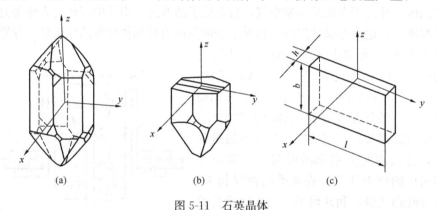

图 5-11　石英晶体

(a) 石英晶体外形；(b) 石英晶体坐标系；(c) 石英晶体切片

从晶体上沿 y-y 轴方向切下一片薄片称为压电晶体切片，如图 5-11（c）所示。当晶体片在沿 x 轴的方向上受到压力 F_x 作用时，晶体切片将产生厚度变形，并在与 x 轴垂直的平面上产生电荷 Q_x，它和压力 p 的关系如下

$$Q_x = k_x F_x = k_x A p \tag{5-22}$$

式中　Q_x——压电效应所产生的电荷量，C；

$\qquad k_x$——晶体在电轴 x-x 方向受力的压电系数，C/N；

$\qquad F_x$——沿晶体电轴 x-x 方向所受的力，N；

$\qquad A$——垂直于电轴的加压有效面积，m^2。

从式（5-22）可以看出，当晶体切片受到 x 方向的压力作用时，Q_x 与作用力 F_x 成正比，而与晶体切片的几何尺寸无关。受力方向和变形不同时压电系数 k_x 也不同。石英晶

体的 $k_x = 2.3 \times 10^{-12}$ C/N。电荷 Q_x 的符号由 F_x 是压力还是拉力决定，如图 5-12 中的（a）和（b）所示。

如果在同一晶体切片上作用力是沿着机械轴 y-y 方向，其电荷仍在与 x-x 轴垂直平面上出现，其极性如图 5-12 （c）、图 5-12 （d）所示，此时电荷的大小为

$$Q_y = k_y \frac{l}{h} F_y \tag{5-23}$$

式中　l、h——晶体切片的长度和厚度，m；

　　　k_y——晶体在机械轴 y-y 方向受力的压电系数，C/N。

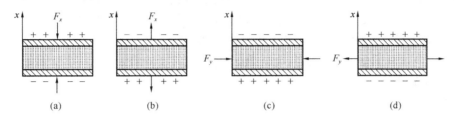

图 5-12　晶体切片上电荷符号与受力种类和方向的关系

（a）沿电轴方向受压力；（b）沿电轴方向受拉力；（c）沿机械轴方向受压力；
（d）沿机械轴方向受拉力

由式（5-23）可见，沿机械轴方向的力作用在晶体上时产生的电荷与晶体切片的尺寸有关。根据石英晶体的轴对称条件有

$$k_x = -k_y \tag{5-24}$$

负号表示沿 y 轴施加压力产生的电荷与沿 x 轴施加压力所产生的电荷极性相反。

在片状压电材料的两个电极面上，如果加以交流电压，那么压电元件就能产生机械振动，使压电材料在电极方向上有伸缩现象。压电元件的这种现象称为电致伸缩效应。因为这种效应与压电效应相反，也叫作逆压电效应。

5.5.1.2　压电元件

具有压电效应的物体称为压电材料或压电元件，它是压电式压力计的核心部件。目前，在压电式压力计中常用的压电材料有石英晶体、铌酸锂等单压电晶体，经极化处理后的多晶体，如钛酸钡、锆钛酸铅等压电陶瓷，以及压电半导体等，它们各自有着自己的特点。

1. 压电晶体

（1）石英晶体

石英晶体即二氧化硅（SiO_2），有天然的和人工培育的两种。它的压电系数 $k_x = 2.3 \times 10^{-12}$ C/N，在几百摄氏度的温度范围内，压电系数几乎不随温度而变。到 575℃ 时，它完全失去了压电性质，这就是它的居里点。石英的密度为 2.65×10^3 kg/m³，熔点为 1750℃，有很大的机械强度和稳定的机械性质，可承受高达（6.8～9.8）$\times 10^7$ Pa 的应力，在冲击力作用下漂移较小。此外，石英晶体还具有灵敏度低、没有热释电效应（由于温度变化导致电荷释放的效应）等特性，因此石英晶体主要用来测量较高压力或用于准确度、稳定性要求高的场合和制作标准传感器。

（2）水溶性压电晶体

最早发现的是酒石酸钾钠（$NaKC_4H_4O_6 \cdot 4H_2O$），它有很大的压电灵敏度和高的介电常数，压电系数 $k_x = 3 \times 10^{-9}$ C/N，但是酒石酸钾钠易于受潮，其机械强度和电阻率低，因此只限于在室温（小于 45℃）和湿度低的环境下应用。自从酒石酸钾钠被发现以后，目前已培育一系列人工水溶性压电晶体，并且应用于实际生产中。

（3）铌酸锂晶体

1965 年，通过人工提拉法制成了铌酸锂（$LiNbO_2$）的大晶块。铌酸锂压电晶体和石英相似，也是一种单晶体，它的色泽为无色或浅黄色。由于它是单晶体，所以时间稳定性远比多晶体的压电陶瓷好。它是一种压电性能良好的电声换能材料，它的居里温度为 1200℃左右，远比石英和压电陶瓷高，所以在耐高温的压力计上有广泛的应用前景。在力学性能方面其各向异性很明显，与石英晶体相比很脆弱，而且热冲击性很差，所以在加工装配和使用中必须小心谨慎，避免用力过猛和急热急冷。

2. 压电陶瓷

压电陶瓷是人工制备的压电材料，它需外加电场进行极化处理。经极化后的压电陶瓷具有高的压电系数，但力学性能和稳定性不如单压电晶体。其种类很多，目前在压力计中应用较多的是钛酸钡和锆钛酸铅，尤其是锆钛酸铅的应用更为广泛。

（1）钛酸钡压电陶瓷

钛酸钡（$BaTiO_3$）的压电系数为 $k_x = 1.07 \times 10^{-10}$ C/N，介电常数较高为 1000～5000，但它的居里点较低，约为 120℃，此外强度也不及石英晶体。由于它的压电系数高（约为石英的 50 倍），因而在压力计中得到了广泛使用。

（2）锆钛酸铅压电陶瓷

锆钛酸铅［$Pb(Zr, Ti)O_3$］的压电系数高达 $k_x = (2.0 \sim 5.0) \times 10^{-10}$ C/N，具有居里点（300℃）较高和各项机电参数随温度、时间等外界条件变化较小等优点，是目前经常采用的一种压电材料。

3. 压电半导体

近年来出现了多种压电半导体如硫化锌（ZnS）、碲化镉（CdTe）、氧化锌（ZnO）、硫化镉（CdS）、碲化锌（ZnTe）和砷化镓（CaAs）等。这些材料的显著特点是，既具有压电特性，又具有半导体特性，有利于将元件和线路集成于一体，从而研制出新型的集成压电传感器测试系统。

5.5.1.3　压电式压力传感器结构

图 5-13 是一种压电式压力传感器的结构示意图。压电元件被夹在两块性能相同的弹性元件（膜片）之间，膜片的作用是把压力收集转换成集中力 F，再传递给压电元件。压电元件的一个侧面与膜片接触并接地，另一侧面通过引线将电荷量引出。弹簧的作用是使压电元件产生一个预紧力，可用来调整传感器的灵敏度。当被测压力均匀作用在膜片上，压电元件就在其表面产生电荷。电荷量一般用电荷放大器或电压放大器放大，转换为电压或电流输出，其大小与输入压力成正比关系。

除在校准用的标准压力传感器或高准确度压力传感

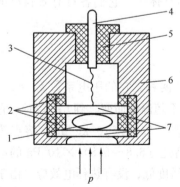

图 5-13　压电式压力传感器结构

1—压电元件；2, 5—绝缘体；3—弹簧；

4—引线；6—壳体；7—膜片

器中采用石英晶体做压电元件外，一般压电式压力传感器的压电元件材料多为压电陶瓷，也有用半导体材料的。

更换压电元件可以改变压力的测量范围。在配用电荷放大器时，可以用将多个压电元件并联的方式提高传感器的灵敏度。在配用电压放大器时，可以用将多个压电元件串联的方式提高传感器的灵敏度。

5.5.1.4 特点

（1）体积小、质量轻、结构简单、工作可靠，工作温度可在 250℃ 以上。

（2）灵敏度高，线性度好，测量准确度多为 0.5 级和 1.0 级。

（3）测量范围宽，可测 100MPa 以下的所有压力。

（4）动态响应频带宽，可达 30kHz，动态误差小，是动态压力检测中常用的仪表。

（5）由于压电晶体产生的电荷量很微小，一般为皮库仑级，这样，即使在绝缘非常好的情况下，电荷也会在极短的时间内消失，所以由压电晶体制成的压力计只能用于测量脉冲压力。

（6）由于压电式传感器是一种有源传感器，无须外加电源，因此可避免电源带来的噪声影响。

（7）压电元件本身的内阻非常高，因此要求二次仪表的输入阻抗也要很高，且连接时需用低电容、低噪声的电缆。

（8）由于在晶体边界上存在漏电现象，故这类压力计不适宜测量缓慢变化的压力和静态压力。

5.5.2 电阻式压力计

金属导体或半导体材料制成的电阻体，其阻值为

$$R = \rho \frac{L}{A} \tag{5-25}$$

式中　ρ ——电阻的电阻率，$\Omega \cdot m$；

　　　L ——电阻的轴向长度，m；

　　　A ——电阻的横向截面积，m^2。

当电阻丝在拉力 F 作用下，长度 L 增加，截面积 A 减小，电阻率 ρ 也相应变化，所有这些都将引起电阻阻值的变化，其相对变化量为

$$\frac{\Delta R}{R} = \frac{\Delta L}{L} - \frac{\Delta A}{A} + \frac{\Delta \rho}{\rho} \tag{5-26}$$

对于半径为 r 的电阻丝，截面面积 $A = \pi r^2$，由材料力学可知

$$\frac{\Delta A}{A} = 2\frac{\Delta r}{r} = -2\mu \frac{\Delta L}{L} \tag{5-27}$$

式中　μ ——电阻材料的泊松比。

电阻轴向长度的相对变化量称为应变，一般用 ε 表示，即 $\varepsilon = \dfrac{\Delta L}{L}$。则电阻的相对变化量可写成

$$\frac{\Delta R}{R} = (1 + 2\mu)\varepsilon + \frac{\Delta \rho}{\rho} \tag{5-28}$$

通常把单位应变所引起的电阻相对变化称为应变片灵敏系数 K，则由式（5-28）可得

$$K = \frac{\Delta R/R}{\varepsilon} = (1+2\mu) + \frac{\Delta\rho/\rho}{\varepsilon} \qquad (5\text{-}29)$$

由式（5-28）可知，电阻的变化取决于以下两个因素：

（1）$(1+2\mu)\varepsilon$，它是由几何尺寸变化引起的。这种电阻丝在外力作用下发生机械变形，其电阻值随之发生变化的现象，叫作应变效应。

（2）$\dfrac{\Delta\rho}{\rho}$，它是由电阻率变化引起的。这种固体受到压力作用后，其晶格间距发生变化，电阻率随压力变化的现象称为压阻效应。

对于金属材料，以应变效应为主，被称为金属电阻应变片，并制成应变片式压力计。对于半导体材料，以压阻效应为主，被称为半导体应变片，并制成压阻式压力计。

电阻式压力计灵敏度高、测量范围广、频率响应快，既可用于静态测量，又可用于动态测量，尺寸小、重量轻，能在各种恶劣环境下可靠工作，所以被广泛地应用于各种力的测量仪器和科学实验中。

5.5.2.1 应变片式压力计（扫码阅读）

5.5.2.2 压阻式压力计（扫码阅读）

5.5.2.3 薄膜应变片（扫码阅读）

5-2 5.5节补充材料

5.6 压力变送器

压力变送器是自动检测和调节系统中将压力或压差转换为可传送的统一输出信号的仪表，而且其输出信号与输入压力之间有一给定的连续函数关系，通常为线性函数，以便于指示、启示和调节。

一般用压力表传递压力信息的距离不能很远，要向远距离传输压力信息，往往是将弹性测压元件与电气传感器相结合构成压力变送器，工业上常称为差压变送器。它能以统一信号进行传输、显示和控制。常用的有电容式压力变送器、电感式压力变送器、霍尔式压力变送器等。

5.6.1 电容式压力变送器

5.6.1.1 基本原理

两平行板组成的电容器，如不考虑边缘效应，其电容量为

$$C = \frac{\varepsilon S}{d} \qquad (5\text{-}30)$$

式中 C——平行极板的电容量，F；

$\quad\ \ d$——平行极板间的距离，m；

$\quad\ \ \varepsilon$——平行极板间的介电常数，F/m；

$\quad\ \ S$——极板面积，m^2。

当被测量的变化使式（5-30）中的 d、ε 或 S 任一参数发生变化时，电容量 C 也就随之变化。因此，电容传感器有三种基本类型，即变极距（d）型、变面积（S）型和变介电常数（ε）型。变面积型和变极距型电容传感器一般采用空气作电介质。空气的介电常数在极宽的频率范围内几乎不变，温度稳定性好，介质的电导率极小，损耗极小。它们的电极形状有平板形、圆柱形和球面形三种。

5.6.1.2 变极距式电容压力变送器

1. 单极板电容压力变送器

在压力变送器中，一般均采用变极距平板形结构，如图 5-14 所示。板 2 为固定极板，板 3 为可动极板，接弹性元件。当可动极板因被测量压力变化而向上移动 Δd 时，平行极板间的距离 d 减小 Δd，则电容器的电容量增加 ΔC，它代表了被测压力值，即有

$$\Delta C = \frac{\varepsilon S}{d - \Delta d} - \frac{\varepsilon S}{d} = C_0 \frac{\Delta d}{d} \times \frac{1}{1 - \frac{\Delta d}{d}}$$

$$(5\text{-}31)$$

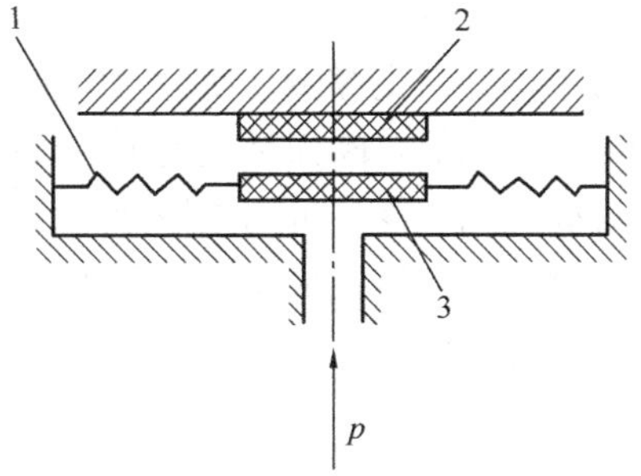

式中，C_0 为初始电容量，$C_0 = \varepsilon S / d$。

当 $\frac{\Delta d}{d} \ll 1$ 时，上式变为

$$\Delta C = C_0 \frac{\Delta d}{d} \left(1 + \frac{\Delta d}{d} + \cdots \right) \qquad (5\text{-}32)$$

图 5-14 单极板电容压力变送器
1—弹簧膜片；2—固定极板；3—可动极板

由式（5-32）可见：

1）当 ε 和 S 一定时，可通过测定电容量的变化量 ΔC 来求得极板间距离的变化量 Δd。

2）ΔC 与 Δd 之间是非线性的，且极板间的距离越小，灵敏度越高。为了提高灵敏度、改善非线性和减小电源电压、环境温度等外界因素的影响，一般均采用差动形式。

2. 差动式电容压力变送器

差动式电容压力变送器结构如图 5-15 所示。左右对称的不锈钢基座上下两边外侧焊上了波纹密封隔离膜片，不锈钢基座内有玻璃绝缘层，不锈钢基座和玻璃绝缘层中心开有小孔。玻璃层内侧的凹形球面上除边缘部分外镀有金属膜作为固定电极，中间被夹紧的弹性膜片作为可动测量电极，上、下固定电极和测量电极组成了两个电容器，其信号经引线引出。测量电极将空间分隔成上、下两个腔室，其中充满硅油。当隔离膜片感受两侧压力的作用时，通过具有不可压缩性和流动性的硅油将差压传递到弹性测量膜片的两侧从而使膜片产生位移 Δd，如图 5-15 中的虚线所示，此时，$p_2 > p_1$。则一个电容的极距变小，电容量增大。而

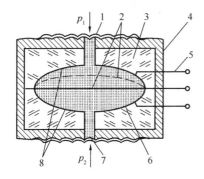

图 5-15 差动式电容压力变送器
1，7—隔离膜片；2—可动极板；3—玻璃绝缘层；4—基座；5—引线；6—硅油；8—固定极板

另一个电容的极距变大，电容量则减小，每个电容的电容变化量分为

$$\Delta C_1 = \frac{\varepsilon S}{d - \Delta d} - \frac{\varepsilon S}{d} = C_0 \frac{\Delta d}{d - \Delta d}$$

$$\Delta C_2 = \frac{\varepsilon S}{d + \Delta d} - \frac{\varepsilon S}{d} = C_0 \frac{\Delta d}{d + \Delta d}$$

所以，差动电容的变化量为

$$\Delta C = \Delta C_1 - \Delta C_2 = 2C_0 \frac{\Delta d}{d} \left[1 + \left(\frac{\Delta d}{d} \right)^2 + \cdots \right] \qquad (5\text{-}33)$$

由式（5-33）可看出，差动式电容压力变送器与单极板电容压力变送器相比非线性得到很大改善，灵敏度也提高近 1 倍，并减少了由于介电常数受温度影响引起的不稳定性。该方法不仅可测量差压，而且若将一侧抽成真空，还可用于测量真空度和微小绝对压力。

5.6.1.3　变面积式电容压力变送器

图 5-16（a）为变面积式电容压力变送器的结构原理图。被测压力作用在金属膜片上，通过中心柱、支撑簧片使可动电极随膜片中心位移而动作。可动电极与固定电极均是金属同心多层圆筒，断面呈梳齿形，其电容量由两电极交错重叠部分的面积所决定。固定电极与外壳之间绝缘，可动电极则与外壳连通。压力引起的极间电容变化由中心柱引至适当的变换器电路，转换成反映被测压力的电信号输出。使用时应将变换器与上述可变电容安装在同一外壳中。

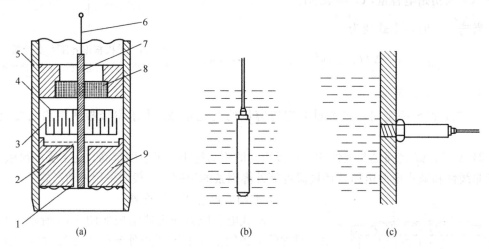

图 5-16　变面积式电容压力变送器及其应用
（a）变面积式电容压力变送器；（b）悬挂在被测介质中；（c）安装在容器壁上
1—膜片；2—支撑簧片；3—可动电极；4—固定电极；5—外壳；6—引线；7—中心柱；
8—绝缘支架；9—挡块

金属膜片为不锈钢材质或加镀金层，使其具有一定的防腐蚀能力，外壳为塑料或不锈钢。为保护膜片在过大压力下不致损坏，在其背面有带波纹表面的挡块，压力过高时膜片与挡块贴紧可避免变形过大。

这种变送器的测量范围是固定的，不能随意迁移，而且因其膜片背面为无防腐能力的封闭空间，不可与被测介质接触。故只限于测量压力，不能测差压。膜片中心位移不超过 0.3mm，其背面无硅油，可视为恒定的大气压力。准确度为 $0.25 \sim 0.5$ 级。允许在 $-10 \sim 150℃$ 环境中工作。

该变送器可直接利用软导线悬挂在被测介质中，见图 5-16（b），也可用螺纹或法兰安装在容器壁上，见图 5-16（c）。除用于一般压力测量之外，该变送器还常用于开口容器的液位测量，即使介质有腐蚀性或黏稠不易流动，也可使用。

5.6.1.4　电容式压力变送器的特点

电容式压力变送器的测量范围为 $-1 \times 10^7 \sim 5 \times 10^7 Pa$，可在 $-46 \sim 100℃$ 的环境温度下工作，其优点是：

1）需要输入的能量极低。

2）灵敏度高，电容的相对变化量可以很大。

3）结构可做得刚度大而质量小，因而固有频率高，又由于无机械活动部件，损耗小，所以可在很高的频率下工作。

4）稳定性好，测量准确度高，其准确度可达±0.25％～±0.05％。

5）结构简单、抗振、耐用，能在恶劣环境下工作。

其缺点是：分布电容影响大，必须采取措施设法减小其影响。

5.6.2 霍尔式压力变送器

霍尔式压力变送器是基于"霍尔效应"制成的。它具有结构简单、体积小、重量轻、功耗低、灵敏度高、频率响应宽、动态范围（输出电势的变化）大、可靠性高、易于微型化和集成电路化等优点。但信号转换效率低、对外部磁场敏感、耐振性差、温度影响大，使用时应注意进行温度补偿。

5.6.2.1 霍尔效应

如图 5-17 所示，当电流 I（y 轴方向）垂直于外磁场 B（z 轴方向）通过导体或半导体薄片时，导体中的载流子（电子）在磁场中受到洛伦兹力（其方向由左手定则判断）的作用，其运动轨迹有所偏离，如图中虚线所示。这样，薄片的左侧就因电子的累积而带负电荷，相对的右侧就带正电荷，于是在薄片的 x 轴方向的两侧表面之间就产生了电位差。这一物理现象称为霍尔效应，其形成的电势称为霍尔电势，能够产生霍尔效应的器件称为霍尔元件。当电子积累所形成的电场对载流子的作用力 F_E 与洛伦兹力 F_L 相等时：电子积累达到动态平衡，其霍尔电势 V_H 为

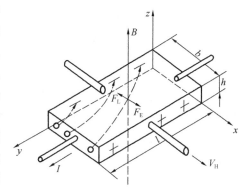

图 5-17 霍尔效应原理图

$$V_H = \frac{R_H B I}{h} \tag{5-34}$$

式中　V_H ——霍尔电势，mV；

　　　R_H ——霍尔常数；

　　　B ——垂直作用于霍尔元件的磁感应强度，T；

　　　I ——通过霍尔元件的电流，又称控制电流，mA；

　　　h ——霍尔元件的厚度，m。

霍尔元件的特性经常用灵敏度 K_H 表示，即

$$K_H = \frac{R_H}{h} \tag{5-35}$$

则霍尔电势为

$$V_H = K_H B I \tag{5-36}$$

式（5-36）表明，霍尔电动势的大小正比于控制电流，和磁感应强度 B 的乘积及灵敏度 K_H。灵敏度 K_H 表示霍尔元件在单位磁感应强度和单位控制电流下输出霍尔电势的大

小，一般要求它越大越好。灵敏度 K_H 大小与霍尔元件材料的物理性质和几何尺寸有关。由于半导体（尤其是 N 型半导体）的霍尔常数 R_H 要比金属的大得多，因此霍尔元件主要由硅（Si）、锗（Ge）、砷化铟（InAs）等半导体材料制成。此外，元件的厚度 h 对灵敏度的影响也很大，元件越薄，灵敏度就越高，所以霍尔元件一般都比较薄。

由式（5-36）还可看出，当控制电流的方向或磁场的方向改变时，输出电动势的方向也将改变。但当磁场与电流同时改变方向时，霍尔电动势并不改变原来的方向。

5.6.2.2　YSH 型霍尔压力变送器

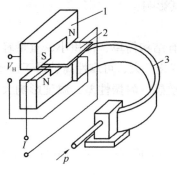

图 5-18　霍尔压力变送器结构图
1—磁钢；2—霍尔元件；3—弹簧管

图 5-18 为 YSH-2 型霍尔压力变送器结构图。弹簧管一端固定在接头上，另一端即自由端上装有霍尔元件。在霍尔元件的上、下方垂直安放两对磁极，一对磁极所产生的磁场方向向上，另一对磁极所产生的磁场方向向下，这样使霍尔元件处于两对磁极所形成的一个线性不均匀差动磁场中。为得到较好的线性分布，磁极端面做成特殊形状的磁靴。

在无压力引入情况下，霍尔元件处于上下两磁钢中心即差动磁场的平衡位置，霍尔元件两端通过的磁通方向相反，大小相等，所产生的霍尔电势代数和为零。当被测压力 p 引入弹簧管固定端后，与弹簧管自由端相连接的霍尔元件由于自由端的伸展而在非均匀磁场中运动，从而改变霍尔元件在非均匀磁场中的平衡位置，也就是改变了磁感应强度 B，根据霍尔效应，霍尔元件便产生相应的霍尔电势。由于沿霍尔元件偏移方向磁场强度的分布呈线性增长状态，所以霍尔元件的输出电势与弹簧管的变形伸展也为线性关系，即与被测压力 p 呈线性关系。

5.7　压力表的选择、安装与校准

压力测量系统由被测对象、取压口、导压管和压力仪表等组成。压力检测仪表的正确选择、安装和校准是保证其在生产过程中发挥应有作用及保证测量结果安全可靠的重要环节。

5.7.1　压力表的选择

压力表的选择是一项重要的工作，如果选用不当，不仅不能正确、及时地反映被测对象压力的变化，还可能引起事故。选用时应根据生产工艺对压力检测的要求、被测介质的特性、现场使用的环境及生产过程对仪表的要求，如信号是否需要远传、控制、记录或报警等，再结合各类压力仪表的特点，本着节约的原则合理地考虑仪表的类型、量程、准确度等。

5.7.1.1　压力表种类和型号的选择

1. 从被测介质压力大小来考虑

如测量微压（几百至几千帕），宜采用液柱式压力计或膜盒压力计。如被测介质压力不大，在 15kPa 以下，且不要求迅速读数的，可选 U 形管压力计或单管压力计；如要求迅速读数，可选用膜盒压力表。如测高压（大于 50kPa），应选用弹簧管压力表；若需测快速变化的压力，应选压阻式压力计等电气式压力计；若被测的是管道水流压力且压力脉动频率较高，应选电阻应变式压力计。

2. 从被测介质的性质来考虑

对稀硝酸、酸、氨及其他腐蚀性介质应选用防腐压力表，如以不锈钢为膜片的膜片压力表。对易结晶、黏度大的介质应选用膜片压力表；对氧、乙炔等介质应选用专用压力表。

3. 从使用环境来考虑

对爆炸性气氛环境，使用电气压力表时，应选择防爆型；机械振动强烈的场合，应选用船用压力表；对温度特别高或特别低的环境，应选择温度系数小的敏感元件和变换元件。

4. 从仪表输出信号的要求来考虑

若只需就地观察压力变化，应选用弹簧管压力计，若需远传，则应选用电气式压力计，如霍尔式压力计等，若需报警或位式调节，应选用带电接点的压力计。

5.7.1.2　压力表量程的选择

为了保证压力计能在安全的范围内可靠工作，并兼顾到被测对象可能发生的异常超压情况，对仪表的量程选择必须留有余地。

测量稳定压力时，最大工作压力不应超过量程的3/4。测量脉动压力时，最大工作压力则不应超过量程的2/3。测高压时，则不应超过量程的3/5。为了保证测量准确度，最小工作压力不应低于量程的1/3。当被测压力变化范围大，最大和最小工作压力可能不能同时满足上述要求时，应首先满足最大工作压力条件。

目前我国出厂的压力（包括差压）检测仪表有统一的量程系列，它们是：1kPa、1.6kPa、2.5kPa、4.0kPa、6.0kPa以及它们的10^n倍数（n为整数）。

5.7.1.3　压力表准确度等级的选择

压力表的准确度等级主要根据生产允许的最大误差来确定。根据我国压力表的新标准GB/T 1226—2001的规定，一般压力表的准确度等级分为：1级，1.6级，2.5级，4.0级，并应符合表5-4的规定。

压力表外壳公称直径和准确度等级　　　　表5-4

外壳公称直径（mm）	40，60	100	150，200，250
准确度等级	2.5，4	1.6，2.5	1，1.6

精密压力表的准确度等级为：0.1级，0.16级，0.25级，0.4级。它既可作为检定一般压力表的标准器，也可作为高精度压力测量之用。

【例5-1】有一个压力容器，在正常工作时其内压力稳定，压力变化范围为0.4~0.6MPa，要求就地显示即可，且测量误差应不大于被测压力的5%，试选择压力表并确定该表的量程和准确度等级。

解　由题意可知，选弹簧管压力计即可。设弹簧管压力计的量程为A，由于被测压力比较稳定，则根据最大工作压力有

$$0.6 < 3A/4，则 A > 0.8\text{MPa}$$

根据最小工作压力有

$$0.4 > A/3，则 A < 1.2\text{MPa}$$

根据压力表的量程系列，可选量程范围为 $0\sim1.0\mathrm{MPa}$ 的弹簧管压力计。该表的最大允许误差为

$$\gamma_{\max} < \frac{0.4\times5\%}{1.0-0} \times 100\% = 2.0\%$$

按照压力表的准确度等级，应选 1.6 级的压力表。

综上，应选 1.6 级、量程为 $0\sim1.0\mathrm{MPa}$ 的弹簧管压力计。

5.7.2　压力表的安装

要保证压力的准确测量，不仅要依赖于测压仪表的准确度，而且还与压力信号的获取、传递等中间环节有关。因此应根据具体被测介质、管路和环境条件，选取适当的取压口，并正确安装引压管路和测量仪表。下面仅介绍静态压力测量的一般方法。

5.7.2.1　取压口的选择

取压口的选择应能代表被测压力的真实情况。安装时应注意取压口的位置和形状。

1. 取压口位置

（1）取压点应选在被测介质流动的直线管道上，远离局部阻力件，且不要选在管路的拐弯、分叉、死角或其他能形成漩涡的地方。

（2）取压口开孔位置的选择应使压力信号走向合理，以避免发生气塞、水塞或流入污物。具体说，当测量气体时，取压口应开在设备的上方，如图 5-19（a）所示，以防止液体或污物进入压力计中，以避免凝结气体流入而造成水塞，当测量液体时，取压口应开在容器的中下部（但不是最底部），以免气体进入而产生气塞或污物流入，如图 5-19（b）所示；当测量蒸汽时，应按图 5-19（c）所示确定取压口开孔位置，以避免发生气塞、水塞或流入污物。

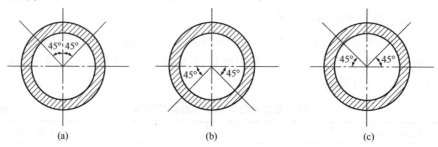

图 5-19　取压口开孔位置
（a）测量气体；（b）测量液体；（c）测量蒸汽

（3）取压口应无机械振动或振动不至于引起测量系统的损坏。

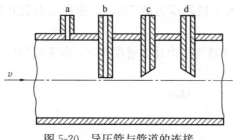

图 5-20　导压管与管道的连接

（4）测量差压时，两个取压口应在同一水平面上以避免产生固定的系统误差。

（5）导压管最好不伸入被测对象内部，而在管壁上开一形状规整的取压口，再接上导压管，如图 5-20 中的 a 所示。当一定要插入对象内部时，其管口平面应严格与流体流动方向平行，如图 5-20 中的 b 所示，若如图 5-20 中的 c 或 d 那样放置就会得出错误的测量结果。

（6）取压口与仪表（测压口）应在同一水平面上，否则应进行校正。其校正公式为

$$\Delta p = \pm \rho g h \tag{5-37}$$

式中　Δp——校正值，Pa；

　　　　ρ——密度，kg/m³；

　　　　h——压力表与取压口的高度差，m。

如果压力表在取压口上方，校正取正值；反之取负值。

2. 取压口的形状

（1）取压口一般为垂直于容器或管道内壁面的圆形开口。

（2）取压口的轴线应尽可能地垂直于流线，偏斜不得超过 5°～10°。

（3）取压口应无明显的倒角，表面应无毛刺和凹凸不平。

（4）口径在保证加工方便和不发生堵塞的情况下应尽量小，但在压力波动比较频繁和对动态性能要求高时可适当加大口径。

5.7.2.2　导压管的敷设

导压管是传递压力、压差信号的，安装不当会造成能量损失，应满足以下技术条件：

1. 管路长度与导压管直径

一般在工业测量中，管路长度不得超过 90m，测量高温介质时不得小于 3m，导压管直径一般在 7～38mm 之间。表 5-5 列出了导压管长度、直径与被测流体的关系。

被测流体在不同导压管长度下的导压管直径（mm）　　　　　　表 5-5

被测流体	导压管长度（m）		
	＜16	16～45	45～90
水、蒸汽、干气体	7～9	10	13
湿气体	13	13	13
低、中黏度的油品	13	19	25
脏液体、脏气体	25	25	38

2. 导压管的敷设

（1）管路应垂直或倾斜敷设，不得有水平段。

（2）导压管倾斜度至少为 3/100，一般为 1/12。

（3）测量液体时下坡，且在导压管系统的最高处应安装集气瓶，如图 5-21（a）所示。测量气体时上坡，且在导压管的最低处应安装水分离器，如图 5-21（b）所示。当被测介质有可能产生沉淀物析出时，应安装沉淀器，如图 5-21（c）所示。测量差压时，两根导压管要平行放置，并尽量靠近以使两导压管内的介质温度相等。

（4）当导压介质的黏度较大时还要加大倾斜度。

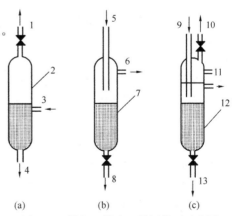

图 5-21　排气、排水、排污装置示意图
（a）排气；（b）排水；（c）排污
1、10—排气；2—集气瓶；3、9—液体输入；4、11—液体输出；5—气体输入；6—气体输出；7—水分离器；8—排液；12—沉淀器；13—排沉淀物

（5）在测量低压时，倾斜度还要增大到 5/100～10/100。

（6）导压管在靠近取压口处应安装关断阀，以方便检修。

（7）在需要进行现场校验和经常冲洗导压管的情况下，应装三通开关。

5.7.2.3 压力表的安装

（1）安装位置应易于检修、观察。

（2）尽量避开振源和热源的影响，必要时加装隔热板，减小热辐射，测高温流体或蒸汽压力时应加装回转冷凝管，如图 5-22（a）所示。

（3）对于测量波动频繁的压力，如压缩机出口、泵出口等，可增装阻尼装置，如图 5-22（b）所示。

（4）测量腐蚀介质时，必须采取保护措施，安装隔离罐，如图 5-23 所示。

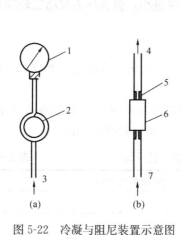

图 5-22　冷凝与阻尼装置示意图
(a) 冷凝装置；(b) 阻尼装置
1—压力表；2—回转冷凝管；3，7—被测压力；
4—接压力表；5—阻尼器；6—缓冲罐

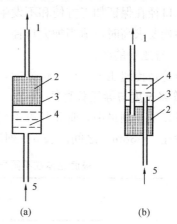

图 5-23　隔离罐示意图
(a) $\rho_1 > \rho_2$；(b) $\rho_1 < \rho_2$
1—接压力表；2—隔离介质；3—隔离罐；4—被测介质；
5—被测压力；ρ_1—测量介质密度；ρ_2—隔离介质密度

5.7.3 压力检测仪表的校准

压力检测仪表在出厂前均需经过校准，使之符合准确度等级要求；使用中的仪表会因弹性元件疲劳、传动机构磨损及腐蚀、电子元器件的老化等造成误差，所以必须定期进行校准，以保证测量结果有足够的准确度。另外，新的仪表在安装使用前，为防止运输过程中由于振动或碰撞所造成的误差，也应对新仪表进行校准，以保证仪表示值的可靠性。

5.7.3.1 静态校准

压力检测仪表的静态校准是在静态标准条件下，采用一定标准等级的校准设备，对仪表重复（不少于 3 次）进行全量程逐级加载和卸载测试，获得各次校准数据，以确定仪表的静态基本性能指标和准确度的过程。

1. 静态校准条件

温度 20℃±5℃，湿度不大于 80%，大气压力为 $(1.01 \pm 0.106) \times 10^5$ Pa，且无振动冲击的环境。

2. 校准方法

校准方法通常有两种：一种是将被校表与标准表的示值在相同条件下进行比较；另一

种是将被校表的示值与标准压力比较。无论是压力表还是压力传感器、变送器，均可采用上述两种方法。一般在被校表的测量范围内，均匀地选择至少 5 个的校验点，其中应包括起始点和终点。

3. 标准仪表的选择原则

标准表的允许绝对误差应小于被校表的允许绝对误差的 $1/3\sim1/5$，这样可忽略标准表的误差，将其示值作为真实压力。采用此种校验方法比较方便，所以实际校验中应用较多。将被校压力表示值与标准压力比较的方法主要用于校验 0.2 级以上的精密压力表，亦可用于校验各种工业用压力表。

常用的压力校准仪器有液柱式压力计、活塞式压力计或配有高准确度标准表的压力校验泵。

5.7.3.2 动态校准

在一些工程技术领域常会遇到压力动态变化的情况，例如，火箭发动机的燃烧室压力在启动点火后的瞬间，压力变化频率从几赫兹到数千赫兹。为了能够准确测量压力的动态变化，要求压力传感器的频率响应特性要好。实际上压力传感器的频率响应特性决定了该传感器对动态压力测量的适用范围和测量准确度。因此，对用于动态压力测量的仪表或测压系统必须进行动态校准，以确定其动态特性参数，如频率响应函数、固有频率、阻尼比等。

压力检测系统的动态校准首先需要解决标准动态压力信号源问题。产生标准动态压力信号的装置有多种形式，根据其所提供的标准动态压力信号种类可分为两类：一类是稳态周期性压力信号源，如机械正弦压力发生器、凸轮控制喷嘴、电磁谐振器等；另一类是非稳态压力信号源，如激波管、闭式爆炸器、快速卸载阀等。

思　考　题

5-1　什么叫压力，表压、负压力（真空度）和绝对压力之间有何关系？

5-2　常用的压力计有哪些，其原理和特点各是什么？

5-3　能否用圆形截面的金属管做弹簧管测压力，为什么？弹簧管测压力时应考虑哪些因素的影响？

5-4　活塞式压力计的工作原理是什么，影响测量准确度的因素有哪些？

5-5　某台空压机的缓冲器，其工作压力范围为 $1.1\sim1.6$MPa，工艺要求就地观察罐内压力，并要求测量误差不大于罐内压力的 $\pm5\%$，试选择一只合适的压力表。

5-6　如果某反应器最大压力为 0.8MPa，允许最大绝对误差为 0.01MPa。现用一只测量范围为 0～1.6MPa，准确度等级为 1 级的压力表来进行测量，那么是否符合工艺要求？若其他条件不变，测量范围改为 0～1.0MPa，结果又如何？试说明其理由。

5-7　何谓压电效应，压电式压力计的特点是什么？

5-8　应变片式压力计和压阻式压力计的工作原理是什么，二者有何异同点？

5-9　差动式电容压力变送器的优点是什么，为什么？

5-10　测压仪表在选择、安装和使用时应注意哪些事项？

第6章 流 速 测 量

在建筑环境与能源应用工程实践中，流速是非常重要的参数之一。对流速的测定和评价是了解流体流动规律的重要一环，进而可以取得流体的体积流量、质量流量和动压等重要参数。要具体了解室内环境舒适程度以及空调系统的运行状况，往往需要测量其中的空气流动速度。速度是矢量，它具有大小和方向。流速单位常以 m/s 表示。

随着现代科学技术的发展，各种测量气流速度的方法也越来越多，在本专业中最常用的方法有空气动力测压法，其典型仪器就是毕托管。常用的流速测量仪表还有叶轮风速仪、热电风速仪、热线热膜风速仪，以及激光多普勒测速技术和粒子图像测速技术。本章将介绍这些气流速度测量仪表。

6.1 毕托管

毕托管是传统的测量流速的传感器，与差压仪表配合使用，可以测量被测流体的压力和差压，或者间接测量被测流体的流速。用毕托管测量流体的流速分布以及流体的平均流速是十分方便的。另外，如果被测流体及其截面是确定的，还可以利用毕托管测量流体的体积流量或质量流量。毕托管至今仍是广泛应用的流速测量仪表之一。

6.1.1 毕托管的工作原理

在一个流体以流速 v 均匀流动的管道里，安置一个弯成 $90°$ 的细管（见图 6-1），仔细分

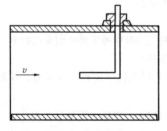

图 6-1 用毕托管测量流速
示意图

析流体在细管端头处的流动情况可知：紧靠管端前缘的流体因受到阻挡向各方向分散，以绕过此障碍物，位于管端中心的流体呈完全静止状态。设管端中心压力为 P_0（Pa），而与细管同一深处流体未受扰动的某处压力为 P（Pa），流速为 v（m/s），流体密度为 ρ（kg/m³），则由伯努利方程得：

$$P + \frac{\rho v^2}{2} = P_0 \tag{6-1}$$

一般称 P_0 为总压力（全压），P 为静压力，$\frac{\rho v^2}{2}$ 为动压

力。动压力为总压力与静压力之差。由式（6-1）可以导出流速与动压之间的关系：

$$v = \sqrt{\frac{2}{\rho}(P_0 - P)} \tag{6-2}$$

用毕托管把总压和静压测出，即可得到流体速度。但是，要想求得流速的准确值，必须确切地测出总压和静压，而实际用来测量总压力和静压力的开孔是位于不同的位置的，并且位于静压孔附近的流体受到扰动，这样，实际测量条件与式（6-1）的推导条件不完

全相符。因此，必须根据毕托管的形状、结构、几何尺寸等因素的不同，对式（6-2）进行修正，即

$$v = K_\text{P}\sqrt{\frac{2}{\rho}(P_0 - P)} \tag{6-3}$$

式中　K_P——毕托管速度校正系数。

S 型毕托管速度校正系数一般为 $0.83\sim0.87$，标准毕托管校正系数一般为 0.96 左右。

对于不可压缩流体，可以用式（6-3）得到流速。对于可压缩流体应考虑流体的压缩性，在求流体流速时要对式（6-3）进行修正，即按照下式计算流体速度：

$$v = K_\text{P}K\sqrt{\frac{2}{\rho}(P_0 - P)} \tag{6-4}$$

式中　$K = \left(1 + \dfrac{M^2}{4} + \dfrac{2-k}{24}M^4 + \cdots\cdots\right)^{-\frac{1}{2}}$；

　　　k——流体等熵指数；

　　　M——马赫数$\left(M = \dfrac{v}{C}, C\text{ 为该流体中的音速}\right)$。

流速不大，即马赫数 $M < 0.2$ 的可压缩流体也可用式（6-3）求得流速。流速很大，即 $M > 0.2$ 的可压缩流体要用式（6-4）计算流速。标准状态下的空气，$M = 0.2$ 时，相应的流速约为 70m/s，如果被测流体是高温烟气，$M = 0.2$ 时所对应的烟气流速则更高。标准状态下空气流速为 70m/s 时，不校正的偏差大约为 0.5%。在通风、空调、锅炉及燃气工程中，被测风速一般都在 40m/s 以内，对于标准状态下的空气，此时 M 约为 0.12。（音速 C 为 343m/s），不校正偏差约为 0.2%。可见，一般情况下采用式（6-3）计算风速是可以满足要求的。

6.1.2　毕托管的形式

毕托管有多种形式，其结构各不相同。

1. 标准毕托管

图 6-2 是三种标准或基本型毕托管（动压测量管）的结构图。它是一个弯成 $90°$ 的同心管，主要由感测头、管身及总压和动压引出管组成。感测头端部呈锥形、圆形或椭圆形，总压孔位于感测头端部，与内管连通，用来测量总压。在外管表面靠近感测头端部的适当位置上有一圈小孔，称为静压孔，是用来测量静压的。标准毕托管一般为这种结构形式。标准毕托管测

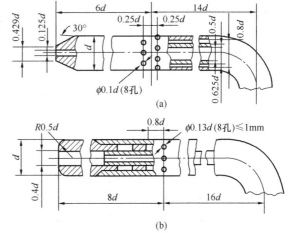

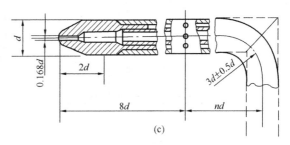

图 6-2　动压测压管构造（基本型）

(a) 锥形头；(b) 球形头；(c) 椭圆头

量精度较高，使用时不需要再校正，但是由于这种结构形式的静压孔很小，在测量含尘浓度较高的空气流速时，容易被堵塞，因此，标准毕托管用于测量清洁空气的流速，或对其他结构形式的毕托管及其他流速仪表进行标定。

2. S形毕托管

S形毕托管也是一种常用的毕托管，其结构如图 6-3 所示。它是由两根相同的金属管组成，感测头端部做成方向相反的两个相互平行的开口。测定时，一个开口面向气流，用来测量总压，另一个开口用来测静压。S形毕托管可用于测量含尘浓度较高的空气流速。

对于厚壁风道的空气流速测定，使用标准毕托管不方便，因为标准毕托管有一个 90° 的弯角，可以使用S形毕托管，也可以使用直形毕托管。直形毕托管是用两根相同的金属管并联并在外面套一根金属管焊制而成，测端做成两个相对并相等的开口。

标准毕托管和S形毕托管的直径一般为 6～12mm。标准毕托管的长度为 150～3000mm，S形毕托管的长度一般为 300～3000mm。

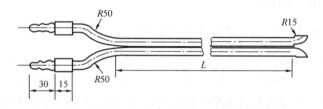

图 6-3 S形毕托管（单位：mm）

3. 均速管

均速管又称阿牛巴（Annubar）管或动压平均管。

用标准毕托管、S形毕托管、直形毕托管测风速，往往需要测出多点风速而得到平均风速，可见是很不方便的。均速管是基于皮托管原理而发展起来的一种新型流量计。均速管能够直接测出管道截面上的平均流速，相比于毕托管，简化了测量过程，提高了测量准确性。如果使用均速管，如图 6-4 所示，测量平均风速则是十分方便的，这种测量平均风速的方法只适用于圆形风道。

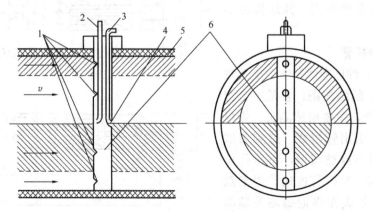

图 6-4 均速管

1—总压孔；2—总压导管；3—静压导管；4—静压孔；5—管道；6—均速管

其测量思路是把风道截面分成若干个面积相等的部分，比如分成四部分（两个半环形和两个半圆形），见图6-4，选取合适的测点位置，测出各个小面积的总压力值，然后取四个小面积的总压力平均值作为整个测量截面上的平均总压力。动压平均管是在取压管中间插入一根取总压力平均值的导管，在取压管适当的位置上开若干个总压孔，总压孔朝着气流方向，取压管中测量总压力的导管取压孔开在管道轴线位置，并朝着气流方向。静压导管安装在总压取压管（笛形管）下游侧，并靠近总压取压管，静压导管取压口背向气流方向。有的静压取压孔开在笛形管上游1D（管道内径）处管壁上。均速管是用两根不同直径的金属管同心套焊而成，管壁上一面开多孔，这些孔为总压孔，背面有一个孔，这个孔为静压孔。利用均速管测出被测流体的总压力与静压力之差，便可得到流体的平均速度。

均速管流量计具有如下特点：

（1）结构简单、价格便宜、便于安装，如使用带截止阀的动压平均管，其安装和拆卸均不必中断工艺流程。

（2）压力损失小，能耗少，其不可恢复的压力损失仅占差压的 2%～15%，而常用的孔板要占 40%～80%。

（3）准确度及长期稳定性较好，准确度可达±1%，稳定性为实测值的±0.1%。

（4）适用范围广，除不适用于脏污、有沉淀物的流体外，适用于液体、气体和蒸汽等多种流体以及高温高压介质的流量测量。

（5）适用管径范围大，约为 25～9000mm，尤其适用于大口径管道的流量测量，管径越大，其优越性越突出。

（6）对直管段的要求比孔板低。

（7）产生的差压信号较低，需要配用低量程差压计。

6.1.3 毕托管的使用

6.1.3.1 毕托管使用条件

流速较低，比如在标准状态下空气流速为 1m/s 时，动压只有 0.6Pa，使二次仪表很难准确地指示此动压值，因此毕托管测流速的下限有规定：要求毕托管总压力孔直径上的流体雷诺数需超过 200。S形毕托管由于测端开口较大，在测量低流速时，受涡流和气流不均匀性的影响，灵敏度下降，因此一般不宜测量小于 3m/s 的流速。

在测量时，如果管道截面较小，因为相对粗糙度（K/D）增大和插入毕托管的扰动相对增大，使测量误差增大，所以一般规定毕托管直径与被测管道直径（内径）之比不超过 0.02，最大不得超过 0.04。管道内壁绝对粗糙度 K 与管道直径（内径）D 之比，即相对粗糙度 K/D 不大于 0.01。管道内径一般应大于 100mm。

S形毕托管（或其他毕托管）在使用前必须用标准毕托管进行校正，求出它的校正系数。校正方法是在风洞中以不同的速度分别用标准毕托管和被校毕托管进行对比测定，两者测得的速度值之比，称为被校毕托管的校正系数 K_P。

使用时应使总压孔迎着流体的流动方向，并使其轴线与流体流动方向一致，否则会引起测量误差。图6-5所示为标准毕托管总压孔轴线与流体流动方向不一致时对压差（总压与静压之差）所产生的测量误差。从图中可以看出，毕托管偏转角相差 10°时，压差的误差约为 3%。因此，在测量时务必使毕托管总压孔轴线与流速方向保持一致。

标准毕托管静压孔很小，在测量时应防止气流中颗粒物质堵塞静压孔，否则会引起很

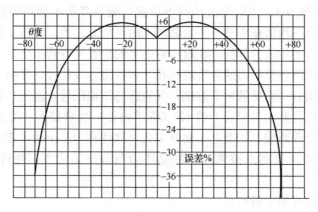

图 6-5　毕托管压差与定向差的关系

大的测量误差。

6.1.3.2　测点选择

　　流体在管道中流动时，同一截面上的各点流速并不相同，但常常需要知道流体平均速度。如果在测量位置上流体流动已经达到典型的紊流速度分布，则测出管道中心流速，按照一定公式或图表便可求得流体平均速度。或者测出距离管道内壁 $0.242 \pm 0.08R$（R 为管道内截面半径）处的流速，作为流体平均速度。但是，当管道内流体流动没有达到充分发展的紊流时，则应该在截面上多测几点的流速，以便求得平均速度。那么，在管道截面上哪一点的流速，或者哪几点流速平均值可以作为该截面上流速平均值呢？关于这一点做过许多实验研究，并按照实验资料建立了流速分布的数学模型。在此基础上选择测点并求取平均流速。由于建立的数学模型存在一定的差异，因此测点的选择也有所不同。仅介绍一种常用的中间矩形法。

　　中间矩形法是应用最广的一种测点选择方法。它将管道截面分成若干个面积相等的小截面，测点选择在小截面的某一点上，以该点的流速作为小截面的平均流速，再以各小截面的平均流速的平均值作为管道内流体的平均速度。其具体方法如下：

　　对于圆形管道，将管道截面分成若干个面积相等的圆环（中间是圆），再将每个圆环（或圆）分成两个等面积圆环（或中间为圆），测点选在面积等分线上，测点的位置可由下式确定：

$$r_i = R\sqrt{\frac{2i-1}{2n}} \tag{6-5}$$

式中　　n——圆形管道截面等分数；

　　　　R——圆形管道半径（内径）；

　　　　i——等分截面的序号（从中心的圆开始），$i=1,2,3,\cdots\cdots$；

　　　　r_i——第 i 个等分截面上测点半径（圆心在管道轴线上）。

　　考虑流体在圆形管道中的实际流速分布并不完全轴对称，因此在以 r_i 为半径的圆环上要选四个等分点作为测点，这样，对一个 n 等分的圆形管道来说，测点数 $N=4n$。圆形管道内流体的平均速度就是各测点流速的平均值，可见测点越多，测量精度越高。

　　对于矩形管道，可把截面分成其数量与测点数相同的等面积矩形测区，使每个面积的长宽比为 1～2，并将测点布置在各等面积测区的矩心上。

流体测定断面分区数（即测点数）的多少，取决于所需要的准确度和流速分布的均匀性，与管道断面尺寸无关。对于速度分布相同或相近的两个管道（尽管它们的断面不同），需要以相同的测点数（当然测定方法要相同）测量，才能够得到准确度相同的平均速度值。所需要的准确度与使用场合有关，不同的场合，需要的准确度可能不相同。流速分布的均匀性在满足测定条件的情况下，主要与被测定流体断面的位置有关，不同位置的流体断面，其流速分布的均匀性不相同。要想达到相同的准确度，在流速分布均匀性不同时，在不同位置的被测流体断面上，所布置的测点数也不相同。

6.1.3.3 平均流速的计算

虽然前面已经给出了流速的基本计算公式（6-3），但在现场测试时，为方便起见，需要将其变换成另一种形式。根据波义耳—查理定律知道：

$$\rho = \frac{P}{RT} \tag{6-6}$$

式中　P——被测气体的绝对静压力，Pa；

　　　ρ——被测气体的密度，kg/m^3；

　　　T——被测气体的绝对温度，K；

$R = \dfrac{8314}{M}$（M 为气体分子量）——气体常数，$J/kg \cdot K$。

将式（6-6）代入式（6-3），流速计算公式则变为：

$$v = K_P \sqrt{2\frac{RT}{P}} \cdot \sqrt{P_0 - P} \tag{6-7}$$

管道内流体平均速度为各测点流速的平均值，即：

$$\overline{v} = K_P \sqrt{2\frac{RT}{P}} \cdot \frac{1}{N}\sum_{i=1}^{n}\sqrt{(P_0 - P)_i} \tag{6-8}$$

式中　$\overline{v}$——被测流体平均速度，m/s；

　　　N——测点数；

　　　i——测点序号，$i = 1, 2, 3, 4, \cdots\cdots$

应该指出，求流体平均速度时，需要计算各测点动压平方根的平均值，而不是各测点动压平均值的平方根。

【例 6-1】用标准毕托管测量空调送风风道内空气流速，毕托管系数 $K_P = 0.96$，风道空气静压 $P_0 = 980Pa$，大气压 $B = 101325Pa$，空气温度 $t = 20℃$，空气气体常数 $R = 287J/(kg \cdot K)$，风道断面上 6 个测点的动压读数（微压计系数为 0.2）分别为 $61.5mmH_2O$，$72.8mmH_2O$，$80.6mmH_2O$，$80.5mmH_2O$，$88.5mmH_2O$，$100.7mmH_2O$，求风道内空气平均流速。

解： 把题中的单位转换成式（6-8）中所使用的单位：

$$T = 273 + t = 273 + 20 = 293K$$

$$P = B - P_0 = 101325 - 980 = 100345Pa$$

6 个测点上烟气动压值分别为：120.63Pa，142.79Pa，157.70Pa，158.09Pa，173.58Pa，

197.51Pa。

$$\frac{1}{6}\sum_{i=1}^{6}\sqrt{(P_0-P)_i}$$

$$=\frac{\sqrt{120.36}+\sqrt{142.79}+\sqrt{157.70}+\sqrt{158.09}+\sqrt{173.58}+\sqrt{197.51}}{6}=12.55$$

$$\bar{v}=K_P\sqrt{2\frac{RT}{P}}\frac{1}{N}\sum_{i=1}^{6}\sqrt{(P_0-P)_i}$$

$$=0.96\times\sqrt{2\frac{287\times293}{100345}}\times12.55=15.6\text{m/s}$$

6.2 叶轮风速仪

叶轮风速仪由叶轮和计数机构组成，它是以气流动压力推动机械装置旋转来显示风速的仪表。风速仪的敏感元件为轻型的叶轮，通常用金属铝制成。叶轮分翼形和杯形两种。

翼形叶轮的叶片是由几个扭转一定角度的薄铝片组成。杯形叶轮的叶片为铝制的半球形叶片，如图 6-6 所示。当气流流动的动压力作用于叶片上时，叶轮会产生旋转运动，其转速与气流速度成正比。叶轮的转速经轮轴上的齿轮传递给指示或计数设备。它们表示的数值实际上是指轮轴转动的距离（s）。翼形叶轮风速仪的灵敏度为 0.5m/s。杯形叶轮风速仪的叶轮因结构牢固，机械强度大，测量范围为 1~20m/s。它们广泛应用于通风、空调的风速测定中。

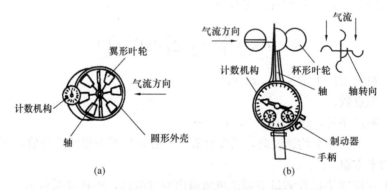

(a) (b)

图 6-6 叶轮风速仪
(a) 翼形风速仪；(b) 杯形风速仪

叶轮风速仪有内部自带计时装置的，若有效计时为 1min 时，指示值即为每分钟的风速，进而可计算得到每秒的风速值。

叶轮风速仪也有不带计时装置的，测定中可用秒表计时。操作中要求两者启停时间要一致，以保证测定的准确。此时，风速按式（6-9）计算：

$$v=\frac{s}{\tau} \tag{6-9}$$

式中　v——测点的风速值，m/s；

　　　s——叶轮风速仪指针示值，m；

τ——叶轮风速仪的有效测定时间，s。

叶轮风速仪测量的准确性与操作者的熟练程度有很大关系。使用前应检查风速仪的指针是否在零位，开关是否灵活可靠。测定时必须将叶轮风速仪全部置于气流中，气流方向应垂直于叶轮的平面，否则将引起测量误差。当气流推动叶轮转动 20~30s 后再启动开关开始测量。测量完毕应将指针回零。读得风速值后还应在仪器所附的校正曲线上查得实际的风速值。

叶轮风速仪测得的是测定时间内风速的平均值。因此，它不适于测量脉动气流和气流的瞬时速度。

叶轮是风速仪的重要部件，由于暴露在外易受到损伤，使用中注意不要碰撞。

仪表的校验通常在标准风洞中进行。

6.3 热电风速仪

把一个通有电流的发热体置入被测气流中，其散热量与气流速度有关，流速越大散热量越多。若通过发热体的电流恒定，则发热体所产生的热量一定。发热体温度随其周围气流速度的提高而降低，根据发热体的温度测量气流速度，这就是目前普遍使用的热球风速仪所依据的原理。若保持发热体温度恒定，通过发热体的电流势必随其周围气流速度的增大而增大，根据通过发热体的电流测风速，这是热敏电阻恒温风速仪的工作原理。下面介绍热球风速仪。

6.3.1 热球风速仪的工作原理及其组成

热球风速仪的原理图如图 6-7 所示，主要由两个独立电路组成：一是供给发热体恒定电流的回路。二是测量发热体温度的回路。使用热球风速仪测风速时，应首先调通过发热体的电流，使其为定值，再将发热体置入被测气流中。被测风速越大，发热体散出的热量也越多，而发热体所产生的热量一定，因此发热体温度降低。反之发热体温度升高。

发热体是一个金属线圈或金属薄膜，测量发热体温度采用铜—康铜热电偶，二者封入一个体积很小的玻璃球内，这个玻璃球便是测量风速的传感器，装于测杆顶部。发热体两端及热电偶两端的

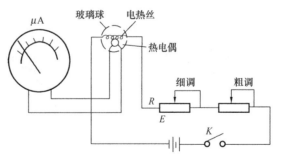

图 6-7 热球风速仪原理图

四根引线通过插头与二次仪表连接。二次仪表主要由电源、放大和显示等部分组成，显示分模拟和数字两种方式。近年来生产的数字热球风速仪放大器采用低功耗大规模集成电路，被测风速或温度由 LED 液晶显示。

6.3.2 结构特点及性能

热球风速仪反应灵敏，使用方便，特别是数字热球风速仪体积小，功耗低，调节旋钮少，重量轻，并且可以同时测量被测风速和风温。其量程下限值可达 0.05m/s，分辨率 0.01m/s，标定误差小于 5%。风温测量分辨率为 0.1℃，标定误差为 ±0.5℃。

热球风速仪的测头是在变温变阻状态下工作的，测头容易老化，使性能不稳定，而且在热交换时测头的热惯性对测量也有一定的影响。此外，尚有热敏电阻恒温风速仪，它是利用温度恒定的原理工作的。因此，可以克服热球风速仪由于变温变阻所产生的上述缺点。但由于它存在功耗大等问题而未能广泛使用，因此，这里不详细介绍热敏电阻恒温风速仪。

6.4 热线、热膜风速仪

用测压管测量气流速度，由于滞后大，不适用于测量不稳定流动中的气流速度。即使在脉动频率只有几赫兹的不稳定气流中测量流速，也不能获得满意的测量结果。热线风速仪具有探头尺寸小，响应快等特点，其截止频率可达 80kHz 或更高，所以它可在测压管难以安置的地方使用，主要用于动态测量。热线风速仪由热线探头和伺服控制系统组成。如果与数据处理系统联用，可以简化繁琐的数据整理工作，扩大热线风速仪的应用范围。

热线探头的结构形式有热线和热膜两种，常见的热线探头如图 6-8 所示。热线是直径很细的铂丝或钨丝，最细的只有 3μm，典型尺寸是直径为 3.8～5μm，长度 1～2mm。为了减少气流绕流支杆带来的干扰，热线两端常镀有合金，起敏感元件作用的只有中间部分。热膜是用铂或铬制成的金属薄膜，用熔焊的方法将它固定在楔形或圆柱形石英骨架上。热线的几何尺寸比热膜小，因而响应频率更高，但热线的机械强度低，不适于在液体或带有颗粒的气流中工作，而热膜的情况正相反。热线探头还可根据它的用途分为测量一元流动速度的一元探头、测量平面流动速度的二元探头和测量空间流动速度的三元探头。

热膜和热线在原理上是一样的，下面以热线为例说明。

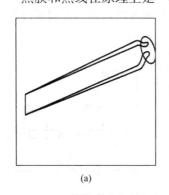 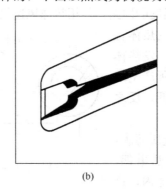 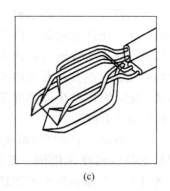

(a)　　　　　　　　　　(b)　　　　　　　　　　(c)

图 6-8 热线探头

(a) 一元热线探头；(b) 热膜探头；(c) 三元热线探头

6.4.1 工作原理与热线方程

6.4.1.1 基本原理

热线风速仪是利用通电的热线探头在流场中会产生热量损失来进行流速测量的。如果流过热线的电流为 I，热线的电阻为 R，则热线产生的热量是

$$Q_1 = I^2 R$$

当热线探头置于流场中时，流体对热线有冷却作用。忽略热线的导热损失和辐射损失，可以认为热线是在强迫对流换热状态下工作的。根据牛顿冷却定律，热线散失的热

量为

$$Q_2 = \alpha F(t_w - t_f)$$

式中　α——热线的对流换热系数；

　　　F——热线的换热表面积；

　　　t_w——热线温度；

　　　t_f——流体温度。

在热平衡条件下，有 $Q_1 = Q_2$，因此可写出热线的能量守恒方程如下

$$I^2R = \alpha F(t_w - t_f) \tag{6-10}$$

R 是热线温度的函数；对于一定的热线探头和流体条件，α 主要与流体的运动速度有关；在 t_f 一定的条件下，流体的速度只是电流和热线温度的函数，即

$$u = f(I, t_w) \tag{6-11}$$

因此，只要固定 I 和 t_w 两个参数中的任何一个，都可以获得流速 u 与另一参数的单值函数关系。若电流 I 固定，则 $u = f(t_w)$，可根据热线温度 t_w 来测量流速 u，此为热线风速仪的恒流工作方式。若保持热线温度 t_w 为定值，则 $u = f(I)$，可根据流经热线的电流 I 测量流速，此为热线风速仪的恒温工作方式或恒电阻工作方式。此外，还可以始终保持 $t_w - t_f$ 为常数，同样可以根据热线电流 I 来测量流速，这叫作恒加热度工作方式。无论采用哪种工作方式，都需要对因流体实际温度 t_f 偏离热线标定时的流体温度 t_0 所带来的影响进行修正，这种修正可通过适当的温度补偿电路自动实现。

热线风速仪的基本原理是基于热线对气流的对流换热，所以它的输出和气流的运动方向有关。当热线轴线与气流速度的方向垂直时，气流对热线的冷却能力最大，即热线的热耗最大，若二者的交角逐渐减小，则热线的热耗也逐渐减小。根据这一现象，原则上可确定气流速度的方向。

6.4.1.2 热线方程

假定热线为无限长、表面光滑的圆柱体，流体流动方向垂直于热线。由传热学知道

$$\alpha = \frac{Nu\lambda}{d} \tag{6-12}$$

式中　Nu——努塞尔数；

　　　λ——流体的导热系数；

　　　d——热线直径。

由于热线的直径极小，即使流速很高，例如马赫数 $M=1$，以 d 为特征尺寸的雷诺数 Re_d 也很小，热丝散热属于层流对流换热。根据传热学的经验公式，有

$$Nu = a + bRe_d^n \tag{6-13}$$

式中　a, b——与流体物性有关的常数；

　　　n——与流速有关的常数。

$$Re_d = \frac{ud}{v} \tag{6-14}$$

式中　v——流体的运动粘度。

将式（6-13）、式（6-14）代入式（6-12），得

$$\alpha = a\frac{\lambda}{d} + b\frac{\lambda d^{n-1}}{v^n}u^n \tag{6-15}$$

将式（6-15）代入式（6-10），有

$$I^2 R = \left(aF \frac{\lambda}{d} + bF \frac{\lambda d^{n-1}}{v^n} u^n \right)(t_w - t_f) \qquad (6\text{-}16)$$

当热线已经确定，流体的 λ，v 已知时，上式可化简为

$$I^2 R = (a' + b' u^n)(t_w - t_f) \qquad (6\text{-}17)$$

式中的 a'、b' 为与流体参数和探头结构有关的常数，分别为

$$a' = aF \frac{\lambda}{d}$$

$$b' = bF \frac{\lambda d^{n-1}}{v^n}$$

式（6-17）为热线的基本方程。

另外，热线电阻 R 随温度变化的规律为

$$R = R_0 [1 + \beta(t_w - t_0)]$$

式中　t_0——校验热线风速仪时流体的温度；

R_0——热线在 t_0 时的电阻值；

β——热线材料的电阻温度系数。

式（6-17）还可写为

$$I^2 = \frac{(a' + b' u^n)(t_w - t_f)}{R_0 [1 + \beta(t_w - t_0)]} \qquad (6\text{-}18)$$

对于恒流工作方式，目前还没有对热线的热惯性找到简单易行的补偿办法，这种方式很少用于流速测量。恒温工作方式和恒加热度工作方式的控制线路较简单，精度较高，可广泛用于流速的测量，尤其是用于脉动气流的测量。

在恒温工作方式下，由于热线温度 t_w 维持恒定，并且对流体温度 t_f 偏离 t_0 进行修正，式（6-18）有如下形式

$$I^2 = a'' + b'' u^n \qquad (6\text{-}19)$$

式中的 a''，b'' 是流体温度有别于 t_0 时的附加修正系数的常数。

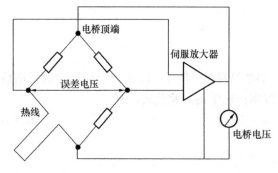

图 6-9　恒温式热线风速仪工作原理图

在测量线路中，热线探头是惠斯顿电桥的一臂。实际测量时，测量的不是流过热线的电流 I，而是电桥的桥顶电压 E，如图 6-9 所示。这时有

$$E^2 = A + B u^n \qquad (6\text{-}20)$$

式中的 A，B 是与 a''，b'' 性质相似的常数。此式称为金氏定理，指数 n 的推荐值为 0.5。金氏定理是对热线风速仪在恒温工作方式下测量流速的工作原理的一种近似描述，但这是讨论热线应用的一个基础。

6.4.2　平均流速的测量

实际的热线既非无限长，其表面也非完全光滑，在制造过程中，其几何尺寸会存在误差。通过支杆的导热损失和支杆对气流的影响也总是存在，所以实际使用时金氏定理的误

差较大。采用下面公式，可使误差得以减小。

$$E^2 = A + Bu_R^n + Cu_R \qquad (6\text{-}21)$$

式中　A——$A = E_0^2$，E_0 是流体速度为零时热线电桥的桥顶电压；

B，C，n——根据试验数据和式（6-21）用最小二乘法确定的常数，$n = 0.5 \sim 0.9$；

　　u_R——当量冷却速度，简称冷速度。

冷速度 u_R 的意义是：如果速度为 u 的气流对热线的冷却作用与在支杆平面内且垂直于热线的气流速度 u_R 的冷却作用相同，则 u_R 叫作 u 的"冷速度"。应该注意 u_R 并不是流速 u 在支杆平面内垂直于热线方向上的投影。如果气流速度 u 在空间直角坐标系的三个轴 x，y，z 上的分量分别为 u_x，u_y，u_z，支杆平面与 xoy 平面重合，它对平行于 Ox 轴的热线的冷却作用与 u_R 相同，则它们之间的关系为

$$u_R^2 = K_1^2 u_x^2 + u_y^2 + K_2^2 u_z^2 \qquad (6\text{-}22)$$

式中的 K_1，K_2 是通过风洞校准得到的常数，其大小由支杆的结构形式及尺寸决定，一般情况下，$K_1 \approx 0.15$，$K_2 \approx 1.02$。K_1 很小是由于 u_x 和热线平行且受支杆影响的缘故。作为一个特例，当气流方向落在支杆平面上且垂直于热线时，有 $u_x = u_z = 0$，$u_R = u_y = u$。

热线探头的实际特性曲线必须通过风洞校准试验求得。图 6-10 是典型的热线探头校准曲线。图 6-10（a）是热线探头的速度特性曲线，它给出了流速 u 在支杆平面内且与热线垂直时，桥顶电压 E 与 u_R（在这种特定情况下，$u = u_R$）之间的关系。图 6-10（b）是热线探头的方向特性曲线，它给出了桥顶电压 E 与气流对热线的冲角 θ 之间的关系。

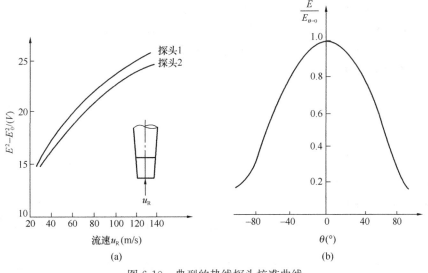

图 6-10　典型的热线探头校准曲线
（a）速度特性；（b）方向特性

从热线探头的速度特性和方向特性曲线中发现，在一定流速范围内它们之间有如下关系：在冲角为 θ 时，桥顶电压为 $E(\theta)$，当用 $E(\theta)$ 值查找 $u_R(\theta)$ 时，有

$$\frac{u_R(\theta)}{u_R(\theta = 0)} = a + b\cos\theta \qquad (6\text{-}23)$$

式中 a，b 为常数，由热线探头的形式和尺寸决定，通常，$a = 0.15 \sim 0.20$，$b = 0.80 \sim 0.85$。

用热线风速仪测量平面气流平均流速的大小和方向，分直接测量和间接测量两种方法，测量过程中都要始终保持流速 u 和支杆平面重合。

直接测量平面气流：转动热线探头以改变来流对热线的冲角，直到桥顶电压 E 达到最大值。此时，来流的方向与热线垂直，速度 u 的大小可根据测得的桥顶电压 E 和热线探头速度特性曲线求得。从其方向特性可看出，θ 角较小时，曲线较平坦，方向灵敏度小。因此，用直接测量法确定来流方向误差较大。

间接测量平面气流：放入热线探头后可测得桥顶电压 E_1，将探头转过一个已知角度 $\Delta\theta$ 后，得到桥顶电压 E_2，查速度特性曲线可得 u_{R1} 和 u_{R2}，由式（6-23）可得联立方程

$$\begin{cases} u_{R1} = u(a + b\cos\theta) \\ u_{R2} = u[a + b\cos(\theta + \Delta\theta)] \end{cases}$$

从而解得 u 和 θ，u 为平均流速。

测量空间气流常用三元热线探头，它由三根互相垂直的热线组成。每根热线有各自的校准曲线。测量时将探头置于测点上，并使三根热线都面对来流，以减少支杆对热线的影响。记录下各热线的桥顶电压 E_1，E_2，E_3，根据各自的校准曲线，可以方便地查得相应的冷速度 u_{R1}，u_{R2}，u_{R3}，解方程组

$$\begin{cases} u_{R1}^2 = K_1^2 u_x^2 + u_y^2 + K_2^2 u_z^2 \\ u_{R2}^2 = K_2^2 u_x^2 + K_1^2 u_y^2 + u_z^2 \\ u_{R3}^2 = u_x^2 + K_2^2 u_y^2 + K_1^2 u_z^2 \end{cases}$$

得到 u_x，u_y，u_z，从而求得空间气流平均流速的大小和方向。

三元探头中各热线的 K_1，K_2 值必须经过风洞校准确定。利用上述方法求得的气流方向可能相差 $180°$，所以在使用前应对气流方向有所估计。

6.4.3　脉动气流的测量（扫码阅读）

6-1 6.4节补充材料

6.5　风速仪表的校验

风速仪表在出厂以前，或使用一段时间之后都需要进行校验，以保证其准确度在一定范围之内，用于校验风速仪表的实验装置称为风洞。

6.5.1　风洞的原理结构

风洞是具有一定形状的管道。在管道中造成具有一定参数的气流，被校风速仪表与标准风速仪表在其中进行对比实验。

风洞的结构如图 6-11 所示，主要由风机段、扩散段、测量段、细收缩段、工作段、粗收缩段、稳定段组成。

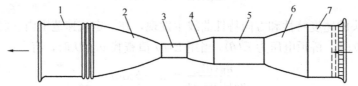

图 6-11　风速校验装置（风洞）原理示意图

1—风机段；2—扩散段；3—测量段；4—细收缩段；5—工作段；

6—粗收缩段；7—稳定段

风机段包括由可调速直流电机驱动的轴流风机及导流器，它是产生一定参数气流的动力。稳定段包括蜂窝器、阻尼网和一定长度的直管段。气流由稳定段导入，经导直整流形成流场均匀稳定的气流。工作段是校验中速风速仪表的直管段。经粗收缩段的气流进入工作段，工作段流场均匀度小于 2%，流场稳定度小于 19%。测量段是校验高速风速仪表的直管段。经细收缩段的气流进入测量段，流场均匀度小于 2%，稳定度小于 1%。为减小能量损失，气流经扩散段由轴流风机排出风洞。风机段入口设有导流装置，以保证测量段的均匀度和稳定度。

6.5.2 风速仪表的校验

被校风速仪表与标准风速仪表读数进行对比试验，以标准表读数为真值作被校风速仪表校验曲线。标准风速仪表的传感器为标准毕托管，二次仪表为补偿式微压计，由于风速与被测气流的温度、湿度及大气压有关，因此，在进行对比试验时，应同时测出温度、湿度和大气压。

1. 中风速仪表校验

中风速仪表校验在工作段进行。

2. 微风速仪表校验

由于毕托管测量微风速时，测量误差较大，为减小误差，在校验微风速仪表时，将标准毕托管放入测量段，被校风速仪表放入工作段，以标准风速仪表读数除以测量段与工作段风速之比为真值作被校风速仪表校验曲线。

3. 高风速仪表校验

高风速仪表校验在测量段进行。

4. 毕托管校验

毕托管校验是指确定毕托管动压校正系数，此值称为毕托管系数。确定毕托管系数时，将标准毕托管与被校毕托管对称地安装在测量段的毕托管校验孔座上。在风速测量范围内，改变测量段气流风速，或由低至高，或由高至低，依次测量管段内气流动压，读取两只毕托管所测的动压值。为消除仪器误差和读数误差，把两毕托管对调位置，并重复上述过程，读取二者之读数，根据毕托管所测的动压值，按下式确定被校毕托管系数：

$$K'_{P} = \sqrt{\frac{\sum_{i=1}^{n}\left(\dfrac{X_{10i}}{X_{1i}} \cdot \dfrac{X_{2i}}{X_{20i}}\right)}{\sum_{i=1}^{n}\left(\dfrac{X_{2i}}{X_{20i}}\right)}} K_0 \tag{6-24}$$

式中　K'_{P}——被校毕托管系数；

　　　K_0——标准毕托管系数；

　　　X_{10i}——标准毕托管第 i 次测量得到的动压值，Pa；

　　　X_{1i}——被校毕托管第 i 次测量得到的动压值，Pa；

　　　X_{20i}——对调位置后标准毕托管第 i 次测量得到的动压值，Pa；

　　　X_{2i}——对调位置后被校毕托管第 i 次测量得到的动压值，Pa；

　　　n——被测量的次数。

为使用和计算方便，将毕托管动压校正系数 K'_{P} 换算成速度校正系数 K_P，其值由下式确定：

$$K_{P} = \frac{K'_{P}}{2n} \left\{ \sum_{i=1}^{n} \frac{v_{10i}}{v_{1i}} + \sum_{i=1}^{n} \frac{v_{20i}}{v_{2i}} \right\} \tag{6-25}$$

式中　v_{10i}——标准风速表第 i 次测量值，m/s；

　　　v_{1i}——被校风速表第 i 次测量值，m/s；

　　　v_{20i}——对调位置后标准风速表第 i 次测量值，m/s；

　　　v_{2i}——对调位置后被校风速表第 i 次测量值，m/s。

6.6　激光多普勒测速技术

激光多普勒测速技术在激光技术中属于比较成熟的一种应用。激光多普勒测速用于流体速度测量，不需要探头与流体接触就可以测量流体的速度场，这为一些特殊对象的流速测量开辟了一条新途径。激光多普勒测速是一种非接触测量技术，不干扰流动，具有一切非接触测量所拥有的优点。尤其是对小尺寸流道流速测量、困难环境条件下（如低温、低速、高温、高速等）的流速测量，更加显示出它的重要价值。目前，激光多普勒测速仪已经应用或正在应用于某些流体力学的研究中，如火焰、燃烧混合物中流速的测量、旋转机械中的流速测量等。此外，激光多普勒测速仪还有动态响应快、测量准确、仅对速度敏感而与流体其他参数（如温度、压力、密度、成分等）无关等特点。

然而，激光多普勒测速也有其局限性。它对流动介质有一定光学要求，要求激光能照进并穿透流体，信号质量受散射粒子的影响，要求粒子完全跟随流体流动，这使得它的使用范围目前还主要限制在实验室中。

6.6.1　多普勒频移

利用激光多普勒效应测量流体速度，基本原理可以简述如下：当激光照射到跟随流体一起运动的微粒上时，激光被运动着的微粒散射。散射光的频率和入射光的频率相比较，有正比于流体速度的频率偏移。测量这个频率偏移，就可以测得流体速度。

1. 基本多普勒频移方程

任何形式的波传播，由于波源、接受器、传播介质的相对运动，会使波的频率发生变化。奥地利科学家多普勒（Doppler）于 1842 年首次研究了这个现象，后来人们把这种频率变化称作多普勒频移。

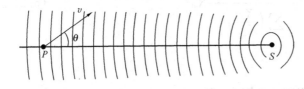

图 6-12　移动观察者感受到的多普勒频移

如果有一个波源（例如声波）是静止的，如图 6-12 中的 S 点。P 点为观察者。观察者以 v 的速度移动，波的速度为 c，波长为 λ。如果 P 离开 S 足够远（和 λ 相比时），可把靠近 P 点的波看作平面波。

单位时间内 P 朝着 S 方向运动的距离为 $v\cos\theta$，θ 是速度向量和波运动方向之间的夹角，因此单位时间内比起 P 点为静止时多拦截 $v\cos\theta/\lambda$ 个波。对于移动观察者感受的频率增加为：

$$\Delta f = \frac{v\cos\theta}{\lambda} \tag{6-26}$$

因 $c = f\lambda$，f 是 S 发射的频率或由静止观察者测量的频率，频率的相对变化为：

$$\frac{\Delta f}{f} = \frac{v\cos\theta}{c} \tag{6-27}$$

这就是基本的多普勒频移方程。

2. 移动源的多普勒频移

如果波源是移动的，观察者是静止的，如图 6-13 所示。

现在来研究 t 时刻相继的两个波前上的一小部分 AB 和 CD，它们分别是由波源 S_1 和 S_2 在时刻 t_1 和 t_2 发射出来的。由此

$$S_1A = c(t-t_1) \ \text{及} \ S_2D = c(t-t_2) \tag{6-28}$$

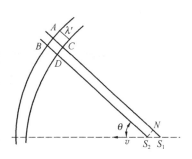

图 6-13　波源移动的多普勒频移现象

其中 c 是波运动的速度。相继两个波前之间在波源处的时间间隔为发送波运动时的周期。

$$t_2 - t_1 = \tau = \frac{1}{f} \tag{6-29}$$

f 是波源处的频率。在此时间间隔内波源从 S_1 移动到 S_2，因此

$$S_1S_2 = v\tau \tag{6-30}$$

则观察到的波长，AB 和 CD 的间隔为

$$\lambda' = AC = S_1A - S_2D - S_1S_2\cos\theta \tag{6-31}$$

θ 是 S_1A 和速度矢量 v 之间的角度。如前所述，离波源足够远处可把波前作为平面波来处理。利用方程式（6-28）、式（6-29）、式（6-30）和式（6-31），可得出

$$\lambda' = c\tau - v\tau\cos\theta \tag{6-32}$$

由于 $c = f'\lambda'$，f' 是接收到的频率，因此相对多普勒频移为

$$\frac{\Delta f}{f} = \frac{f'-f}{f} = \frac{(v/c)\cos\theta}{1-\left(\dfrac{v}{c}\right)\cos\theta} \tag{6-33}$$

这个公式和式（6-27）不同，虽然这两种情况中波源和观察者的相对运动是一样的。特别要注意的是，假如 $v > c$，移动波源的 Δf 可变为无限大。对于移动观察者来说，这是不可能发生的。然而，当速度很小时，可把式（6-33）展成 v/c 的幂级数：

$$\frac{\Delta f}{f} = \frac{v}{c}\cos\theta + \frac{v^2}{c^2}\cos^2\theta + \cdots\cdots \tag{6-34}$$

该公式中的 v/c 的一次项和式（6-27）一样，在这种近似中，频移只依赖于波源和观察者的相对速度，而与介质无关。

3. 散射物的多普勒频移

如光源和观察者是相对静止的，而散射物是移动的，可以把这种情况当作一个双重多普勒频移来考虑，先从光源到移动的物体，然后由物体到观察者。这样将问题简化为光程长度变化的计算或光源和观察者之间经散射物后的波数的计算。

假如 n 是沿从光源到观察者的光路上的波数或周期数，由图 6-14 可清楚地看出，到达观察者 Q 处的外加周期数等于从路程 SP-PQ 波数的变化。因此

在无限小的时间间隔 δt 中，假定 P 移动到 P' 的距离为 $v\delta t$，在光程中周期数的减少为

$$\Delta v = -\frac{\mathrm{d}n}{\mathrm{d}t} \tag{6-35}$$

N 和 N' 分别是 P' 向 SP 和 PQ 作垂线和 SP，PQ 的交点，设 PP' 为无限小，λ 和 λ'' 分别是散射前后的波长。用 θ_1 和 θ_2 表示速度向量和指向光源方向及指向观察者方向的夹角，可得

$$-\delta n = \frac{v\delta t\cos\theta_1}{\lambda} + \frac{v\delta t\cos\theta_2}{\lambda''} \tag{6-36}$$

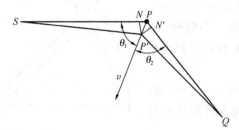

图 6-14　由光程变化计算散射多普勒频移

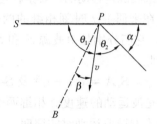

图 6-15　由移动物体 P 产生的
多普勒频移计算简图

又 $f\lambda = f''\lambda'' = c$，利用式（6-35）和式（6-36）可得到

$$\Delta f = f'' - f = \frac{vf\cos\theta_1}{c} + \frac{vf''\cos\theta_2}{c} \tag{6-37}$$

采用三角变换后可得

$$\Delta f = \frac{2fv}{c}\cos\frac{\theta_1+\theta_2}{2}\cos\frac{\theta_1-\theta_2}{2} \tag{6-38}$$

由图 6-15 可知

$$\alpha = \pi - (\theta_1 + \theta_2) \tag{6-39}$$

其中 α 是散射角，而且

$$\sin\frac{\alpha}{2} = \cos\frac{\theta_1+\theta_2}{2} \tag{6-40}$$

另有：

$$\frac{\theta_1-\theta_2}{2} = \beta \tag{6-41}$$

β 是速度向量和 PB 之间的夹角；PB 是 PS 和 PQ 夹角的平分线。PB 方向是散射向量的方向，这是散射理论中有用的概念，代表散射辐射的动量变化。将式（6-40）和式（6-41）代入式（6-38）可得

$$\frac{\Delta f}{f} = \frac{2v}{c}\cos\beta\sin\frac{\alpha}{2} \tag{6-42}$$

由此可见，多普勒频移依赖于散射半角的正弦值和 v 在散射方向的分量可 $v\cos\beta$。式（6-42）也可用波长 λ 表示为

$$\Delta f = \frac{2v}{\lambda}\cos\beta\sin\frac{\alpha}{2} \tag{6-43}$$

这是多普勒频移方程最常用的形式。

6.6.2　激光多普勒测速原理

为了利用多普勒效应测量流速，必须使光源和接受器都固定，而在流体中加入随流体一起运动的微粒。由于微粒对于入射光的散射作用，当它接收到频率为 λ 的入射光的照射

后，会以同样的频率将其向四周散射。这样，随流体一起运动着的微粒既作为入射光的接收器，接收入射光的照射，又作为散射光的光源，向固定的光接收器发射散射光波。固定的接收器所接收到的微粒散射光频率，将不同于光源发射出的光频率，二者之间会产生多普勒频移。

差动多普勒频移方法是用两束不同频率的源 $S_1(f_1)$，$S_2(f_2)$ 同时通过散射物产生两股散射频移光，然后再测出这两股散射频移光的频差的方法。接收散射光的方向可以是任意的，它与光源方向无关。如图 6-16 所示，两束光的夹角为 α，θ_1 和 θ_1' 是散射体里粒子运动速度 v 与入射光之间的夹角，θ_2 是 v 与观测方向的夹角。光源 S_1 在散射物上产生的多普勒频移为：

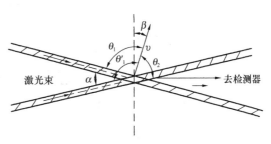

图 6-16　差动多普勒技术中照射光束的布置

$$\Delta f = \frac{fv}{c}(\cos\theta_1 + \cos\theta_2) \tag{6-44}$$

光源 S_2 在散射物上产生的多普勒频移为：

$$\Delta f' = \frac{fv}{c}(\cos\theta_1' + \cos\theta_2) \tag{6-45}$$

由此，检测器观测的频差为

$$f_D = \Delta f - \Delta f' = \frac{fv}{c}(\cos\theta_1 - \cos\theta_1') \tag{6-46}$$

也可写为

$$f_D = \frac{2v}{\lambda}\sin\left(\frac{\alpha}{2}\right)\cos\beta \tag{6-47}$$

其中 $\alpha = (\theta_1' - \theta_1)$ 是两束照射光之间的夹角；$\beta = (\theta_1 + \theta_1' - \pi)/2$，是运动方向与光束夹角平分线的法线之间的夹角。

特别要注意的是这个频率差 f_D 与接收方向无关。并且如果两束散射光由同一个粒子产生的，即它们有同一个光源，则对接收器没有相干限制，从而可以使用大孔径的检测器。这和参考光技术相比，具有能得到强得多的信号的优点。由于这个原因，在大多数的实际应用中，更多地采用差动多普勒技术。它特别适用于在气流中经常遇到的低粒子浓度的情况。

6.6.3　激光多普勒测速光学系统

1. 光路系统

激光多普勒测速光路系统有三种基本形式，这就是参考光束系统、单光束系统和双光束系统。目前，因单光束系统光能利用率低，已很少采用。在这三种基本光路系统中，双光束系统应用得较多。

1）参考光束系统

图 6-17 是参考光束系统光路图。来自同一光源的激光被分光镜分为两束，一束称为参考光 K_r，另一束称为信号光 K_s，两束光强度不同。参考光通过试验段直接射到光检测器上，信号光则聚焦于测点上，使流经测点的微粒接收激光照射而产生散射光。散射光经

小孔光栏及接收透镜会聚到光检测器上，光检测器接收到的参考光与散射光的差拍信号恰好是多普勒频移 f_D，参考光与信号光入射方向之间的夹角等于信号光入射方向与微粒到光检测器散射光方向之间的夹角 α，据式（6-52）即可求测点处流体的速度分量，即

$$f_D = \frac{2v_n}{\lambda}\sin\left(\frac{\alpha}{2}\right)$$

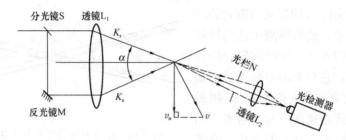

图 6-17　参考光束系统光路

2）单光束系统

把光源发出的激光光束 K_i 聚集于测点 A 上，流经测点的微粒接收入射光的照射，并将入射光向四周散射，在与系统轴线对称的两个地方安置接收孔，再通过反光镜和分光镜将频率分别为 f_{D1} 和 f_{D2} 的两束散射光送入光检测器，如图 6-18 所示。

单光束系统要求两个接收孔的直径选择适当，过大过小都会使信号质量变坏，降低测量精度。而且，这种光路对光能利用率低，目前已较少应用。

3）双光束系统

图 6-19 是一个典型的双光束光路。来自同一光源的激光，由分光镜 S 及反射镜 M 分为两条相同的光束，通过透镜 L_1 聚焦在测点 A 上。流经测点的微粒接收来自两个方向、频率和强度都相同的入射光的照射后，发出两束具有不同频率的散射光，在微粒到光接收器的方向上，两束不同频率的散射光经光栏 N、透镜 L_2 会聚到光检测器上，光检测器接收到差拍信号。设两束入射光的交角为 α，微粒运动速度 v 在两束光的光轴法线上的分量为 v_n，则

$$f_D = \frac{2v_n}{\lambda}\sin\left(\frac{\alpha}{2}\right)$$

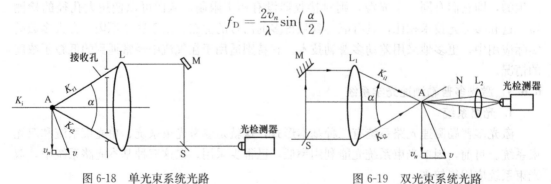

图 6-18　单光束系统光路　　　　图 6-19　双光束系统光路

显然，在双光束系统中，v_n 和 f_D 之间关系的表达式与参考光束系统、单光束系统中的表达式在形式上是完全相同的。

双光束系统具有如下特点，即多普勒频移与接收方向无关。因此就有可能用透镜在相

当大的立体角上收集光线，然后聚焦于光检测器。而且，光检测器的位置只要避开入射光的直接照射，可任意选择。在散射粒子浓度较低的情况下，和其他系统相比，它有较好的信噪比。此外，双光束系统调准较容易。

三种光路系统，又都可分为前向散射方式和后向散射方式。入射光路部分和接收光路部分在实验段的两侧，称为前向散射方式。入射光路部分和接收光路部分在实验段的同一侧，称为后向散射方式。一般应采用的是前向散射方式，因为在这种方式中，微粒散射强度较大。但在热工设备的流场测量中，由于实验台架较大及在实验段开测量窗口困难等原因，只能采用后向散射方式。

2. 干涉条纹

双光束系统中，差拍信号 f_D 的测量利用了光的干涉现象。根据光的干涉原理，来自同一光源的两束相干光，当它们以角 α 相交时，在交叉部位会产生明暗相间的干涉条纹，如图 6-20 所示。只要两条相干光的波长保持不变，且交角 α 已知，那么，干涉条纹的间距 D_F 就是定值，且

$$D_F = \frac{\lambda}{2\sin\left(\frac{\alpha}{2}\right)} \tag{6-48}$$

当微粒以 v_n 的速度通过干涉条纹区时，在明纹处散射光强度增大，在暗纹处散射光强度减弱。这样，散射光强度的变化频率为 v_n/D_F，它恰好就是光检测器所接收到的差拍信号，即

$$\frac{v_n}{D_F} = \frac{2v_n\sin\frac{\alpha}{2}}{\lambda} = f_D \tag{6-49}$$

可见，在双光束系统中，可以通过测出散射光强度的变化频率来确定流速分量 v_n。

3. 方向模糊性及解决办法

从基本多普勒频移方程式（6-27）中可以看出，速度信号与多普勒频移成正比关系。但是，因为多普勒频移是两个频率之差，故不可能知道哪一个频率高，因此速度符号变化对产生的频率无差别。所以，激光多普勒测速中的一个基本问题是速度方向的鉴别，如图 6-21所示。为了解决方向的模糊性问题，最通用的技术是采用光束的频移，即：使入射到散射体的两束光中的一束光的频率增加，这样，散射体中的干涉条纹就不再是静止不动的，而是一组运动的条纹系统，如图 6-22 所示。这样，检测器检测到的一个静止的粒子产生的信号频率等于光束增加的频率 Δf。如果粒子运动的方向与干涉条纹运动的方向

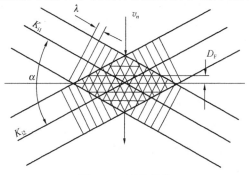

图 6-20　干涉条纹

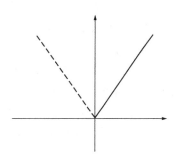

图 6-21　速度与多普勒频移的关系

相反，则得到大于光束增加频率 Δf 的多普勒频率，这时粒子运动的速度方向为正；如果粒子运动的方向与干涉条纹运动的方向相同，则得到小于光束增加频率 Δf 的多普勒频率，这时粒子运动的速度方向为负。这样就解决了方向模糊的问题。频移后的速度与多普勒频移的关系如图 6-23 所示。在现在成熟的激光多普勒测速仪中，光束增加频率 Δf 多采用 40MHz。

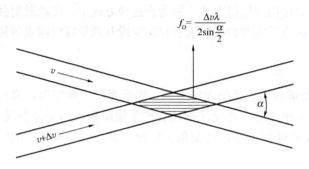

图 6-22　用不同频率的两束光相交得到运动的干涉条纹

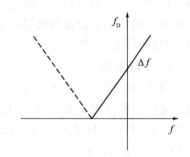

图 6-23　频移后的速度与多普勒频移
的关系

4. 主要光学部件

在激光多普勒测速仪中，主要的光学部件有激光光源、分光器、发射透镜与接收透镜、光检测器等。它们对任何一种光路系统都是必需的，而且其性能对流速测量都有显著的影响。

1）激光光源

根据多普勒效应测量流速，要求入射光的波长稳定而且已知。采用激光器作为光源是很理想的。一方面，激光具有很好的单色性，波长精确已知且稳定；另一方面，激光具有很好的方向性，可以集中在很窄的范围内向特定方向传播，容易在微小的区域上聚焦以生成较强的光，便于检测。

激光光源可采用氦—氖气体激光器，波长为 6328Å；也可采用氩离子气体激光器，波长为 4880Å 或 5145Å。由微粒发出的散射光，其强度随入射光波长减小而增强，所以，使用波长较短的激光器有利于得到较强的散射光，便于检测。

2）分光器

双光束系统和参考光束系统都要求把同一束激光分成两束，双光束系统要求等强度分光，参考光束系统则要求不等强度分光，这些要求由分光器完成。分光器是一种高精度的光学部件。要保证被分开的两束光平行，使得这两束光经透镜聚焦后在焦点处准确相交，提高输出信号的信噪比，主要靠分光器本身的精度来实现。

3）发射透镜

两束入射光需要聚焦，以便更好地相交。完成提高交点处光束功率密度、减小焦点处测点体积、提高测点的空间分辨率这些任务的光学部件是发射透镜。两束光相交区的体积，或者说测点体积，直接影响测点的空间分辨率。测点的几何形状近似椭球体，如图 6-24 所示。如果以 $\omega_{\mathrm{m}}, h_{\mathrm{m}}, l_{\mathrm{m}}$ 分别表示椭球的三个轴的长度，则

$$\omega_{\mathrm{m}} = D_{\mathrm{m}} / \cos \frac{\theta}{2}$$

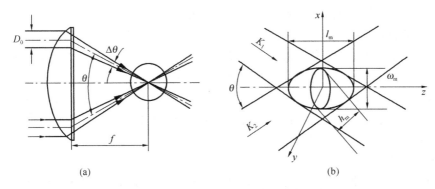

图 6-24 由透镜聚焦的交叉部位和测点形状图

$$h_{\mathrm{m}} = D_{\mathrm{m}}$$

$$l_{\mathrm{m}} = D_{\mathrm{m}}/\sin\frac{\theta}{2} \tag{6-50}$$

测点体积 V_{m} 为

$$V_{\mathrm{m}} = \pi D_{\mathrm{m}}^{3}/3\sin\theta \tag{6-51}$$

式中，D_{m} 是测点上光束的最小直径。设透镜焦距为 l，每条激光光束的会聚角为 $\Delta\theta$，未聚焦时光束直径为 D_0（见图 6-24），则 D_{m} 可近似地表示为

$$D_{\mathrm{m}} = \frac{4\lambda}{\pi\Delta\theta} = 4l\lambda/\pi D_0 \tag{6-52}$$

在测点内产生的干涉条纹数

$$N_{\mathrm{F}} = \frac{\omega_{\mathrm{m}}}{D_{\mathrm{F}}} = 2\frac{D_{\mathrm{m}}}{\lambda}\tan\frac{\theta}{2} = 8\frac{l}{\pi D_0}\tan\frac{\theta}{2} \tag{6-53}$$

由式（6-53）可见，入射光夹角愈小，测点体积内条纹数愈少。入射光束直径愈大，测点体积内条纹数愈少。发射透镜的焦距 l 对条纹数也有影响，但它不是一个独立的因素，因为 θ 角与 l 和两束平行光束之间的距离有关，相同的光束距离，l 愈长 θ 愈小。

4）接收透镜

接收透镜的主要作用是收集包含多普勒频移的散射光。通过成像，只让这部分散射光到达光检测器，而限制其他杂散光。前向散射方式工作的光路系统，需要加装单独的接收透镜，后向散射方式工作的系统，发射透镜可兼作接收透镜，使整个光路结构紧凑。接收透镜之前还可加装光栏。调节光栏孔径，以控制测点的有效体积，提高系统的空间分辨率。

5）光检测器

光检测器的作用是将接收到的差拍信号转换成同频率的电信号。光检测器的种类很多，在激光多普勒测速仪中，使用较多的是光电倍增管。光检测器受光面积上收集到的光由两部分组成。在双光束系统中接收到的是第一和第二散射光，在参考光束系统中接收到的则是散射光和参考光。

6.6.4 激光多普勒测速的信号处理系统

多普勒信号是一种不连续的、变幅调频信号。由于微粒通过测点体积时的随机性，通过时间有限、噪声多等原因，多普勒信号的处理比较困难。目前，主要使用的信号处理仪器有三类，即：频谱分析仪、频率计数器和频率跟踪器。

1. 频谱分析仪

用频谱分析仪对输入的多普勒信号进行频谱分析，可以在所需要的扫描时间内给出多普勒频率的概率密度分布曲线。将频域中振幅最大的频率作为多普勒频移，从而求得测点处的平均流速，而根据频谱的分散范围，可以粗略求得流速脉动分量的变化范围。由于频谱仪工作需要一定的扫描时间，它不适用于实时地测量变化频率较快的瞬时流速，只用来测量定常流动下流场中某点的平均流速。

2. 频率计数器

频率计数器是一种可以进行实时测量的计数式频率测量装置。当微粒通过干涉区时，散射光强度按正弦规律变化。在这段时间内，光检测器输出的是一个已调幅的正弦波脉冲。如果测量体积内干涉条纹数 N_F 已知，那么，通过对一个粒子通过 N_F 个干涉条纹的时间进行计数，可计算出频率，进而求出流速分量 v_n。图 6-25 是频率计数器的原理方框图。

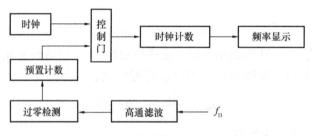

图 6-25　频率计数器原理方框图

如图 6-25 所示，来自光检测器的信号经高通滤波器滤去直流和低频分量，剩下对称于零伏线的多普勒频移信号，频率为 f_D。过零检测器将按正弦规律变化的信号转变成同频率的矩形脉冲，脉冲进入预置计数器。计数器输出的是单个宽脉冲，其持续时间等于输入脉冲的 N_F 个连续周期，即

$$t_\tau = \frac{1}{f_D} N_F$$

这也就是微粒通过干涉区中 N_F 个干涉条纹所需要的时间。预置计数器输出的单脉冲打开控制时钟脉冲的门电路，允许时钟脉冲通过控制门进入时钟脉冲计数器，使时钟脉冲计数器计数。当预置计数器输出的单脉冲消失时，控制门电路被封锁，时钟脉冲计数器停止计数。设时钟脉冲频率为 f_I，单脉冲持续时间内时钟脉冲计数器计数为 n，显然，单脉冲的持续时间应为

$$t_\tau = \frac{1}{f_I} n$$

所以
$$f_D = N_F \frac{f_I}{n} \tag{6-54}$$

对于一定的 N_F 和 f_I，时钟脉冲计数器的输出代表了多普勒频移量的大小，从而可求得流速分量 v_n。

频率计数器主要用于气流中微粒较少时的流速测量。从原理上讲，不像下面将提到的频率跟踪器那样对测量范围有限制。但噪声大时测量也比较困难，需要与适当的低通滤波

器组合起来使用，实际测量范围也受到限制。

3. 频率跟踪器

频率跟踪器的功能是将多普勒频移信号转换成电压模拟量，输出与瞬时流速成正比的瞬时电压，它可以实时地测量变化频率较快的瞬时流速。

图 6-26 是频率跟踪器系统方框图。前置放大器把微弱的、混有高低频噪声的多普勒频移信号滤波放大后，送入混频器，与电压控制振荡器输出的信号 f_{vco} 进行外差混频，输出信号包含差频为 $f_o = f_{vco} - f_D$ 的混频信号。混频信号经中频放大器选频、放大，把含有差频 f_o 的信号选出并放大，滤掉和频信号和噪声，再经限幅器消除掉多普勒信号中无用的幅度脉动后送到一个灵敏的鉴频器去。

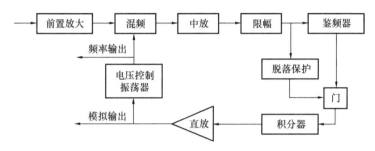

图 6-26　频率跟踪器系统方框图

鉴频器由中频放大器、限幅器和相位比较器组成。它的作用是将中频频率转换成直流电压 U，实现频率电压转换。直流电压的数值正比于中频频偏，也就是说，如果混频器输出的信号频率恰好是 f_o，则鉴频器输出电压为零。当多普勒频移信号由于被测流速的变化而有 Δf 的变化时，混频器输出信号的频率将偏离中频 f_o，这个差额能被鉴频器检出并被转换为直流电压信号 U。信号 U 经积分器积分并经直流放大器放大后变成电压 V，它使电压控制振荡器的输出频率相应地变化一个增量 Δf_{vco}，以补偿由于多普勒频移增量使混频器输出信号频率重新靠近中频 f_o，再次使系统稳定下来。因此，电压 V 反映了多普勒频率瞬时变化值，并作为系统的模拟量输出，系统的输出可以自动地跟踪多普勒频率信号的变化。

脱落保护电路的作用是防止由于微粒浓度不够引起信号中断而产生系统失锁。具体地说，当限幅器输出的中频方波消失，或方波频率超过两倍中频，或频率低于 2/3 倍中频时，脱落保护电路就会起保护作用，并输出一个指令，把积分器锁住，使直流放大器输出电压保持在信号脱落前的电压值上，电压控制振荡器的输出频率也保持在信号脱落前的频率值上。当多普勒频移信号重新落在一定的频带范围内时，脱落保护电路的保护作用解除，仪器又重新投入自动跟踪。

6.6.5　激光多普勒测速中的散射粒子（扫码阅读）
6.6.6　激光多普勒测速方法与实用举例（扫码阅读）

6.7　粒子图像测速技术 *

（扫码阅读）

6-2 6.6、6.7节
补充材料

思 考 题

6-1　毕托管的测速原理是什么？其使用条件是什么？怎样选择测点？怎样计算平均流速？

6-2　简述热球风速仪的工作原理与结构。

6-3　热线热膜风速仪的原理什么？解析热线方程的物理意义。

6-4　激光多普勒测速的原理是什么？

6-5　粒子图像测速原理是什么？对示踪粒子有哪些要求？

第7章 流 量 测 量

在工农业生产和科学研究实验中，流量测量是生产过程自动化检测和控制的重要环节。随着科学和技术的发展，人们对流量测量的各方面提出了越来越高的要求：不断提高测量准确度和可靠性以满足生产需要；测量对象遍及高黏度、低黏度以及强腐蚀，且从单相流扩展为双相流、多相流；测量条件有高温高压、低温低压；流动状态有层流、紊流和脉动流等。因此，目前已出现一百多种流量计，分别适用于不同的场合。在建筑环境与能源应用工程领域的设备性能检测和系统运行过程中，需要对系统中的各类工质或空气流量进行测量。本章介绍建筑环境与能源应用工程实践中常用的几种流量测量仪表。

7.1 概述

7.1.1 流量的定义及表示方法

流体在单位时间内通过管道某一截面的数量称为流体的瞬时流量，简称流量。按计量流体数量方法的不同，流量可分为质量流量 q_m 和体积流量 q_V。由于很难保证流体在流动过程中均匀流动，严格地说，只能认为在某一截面的某一微小单元面积上流动是均匀的，即有：

$$\mathrm{d}q_V = \lim_{\Delta t \to 0} \frac{\Delta V}{\Delta t} = \frac{\mathrm{d}V}{\mathrm{d}t} = v\mathrm{d}A \qquad (7\text{-}1)$$

$$\mathrm{d}q_m = \lim_{\Delta t \to 0} \frac{\Delta m}{\Delta t} = \frac{\mathrm{d}m}{\mathrm{d}t} = \rho v\mathrm{d}A \qquad (7\text{-}2)$$

式中　$\mathrm{d}q_V$ ——通过截面某一微元面的流体体积流量，m^3/s；

　　　$\mathrm{d}q_m$ ——通过截面某一微元面的流体质量流量，$\mathrm{kg/s}$；

　　　V ——流体的体积，m^3；

　　　t ——时间，s；

　　　ρ ——流体的密度，$\mathrm{kg/m}^3$；

　　　v ——流体的瞬时流速，$\mathrm{m/s}$；

　　　$\mathrm{d}A$ ——微小单元的面积，m^2。

通过整个截面的体积流量 q_V 为

$$q_V = \int_0^A v\mathrm{d}A = \overline{v}A \qquad (7\text{-}3)$$

式中　q_V ——通过整个截面的流体体积流量，m^3/s；

　　　$\overline{v}$ ——整个截面上流体的平均流速，$\mathrm{m/s}$；

　　　A ——管道截面的面积，m^2。

若流体在整个截面上的密度是均匀的，则质量流量 q_m 为

$$q_{m} = \int_{0}^{A} \rho v \mathrm{d}A = \rho \bar{v} A \qquad (7-4)$$

式中　q_{m}——流体的质量流量（kg/s）。

可见，在满足整个截面上密度是均匀的前提下，质量流量和体积流量有如下关系

$$q_{m} = \rho q_{V} \qquad (7-5)$$

因为流体的密度 ρ 随压力、温度的变化而变化，故在给出体积流量的同时，必须指明流体的状态。特别是对于气体，其密度随压力、温度变化显著，由体积流量换算质量流量时，应格外注意。

在工程应用中，除了要测量瞬时流量外，往往还需要了解在某一段时间内流过流体的总量，即累积流量。累积流量是指一段时间 $[t_{1}, t_{2}]$ 内，流过管道截面积流体的总和，等于在该时间段内瞬时流量对时间的积分：

$$Q_{V} = \int_{t_{1}}^{t_{2}} q_{V} \mathrm{d}t \qquad (7-6)$$

$$Q_{m} = \int_{t_{1}}^{t_{2}} q_{m} \mathrm{d}t \qquad (7-7)$$

式中　Q_{V}——累积体积流量，m^{3}；

　　　Q_{m}——累积质量流量，kg。

在工业生产中，瞬时流量是涉及流体工艺流程中需要控制和调节的重要参量，用以保持均衡稳定地生产和保证产品质量。累积流量则是有关流体介质的贸易、分配、交接、供应等商业性活动中必知的参数之一，它是计价、结算、收费的基础。

7.1.2　流量计分类和主要参数

流量是一个动态量，其测量过程与流体流动状态、流体的物理性质、流体的工作条件、流量计前后直管段的长度等有关。因此，确定流量测量方法、选择流量仪表都要综合考虑上述因素的影响，才能达到理想的测量要求。

7.1.2.1　流量计分类

流体流动的动力学参数，如流速、动量等都直接与流量有关，因此这些参数造成的各种物理效应，均可作为流量测量的物理基础。目前，已投入使用的流量计种类繁多，其测量原理、结构特性、适用范围以及使用方法等各不相同，所以其分类可以按不同原则划分，至今并未有统一的分类方法。

1. 按测量方法分

流量测量仪表按测量方法一般可分为速度法（流速法）、容积法和质量流量法三种。

（1）速度法

速度法是指根据管道截面上的平均流速来计算流量的方法。与流速有关的各种物理现象都可用来度量流量。如果再测得被测流体的密度，便可得到质量流量。

在速度法流量计中，节流式流量计历史悠久，技术最为成熟，是目前工业生产和科学实验中应用最广泛的一种流量计。此外，属于速度法测量的流量计还有转子流量计、涡轮流量计、电磁流量计、超声波流量计等。

由于这种方法是利用平均流速来计算流量的，所以受管路条件的影响很大，如：雷诺数、涡流及截面速度分布不对称等都会给测量带来误差。但是这种测量方法有较宽的使用条件，可用于高温、高压流体的测量。有的仪器还可适用于测量脏污介质的流量。目前采

用速度法进行流量测量的仪表在工业上应用较广。

（2）容积法

容积法是指用一个具有标准容积的容器连续不断地对被测流体进行度量，并以单位（或一段）时间内度量的标准容积数来计算流量的方法。这种测量方法受流动状态影响较小，因而适用于测量高黏度、低雷诺数的流体。但不宜于测量高温高压以及脏污介质的流量，其流量测量上限较小。典型仪表有椭圆齿轮流量计、腰轮流量计、刮板流量计等。

（3）质量流量法

无论是容积法，还是速度法，都必须给出流体的密度才能得到质量流量。而流体的密度受流体状态参数（温度、压力）影响，这就不可避免地给质量流量的测量带来误差。解决这个问题的一种方法是同时测量流体的体积流量和密度，或根据测量得到的流体的压力、温度等状态参数对流体密度的变化进行补偿。但更理想的方法是直接测量流体的质量流量，这种方法的物理基础是测量与流体质量流量有关的物理量（如动量、动量矩等），从而直接得到质量流量。这种方法与流体的成分和参数无关，具有明显的优越性。但目前生产的这种流量计都比较复杂，价格昂贵，因而限制了它们的应用。

应当指出，无论哪一种流量计，都有一定的适用范围，对流体的特性以及管道条件都有特定的要求。目前生产的各种容积法和速度法流量计，都要求满足下列条件：

（1）流体必须充满管道内部，并连续流动；

（2）流体在物理上和热力学上是单相的，流经测量元件时不发生相变；

（3）流体的速度一般在音速以下。

众所周知，两相流是工业过程中广泛存在的流动现象。两相流流量的测量正越来越引起人们的重视，目前国内外学者对此已进行了大量的实验研究，但尚无成熟的产品问世。

2. 按测量目的分

流量测量仪表按测量目的可分为瞬时流量计和累积式流量计。累积式流量计又称计量表、总量表。随着流量测量仪表及测量技术的发展，大多数流量计都同时具备测量流体瞬时流量和计算流体总量的功能。

3. 其他分类

按测量对象，流量测量仪表可分为封闭管道流量计和明渠流量计两类。

按输出信号，流量计可分为脉冲频率信号输出和模拟电流（电压）信号输出两类。

按测量单位，流量计可分为质量流量计与体积流量计。

表 7-1 列出了常用流量计的原理及其性能指标。

常用流量计比较 表 7-1

类别	工作原理	仪表名称		可测流体种类	适用管径（mm）	测量准确度（%）	直管段要求	压力损失
体积流量计	差压式流量计	根据流体流过阻力件所产生的压力差与流量之间的关系确定流量	节流式	孔板	液、气、蒸汽	50~1000	±1.0~2.0	高	大
			喷嘴		50~500	±1.0	高	中等
			文丘里管		100~1200	±2.0	高	小
		均速管		液、气、蒸汽	25~9000	±1.0~4.0	高	小
		弯管流量计		液、气		±0.2	高	无

类别		工作原理	仪表名称	可测流体种类	适用管径（mm）	测量准确度（%）	直管段要求	压力损失
体积流量计	流体阻力式流量计	根据流体流过阻力件所产生的作用力与流量之间的关系确定流量	靶式流量计	液、气、蒸汽	15～200	±0.2～0.5	高	较小
	容积式流量计	通过测量一段时间内被测流体填充的标准容积个数来确定流量	椭圆齿轮流量计	液、气	10～500	±0.1～1.0	无，需装过滤器	中等
			腰轮流量计	液、气				
			刮板流量计	液		±0.2	无	较小
	速度式流量计	通过测量管道截面上流体的平均流速来确定流量	转子流量计	液、气	4～100	±0.5～2.0	垂直安装	小且恒定
			涡轮流量计	液、气	4～600	±0.1～0.5	高，需装过滤器	小
			涡街流量计	液、气、蒸汽和部分混相流	15～400	±0.5～1.0	高	小
			电磁流量计	导电液体	2～2400	±0.5～1.5	不高	无
			超声波流量计	液、气	＞10	±1.0	高	无
质量流量计	直接式	直接测量与质量流量成正比的物理量进而确定质量流量	热式质量流量计	气		±0.2～1.0		小
			冲量式质量流量计	固体粉料		±0.2～2.0		
			科里奥利质量流量计	液、气	＜200	±0.1～0.5		中等
	间接式	组合式	体积流量计与密度计组合	液、气	依所选用仪表而定	±0.5	根据所选用仪表而定	
		补偿式	温度、压力补偿					

7.1.2.2 流量计及其主要参数

用于测量流量的计量器具称为流量计，通常由一次装置和二次仪表组成。一次装置又称流量传感器，安装于流体导管内部或外部，根据流体与一次装置相互作用的物理定律，产生一个与流量有确定关系的信号。二次仪表接受一次装置的信号，并实现流量的显示、输出或远传。

流量计的主要技术参数有：

（1）测量范围上限值

1）流量测量范围上限值

流量测量范围上限值的数系 A 应为：

$$A = a \times 10^n \tag{7-8}$$

式中 A——流量测量范围上限值的数系；

a——1.0，（1.2），1.25，1.6，2.0，2.5，（3.0），3.2，4.0，5.0，（6.0），6.3，8.0中任一值；

n——任一整数或零。

注意：括号内数值不优先选取。

2）差压测量范围上限值

差压测量范围上限值的数系 B 应为：

$$B = b \times 10^n \tag{7-9}$$

式中　　B——差压测量范围上限值的数系；

b——1.0，1.6，2.5，4.0，6.0 中任一值；

n——任一整数或零。

（2）压力损失

安装在流通管道中的流量计实际上是一个阻力件，流体流过流量计时将造成不可恢复的能量损失，即压力损失。压力损失通常用流量计的进、出口之间的静压差来表示，随流量的不同而变化。

压力损失的大小是流量仪表选型的一个重要技术指标。压力损失小，流体能耗小，输运流体的动力要求小，测量成本低；反之则能耗大，经济效益相应降低，故希望流量计的压力损失愈小愈好。

7.2　转子流量计

在被测流体流经的管道中置入一个相应的阻力体，随着流量的变化，阻力体的位置改变或阻力体受力大小发生改变，因此可以根据阻力体位置或受力大小来测量流量。前者是转子流量计的测量原理，后者是靶式流量计的测量原理。有的书将转子流量计和靶式流量计合称为流体阻力式流量计，本书根据二者原理的不同，分别进行介绍。

转子流量计又名浮子流量计，其工作原理也是基于节流效应。与节流差压式流量计不同是，转子流量计在测量过程中，始终保持节流元件（转子）前后的压降不变，而通过改变节流面积来反映流量，所以转子流量计也称恒压降变面积流量计。

转子流量计是用量仅次于差压式流量计的一类应用广泛的流量仪表，尤其在微小流量测量方面具有举足轻重的作用。转子流量计与差压式流量计、容积式流量计并列为三类使用量最大的流量仪表。

7.2.1　结构原理和流量公式

7.2.1.1　结构原理

转子流量计主要由一个向上扩张的锥形管和一个置于锥形管中可以上下自由移动、密度比被测流体稍大的转子组成，如图 7-1 所示。转子在锥形管中形成一个环形流通截面，它比转子上、下面处的锥形管流通面积小，对流过的流体产生节流作用。流量计两端用法兰连接或螺纹连接的方式垂直地安装在测量管路上。

当被测流体自下而上流经锥形管时，由于节流作用，在转子上、下面处产生差压，进而形成作用于转子的上升力，使转子向上运动。此外，作用在转子上的力还有重力、流体对转子的浮力、流体流动时对转子的黏性摩擦力。当上述这些力相互平衡时，转子就停留在一定的位置。如果流量增加，环形流通截面中的平均流速加大，转子上、下面的静压差增加，转子向上升起。此时，转子与锥形管之间的环形流通面积增大、流速降低，静压差减小，转子重新平衡，其平衡位置的高度就代表被测介质的流量。流量改变前后，环形流

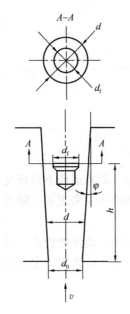

图 7-1 转子流量计
工作原理图

通截面上的速度保持不变。

为了使转子在锥形管中移动时不致碰到管壁，通常采用两种方法。一是在转子上部圆盘形边缘上开出一条条斜槽，这样当流体自下而上地沿锥形管绕过转子流动时，作用在斜槽上的力使转子绕流束中心旋转，而不碰到管壁。由于这种形式的转子工作时始终是旋转的，故得名"转子"流量计。早期生产的流量计一般采用这种方式。第二种方法在转子上不开沟槽，而是在转子中心加一导向杆，在基座上加导向环，或使用具有导向功能的玻璃锥形管，使转子只能在锥形管中心线上下运动，保持转子工作稳定。这种流量计在工作时转子并不旋转，但习惯上还称为转子流量计。现代工业用较大口径的转子流量计一般都用这种形式。

7.2.1.2 流量公式

转子在锥形管中主要受三个力的作用：

1）转子受到的上升力 F_1。流体流经转子时，由于节流作用，使得转子上、下面处产生差压 Δp，该差压的大小和流体在环形通道中的平均流速的平方成正比，由此产生的力与流体对转子的摩擦力之和统称为上升力，记作

$$F_1 = \xi \frac{\rho \bar{v}^2}{2} A_f \tag{7-10}$$

式中　F_1——转子受到的上升力，N；

　　　ξ——比例系数；

　　　ρ——被测介质的密度，kg/m³；

　　　$\bar{v}$——环形流通面积中流体的平均流速，m/s；

　　　A_f——转子的最大截面积，m²。

2）转子受到的浮力 F_2

$$F_2 = V_f \rho g \tag{7-11}$$

式中　F_2——转子受到的浮力，N；

　　　V_f——转子的体积，m³；

　　　g——重力加速度，m/s²。

3）转子受到的重力 G

$$G = V_f \rho_f g \tag{7-12}$$

式中　G——转子受到的重力，N；

　　　ρ_f——转子的密度，kg/m³。

显然，当转子处于平衡位置时，有

$$F_1 + F_2 = G \tag{7-13}$$

联立式（7-10）～式（7-13），即可求得流体流过环形面积的平均流速 $\bar{v}$ 为

$$\bar{v} = \frac{1}{\sqrt{\xi}} \sqrt{\frac{2gV_f(\rho_f - \rho)}{A_f \rho}} \tag{7-14}$$

由式（7-14）可见，不管流量如何变化、转子停留在什么位置，流体流过环形面积的平均流速 $\bar{v}$ 都是一个常数。而随着流量的变化，环形流通面积，即节流面积 A 却随着变化，进而表现为转子位置的变化，其表达式为

$$A = \frac{\pi}{4}(d^2 - d_f^2) \tag{7-15}$$

式中　A——环形流通面积，m^2；

　　　d——转子所在处锥形管的内径，m；

　　　d_f——转子的最大直径，m。

由图 7-1 可知，当转子高度为 h 时，转子所在处锥形管的内径为

$$d = d_0 + 2h\tan\varphi \tag{7-16}$$

式中　h——转子的高度（m）；

　　　d_0——锥形管底部的直径（m）；

　　　φ——锥形管的锥度。

通常在设计时满足 $d_0 = d_f$，则有

$$A = \pi h\tan\varphi(d_f + h\tan\varphi) \tag{7-17}$$

由于锥形管的锥角 φ 很小，则可将括号中的 $h\tan\varphi$ 项忽略不计。这样，环形流通面积 A 可以近似地表示为

$$A = \pi d_f h\tan\varphi \tag{7-18}$$

则流过环形流通面积的体积流量为

$$q_V = \alpha\pi d_f h\tan\varphi\sqrt{\frac{2gV_f(\rho_f - \rho)}{A_f\rho}} \tag{7-19}$$

式中　q_V——被测流体的体积流量（m^3/s）；

　　　α——转子流量计的流量系数，$\alpha = \dfrac{1}{\sqrt{\xi}}$。它与转子形状、流体流动状态、流量计结构和被测流体的物理性质等许多因素有关，只能由实验来确定。

对于一定的流量计和一定的流体，式（7-19）中的 d_f、φ、V_f、ρ_f、A_f 和 ρ 等均为常数，所以，只要保持流量系数为常数，则流量 q_V 与转子高度 h 之间就存在一一对应的近似线性关系。我们可以将这种对应关系直接刻度在流量计锥形管的外壁上，根据转子的高度直接读出流量值，这就是玻璃管转子流量计。

7.2.2　刻度换算

由式（7-19）可见，对于不同的流体，由于密度 ρ 不同，所以流量 q_V 与转子高度 h 之间的对应关系也将不同。由于受到标定设备的限制，不可能对所有的转子流量计都根据用户的要求进行实液标定，通常只能用水和空气分别对液体和气体转子流量计进行标定。所以，转子流量计如果用来测量非标定介质时，应该对读数进行修正，这就是转子流量计的刻度换算。

对于液体，由于密度为常数，只需修正被测液体和标定液体不同造成的影响即可。而对于气体，由于具有可压缩性，还要考虑标定（或刻度）状态和实际工作状态不同造成的影响，即温度和压力的影响。

如无特殊说明，标定状态默认为如下标准状态：温度 $T = 293.16\mathrm{K}$，绝对压力

$p=101325\mathrm{Pa}$。

转子流量计在标定状态下，测量标定流体的流量公式为

$$q_{\mathrm{V}_0} = \alpha_0 \pi d_{\mathrm{f}} h \tan\varphi \sqrt{\dfrac{2gV_{\mathrm{f}}(\rho_{\mathrm{f}} - \rho_0)}{A_{\mathrm{f}}\rho_0}} \tag{7-20}$$

式中　q_{V_0}——转子流量计在标定状态下，测量标定流体时的流量示值，$\mathrm{m^3/s}$；

$\quad\quad\alpha_0$——转子流量计在标定状态下，测量标定流体时的流量系数；

$\quad\quad\rho_0$——标定流体在标定状态下的密度，$\mathrm{kg/m^3}$。

转子流量计在工作状态下，测量被测流体的流量公式为

$$q_{\mathrm{V}} = \alpha \pi d_{\mathrm{f}} h \tan\varphi \sqrt{\dfrac{2gV_{\mathrm{f}}(\rho_{\mathrm{f}} - \rho)}{A_{\mathrm{f}}\rho}} \tag{7-21}$$

式中　q_{V}——转子流量计在工作状态下，测量被测流体时的流量示值，$\mathrm{m^3/s}$；

$\quad\quad\alpha$——转子流量计在工作状态下，测量被测流体时的流量系数；

$\quad\quad\rho$——被测流体在工作状态下的密度，$\mathrm{kg/m^3}$。

式（7-20）和式（7-21）表明，在实际工作状态下，被测流体的实际流量为 q_{V}，但转子在高度 h 处，转子流量计显示的仍然是 q_{V_0}。比较上述两式，可以得出 q_{V} 和 q_{V_0} 之间的关系，即刻度换算公式为

$$q_{\mathrm{V}} = q_{\mathrm{V}_0} \dfrac{\alpha}{\alpha_0} \sqrt{\dfrac{(\rho_{\mathrm{f}} - \rho)\rho_0}{(\rho_{\mathrm{f}} - \rho_0)\rho}} \tag{7-22}$$

实验表明，流量系数 α 与雷诺数 Re 和转子流量计结构有关。当被测流体的黏度与标定流体的黏度相差不大，或在流量系数 α 为常数的流量范围内，可以不考虑 α 的影响，即认为 $\alpha = \alpha_0$，所以，式（7-22）又可简化为

$$q_{\mathrm{V}} = q_{\mathrm{V}_0} \sqrt{\dfrac{(\rho_{\mathrm{f}} - \rho)\rho_0}{(\rho_{\mathrm{f}} - \rho_0)\rho}} \tag{7-23}$$

若被测流体的黏度变化太大，流量系数随雷诺数的变化也较大时，则应考虑黏度修正或进行实际标定，不能简单认为流量系数 $\alpha = \alpha_0$。

1. 非水液体流量的刻度换算

液体流量计通常采用水在标定状态（默认为标准状态）下进行标定，实际测量非水液体流量时，不必考虑工作状态与标定状态不同对密度造成的影响，而只需修正被测液体和标定液体不同造成的影响，即可按式（7-23）直接进行换算。此时，ρ_0 为标定流体的密度，ρ 为被测流体的密度。

2. 非空气气体流量的刻度换算

气体流量计通常采用空气在标定状态下进行标定。由于气体的密度受温度、压力变化的影响比较大，因此，不仅被测气体与标定气体不同的时候要进行刻度换算，而且在非标定状态下测量标定气体时也要进行刻度换算。为了简化气体流量刻度换算公式，一般可以忽略黏度对流量系数的影响。

对气体来说，由于 $\rho_{\mathrm{f}} \gg \rho_0$，$\rho_{\mathrm{f}} \gg \rho$，则由式（7-23）可得

$$q_{\mathrm{V}} = q_{\mathrm{V}_0} \sqrt{\dfrac{\rho_0}{\rho}} \tag{7-24}$$

用转子流量计测量非标定状态下的非空气流量时，可直接使用式（7-24）计算。但要注意 ρ 为被测流体在工作状态下的密度，实际使用起来较为不便。为此，可以将流体密度和所处状态分开修正，即先在标定状态下对被测流体的密度进行修正，然后再进行状态修正。计算公式为

$$q_V = q_{V_0} \sqrt{\frac{p_0 T \rho_0}{p T_0 \rho_0'}} \qquad (7-25)$$

式中　　p_0——标定状态下的绝对压力，Pa；

$\qquad p$——工作状态下的绝对压力，Pa；

$\qquad T_0$——标定状态下的绝对温度，K；

$\qquad T$——工作状态下的绝对温度，K；

$\qquad \rho_0'$——被测气体在标定状态下的密度，kg/m^3。

【例 7-1】 一气体转子流量计，厂家用 $p_0 = 101325Pa$、$t_0 = 20℃$ 的空气标定，现用来测量 $p = 350000Pa$、$t = 27℃$ 的气体，求：

（1）若用来测量空气，则流量计显示 $4m^3/h$ 时的实际空气流量是多少？

（2）若用来测量氢气，则流量计显示 $4m^3/h$ 时的实际氢气流量是多少？

解： 依题意有

标定状态：$p_0 = 101325Pa$、$T_0 = 293K$；

工作状态：$p = 350000Pa$、$T = 300K$。

查气体性质表得，空气和氢气在标定状态下的密度分别为 $1.205kg/m^3$ 和 $0.084kg/m^3$。则根据式（7-25）得

（1）用转子流量计测量不同状态下的空气流量，刻度换算为

$$q_V = q_{V_0} \sqrt{\frac{p_0 T}{p T_0}} = 4 \sqrt{\frac{101325 \times 300}{350000 \times 293}} = 2.18m^3/h$$

（2）用转子流量计测量不同状态下的氢气流量，刻度换算为

$$q_V = q_{V_0} \sqrt{\frac{p_0 T \rho_0}{p T_0 \rho_0'}} = 4 \sqrt{\frac{101325 \times 300 \times 1.205}{350000 \times 293 \times 0.084}} = 8.25m^3/h$$

从该例题可见，通过转子流量计的实际流量值与流量计未经修正的读数是有很大差别的，必须根据被测流体的密度或状态进行换算，这在使用中是非常重要的。

新型转子流量计由于带有单片机，上述换算可以自动完成。只需将实际工作状态下的各参数置入，即可显示出实际流量。

如果需要改变仪表量程，可通过改变转子材料，即改变转子密度来实现。量程扩大后灵敏度降低，相反则灵敏度增大。改变前后的转子应满足几何相似条件。

7.2.3　工作特性

7.2.3.1　流量系数与转子形状的关系

流量系数 α 因转子的形状不同而有所不同，图 7-2 是 4 种不同形状转子的流量与直径比 d/d_f

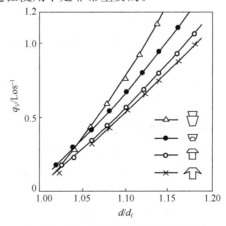

图 7-2　流量系数与转子形状的关系

的关系曲线。横坐标为锥管直径与转子直径之比 d/d_f，它用于表示转子的位置，曲线的斜率越小，表明流量计的灵敏度越高。

7.2.3.2 流量系数与雷诺数的关系

当转子流量计的转子形状和结构一定时，流量系数 α 主要受雷诺数 Re 的影响，其关系如图 7-3 所示。从图中可以看出，当雷诺数较小时，流量系数随雷诺数变化，此时应特别注意被测介质黏度变化对测量的影响；当雷诺数达到一定值 Re_{min}（临界雷诺系数）后，α 基本上保持平稳。

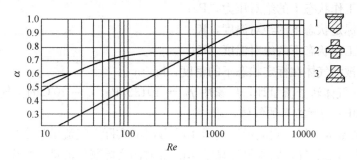

图 7-3 流量系数与雷诺数的关系
1—旋转式转子；2—圆盘式转子；3—板式转子

转子体积的选择原则是：测量小流量的转子流量计应尽量减小体积，反之亦然。转子形状的选择，主要考虑被测流量的大小和获得稳定的流量系数。测量大流量的转子流量计，其流量系数应小些，反之亦然。三种常用转子的特性如表 7-2 所示。

不同结构转子的性能 表 7-2

转子类型	Re_{min}	α	特点
旋转式转子	≈ 600	≈ 0.96	工作不够稳定，易受黏度影响，多用于口径、流量较小的玻璃管转子流量计
圆盘式转子	≈ 300	≈ 0.76	工作比较稳定，多用于流量较大的金属管转子流量计
板式转子	40	≈ 0.61	工作稳定性高，多用于大流量金属管转子流量计

7.2.3.3 黏度影响

当出现下列两种情况时，黏度变化引起的测量误差不能忽略：

(1) 当转子沿流体流动方向的长度较长时，尤其对小口径转子流量计；

(2) 当转子流量计工作在雷诺数 Re 非常数区域时。

目前对一些转子流量计已提出了黏度上限值的要求，但对转子流量计黏度修正的研究离实用要求还有较大距离。

7.2.4 转子流量计的种类

转子流量计按锥形管材料的不同，可分为玻璃管转子流量计和金属管转子流量计两大类。金属管转子流量计又可分为就地指示型和远传型两类，远传型又可分为电远传和气远传两类。

7.2.4.1 玻璃管转子流量计

玻璃管转子流量计主要由玻璃锥形管、转子和支撑结构组成。转子根据不同的测量范围及不同介质（气体或液体）可分别采用不同材料制成不同形状。流量示值刻在锥形管上，由转子位置高度直接读出流量值。玻璃管转子流量计结构简单，转子的位置清晰可见，刻度直观，成本低廉，使用方便，一般只用于常温、常压（最大不超过 1MPa）下透明介质的流量测量。这种流量计只能就地指示，不能远传流量信号，多用于工业原料的配比计量。

7.2.4.2 金属管转子流量计

金属管转子流量计由于采用金属锥管，工作时无法直接看到转子的位置和工作情况，需要用间接的方法给出转子的位置。在金属管转子流量计中，如果采用一般机械传动方式，必然存在密封问题，这将限制转子的灵活移动，故一般采用磁耦合方式将转子位移传递出来。

按其传输信号的方式不同，金属管转子流量计又可分为远传型（电远传和气远传）和就地指示型两种。这种流量计多用于高温、高压介质，不透明及腐蚀性介质的流量测量。除了能用于工业原料配比计量外，还能输出标准信号与记录仪和显示器配套使用计量累积流量。

图 7-4 所示为电远传式转子流量计工作原理图。采用差动变压器作为转换机构，用于测量转子的位移。当流体流量变化引起转子移动时，磁钢 1、2 通过磁耦合带动杠杆 3 及连杆机构 6、7、8，使指针 10 在标尺 9 上就地指示流量，同时再通过连杆机构 11、12、13 带动差动变压器中的铁芯 14 作上、下运动，产生的差动电势通过放大和转换后，输出电信号来表示相应流量大小，并用于显示和调节。

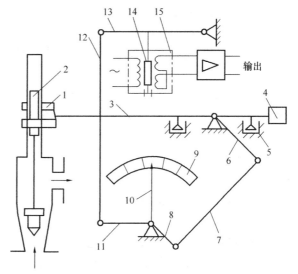

图 7-4 电远传式转子流量计工作原理图

1，2—磁钢；3—杠杆；4—平衡锤；5—阻尼器；6，7，8—连杆机构；9—标尺；10—指针；11，12，13—连杆机构；14—铁芯；15—差动变压器

7.2.5 转子流量计的特点

（1）适用于中小管径和低流速的中小流量测量，耐高温、高压。

常用转子流量计口径在 40～50mm 以下，最小口径能做到 1.5～4mm。而节流装置在管径小于 50mm 时，还未实现标准化。对于管径在 100mm 以上的流量测量问题，不用转子流量计，因为这种口径的转子流量计比其他流量计显得笨重。

适用于测量低流速中小流量。以液体为例，口径在 10mm 以下的玻璃管转子流量计，满度流量的流速只在 0.2～0.6m/s 之间，甚至低于 0.1m/s；金属管转子流量计和口径大于 15mm 的玻璃管转子流量计的流速稍大，在 0.5～1.5m/s 之间。

对于玻璃管转子流量计，压力可高达 2400kPa，温度的上限值为 205℃；而对金属管转子流量计，压力可高达 5000kPa，温度的上限值为 500℃。

（2）临界雷诺数低。

如果选用黏度不敏感形状的转子，如板式转子或圆盘式转子，只要雷诺数大于40或300，转子流量计的流量系数将不随雷诺数而变化，且流体黏度的变化也不影响流量系数。

（3）玻璃管转子流量计结构简单，价格低廉，在只需就地指示的场合使用方便。缺点是玻璃强度低，易碎。金属管转子流量计广泛应用于各种气体、液体的流量测量和自动控制中。

（4）压力损失小而且恒定。玻璃管转子流量计的压力损失一般为2～3kPa，较高者约10kPa；金属管转子流量计一般为4～9kPa，较高者为20kPa左右。

（5）对上游直管段的要求较低，刻度近似为线性。

（6）灵敏度高，量程比宽，一般为5∶1或10∶1。可测得的流量范围是0.01～15000cm³/min。

（7）当被测介质与标定物质、工作状态与标定状态不同时，应进行刻度换算。

（8）受被测介质密度、黏度、温度、压力等因素的影响，其准确度中等，一般在1.5级左右。准确度与转子流量计的种类、结构（主要指口径尺寸）和标定分度有关。

7.2.6　转子流量计的选用和安装

7.2.6.1　转子流量计的选用

转子流量计的选用除了要考虑测量目的、被测介质性质和状态外，还应重点考虑准确度和量程。

转子流量计为中低等准确度的流量仪表。口径小于6mm的通用型玻璃管转子流量计的基本误差为（2.5%～4.0%）FS，口径在10～15mm的基本误差为2.5%FS，口径在25mm以上的为1.5%FS；金属管转子流量计就地指示型的基本误差为（1.5%～2.5%）FS，远传型的基本误差为（2.5%～4.0%）FS。耐腐蚀型仪表的准确度还要低一些，选用时应予注意。

通用型玻璃管转子流量计的量程比一般为10∶1，口径大于80mm的为5∶1；金属管转子流量计的量程比一般为5∶1～10∶1。

由于各生产厂家是针对标定状态和标定物质给出转子流量计量程的，因此用户应将工作状态下被测介质流量范围进行刻度换算，以准确选择仪表量程。

【例7-2】 欲测量压力为350kPa、温度为303.16K的氢气流量，最大流量为2m³/h，应选用多大量程的气体转子流量计？

解：查空气、氢气在标定状态下的密度分别为1.205kg/m³和0.084kg/m³，则由式（7-25）得

$$q_{V_0} = q_V \sqrt{\frac{pT\rho_0'}{p_0 T_0 \rho_0}} = 2 \times \sqrt{\frac{350000 \times 293.16 \times 0.084}{101325 \times 303.16 \times 1.205}} = 0.9651 \text{m}^3/\text{h}$$

从例7-2可见，测量上述状态下的最大流量为2m³/h的氢气流量，选用量程为1m³/h的转子流量计即能正常工作。此外，选用流量计量程时还应注意：常用流量应选在最大流量的70%～80%之间。

7.2.6.2　转子流量计的安装

转子流量计必须垂直安装，进口应保证有5倍管道直径以上的直管段。最好在仪表旁安装旁路管，供检修和冲洗仪表时使用。

为了方便检修和更换流量计、清洗测量管道，除了安装流量计的现场有足够的空间外，在流量计的上下游应安装必要的阀门。一般情况下，流量计的前面用全开阀，后面用流量调节阀，并在流量计的位置设置旁路管道，安装旁通阀。

在有可能产生流体倒流的管道上安装流量计时，为避免因流体倒流或水锤现象损坏流量计，应在流量计的下游安装单向阀。

如用来测量脏污流体，一般都要求在上游入口处安装过滤器或定期进行清洗。带有磁性耦合的金属管转子流量计用于测量含铁磁性杂质流体时，应在仪表前安装磁过滤器。在那些不能断路的使用场合，建议安装泄漏式旁路支管。上下游的配管对流量计的性能会有小的影响。

7.3 节流式差压流量计

7.3.1 概述

在管道中设置节流件，由于流通截面的变化，节流件前后流体的静压力不同，此静压差与流体的流量有关，利用这一物理现象制成的流量计叫节流式流量计。

节流式流量计由节流装置、压力信号管路、压差计和流量显示器四部分组成，如图 7-5 所示。

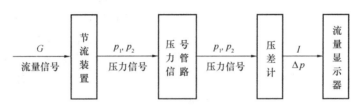

图 7-5 节流式流量计

图中节流装置包括改变流束截面的节流件和取压装置。

节流式流量计发展较早，经过长期实践，积累了可靠的试验数据和运行经验，是目前工业上广泛应用的管流流量计。另外，国内外已把最常用的孔板、喷嘴、文丘利管等节流装置标准化，称为标准节流装置。采用标准节流装置不需要进行实验标定，即可保证测量精度。

7.3.2 标准节流装置的测量原理和流量公式

7.3.2.1 测量原理

标准节流装置的工作原理是基于节流效应，即在充满流体的管道内固定放置一个流通面积小于管道截面积的节流件，则管内流束在通过该节流件时就会造成局部收缩，在收缩处，流速增加、静压力降低，因此，在节流件前后将产生一定的静压力差。在标准节流装置、管道安装条件、流体参数一定的情况下，节流件前后的静压力差 Δp（简称差压）与流量 q_V 之间具有确定的函数关系。因此，可以通过测量节流件前后的压差来测量流量。

对于未经标定的标准节流装置，只要它与已经过充分实验标定的标准节流装置几何相似和动力学相似，则在已知有关参数的条件下，在标准规定的测量误差范围内，可用上述经标定的标准节流装置的流量方程来确定未经标定的节流装置节流件前后的静压力差与流量间的关系。达到几何相似的条件主要有：节流装置的结构形式和取压装置、节流件上下游的测量管以及直管段长度等的制造及安装符合标准的规定。动力学相似的条件为雷诺数相等。

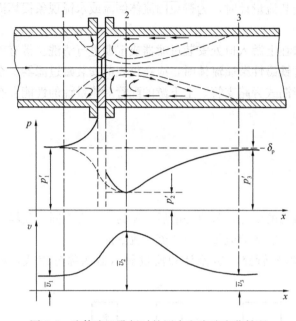

图 7-6　流体流经孔板时的压力和流速变化情况

现以不可压缩流体流经孔板为例，来分析流体流经节流元件时的压力、速度变化情况，如图 7-6 所示。从图中可见，充满圆管、稳定流动的流体沿水平管道流动到节流件上游的截面 1 处，该处流体未受节流元件影响。之后，流束开始收缩，位于边缘处的流体向中心加速，则流体的动能增加，静压力随之减少。由于惯性的作用，流束通过孔板后还将继续收缩，直到在孔板后的某一距离处达到最小流束截面 2（此位置随流量大小而变），这时流体的平均流速 $\overline{v}_2$ 达到最大值，静压力 p'_2 达到最小值。过截面 2 后，流束又逐渐扩大，在截面 3 处，流束恢复到原来的状态，流速逐渐降低到原来的流速，即 $\overline{v}_1 = \overline{v}_3$。

但是由于流体流经节流元件时，会产生涡流、撞击，再加上沿程的摩擦阻力，所有这些均会造成能量损失，因此压力 p'_3 不能恢复到原来的数值 p'_1，二者之差 δ_P 称为流体流经节流元件的压力损失，它是不可恢复的。

流体压力沿管壁的变化和轴线上是不同的。在节流元件前，由于节流元件对流体的阻碍，造成部分流体局部滞止，使管壁上流体静压力比上游的静压力稍有增高，如图 7-6 中实线所示；而在管的轴线上，由于流速增加，静压力减少，如图 7-6 中的虚线所示。

为了减小压力损失，人们采用喷嘴、文丘里管等节流元件，可减小节流件前后的涡流区。此外，还有一些低压损的节流件，可以节约仪表运行的能量消耗。

7.3.2.2　流量公式

流量公式，就是流经节流装置的流量与形成的静压差间的关系，它可以通过伯努利方程和流体的连续方程来求得。但是完全从理论上定量地推导出流量与压差的关系，目前还是不可能的，只能通过实验来求得流量系数或流出系数。

1. 不可压缩流体的流量公式

为了推导流量公式，我们在管道上选取两个截面：

（1）截面 1-1，位于节流件上游，该截面处流体未受节流元件影响，静压力为 p'_1，平均流速为 $\overline{v}_1$，流束截面的直径（即管内径）为 D，流体的密度为 ρ_1；

（2）截面 2-2，即流束的最小断面处，它位于标准孔板（开孔直径为 d）出口以后的地方，对于标准喷嘴和文丘里管则位于其喉管内。此处流体的静压力最低为 p'_2，平均流速最大为 $\overline{v}_2$，流体的密度为 ρ_2，流束直径为 d'。

对标准孔板，$d' < d$；对标准喷嘴和文丘里管，$d' = d$。

设管道水平放置，则有 $z_1 = z_2$；对不可压缩流体有 $\rho_1 = \rho_2 = \rho$；再将能量损失记为 $s_w = \xi \dfrac{\overline{v}_2^2}{2}$，则对截面 1-1 和 2-2，根据总流的伯努利方程可得：

$$\frac{p_1'}{\rho} + \frac{c_1 \overline{v}_1^2}{2} = \frac{p_2'}{\rho} + \frac{c_2 \overline{v}_2^2}{2} + \xi \frac{\overline{v}_2^2}{2} \tag{7-26}$$

式中　p_1'、p_2'——管道截面 1、2 处流体的静压力，Pa；

$\quad\quad c_1$、c_2——管道截面 1、2 处的动能修正系数；

$\quad\quad \overline{v}_1$、$\overline{v}_2$——管道截面 1、2 处流体的平均速度，m/s；

$\quad\quad\quad \rho$——不可压缩流体的平均密度，kg/m^3；

$\quad\quad\quad \xi$——阻力系数。

流体总流的连续方程为：

$$\overline{v}_1 \frac{\pi D^2}{4} = \overline{v}_2 \frac{\pi d'^2}{4} \tag{7-27}$$

式中　D、d'——管道截面 1、2 处的直径（m）。

联立方程式（7-26）和式（7-27）求解 $\overline{v}_2$ 得

$$\overline{v}_2 = \frac{1}{\sqrt{c_2 + \xi - c_1 \left(\dfrac{d'}{D}\right)^4}} \sqrt{\frac{2}{\rho}(p_1' - p_2')} \tag{7-28}$$

对式（7-28）进行如下处理：

（1）引入节流装置的重要参数直径比，即 $\beta = d/D$；

（2）再引入流束的收缩系数 μ，它表示流束的最小收缩面积和节流件开孔面积之比，即 $\mu = d'^2/d^2$；

（3）引入取压系数 ψ。因为流束最小截面 2 的位置随流量变化而变化，而实际取压点的位置是固定的，用固定的取压点处的静压力 p_1、p_2 代替 p_1'、p_2' 时，须引入一个取压修正系数 ψ，即

$$\psi = \frac{p_1' - p_2'}{p_1 - p_2} \tag{7-29}$$

式中，ψ 为取压系数，取压方式不同 ψ 值亦不同。

经过以上处理，式（7-28）变为

$$\overline{v}_2 = \frac{\sqrt{\psi}}{\sqrt{c_2 + \xi - c_1 \mu^2 \beta^4}} \sqrt{\frac{2}{\rho}(p_1 - p_2)} \tag{7-30}$$

用节流件的开孔面积 $\dfrac{\pi}{4} d^2$ 替代 $\dfrac{\pi}{4} d'^2$，则体积流量为

$$q_V = \frac{\mu \sqrt{\psi}}{\sqrt{c_2 + \xi - c_1 \mu^2 \beta^4}} \ \frac{\pi}{4} d^2 \sqrt{\frac{2}{\rho}(p_1 - p_2)} \tag{7-31}$$

注意：公式中的 d 和 D 是在工作条件下的直径值。在任何其他条件下所测得的值必须根据测量时实际的流体温度和压力对其进行修正。

记静压力差 $\Delta p = p_1 - p_2$，设节流元件的开孔面积为 $A_0 = \dfrac{\pi}{4}d^2$，并定义流量系数为

$$\alpha = \frac{\mu\sqrt{\psi}}{\sqrt{c_2 + \xi - c_1\mu^2\beta^4}} \tag{7-32}$$

则流体的体积流量为

$$q_V = \alpha A_0\sqrt{\frac{2}{\rho}\Delta p} \tag{7-33}$$

目前国际上多用流出系数 C 来代替流量系数 α。流出系数定义为实际流量值与理论流量值的比值。所谓理论流量值是指在理想工作条件下的流量值。理想情况主要包括：

（1）无能量损失，即 $\xi = 0$；

（2）用平均流速代替瞬时流速无偏差，即 $c_1 = c_2 = 1$；

（3）假定在孔板处流束收缩到最小，则有 $d' = d$，$\mu = 1$；

（4）假定截面 1 和截面 2 所在位置恰好为差压计两个固定取压点的位置，则固定点取压值 p_1、p_2 等于 p'_1、p'_2，即 $\psi = 1$。

则理论流量值 q_{V0} 为

$$q_{V0} = \frac{A_0}{\sqrt{1-\beta^4}}\sqrt{\frac{2}{\rho}\Delta p} \tag{7-34}$$

流出系数 C 的表达式为

$$C = \frac{q_V}{q_{V0}} = \frac{\alpha}{E} \tag{7-35}$$

式中　E——渐近速度系数，$E = \dfrac{1}{\sqrt{1-\beta^4}}$。

用流出系数 C 表示的（体积）流量公式为

$$q_V = \frac{C}{\sqrt{1-\beta^4}}A_0\sqrt{\frac{2}{\rho}\Delta p} \tag{7-36}$$

用流出系数 C 表示的质量流量公式为

$$q_m = \frac{C}{\sqrt{1-\beta^4}}A_0\sqrt{2\rho\Delta p} \tag{7-37}$$

2. 可压缩流体的流量公式

对于可压缩流体，由于密度随压力或温度的变化而变化，不再满足 $\rho_1 = \rho_2 = \rho$。此时，如果仍用不可压缩流体的流出系数 C，则算出的流量偏大。为方便起见，其流量方程仍取不可压缩流体流量方程式的形式，只是规定公式中的 ρ 取节流件前流体的密度 ρ_1，流量系数 α 和流出系数 C 也仍取不可压缩时的数值，而把流体可压缩性的全部影响集中用一个流

束膨胀修正系数 ε 来考虑。显然，不可压缩流体的 ε＝1，可压缩流体的 ε＜1。可压缩流体的流量公式为

$$q_{\mathrm{V}} = \frac{C\varepsilon}{\sqrt{1-\beta^4}} A_0 \sqrt{\frac{2}{\rho_1}\Delta p} \tag{7-38}$$

$$q_{\mathrm{m}} = \frac{C\varepsilon}{\sqrt{1-\beta^4}} A_0 \sqrt{2\rho_1 \Delta p} \tag{7-39}$$

式中　ε——可压缩流体的流束膨胀修正系数，简称膨胀系数。

7.3.3　标准节流装置

作为流量测量用的节流装置有标准型和特殊型两种。标准节流装置在设计计算时都有统一标准的规定要求和计算所需的有关数据、图及程序，可直接按照标准制造、安装和使用，不必进行标定。特殊节流装置也称非标准节流装置，主要用于特殊介质或特殊工况条件的流量测量，它们可以利用已有实验数据进行估算，但必须用实验方法单独标定。

标准节流装置由标准节流件、符合标准的取压装置和节流件前后直管段三部分组成。

7.3.3.1　标准节流件

目前国家规定的标准节流件有标准孔板、标准喷管、椭圆喷管和文丘里管等。

1. 标准孔板

标准孔板是由机械加工获得的一块具有与管道同心的圆形开孔（节流孔）、开孔边缘非常锐利的薄板，其圆筒形柱面与孔板上游侧端面垂直。用于不同的管道内径和各种取压方式的标准孔板，其几何形状都是相似的，如图 7-7 所示，其中所标注的尺寸可参阅相关标准规定。在标准孔板的所有参数中，孔板直径是一个主要的参数。任何情况下，孔径 d 不小于 12.5mm，它是不少于均匀分布的四个单测值的算术平均值，而任意单测值与平均值之差不得超过 $\pm 0.05\%d$。

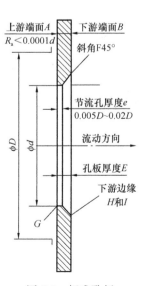
图 7-7　标准孔板

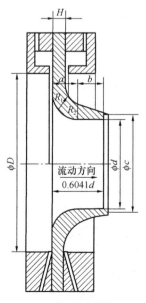
图 7-8　标准喷管

2. 标准喷管

标准喷管包括 ISA 1932 喷管和长径喷管。*Flow Nozzle* ISA 1932 喷嘴（以下简称为"ISA 喷嘴"）由两个圆弧曲面构成的入口收缩部分和与之相接的圆柱形喉部组成，如图 7-8 所示。长径喷管则由形状为 1/4 椭圆的入口收缩部分和与之相接的圆柱形喉部组成。

3. 椭圆喷管

在强制流动空气的冷凝器、蒸发器、房间空调器、风机盘管性能试验方法中，美国供暖制冷空调工程师学会、我国的有关标准均规定用椭圆形喷嘴测定空气流量。

椭圆喷嘴的几何结构如图 7-9（a）所示，椭圆喷嘴空气流量测量装置如图 7-9（b）所示。该装置主要由接收室和排出室两部分组成，在两室中间有一隔板，隔板上装有一个或多个喷嘴，喷嘴前后一定位置装有穿孔率 40% 的扩散导流板和取压口，接收室、排出室断面形状可方可圆。在测量空气流量时，空气由风管引入接收室，流过喷嘴或喷嘴组，经排出室排出。在试验中，要保证喷嘴喉部流速在 15～35m/s 之间，接收室、排出室断面流速小于 1.0m/s。喷嘴按图 7-9（a）制造，按图 7-9（b）安装，可不加校正就可使用。

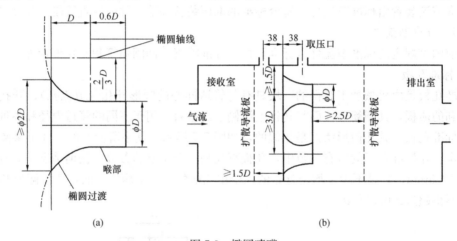

(a)　　　　　　　　　　　　　　(b)

图 7-9　椭圆喷嘴

(a) 空气流量测量喷嘴；(b) 空气流量测量装置

当空气可压缩性可忽略不计时，通过喷嘴的体积流量和质量流量分别为

$$q_V = A_n C_n \sqrt{\frac{2}{\rho} \Delta P} \tag{7-40}$$

$$q_m = A_n C_n \sqrt{2\rho \Delta P} \tag{7-41}$$

式中　q_V——通过喷嘴的体积流量，m^2/s；

　　　q_m——通过喷嘴的质量流量，kg/s；

　　　C_n——喷嘴流量系数；

　　　A_n——喷嘴喉部截面积，m^2；

　　　ρ——空气密度，kg/m^3；

　　　ΔP——喷嘴前后压差，Pa。

4. 文丘里管

标准文丘里管分两种形式：一种为经典文丘里管，简称文丘里管；另一种为文丘里喷管。每一种又分长、短两种。

（1）经典文丘里管。经典文丘里管是与管道轴同轴旋转的旋转体，由入口圆柱形 A、圆锥收缩段 B、圆柱形喉部 C 以及圆锥扩散段 E 组成，如图 7-10（a）所示。

（2）文丘里喷管。文丘里喷管由收缩段、圆桶形喉部和扩散段构成，从其廓形上看，就是 ISA 1932 喷管出口接一段渐扩段。如图 7-10（b）所示，竖坐标中 $d<2D/3$ 指上部截短的扩散段，$d>2D/3$ 指下部不截短的扩散段。

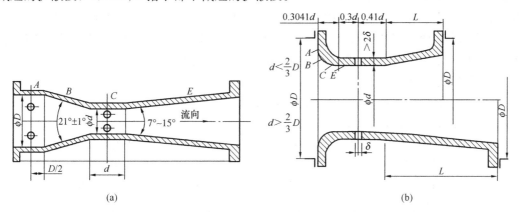

(a)   (b)

图 7-10 文丘里管

（a）经典文丘里管；（b）文丘里喷管

7.3.3.2 取压方式和取压装置

取压方式是指取压口位置和取压口结构。不同的取压方式，即取压口在节流件前后的位置不同，取出的差压值也不同。不同的取压方式，对同一个节流件，它的流出系数也将不同。

1. 取压方式

目前国际国内通常采用的取压方式有理论取压法、$D\sim D/2$ 取压法（又称径距取压法）、角接取压法和法兰取压法等。图 7-11 给出了各种取压方式的取压位置示意图。

理论取压的上游取压口中心位于距节流件前端面 $1D\pm0.1D$ 处，下游取压口中心位置因 β 值而异，基本上位于流束最小截面处。在推导节流变压降式流量测量公式时，用的差不多就是这两个截面上的压力差，因此称为理论取压法。

$D\sim D/2$ 取压（径距取压）的上游取压口中心位于距节流件前端面 $1D\pm0.1D$ 处，下游取压口中心位于距节流件前端面 $D/2\pm0.01D$ 处。

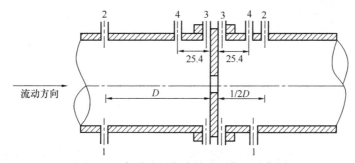

图 7-11 各种取压方式的取压位置示意图

1—理论取压；2—径距取压；3—角接取压；4—法兰取压

角接取压的上下游取压口位于节流件前后端面上，取压口轴线与节流件各相应端面之间的间距等于取压口半径或取压口环隙宽度之半。

法兰取压不论管道直径和直径比 β 的大小，上下游取压点中心均位于距离节流件上下游端面 25.4mm 处。

相比较而言，理论取压所取得的差压较大，而其他几种取压方式测得的差压值较理论取压法稍小。但是，对于理论取压法，随着直径比 β 和体积流量的变化，节流件后流束最小截面的位置也要变化，给下游取压口的设置带来困难，在实际中很少使用。法兰取压在制造和使用上方便，而且通用性较大；角接取压取出得比较均衡，可以提高测量精确度；$D\sim D/2$ 取压具有上下游取压口固定的优势，这三种最为常用。

2. 标准取压装置

标准取压装置是国家标准中规定的用来实现取压方式的装置。下面以标准孔板为例，简单讲解角接取压装置和法兰取压装置。

（1）角接取压装置。角接取压装置可以采用环室或夹紧环（单独钻孔）方式取得节流件前后的差压，其结构如图 7-12（a）所示，上半图表示环室取压，下半图表示单独钻孔取压。

环室取压的前后两个环室在节流件两边，环室夹在法兰之间，法兰和环室、环室与节流件之间放有垫片并夹紧。节流件前后的压力是从前后环室和节流件前后端面之间所形成的连续环隙或等角配置的不小于四个断续环隙中取得的。采用环室取压的优点是可以取出节流件前后的均衡压差，提高测量精确度。

单独钻孔取压是在孔板的夹紧环上打孔，流体上下游压力分别从前后两个夹紧环取出。

（2）法兰取压装置。图 7-12（b）为法兰取压装置，孔板被夹持在两块特制的法兰中间，其间加两片垫片。法兰取压是在法兰上打孔取出节流件前后的差压。

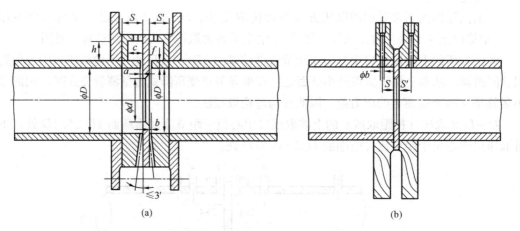

图 7-12 标准取压装置结构

(a) 角接取压装置结构；(b) 法兰取压装置

7.3.3.3 节流件前后的直管段

标准节流装置的流量系数是在流体到达节流件上游 $1D$ 处形成流体典型紊流流速分布的状态下取得的。为了在实际测量时能尽量接近这样的条件，节流装置的管道条件，如管道长度、管道圆度以及内表面粗糙度等必须满足一定的要求。

节流件距离其上游两个和下游的一个局部阻力件之间的距离根据各局部阻力件形式和节流件类型及其直径比决定；管道的圆度要求是在节流件上游至少 2D（实际测量）长度范围内，管道应是圆的，在离节流件上游端面至少 2D 范围内的上游直管段上，管道内径与节流件上游的管道平均直径 D 相比，其偏差应在 ±3% 之内；管道内表面粗糙度的要求是至少在节流件上游 10D 和下游 4D 的范围内应清洁，无积垢和其他杂质，并满足有关粗糙度的规定。

7.3.4　标准节流装置的适用条件

流经节流装置的流量与差压的关系，是在特定的流体与流动条件下，以及在节流件上游侧 1D 处已形成典型的紊流流速分布并且无漩涡的条件下通过实验获得的。任何一个因素的改变，都将影响确定的流量与差压的关系，因此标准节流装置对流体条件、流动条件、管道条件和安装要求等都做了明确的规定。

1. 流体条件和流动条件

（1）只适用于圆管中单相（或近似单相，如具有高分散度的胶体溶液）、均质的牛顿流体；

（2）流体必须充满管道，且其密度和黏度已知；

（3）流速小于声速，且流速稳定或只随时间作轻微而缓慢地变化；

（4）流体在流经节流件前，应达到充分紊流且其流束必须与管道轴线平行，不得有漩涡；

（5）流体在流经节流装置时不发生相变。

2. 管道条件

节流装置前后直管段 l_1 和 l_2、上游侧第一与第二个局部阻力件间的直管段 l_0 以及差压信号管路，如图 7-13 所示。

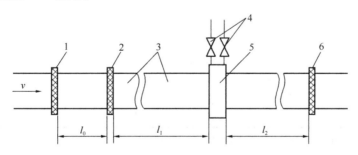

图 7-13　节流装置的管段与管件

1—节流件上游侧第二个阻力件；2—节流件上游侧第一个阻力件；3—管道；
4—压差信号管路；5—节流件和取压装置；6—节流件下游侧第一个阻力件；
l_0—节流件上游侧第一和第二阻力件之间的直管段；l_1—节流件上游侧
第一阻力件和节流件之间的直管段；l_2—节流件下游侧的直管段

节流装置应安装在两段有恒定横截面积的圆筒形直管段之间，且在此管段内无流体的流入或流出。节流件上下游侧最短直管段长度与节流件上下游侧阻力件的形式、节流件的形式和直径比 β 值有关，其具体要求如表 7-3 所示。使用表 7-3 时应遵循以下原则：

（1）l_0 的确定。在上游，第一个阻力件与第二个阻力件间的直管段长度 l_0，按第二个阻力件的形式和 $\beta = 0.7$（不论实际的 β 值是多少）取表 7-3 所列数值的一半。

（2）表 7-3 所列阀门应全开。所有调节流量的阀门应安装在节流装置的下游。

（3）附加不确定度的确定。实际应用时，建议采用比所规定的长度更长的直管段。在研究工作中，为了不引入附加不确定度，推荐采用的直管段长度至少为表 7-3 中对于"零附加不确定度"所规定值的 2 倍。

标准孔板、喷嘴和文丘里喷嘴所要求的最短直管段长度　　表 7-3

直径比 $\beta \leqslant$	节流件上游侧的局部阻力件形式和最短直管段长度 l_1							节流件下游侧最短直管段长度 l_2（含左面所有局部阻力件形式）(mm)
	单个 90°弯头或只有二支管流出的三通	在同一平面内有两个或多个 90°弯头	空间弯头(在不同平面内有两个或多个 90°弯头)	渐缩管(在 1.5D 至 3D 的长度内由 2D 变为 D)	渐扩管(在 1D 至 2D 的长度内由 0.5D 变为 D)	球形阀全开	全孔球阀或闸阀全开	
0.20	10 (5)	14 (7)	5	4 (2)	16 (8)	18 (9)	12 (6)	4 (2)
0.25	10 (5)	14 (7)	5	4 (2)	16 (8)	18 (9)	12 (6)	4 (2)
0.30	10 (5)	16 (8)	5	5 (2.5)	16 (8)	18 (9)	12 (6)	5 (2.5)
0.35	12 (6)	16 (8)	5	5 (2.5)	16 (8)	18 (9)	12 (6)	5 (2.5)
0.40	14 (7)	18 (9)	5	6 (3)	16 (8)	20 (10)	12 (6)	6 (3)
0.45	14 (7)	18 (9)	5	6 (3)	18 (9)	20 (10)	12 (6)	6 (3)
0.50	14 (7)	20 (10)	6 (5)	6 (3)	20 (10)	22 (11)	12 (6)	6 (3)
0.55	16 (8)	22 (11)	8 (5)	6 (3)	20 (10)	24 (12)	14 (7)	6 (3)
0.60	18 (9)	26 (13)	9 (5)	7 (3.5)	22 (11)	26 (13)	14 (7)	7 (3.5)
0.65	22 (11)	32 (16)	11 (6)	7 (3.5)	24 (12)	28 (14)	16 (8)	7 (3.5)
0.70	28 (14)	36 (18)	14 (7)	7 (3.5)	26 (13)	32 (16)	20 (10)	7 (3.5)
0.76	36 (18)	42 (21)	22 (11)	8 (4)	28 (14)	36 (18)	24 (12)	8 (4)
0.80	46 (23)	50 (25)	80 (40)	30 (15)	30 (15)	44 (22)	30 (15)	8 (4)

对于所有的直径比 β	阻流件	最短的上游直管段长度 (mm)
	具有直径比 $\beta \geqslant 0.5$ 的对称骤缩异径管	30 (15)
	直径小于或等于 0.03D 的温度计套管和插孔	5 (3)
	直径在 0.03D 和 0.13D 之间的温度计套管和插孔	20 (10)

注：1. 表中所列数值为标准节流装置所需要的最短直管段长度。

2. 不带括号的值为"零附加不确定度"的值。

3. 带括号的值为"0.5%附加不确定度"的值。

4. 直管段长度均以直径 D 的倍数表示，它应从节流件上游端面量起。

当直管段长度等于或大于表 7-3 中对于"零附加不确定度"的值时，就不必在流出系数不确定度上加任何附加不确定度。

当上游或下游侧直管段长度小于"零附加不确定度"的值，且等于或大于"0.5%零附加不确定度"的值时，应在流出系数的不确定度上算术相加±0.5%的附加不确定度。

其他情况，国家标准均未给出附加不确定度值。

（4）温度计的使用。流体温度最好在节流件下游测得，且温度计插孔或套管应占有尽可能小的空间。如温度计插孔或套管位于下游，它与节流件之间的距离应等于或大于 5D

（当流体是气体时，不得超过 $15D$），如温度计插孔或套管位于上游，它与节流件之间距离应满足表 7-3 的管道安装规定。如流体是气体，其上游温度可由下游测得的温度计算出来。

（5）如果节流件上游有直径大于 $2D$ 的容器，造成突然收缩或有开敞空间，其与节流件的距离不得小于 $30D$（$15D$）。

（6）如实际使用的节流件上游的阻力件的形式没有包括在表 7-3 内，或要求的三个直管段长度（ l_0、l_1、l_2 ）有一个小于括号内的数值或有两个都在括号内外数值之间，则整套节流装置需单独标定。

（7）整流器的使用。用于试验研究的节流装置，其最短直管段长度至少应为表 7-3 所列数值的 1 倍。如空间不够，可以在管内加装调整流速分布的整流器，来缩短直管段。

当现场难以满足直管段的最小长度要求或有扰动源存在时，可考虑在节流元件前安装整流器，以消除流动的不对称分布和旋转流等情况。安装位置和使用的整流器形式在标准中有具体规定。但应注意，安装了整流器后会产生相应的压力损失。

流量系数 α、流出系数 C 与很多因素有关，从理论上很难进行准确的计算，只能用实验的方法确定。实验表明，C 与节流件的形式、取压方式、直径比 β 及雷诺数 Re 等因素有关。对于一定类型的节流件、一定的取压方式，在满足表 7-4 所示的使用范围内，标准节流装置的流出系数 C 是关于 β 和 Re 的函数。

标准节流装置的适应范围　　表 7-4

节流装置		孔径 d (mm)	管径 D (mm)	直径比 β	雷诺数 Re
节流元件	取压方式				
标准孔板	角接取压	$d \geqslant 12.5$	$50 \sim 1000$	$0.10 \sim 0.75$	$0.20 \leqslant \beta \leqslant 0.45$ 时, $Re \geqslant 5000$ $\beta > 0.45$ 时, $Re \geqslant 10000$
	法兰取压				
	D 和 $D/2$ 取压				$Re \geqslant 1260\beta^2 D$
标准喷嘴	ISA 1932 喷嘴	角接取压		$50 \sim 500$	$0.30 \sim 0.80$	$0.30 \leqslant \beta < 0.44$ 时, 7×10^4 $\leqslant Re \leqslant 10^7$ $0.44 \leqslant \beta < 0.80$ 时, 2×10^4 $\leqslant Re \leqslant 10^7$
	长径喷嘴	D 和 $D/2$ 取压		$50 \sim 630$	$0.20 \sim 0.80$	$10^4 \leqslant Re \leqslant 10^7$
文丘里管	经典文丘里管	粗糙收缩段式		$100 \sim 800$	$0.30 \sim 0.75$	$2 \times 10^5 \leqslant Re \leqslant 2 \times 10^6$
		精加工收缩段式		$50 \sim 250$	$0.40 \sim 0.75$	$2 \times 10^5 \leqslant Re \leqslant 1 \times 10^6$
		粗焊铁板收缩段式		$200 \sim 1200$	$0.40 \sim 0.70$	$2 \times 10^5 \leqslant Re \leqslant 2 \times 10^6$
	文丘里喷嘴		$d \geqslant 50$	$65 \sim 500$	$0.316 \sim 0.775$	$1.5 \times 10^5 \leqslant Re \leqslant 2 \times 10^6$

7.3.5　流量公式有关参数的确定

7.3.5.1　标准节流装置的流出系数 C

标准节流装置的流出系数，是通过实验测得流量与相对应的差压 Δp，然后用上述的流量公式计算得到。在一定的安装条件下，给定的节流装置（包含一定的取压方式）的流出系数 C 仅与雷诺数 Re_D 有关。对于不同的节流装置，只要这些节流装置满足几何相似和动力学相似，则 C 是相同的，即 $C = f(Re_D$，节流件类型，D，$\beta)$。目前 C 值皆是由实验确定的，即首先在流量标准装置上求得各种实验流体（一般为水、空气、油、天然气等）流出系数 C 的实验数据，再建立回归数据库，即在积累大量实验数据的基础上，用数理统计的回归分析方法求得 C 的函数关系式。只要节流装置符合标准节流装置的要求，就可以直接引用标准所规定的 C 值，并可确定其误差范围。

（1）标准孔板的流出系数

1998 年 4 月 1 日，ISO 宣布的《用压差装置测量流体流量　第 1 部分：插入图形横截面满流管中的孔板、喷嘴和文丘里管》修改件 1 ISO 5167：1 1991 Amendment 1 标准孔板流量计的流出系数公式正式修改为新的流出系数公式，即里德-哈利斯/加拉赫（Reader-Harris/Gallagher）公式，其数学表达式为

$$C = 0.5961 + 0.0261\beta^2 - 0.216\beta^8 + 0.000521\left[\frac{10^6\beta}{Re_D}\right]^{0.7}$$

$$+ \left[0.0188 + 0.0063\left(\frac{19000\beta}{Re_D}\right)^{0.8}\right]\beta^{3.5}\left(\frac{10^6}{Re_D}\right)^{0.3} + \left(0.043 + 0.080e^{-10L_1} - 0.123e^{-7L_1}\right)$$

$$+ \left[1 - 0.11\left(\frac{19000\beta}{Re_D}\right)^{0.8}\right]\frac{\beta^4}{1-\beta^4} - 0.031\left[\frac{2L'_2}{1-\beta_2} - 0.8\left(\frac{2L'_2}{1-\beta_2}\right)^{1.1}\right]\beta^{1.3}$$

$$\tag{7-42}$$

当 $D < 71.12$mm 时应加入下项：

$$0.011(0.75 - \beta)(2.8 - D/25.4) \tag{7-43}$$

式中　　$\beta = d/D$——直径比；

　　　　　　Re_D——管道雷诺数；

　　$L_1 = l_1/D$——孔板上游端面到上游取压口的距离 l_1 除以管道直径得出的商；

　　$L'_2 = l'_2/D$——孔板下游端面到上游取压口的距离 l'_2 除以管道直径得出的商；

　　$L_2 = l_2/D$——孔板下游端面到下游取压口的距离 l_2 除以管道直径得出的商。

对于角接取压法：$L_1 = L'_2 = 0$；

对于 $D - D/2$ 取压法：$L_1 = 1$，$L'_2 = 0.47$；

对于法兰取压法：$L_1 = L'_2 = 25.4/D$，D 的单位为 mm。

（2）标准喷嘴的流出系数

ISA 1932 喷嘴的流出系数为

$$C = 0.9900 - 0.2262\beta^{4.1} - \left(0.00175\beta^2 - 0.0033\beta^{4.15}\right)\left(\frac{10^6}{Re_D}\right)^{1.15} \tag{7-44}$$

长径喷嘴的流出系数为

$$C = 0.9965 - 0.00653\beta^{0.5}\left(\frac{10^6}{Re_D}\right)^{0.5} \tag{7-45}$$

$$C = 0.9965 - 0.00653\left(\frac{10^6}{Re_D}\right)^{0.5} \tag{7-46}$$

式中，Re_D 为与 D 有关的雷诺数。

（3）椭圆喷嘴的流量系数

椭圆喷嘴流量系数 C_n 可按下述原则选取：

若 $Re > 12000$，且喷嘴喉部直径 $D > 125mm$ 时，$C_n = 0.99$；对 $D < 125mm$ 或要求更为精确的流量系数时，流量系数可按下式计算：

$$C_n = 0.9986 - \frac{7.006}{\sqrt{Re}} + \frac{134.6}{Re} \tag{7-47}$$

式中　Re——雷诺数。

$$Re = 353 \times 10^{-3} \frac{M}{D\mu} \tag{7-48}$$

式中　D——喷嘴喉部直径，mm；

　　　μ——喷嘴喉部空气的动力黏度系数，kg/(s·m)。

当采用多个喷嘴时，总的空气流量等于各喷嘴流量之和。

（4）文丘里管的流出系数

经典文丘里管分为粗糙收缩段式、精加工收缩段式和粗焊铁板收缩段式三种。

1）粗糙收缩段式流出系数为

$$C = 0.984 \tag{7-49}$$

2）精加工收缩段式流出系数为

$$C = 0.995 \tag{7-50}$$

3）粗焊铁板收缩段式流出系数为

$$C = 0.985 \tag{7-51}$$

4）文丘里喷嘴的流出系数为

$$C = 0.9859 - 0.196\beta^{4.5} \tag{7-52}$$

7.3.5.2　标准节流装置的膨胀系数

膨胀系数 ε 是对流出系数在可压缩流体中密度变化的修正，其定义式为

$$\varepsilon = \frac{4q_m\sqrt{1-\beta^4}}{C\pi d^2\sqrt{2\Delta p p_1}} \tag{7-53}$$

对于给定的节流装置，其值可在气体（可压缩流体）流量标准装置中进行校准得到。实验表明，ε 与雷诺数无关，对于给定的节流装置，已知直径比 β 时，则只取决于差压 Δp 和等熵指数 κ。

对于标准孔板，由于流体膨胀既是轴向又是径向的，不能采用上述公式，它由经验公式计算。按照《用压差装置测量流体流量》ISO 5167—1991 的规定，标准孔板的 3 种取压方式采用同一膨胀系数公式，由空气、蒸汽及天然气等介质求得，可适用于其他气体。

$$\varepsilon = 1 - \left(0.351 + 0.256\beta^4 + 0.93\beta^8\right)\left[1 - \left(\frac{p_2}{p_1}\right)^{\frac{1}{\kappa}}\right] \tag{7-54}$$

式中　ε——膨胀系数；

　　　κ——等熵指数；

　　　p_2——节流件下游侧压力，Pa；

　　　p_1——节流件上游侧压力，Pa。

式（7-54）的适用范围为：$p_2/p_1 \geqslant 0.75$。

对于标准喷嘴、文丘里管或具有廓型的节流件，气体膨胀沿轴向进行，可以用热力过

程绝热膨胀方程计算膨胀系数，即

$$\varepsilon = \left[\left[\left(\frac{\kappa \tau^{\frac{2}{\kappa}}}{\kappa - 1} \right) \left(\frac{1 - \beta^4}{1 - \beta^4 \tau^{\frac{2}{\kappa}}} \right) \left(\frac{1 - \tau^{\frac{\kappa-1}{\kappa}}}{1 - \tau} \right) \right] \right]^{\frac{1}{2}} \tag{7-55}$$

式中　τ——压力比，$\tau = p_2 / p_1$。

式（7-55）的适用范围为：$p_2 / p_1 \geqslant 0.75$。

7.3.5.3　标准节流装置的压力损失

流体流经节流件时，由于涡流、撞击及摩擦等原因而造成的压力损失，是不可恢复的。此压力损失是在其他压力影响可忽略不计时，邻近孔板上游侧（大约在孔板上游 1D 处）测得的静压与静压恰好完全恢复的孔板下游侧（大约在孔板下游 6D 处）所测得的静压之差。压力损失的大小因节流件的形式而异，并随 β 值的减少而增大，随差压 Δp 的增加而增加。标准孔板、ISA 1932 喷嘴和长径喷嘴的压力损失计算公式为

$$\delta_{p} = \frac{\sqrt{1 - \beta^4} - C \beta^2}{\sqrt{1 - \beta^4} + C \beta^2} \Delta p \tag{7-56}$$

对于标准孔板，其压力损失也可用下式近似地计算

$$\delta_{p} = (1 - \beta^{1.9}) \Delta p \tag{7-57}$$

7.3.5.4　开孔直径和管径的确定

在流量公式中，节流元件的开孔直径 d、管径 D 和直径比 β 都是工作状态下的数值，可是在设计和加工制造节流装置及选用管道时都是以常温的各种测量值为设计依据。因此，必须进行换算，换算公式如下

$$d = d_{20} [1 + \lambda_d (t - 20)] \tag{7-58}$$
$$D = D_{20} [1 + \lambda_D (t - 20)] \tag{7-59}$$

式中　d、d_{20}——分别为工作状态下和 20℃时节流元件的开孔直径，m；

D、D_{20}——分别为工作状态下和 20℃时的管道内径，m；

λ_d、λ_D——节流件材料、管道材料的膨胀系数，℃$^{-1}$；

t——工作状态下被测流体的温度，℃。

7.3.6　标准节流装置的设计计算

标准节流装置的设计计算命题有两种形式。

（1）命题 1：校核已有的标准节流装置（流量计算）。

这类计算命题是在管道内径、节流元件开孔直径、取压方式、被测流体参数及其他必要条件已知的情况下，根据所测的差压值，计算被测流体的流量。常用在使用现场，如选用节流装置与实际管道不一致时，需要重新计算刻度，以及对流量进行验算等。

要完成已知条件下的流量计算，所依据的基本公式是流量公式。

（2）命题 2：设计新的标准节流装置。

这类计算命题是要根据用户提出的已知条件以及限制要求来设计标准节流装置，属设计计算。已知条件包括：管道内径、被测流体参数、预计的流量测量范围、要求包括的最小直管段、允许的压力损失以及其他必要条件等。要设计的工作包括：选择适当的流量标尺上限和差压上限；确定节流装置的形式和开孔直径；确定最小直管段长度并验算；选配差压计；计算最大压力损失并验算；计算流量测量误差或不确定度等。

在设计时，应根据现场的具体情况和标准节流装置的各项规定与要求，综合考虑以下四个方面：

(1) 测量的准确度尽可能高；

(2) 在所要求的测量范围（最小流量至最大流量）内，流量系数具有平稳的数值，以便在测量范围内流量值和差压值之间是简单的对应关系；

(3) 节流件前后所需要的直管段尽可能短；

(4) 节流件的压力损失尽可能小，以降低能耗。

这类命题计算比较复杂，所求未知数多，在满足设计已知条件的情况下，设计计算结果不唯一，可以有多种结果。因此对所设计的结果，应结合技术、经济等问题进行全面综合考虑。

有关两类命题的详细设计步骤和实例请参阅《标准节流装置设计手册》。

7.3.7 节流式差压流量计的选用和安装

7.3.7.1 标准节流装置和差压计的选用

为了选择最适宜的标准节流装置，选型时应从以下几方面考虑：

(1) 管径、直径比和雷诺数范围的限制条件；

(2) 测量准确度；

(3) 允许的压力损失；

(4) 要求的最短直管段长度；

(5) 对被测介质侵蚀、磨损和污染的敏感性；

(6) 结构的复杂程度和价格；

(7) 安装的方便性；

(8) 使用的长期稳定性。

具体选用时需要满足节流件上游或喷嘴本身的相对粗糙度低于其上限值的要求，还应考虑如下因素：

(1) 流体条件。测量易沉淀或有腐蚀性的流体宜采用喷嘴，这是因为孔板流出系数或流量系数受其直角入口边缘尖锐度的变化影响较大。

(2) 管道条件。在管道内壁比较粗糙的条件下，宜采用喷嘴。因为由表 7-4 可知，在开孔直径 d 相同的情况下，光滑管的相对粗糙度允许上限，喷嘴比孔板大。另外，标准孔板法兰取压时，其光滑管的相对粗糙度允许上限较标准孔板角接取压时高。因此，较粗糙的管道采用孔板时，应考虑法兰取压方式。

(3) 压力损失。在标准节流件中，孔板的压力损失最大。在同样差压下，经典文丘里管和文丘里喷嘴的压力损失约为孔板与喷嘴的 $1/4 \sim 1/6$。而在同样的流量和相同的 β 值时，喷嘴的压力损失只有孔板的 $30\% \sim 50\%$。

(4) 准确度。标准节流装置各种类型节流件的准确度在同样差压、密度测量准确度下，取决于流出系数与膨胀系数的不确定度。各种节流件流出系数的不确定度差别较大，相比之下，孔板的流出系数的不确定度最小，廓形节流件（喷嘴和文丘里管）的较大。这是因为，标准中所给出的廓形节流件流出系数计算公式所依据的数据库质量较差。但是对廓形节流件进行个别校准，也可得到较高的准确度。

(5) 在同一 β 值下，喷嘴较孔板开孔直径 d 大，故测量范围大。

　　(6) 在高参数、大流量的生产管线上，通常采用喷嘴，而不是用孔板。这是因为长期运行时，标准孔板的锐角冲刷磨损严重，且易发生形变，影响准确度。

　　(7) 在相同阻流件类型和直径比情况下，经典文丘里管的必要直管段长度远小于孔板与喷嘴。

　　(8) 测量易使节流件沾污、磨损及变形的被测介质时，廓形节流件较孔板要优越得多。

　　(9) 在加工、制造及安装等方面，孔板最为简单，喷嘴次之，文丘里喷嘴和经典文丘里管最复杂，其造价亦依次递增。管径愈大，这种差别愈显著。

　　(10) 孔板易取出检查节流件质量，喷嘴和文丘里管则需截断流体，拆下管道才可检查，比较麻烦。

　　(11) 中小口径（DN50～DNl00）的节流装置，取压口尺寸和取压位置的影响显著，这时采用环室取压有一定优势。

　　(12) 采用角接取压标准孔板的优点是灵敏度高，加工简单，对管道内壁粗糙度 K 无要求，费用较低，使用数据、资料最全。法兰取压标准孔板的优点是加工制造容易、计算简单，但只适用光滑管的测量；$D \sim D/2$ 取压标准孔板的优点是对标准孔板与管道轴线的垂直度和同心度的安装要求较低，特别适合大管径的过热蒸汽的测量。

　　(13) 同等条件下，标准喷嘴比标准孔板性能优越。标准喷嘴在测量中，压损较小，不容易受被测介质腐蚀、磨损和污染，寿命长，测量准确度较高以及所需要的直管段长度比较短。与喷嘴相比，孔板的最大优点是结构简单，加工方便，安装容易，价格便宜，因而在工业生产中被广泛采用。

　　差压计与节流装置配套组成节流式差压流量计。差压计经导压管与节流装置相连，接收被测流体流过节流装置时所产生的差压信号，并进行适当的处理，从而实现对流量参数的显示记录和自动控制。

　　差压计的种类很多，凡可测量差压的仪表均可作为节流式差压流量计中的差压计使用。目前工业生产中大多数采用差压变送器，它们可将测得的差压信号转换为 $0.02 \sim 0.1$MPa 的气压信号和 $4 \sim 20$mA 的直流电流信号。

7.3.7.2　节流式差压流量计的安装

　　流量计安装的正确和可靠与否，对能否保证将节流装置输出的差压信号准确地传送到差压计或差压变送器上，是十分重要的。流量计的安装必须符合以下要求：

　　(1) 安装时，必须保证节流件的开孔与管道或夹紧件同心，也就是说，节流件的中心线与上下游管道的中心线，即同轴度应满足规定要求，同时节流装置端面与管道的轴线垂直。在节流件的上下游，必须配有一定长度的直管段，有关最短直管段的要求见表 7-3。

　　(2) 为把节流件前后的压差传送至差压计，应设两条导压管。导压管尽量按最短距离敷设在 3～50m 之内。管内径要根据导压管的长度来确定，一般不得小于 6mm。

　　两根导压管应尽量保持相同的温度。两导压管里流体温度不同时，将导致流体密度变化，引起差压计的零点漂移。因此，两根导压管应尽量靠近。

　　为了防止在此管路中积存气体和水分，导压管应垂直安装。水平安装时，其倾斜度不应小于 1：10，其顶部应设放气阀，底部应设置放水阀。应切实保证导管内的液体不积气泡，否则就不能传递压差。

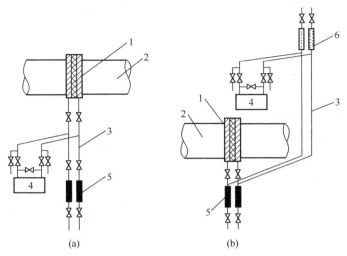

图 7-14 测量液体时节流式差压流量计的安装示意图

（a）差压计在管道下方；（b）差压计在管道上方

1—节流装置；2—管道；3—导压管；4—差压计；5—沉降器；6—集气器

（3）测量液体流量时，应将差压计安装在低于节流装置处，如图 7-14（a）所示。如一定要装在上方时，应在连接管路的最高点处安装带阀门的集气器，在最低点处安装带阀门的沉降器，以便排出导压管内的气体和沉积物，如图 7-14（b）所示。

（4）测量气体流量时，最好将差压计装在高于节流装置处，如图 7-15（a）所示。如一定要安装在下面，在连接导管的最低处应安装沉降器，以便排除冷凝液及污物，如图 7-15（b）所示。

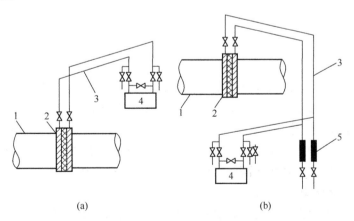

图 7-15 测量气体时节流式差压流量计的安装示意图

（a）差压计在管道上方；（b）差压计在管道下方

1—管道；2—节流装置；3—导压管；4—差压计；5—沉降器

（5）测量蒸汽流量时，差压计和节流装置之间的相对位置与测量液体流量相同。为保证两导压管中的冷凝水处于同一水平面上，在靠近节流装置处安装冷凝器，如图 7-16 所示。冷凝器是为了使差压计不受 70℃ 以上高温流体的影响，并能使蒸汽的冷凝液处于同一水平面上，以保证测量准确度。

（6）测量黏性、腐蚀性或易燃的流体流量时，应安装隔离器，如图 7-17 所示。隔离器的用途是保护差压计不受被测流体的腐蚀和沾污。隔离器是两个相同的金属容器，容器内部充灌的隔离液应选择沸点高、凝固点低、化学与物理性能稳定，并与被测流体不相互作用和溶融的液体，如甘油、乙醇等。

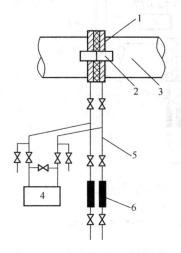

图 7-16　测量蒸汽时节流式差压
流量计的安装示意图

1—节流装置；2—冷凝器；3—管道；
4—差压计；5—导压管；6—沉降器

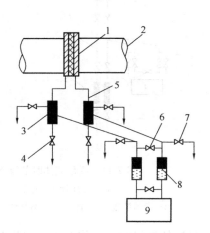

图 7-17　测量腐蚀性液体时节流式
差压流量计的安装示意图

1—节流装置；2—管道；3—沉降器；4—排水阀；
5—导压管；6—平衡阀；7—冲洗阀；
8—隔离器；9—差压计

7.4　涡轮流量计

速度式流量计是利用测量管道内流体流动速度来测量流量的，对管道内流体的速度分布有一定的要求。流量计前后必须有足够长的直管段或加装整流器，以使流体形成稳定的速度分布。工业生产中使用的速度式流量计种类很多，目前还在不断地发展中，主要有涡轮流量计、叶轮式流量计、涡街流量计、电磁流量计和超声波流量计。本节主要介绍涡轮流量计。

涡轮流量计是一种典型的速度式流量计。其测量准确度很高，可与容积式流量计并列，此外还具有反应快以及耐压高等特点，因而在工业生产中应用日益广泛。

7.4.1　涡轮流量计结构

涡轮流量计一般由涡轮变送器和显示仪表组成，也可做成一体式涡轮流量计。变送器的结构主要包括壳体、导流器、轴和轴承组件、涡轮和磁电转换器，如图 7-18 所示。

7.4.1.1　涡轮

涡轮是流量计的核心测量元件，其作用是把流体的动能转换成机械能。涡轮由摩擦力很小的轴和轴承组件支承，与壳体同轴，其叶片数视口径大小而定，通常为 2～8 片。叶片有直板叶片、螺旋叶片和丁字形叶片等几种形式。涡轮几何形状及尺寸对传感器性能有较大影响，因此要根据流体性质、流量范围、使用要求等进行设计。涡轮的动态平衡很重要，直接影响仪表的性能和使用寿命，为提高对流速变化的响应性，涡轮的质量要尽可能小。

7.4.1.2　导流器

导流器由导向片及导向座组成，作用有两点：

（1）用以导直被测流体，以免因流体的漩涡而改变流体与涡轮叶片的作用角，从而保证流量计的准确度。

（2）在导流器上装有轴承，用以支承涡轮。

7.4.1.3　轴和轴承组件

变送器失效通常是由轴和轴承组件引起的，因此它决定着传感器的可靠性和使用寿命，其结构设计、材料选用以及定期维护至关重要。在设计时应考虑轴向推力的平衡。流体作用于涡轮上的力使涡轮转动，同时也给涡轮一个轴向推力，使轴承的摩擦转矩增大。为了抵消这个轴向推力，在结构上采取各种轴向推力平衡措施，主要有：

（1）采用反推力方法实现轴向推力自动补偿。从涡轮轴体的几何形状可以看出，当流体流过 K-K 截面积时，流速变大而静压力下降，以后随着流通面积的逐渐扩大而静压力逐渐上升，因而在收缩截面 K-K 和 K'-K' 之间就形成了不等静压场，并对涡轮产生相应的作用力。由于该作用力沿涡轮轴向的分力与流体的轴向推力反向，可以抵消流体的轴向推力，减小轴承的轴向负荷，进而提高变送器的寿命和准确度。

（2）采取中心轴打孔的方式，通过流体实现轴向力自动补偿。

另外，减小轴承磨损是提高测量准确度、延长仪表寿命的重要环节。目前常用的轴承主要有滚动轴承和滑动轴承（空心套形轴承）两种。滚动轴承虽然摩擦力矩很小，但对脏污流体及腐蚀性流体的适应性较差，寿命较短。因此，目前仍广泛应用滑动轴承。为了彻底解决轴承磨损问题，我国目前正在研制生产无轴承的涡轮流量变送器。

7.4.1.4　磁电转换器

磁电转换器由线圈和磁钢组成，安装在流量计的壳体上，它可分为磁阻式和感应式两种。磁阻式将磁钢放在感应线圈内，涡轮叶片由导磁材料制成，当涡轮叶片旋转通过磁钢下面时，磁路中的磁阻改变，使得通过线圈的磁通量发生周期性变化，因而在线圈中感应出电脉冲信号，其频率就是转过叶片的频率；感应式是在涡轮内腔放置磁钢，涡轮叶片由非导磁材料制成，磁钢随涡轮旋转，在线圈内感应出电脉冲信号。由于磁阻式比较

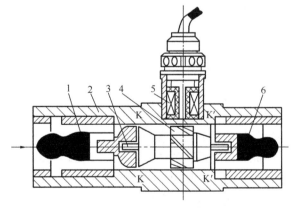

图 7-18　涡轮变送器结构

1—前导流器；2—壳体支承；3—轴和轴承组件；
4—涡轮；5—磁电转换器；6—后导流器

简单、可靠，并可以提高输出信号的频率，所以使用较多。

除磁电转换方式外，也可用光电元件、霍尔元件、同位素等方式进行转换。为提高抗干扰能力和增大信号传送距离，在磁电转换器内装有前置放大器。

7.4.2　工作原理和流量方程

7.4.2.1　工作原理

涡轮流量计是基于流体动量矩守恒原理工作的。被测流体经导直后沿平行于管道轴线

的方向以平均速度 v 冲击叶片，使涡轮转动。在一定范围内，涡轮的转速与流体的平均流速成正比，通过磁电转换装置将涡轮转速变成电脉冲信号，经放大后送给显示记录仪表，即可以推导出被测流体的瞬时流量和累积流量。

7.4.2.2　流量方程

涡轮叶片与流体流向成 θ 角，流体平均流速 v 与叶片的相对速度 v_1 和切向速度 v_2 的关系如图 7-19 所示，则切向速度 v_2 为

$$v_2 = v\tan\theta \tag{7-60}$$

式中　v_2——切向速度，m/s；

　　　　v——被测流体的平均流速，m/s；

　　　　θ——流体流向与涡轮叶片的夹角。

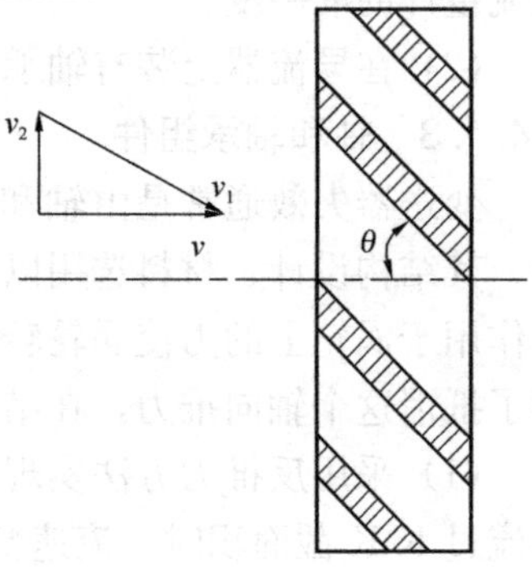

当涡轮稳定旋转时，叶片的切向速度为

$$v_2 = 2\pi Rn \tag{7-61}$$

图 7-19　涡轮叶片速度分解

式中　n——涡轮的转速，1/s；

　　　　R——涡轮叶片的平均半径，m。

磁电转换器所产生的脉冲频率 f 为

$$f = nZ \tag{7-62}$$

式中　Z——涡轮叶片的数目。

联立式 (7-60) ～式 (7-62)，可得涡轮流量计的体积流量公式为

$$q_{\mathrm{V}} = vA = \frac{2\pi RA}{Z\tan\theta}f = \frac{1}{\xi}f \tag{7-63}$$

式中　A——涡轮形成的流通截面积，m²；

　　　　ξ——涡轮流量计的流量系数，$\xi = \dfrac{Z\tan\theta}{2\pi RA}$。

7.4.2.3　流量系数

涡轮流量计流量系数 ξ 的含义是单位体积流量通过磁电转换器所输出的脉冲数，它是涡轮流量计的重要特性参数。由式 (7-63) 可见，对于一定的涡轮结构，流量系数为常数。因此，流过涡轮的体积流量 q_{V} 与脉冲频率 f 成正比。但应注意，式 (7-63) 是在忽略各种阻力力矩的情况下导出的。实际上，作用在涡轮上的力矩，除推动涡轮旋转的主动力矩外，还包括以下三种阻力力矩：

(1) 由流体黏滞摩擦力引起的黏性摩擦阻力矩；

(2) 由轴承引起的机械摩擦阻力矩；

(3) 由于叶片切割磁力线而引起的电磁阻力矩。

因此在整个流量测量范围内，流量系数不是常数，它与流量间的关系曲线如图 7-20 所示。由图可见，在流量很小时，即使有流体通过变送器，涡轮也不转动，只有流量大于某个最小值时，克服了各种阻力矩时，涡轮才开始转动。这个最小流量值被称为始动流量值，它与流体的密度成平方根关系，所以变送器对密度较大的流

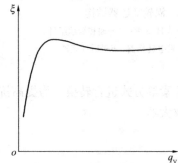

图 7-20　流量系数与流量的关系曲线

体敏感。在小流量时，ξ 值变化很大，这主要是由于各种阻力矩之和在主动力矩中占较大比例造成的。当流量大于某一数值后，ξ 值才近似为一个常数，这就是涡轮流量计的工作区域。当然，由于轴承寿命和压损等条件的限制，涡轮也不能转得太快，所以涡轮流量计和其他流量仪表一样，也有测量范围的限制。

7.4.3 涡轮流量计的特点和使用

7.4.3.1 涡轮流量计的特点

1. 优点

涡轮流量计主要用于准确度要求高、流量变化快的场合，还用作标定其他流量计的标准仪表。涡轮流量计的优点如下：

（1）准确度高，可达到 0.5 级以上，在小范围内可达 ±0.1%，复现性和稳定性均好，短期重复性可达 0.05%～0.2%，可作为流量的准确计量仪表。

（2）对流量变化反应迅速，可测脉动流量。被测介质为水时，其时间常数一般只有几毫秒到几十毫秒。可进行流量的瞬时指示和累积计算。

（3）线性好、测量范围宽，量程比可达（10～20）：1，有的大口径涡轮流量计甚至可达 40：1，故适用于流量大幅度变化的场合。

（4）耐高压，承受的工作压力可达 16MPa。

（5）体积小，且压力损失也很小，压力损失在最大流量时小于 25kPa。

（6）输出为脉冲信号，抗干扰能力强，信号便于远传及与计算机相连。

2. 缺点

（1）制造困难，成本高。

（2）由于涡轮高速转动，轴承易损，降低了长期运行的稳定性，影响使用寿命。

（3）对被测流体清洁程度要求较高，适用温度范围小，约为 -20～120℃。

（4）不能长期保持校准特性，需要定期校验。

7.4.3.2 涡轮流量计的使用

通过前面的结构和原理分析可知，使用涡轮流量计时必须注意以下几点：

（1）要求被测介质洁净、黏度低、腐蚀性小、不含杂质，以减少对轴承的磨损。如果被测液体易汽化或含有气体时，要在流量计前装消气器。为避免流体中的杂质进入变送器损坏轴承，以及为防止涡轮被卡住，必要时加装过滤装置。

（2）流量计的安装应避免振动，避免强磁场及热辐射。

（3）介质的密度和黏度的变化对流量示值有影响，必要时应做修正。

1）密度的影响。由于变送器的流量系数 ξ 一般是在常温下用水标定的，所以密度改变时应该重新标定。对于液体介质，密度受温度、压力的影响很小，所以可以忽略温度、压力变化的影响。对于气体介质，由于密度受温度、压力影响较大，除影响流量系数外，还直接影响仪表的灵敏度。对于气体涡轮流量计，工作压力对流量系数具有较大的影响，使用时应时刻注意其变化。虽然涡轮流量计时间常数很小，很适用于测量由于压缩机冲击引起的脉动流量，但是用涡轮流量计测量气体流量时，必须对密度进行补偿。

2）黏度的影响。涡轮流量计的最大流量和线性范围一般是随着黏度的增高而减小。对于液体涡轮流量计，流量系数通常是用常温水标定的，因此实际应用时，只适于与水具有相似黏度的流体。水的运动黏度为 $10^{-6}\,\mathrm{m^2/s}$，如实际流体运动黏度超过 $5\times10^{-6}\,\mathrm{m^2/s}$，则必须重新标定。

（4）仪表的安装方式要求与校验情况相同，一般要求水平安装。仪表受来流流速分布畸变和旋转流等影响较大，例如由于泵或管道弯曲，会引起流体的旋转，而改变了流体和涡轮叶片的作用角度，这样即使是稳定的流量，涡轮的转数也会改变。因此，除在变送器结构上装有导流器外，还必须保证变送器前后有一定的直管段。一般入口直管段的长度取管道内径的 20 倍以上，出口取 5 倍以上，否则需用整流器整流。

7.5　电磁流量计

电磁流量计是基于电磁感应定律工作的流量计，它能测量具有一定电导率的液体的体积流量。由于具有压力损失小、可测量脏污、腐蚀性介质及悬浊性液固两相流流量等独特优点，现已广泛应用于酸、碱、盐等腐蚀性介质，化工、冶金、矿山、造纸、食品、医药等工业部门的泥浆、纸浆、矿浆等脏污介质的流量测量。

7.5.1　工作原理

7.5.1.1　基本原理

根据法拉第电磁感应定律，当一导体在磁场中运动切割磁力线时，在导体的两端将产生感应电动势，其方向由右手定则确定，其大小与磁场的磁感应强度 B、导体在磁场内的有效长度及导体垂直于磁场的运动速度成正比。

与此相似，如果在磁感应强度为 B 的均匀磁场中，垂直于磁场方向有一个直径为 D 的管道，如图 7-21 所示。管道由不导磁材料制成，管道内表面衬挂绝缘衬里。当导电的液体在导管中流动时，导电液体切割磁力线，于是在和磁场及液体流动方向垂直的方向上产生感应电动势，三者的方向如图 7-21 所示。如果在管道截面上安装一对电极，则两电极间将产生感应电势 U_{AB}。即

$$U_{AB} = BD\overline{v} \tag{7-64}$$

式中　U_{AB}——两电极间的感应电势，V；

　　　D——管道内径，m；

　　　B——磁场磁感应强度，T；

　　　$\overline{v}$——液体在管道中的平均流速，m/s。

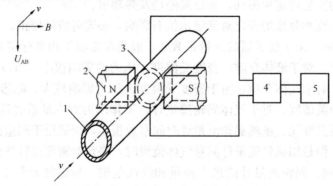

图 7-21　电磁流量计工作原理图

1—测量导管；2—磁极；3—电极；4—转换器；5—显示仪表

由此可得电磁流量计的体积流量公式为

$$q_V = \frac{\pi D}{4B} U_{AB} \tag{7-65}$$

应当指出，式（7-65）必须符合以下假定条件时才成立，即：

（1）磁场是均匀分布的恒定磁场；

（2）被测流体各向同性，具有一定的电导率，且非导磁；

（3）流速以管轴为中心对称分布。

7.5.1.2 有限长磁场的修正

在实际应用中，磁场虽可做成均匀的，但不能沿管道做得无限长，而有限的磁场在电极附近大致是均匀的，两端逐渐减弱为零。在电极附近产生的感应电势大，在两端小，这样在液体内部形成不均匀电场，进而产生涡电流。涡电流产生二次磁通，它反过来改变磁场边缘部分的工作磁通，对测量结果造成影响，这就是所谓的边缘效应。为修正边缘效应的影响，引入修正系数 K，它与管道的直径和磁场的长度有关，其曲线如图 7-22 所示。图中磁场长度与管径之比等于

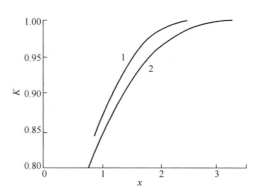

图 7-22　有限长磁场的修正系数曲线图
1—紊流；2—层流

$$x = \frac{l}{D} \tag{7-66}$$

式中　x——磁场长度与管径之比；

　　　l——磁场长度（m）。

从图 7-22 可见，对于紊流，只要保证横轴磁场长度与管径之比 $x \geqslant 2.5$；对于层流，只要保证 $x \geqslant 3.5$，就可忽略有限长磁场对测量结果的影响。否则，应在电磁流量计流量公式（7-65）中引入修正系数 K，即为

$$q_V = K \frac{\pi D}{4B} U_{AB} \tag{7-67}$$

7.5.2　励磁方式

励磁系统用于给电磁流量传感器提供均匀且稳定的磁场。它不仅决定了电磁流量传感器工作磁场的特征，也决定了电磁流量计流量信号的处理方法，对电磁流量计的工作性能有很大的影响。从电磁流量传感器产生、发展到目前，使用的励磁技术主要有直流励磁、工频正弦波励磁、低频矩形波励磁、三值低频矩形波励磁及最新的双频矩形波励磁技术。各励磁磁场波形如图 7-23 所示。

7.5.2.1　直流励磁技术

直流励磁技术是利用永磁体或者直流电源给电磁流量传感器励磁绕组供电，以形成恒定的直流磁场，如图 7-23（a）所示。它的特点是简单可靠、受工频干扰影响很小，以及流体中的自感现象可以忽略不计等。但也存在几个主要的问题：

（1）在电极上产生的直流感应电势会引起被测液体的电解，因而在电极上发生极化现场，破坏了原有的测量条件；

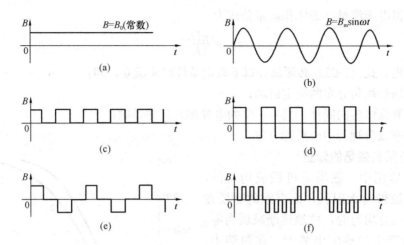

图 7-23　励磁磁场理想波形

（a）直流励磁；（b）工频正弦波励磁；（c）单极性低频矩形波励磁；

（d）双极性低频矩形波励磁；（e）三值低频矩形波励磁；（f）双频矩形波励磁

（2）直流励磁在电极间产生不均衡的电化学干扰电势叠加在直流流量信号中，无法消除，并随时间的变化、流体介质特性以及流动状态而变化；

（3）直流放大器存在零点漂移、噪声和稳定性等难以解决的问题，特别是在小流量测量时，信号放大器的直流稳定度必须在几分之一微伏之内，这样就限制了直流励磁技术的应用范围；

（4）当管道直径较大时，永久磁铁也要很大，这样既笨重又不经济。

7.5.2.2　交流励磁

对电解性液体，一般采用工频交流励磁，即利用正弦波工频（50Hz）电源给电磁流量计传感器励磁绕组供电，其磁感应强度为 $B = B_m \sin\omega t$，如图 7-23（b）所示。此时，电磁流量计两个电极的感应电势为

$$U_{AB} = B_m D \bar{v} \sin\omega t \tag{7-68}$$

式中　B_m——交流励磁磁感应强度的幅值，T；

　　　ω——励磁电流角频率，$\omega = 2\pi f$；f 为励磁电源频率，1/s。

对应的流量公式为

$$q_V = \frac{\pi D}{4 B_m \sin\omega t} U_{AB} \tag{7-69}$$

交流励磁具有能够基本消除电极表面的极化现象，降低电极电化学电势的影响和传感器内阻，以及便于信号放大等优点。但会带来一系列的电磁干扰问题，主要有以下三种：

1）正交干扰（90°干扰）

它是由"变压器效应"造成的。在电磁流量传感器中，由于电极、引线、被测介质和电磁流量转换器的输入电路构成的闭合回路处在同一交变的磁场中，所以，即使被测介质不流动，处于该交变磁场中的闭合回路也会产生感生电势和感生电流，根据焦耳-楞次定律有

$$U_n = -K_n \frac{dB}{dt} = -K_n B_m \cos\omega t \tag{7-70}$$

式中　U_n——正交干扰电势，V；

　　　K_n——系数。

比较式（7-68）和式（7-70）可以看出，两者相位差 $90°$，故称为正交干扰。励磁电流频率越高，正交干扰也越严重，实际应用中正交干扰信号可能远大于流量信号。

2）同相干扰（又称共模干扰）

同相干扰是指同时出现在传感器两个电极上，频率和相位都和流量信号一致的干扰信号。一般认为是静电感应、绝缘电阻分压以及传感器管道上的杂散电流所引起的。

3）激磁电压的幅值和频率变化引起的干扰

当激磁电压的幅值发生变化时，激磁电流也将发生变化，从而造成磁感应强度的变化。这时，虽然被测液体的流速没有变化，但感应电势却发生了变化，造成测量误差。另外，激磁电压的频率一旦发生变化，由于激磁绕组是感性负载，阻抗也随之发生变化，同样造成激磁电流的变化，引起测量误差。

7.5.2.3　低频矩形波励磁技术

低频矩形波励磁技术是结合直流励磁和交流励磁技术的优点，并摈弃其缺点，随着集成电路技术和同步采样技术而发展起来的一种励磁技术。其励磁磁场波形如图 7-23（c）、（d）所示。在半个周期内，磁场是一恒稳的直流磁场；从整个时间过程来看，矩形波信号又是一个交变信号。

低频矩形波励磁方式具有直流励磁技术受电磁干扰影响小、不产生涡流效应、正交干扰和同相干扰小等特点，同时具有正弦波励磁技术基本不产生极化现象，便于放大和处理信号，避免直流放大器零点漂移、噪声、稳定性等问题的优点，所以低频矩形波励磁技术具有良好的抗干扰性能，在电磁流量传感器中得到广泛应用。

低频矩形波励磁方式存在的问题是，在励磁电流矩形波的上升沿和下降沿处存在着正交干扰（微分干扰）。其沿越陡，微分干扰电势越大，但很快消失，形成一很窄的尖峰脉冲；上升沿和下降沿变化越缓慢，则微分干扰越小，但经历时间越长。

为了消除微分干扰对流量信号的影响，通常采用的方法是，在励磁电流进入稳定的恒定阶段后，再对流量信号电压进行同步采样。一方面不影响流量信号输出，另一方面由于同步采样脉冲相对工频而言是一宽脉冲，其频率为工频周期的整数倍，这样，即使流量信号中混有工频干扰信号，因其采样时间为完整的工频周期，其平均值为零，工频干扰电压也不会对流量信号产生影响。此外，由于励磁频率低，涡电流很小，静电耦合分布电容的影响小，所以，由于静电感应而产生的同相干扰也大大减小。

低频矩形波励磁技术的采用，解决了长期困扰电磁流量传感器的电磁干扰问题，大大提高了电磁流量传感器的零点稳定性和测量精确度，缩小传感器的体积，降低励磁功率，使转换器和传感器一体化，提高电磁流量计的整体性能，拓宽了它的工业应用领域。

7.5.2.4　三值低频矩形波励磁技术

三值低频矩形波励磁技术是人们在总结低频矩形波励磁技术的基础上，为使仪表零点更稳定而提出的一种励磁技术，其磁场波形如图 7-23（e）所示。

三值低频矩形波励磁方式的励磁电流一般采用工频的 1/8 频率，以 $+B$、0、$-B$ 三值进行励磁，通过对正—零—负—零—正变化规律的三种状态进行采样和处理。

三值低频矩形波励磁方式的特点是：

（1）能在零态时动态校正零点，有效地消除了流量信号的零位噪声，从而大大提高了仪表零位的稳定性；

（2）它与低频矩形波励磁技术一样，可以采用同步采样技术来消除上升沿和下降沿处的微分干扰，采用宽脉冲采样以消除混在流量信号中的工频干扰信号；

（3）它可以通过一个周期内的四次采样值，近似认为极化电势恒定，利用微处理机的数值运算功能得以消除极化电势的影响；

（4）传感器单位流速的流量信号电压可降低到工频励磁方式的 1/4，从而可进一步降低励磁功耗。

综上所述，三值低频矩形波励磁方式的优点是零点稳定、抗工频干扰能力强、励磁功耗小等，是目前电磁流量计的主要励磁方式。它的磁场波形有"正—负"二值和"正—零—负—零"三值两种。有的电磁流量计励磁频率可以由用户设定，一般小口径仪表用较高频率，大口径仪表用较低频率。

三值低频矩形波励磁方式存在的问题是无法抑制低频噪声，较高频率的矩形波磁场能消除低频噪声，但一般其零点稳定性欠佳。如在测量泥浆、纸浆等含纤维和固体颗粒的流体介质和低电导率流体流量时，固体颗粒擦过电极表面而产生的低频尖峰噪声和流体流动时的噪声，往往导致励磁频率较低的三值励磁电磁流量计输出摆动不稳。

7.5.2.5　双频矩形波励磁技术

双频矩形波励磁技术是目前最新的励磁技术，在电磁流量传感器中得到了很好的应用，它所产生的磁场波形如图 7-23（f）所示。其励磁电流的波形是在低频矩形波上叠加高频矩形波。高频部分是 75Hz 的矩形波，用来消除含纤维和固体颗粒流体介质的低频噪声；外包络线是 1/8 工频的低频矩形波，用于保持低频矩形波励磁零点稳定的优点。

7.5.3　电磁流量计的结构

电磁流量计由传感器、转换器和显示仪表三部分组成。

7.5.3.1　电磁流量计的传感器

电磁流量计的传感器主要由励磁系统、测量管道、绝缘衬里、电极、外壳和干扰调整机构等构成，其具体结构随着测量导管口径的大小而不同。

1. 励磁系统

励磁系统主要包括励磁绕组和铁芯，用以产生励磁方式所规定波形的磁场。一般工业用电磁流量计的磁场大多用电磁铁产生，磁场电源由转换器提供。产生磁场的励磁绕组和铁芯、磁轭的结构形式根据测量导管口径的不同，一般有以下三种常用结构形式：

（1）变压器铁芯型。它适用于直径 10mm 以下的小口径的电磁流量计传感器，其结构如图 7-24 所示。这种结构通过测量导管的磁通较大，在同样的流速下可得到较大的感应电势。但当口径较大时，不仅增加传感器的体积和重量，造成制造和维护困难；而且由于两电极间的距离较大，空间间隙也较大，漏磁磁通将明显增加，电干扰较严重，使仪表工作不够稳定。

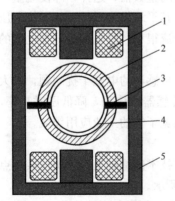

图 7-24　变压器铁芯型励磁系统
1—励磁绕组；2—测量导管；3—电极；
4—绝缘衬里；5—铁芯

（2）集中绕组型。它适用于口径在 10～100mm 内的中等口径传感器，由两只串联或并联的无骨架马鞍形励磁绕组组成，上下各一只夹持在测量导管上。为了保证磁场均匀，一般在线圈的外面加一层用 0.3～0.4mm 厚的硅钢片制成的磁轭，并在励磁绕组中间加一对极靴，如图 7-25 所示。

（3）分段绕制型。它适用于口径大于 100mm 的传感器，如图 7-26 所示。马鞍形的励磁线圈按余弦分布规律绕制，靠近电极部分的线圈绕得密一些，远离电极部分的线圈绕得稀一些，以得到均匀磁场。线圈外加一层磁轭，但无需极靴。按此分段绕制的鞍形励磁线圈放在测量导管上下两侧，使磁感应密度与管道横截面平行，以保证测量的准确度。分段绕组式励磁系统可以减小流量计体积，保证磁场均匀，所以已被普遍采用。

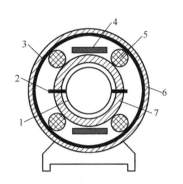 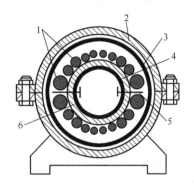

图 7-25　集中绕组型励磁系统
1—绝缘衬里；2—电极；3—磁轭；
4—极靴；5—励磁绕组；6—外壳；
7—测量导管

图 7-26　分段绕制型励磁系统
1—励磁绕组；2—外壳；3—磁轭；
4—绝缘衬里；5—电极；
6—测量导管

2. 测量管道

由于测量导管处在磁场中，为了让磁力线能顺利地穿过测量导管进入被测介质而不被分流或短路，首先，测量导管必须是非导磁材料制成；其次，为了减小电涡流，测量导管一般应选用高阻抗材料，在满足强度要求的前提下，管壁应尽量薄；最后，为了防止电极上的流量信号被金属管壁所短路，在测量导管内侧应有一完整的绝缘衬里。衬里材料应根据被测介质，选择具有耐腐蚀、耐磨损、耐高温等性能的材料，常用材料有聚氨酯橡胶（60℃）、氯丁橡胶（70℃）、聚四氟乙烯（120℃）等。

中小口径电磁流量计的测量导管用不导磁的不锈钢（1Cr18Ni9Ti）或玻璃钢等制成；大口径的测量导管用离心浇铸的方法把橡胶、线圈和电极浇铸在一起，可减小因涡流引起的误差。

3. 电极

电极直接与被测液体接触，因此必须耐腐蚀、耐磨、结构上防漏、不导磁。大多数电极采用不锈钢（1Cr18Ni9Ti）制成，也有用含钼不锈钢（1Cr18Ni12Mo2Ti）；对腐蚀性较强的介质，采用钛、铂、耐酸钢涂覆黄金等。电极通常加工成矩形或圆形，其结构如图 7-27 所示。特殊情况下，为

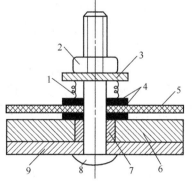

图 7-27　电磁流量计电极结构
1—压簧；2—螺母；3—导电片；
4—绝缘垫圈；5—印刷电路板；
6—测量导管；7—密封环；
8—电极；9—绝缘衬里

避免电极污染，可采用电容检测型电磁流量计，将电极置于测量导管衬里外，不与流体介质直接接触，所以有时也称其为无电极电磁流量计。它可用来测量电导率很低（$5 \times 10^{-6}\,\mathrm{S/m}$）的液体、浆液、渣液、泥浆等的流量。

4. 干扰调整机构

对于正弦波励磁的电磁流量计，传感器应有干扰调整机构。它实际上是一个"变压器调零"装置，可以抑制由于"变压器效应"而产生的正交干扰。

7.5.3.2　电磁流量计的转换器

转换器的作用是把电磁流量传感器输出的毫伏级电压信号放大，并转换成与被测介质体积流量成正比的标准电流、电压或频率信号，以便于仪表及调节器配合，实现流量的指示、记录、调节和计算。

根据电磁流量传感器的特点，要求转换器具备以下几个方面的性能：

（1）线性放大能力。转换器是具有高稳定性能的线性放大器，能把毫伏级流量信号放大到足够高的电平，并线性地转换成标准电信号输出。

（2）能够分辨和抑制各种干扰信号。根据不同的励磁方式，转换器应有相应的措施抑制或消除各种干扰信号的影响。

1）正交干扰。对于正交干扰，除了传感器中的干扰调整机构调零外，转换器中应有分辨和抑制正交干扰的机构，以消除传感器中剩余的正交干扰信号。否则，这些干扰信号同样会被转换器的放大器放大，严重影响仪表工作。对正交干扰的抑制方法，一般是将经过主放大器放大后的正交干扰信号通过相敏检波的方式鉴别分离出来，然后反馈到主放大器的输入端，以抵消输入端进来的正交干扰信号。

2）同相干扰。对于同相干扰，由于产生的原因比较复杂，抑制的方法也较多。

① 在传感器方面，将电极和励磁线圈在几何形状上做得结构均匀对称，在尺寸以及性能参数方面尽量匹配，并分别严格屏蔽，以减少电极与励磁线圈之间的分布电容影响；

② 在转换器方面，通常是在转换器的前置放大级采用差分放大电路，以利用差分放大器的高共模抑制比，使进入转换器输入端的同相干扰信号得不到放大而被抑制；

③ 在转换器的前置放大级中增加恒流源电路，能更好地抑制同相干扰；

④ 单独、良好的接地也十分重要，减小接地电阻可以减小由于管道杂散电流产生的同相干扰电势。

（3）应有足够高的输入阻抗。由于电磁流量计传感器的内阻很高，一般可达几十到几百千欧（与被测介质的电导率和电极直径有关）。因此转换器必须有足够高的输入阻抗，以克服传感器内阻变化带来的影响，提高测量准确度和加长传输信号导线。

（4）应能消除电源电压和频率波动的影响。为了消除电源电压和频率波动的影响，可采用测量比值 $U_{AB}/B_m \sin\omega t$，而不是仅测量 U_{AB} 的方法。这样，从流量的基本测量关系式（7-69）可知，当管道直径 D 固定时，所测得的信号 $U_{AB}/B_m \sin\omega t$ 恰能反映流量 q_V，即消除了电源电压和频率的影响。

对于方波励磁的电磁流量计，由于磁感应强度 B 已基本不受电源的影响，所以不需要测量 U_{AB}/B，但在采样流量信号时应避开上升沿和下降沿处的微分干扰。

7.5.4 电磁流量计的特点和选用

7.5.4.1 电磁流量计的特点

电磁流量计的主要优点如下：

(1) 传感器的测量导管内没有可动部件，也没有任何阻碍流体流动的节流部件，所以当流体通过流量计时不会引起任何附加的压力损失，是流量计中运行能耗最低的流量仪表之一。

(2) 适于测量各种特殊液体的流量，如脏污介质、腐蚀性介质及悬浊性液固两相流等。这是由于仪表测量导管内部无阻碍流动部件，与被测流体接触的只是测量导管内衬和电极，其材料可根据被测流体的性质来适当选择。例如：用聚三氟乙烯或聚四氟乙烯做内衬，可测量各种酸、碱、盐等腐蚀性介质；采用耐磨橡胶做内衬，就特别适合于测量带有固体颗粒的、磨损较大的矿浆、水泥浆等液固两相流，以及各种带纤维液体和纸浆等悬浊液体的流量。

(3) 电磁流量计虽是一种体积流量测量仪表，但在测量过程中，它不受被测介质的温度、黏度、密度以及电导率（在一定范围）的影响。因此，电磁流量计只需经水标定后，就可以用来测量其他导电性液体的流量。

(4) 测量范围广。电磁流量计的输出只与被测介质的平均流速成正比，而与对称分布下的流动状态（层流或湍流）无关。所以电磁流量计的量程范围极宽，其测量范围度可达 100：1，有的甚至高达 1000：1。

(5) 电磁流量计无机械惯性，反应灵敏，可以测量脉动流量，也可测量正反两个方向的流量。

(6) 工业用电磁流量计的口径范围极宽，为 ϕ（2～2400）mm，而且目前国内已有口径达 3m 的实流校验设备，为电磁流量计的应用和发展奠定了基础。

(7) 测量准确度可达 0.5～1.0 级，且输出与流量呈线性关系。

(8) 对直管段要求不高，使用比较方便。

电磁流量计目前仍然存在的主要不足如下：

(1) 只能测量具有一定电导率的液体流量，一般要求电导率在 5×10^{-4} S/m 以上，不能用来测量气体、蒸汽、含有大量气体的液体、石油制品或有机溶剂等介质。

(2) 被测介质的磁导率应接近于 1，这样流体磁性的影响才可以忽略不计，故不能测量铁磁介质，例如含铁的矿浆流量等。

(3) 普通工业用电磁流量计由于测量导管内衬材料和电气绝缘材料的限制，不能用于测量高温介质，一般工作温度不超过 200℃；如未经特殊处理，也不能用于低温介质的测量，以防止测量导管外结露（结霜）破坏绝缘。

(4) 电磁流量计易受外界电磁干扰的影响。

(5) 流速测量下限有一定限度，一般为 0.5m/s。

(6) 电磁流量计结构比较复杂，成本较高。

(7) 由于电极装在管道上，工作压力受到限制，一般不超过 4MPa。

7.5.4.2 电磁流量计的选用

由 7.5.3 节的分析可知，电磁流量计传感器的具体结构随着测量导管口径的大小而不同，因此对电磁流量计的选用应着重口径的选择。电磁流量传感器的口径不必一定要与工艺管道的内径相等，而应根据流速、流量来合理选择。一般工业管道如果输送水等黏度不高的流体，若流速在 $1.5\sim3m/s$ 之间，则可选传感器口径与管道内径相同。

电磁流量计满度流量时的液体流速可在 $1\sim10m/s$ 范围内选用，上限流速对电磁流量计在原理上并无限制，但实际使用中，液体流速通常很少超过 $7m/s$，超过 $10m/s$ 的更为罕见。满度流量的流速下限一般为 $0.5m/s$，如果某些工程运行初期流速偏低，从测量精确度出发，仪表口径应改用小管径，用异径管连接到管道上。流速、流量和口径之间的关系如图 7-28 所示，选用时可供参考。

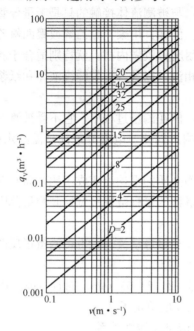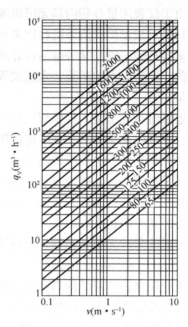

图 7-28 流速、流量和口径关系图

用于易粘附、沉积、结垢等流体的流量测量时，其流速应不低于 $2m/s$，最好提高到 $3\sim4m/s$ 以上，以在一定程度上起到自清扫管道、防止粘附沉积的作用。用于磨蚀性大的流体（如矿浆、陶土、石灰乳等）时，常用流速应低于 $2m/s$，以降低对绝缘衬里和电极的磨损。

7.5.5 电磁流量计的安装和使用

电磁流量计的正确安装对电磁流量计的正常运行极为重要，这里主要介绍电磁流量计传感器与转换器安装和使用时要注意的问题。

(1) 安装场所。普通电磁流量计传感器的外壳防护等级为 IP65，对安装场所的要求是：

1) 测量混合相流体时，应选择不会引起相分离的场所。

2) 选择测量导管内不会出现负压的场所。

3) 应安装在没有强电场的环境，附近也不应有大的用电设备，如：电动机、变压器等，以免受电磁场干扰。

4) 避免安装在周围有强腐蚀性气体的场所。

5) 环境温度一般应在 $-25\sim60℃$ 范围内，并尽可能避免阳光直射。

6) 安装在无振动或振动小的场所。如果振动过大，则应在传感器前后的管道加固定支撑。

7) 环境相对湿度一般应在 $10\%\sim90\%$ 的范围内。

8）避免安装在能被雨水直淋或被水浸没的场所。

如果传感器的外壳防护等级为 IP67 或 IP68（防尘防浸水级），则最后两项可以不作要求。

（2）直管段长度。电磁流量计对表前直管段长度的要求比较低，一般对于 90°弯头、T 形三通、异径管、全开阀门等流动阻力件，离传感器电极轴中心线（不是传感器进口端面）应有 3～5D 的直管段长度；对于不同开度的阀门，则要求有 10D 的直管段长度；传感器后一般应有 2D 的直管段长度。当阀门不能全开时，如果使阀门截流方向与传感器电极轴成 45°安装，可大大减小附加误差。

（3）安装位置和流动方向。电磁流量计可以水平、垂直或倾斜安装，如图 7-29 所示。

水平安装时，传感器电极轴必须水平放置，如图 7-29 中的 d 所示。这样不仅可以防止由于流体所夹带的气泡而产生的电极短时间绝缘现象，也可以防止电极被流体中沉积物所覆盖。不应将流量计安装在最高点，以免有气体积存，图 7-29 中的 b 所使用的电磁流量计安装在管路中的最高处，为不良的安装位置，应予以避免。

垂直安装时，应使流体自下而上流过电磁流量计，如图 7-29 中的 e 所示。这样可使无流量或流量很小时，流体中所夹带的较重的固体颗粒下沉，而较轻的脂肪类物质上升离开传感器电极区。测量泥浆、矿浆等液固二相流时，垂直安装可以避免固相沉淀和传感器绝缘衬里不均匀磨损。

电磁流量计的安装处应具备一定背压。在图中 7-29 中的 a 所示的位置，流量计出口直接排空易造成测量导管内液体非满管，为不良的安装位置，应予以避免。

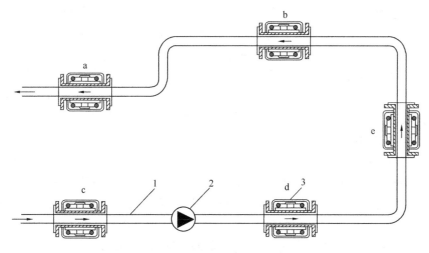

图 7-29　电磁流量计安装示意图
1—管道；2—泵；3—电磁流量计

为了防止电磁流量计内产生负压，电磁流量计应安装在泵的后面，如图 7-29 中的 d 所示；而不应安装在泵的前面，如图 7-29 中的 c 所示。

（4）安装旁路管。电磁流量计的测量准确度受测量导管的内壁，特别是电极附近结垢的影响，使用中应注意维护清洗。为便于检修和调整零点，中小管径应尽可能安装旁路管，以使电磁流量计充满不流动的被测液体。

（5）正确接地。电磁流量计信号比较弱，满量程时只有几毫伏，当流量很小时，只有几微伏，外界稍有干扰就会影响测量准确度。因此，电磁流量传感器必须单独接地，并将它的"地"与被测液体和转换器的"地"用一根导线接起来，再用接地线将其深埋地下；接地电阻应小，接地点不应有地电流。要确保流体、外壳、管道间的良好接地和良好点接触，千万不要连接在电机或上下游管道上。

（6）信号线应单独穿入接地钢管，绝不允许和电源线穿在同一个钢管里。信号线一定要用屏蔽线，长度不得大于 30m。若要求加长信号线，必须采用一定的措施，如采用双层屏蔽电缆、屏蔽驱动等。

（7）被测液体的流动方向应为变送器规定的方向，否则流量信号相移 180°，相敏检波不能检出流量信号，仪表将没有输出。

7.6　靶式流量计 *
（扫码阅读）

7-1 7.6节、
7.7节补充材料

7.7　涡街流量计 *
（扫码阅读）

7.8　超声波流量计

7.8.1　超声波探头

在超声波检测技术中，主要是利用超声波的反射、折射、衰减等物理性质。不管哪一种超声波仪器，都必须把超声波发射出去，然后再把超声波接收回来，变换成电信号，完成这一部分工作的装置，就是超声波传感器。但是在习惯上，把这个发射部分和接受部分均称为超声波换能器，或超声波探头。超声波探头有压电式、磁致伸缩式、电磁式等。在检测技术中最常用的是压电式。在压电式超声波换能器中，常用的压电材料有石英（SiO_2）、钛酸钡（$BaTiO_3$）、锆钛酸铅（PZT）和偏铌铅（$PbNb_2O_6$）等。

7.8.1.1　压电式换能器

每台超声波流量计至少有一对换能器：发射换能器和接收换能器。换能器通常由压电元件、声楔和能产生高频交变电压/电流的电源构成。压电元件一般均为圆形，沿厚度方向振动，其厚度与超声波频率成反比，其直径与扩散角成反比。因此，为保证超声波的振动方向性，其直径与厚度之比一般应大于 10∶1。声楔起到固定压电元件，使超声波以合适的角度射入流体的作用。对声楔的要求不仅是强度高、耐老化，而且要求超声波透过声楔后能量损失小，一般希望透射系数尽可能接近 1。

作为发射超声波的发射换能器，是利用压电材料的逆压电效应（电致伸缩现象）制成的，即在压电材料切片（压电元件）上施加交变电压，使它产生电致伸缩振动而产生超声波，如图 7-30 所示。发射换能器所产生的超声波以某一角度射入流体中传播，被接收换能器接收。

压电元件的固有频率 f 与晶体片的厚度 d 有关，即

$$f = \frac{nc}{2d} = \frac{n}{2d}\sqrt{\frac{E}{\rho}}$$

(7-71)

式中　n——谐波的级数，$n=1$，2，3，…；

　　　c——波在压电材料里传播的纵波速度，m/s；

　　　E——杨氏模量，Pa；

　　　ρ——压电元件的密度，kg/m³。

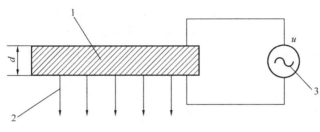

图 7-30　发射超声波的压电式换能器

1—压电元件；2—超声波；3—交变电压

当外加交变电压的频率等于压电元件的固有频率时产生共振，这时产生的超声波最强。压电式换能器可以产生几十千赫兹到几十兆赫兹的高频超声波，其声强可达几十瓦/厘米²。

作为接收用的换能器则是利用压电材料的压电效应制成的，其结构和发射换能器基本相同，即当超声波作用到压电晶片上时，使晶片伸缩，在晶片上便产生交变电荷，这种电荷被转换成电压经放大后送到测量电路，最后被记录或显示出来。有关压电效应的机理详见 5.5 节。

在实际使用中，由于压电效应的可逆性，有时将换能器作为"发射"与"接收"兼用，亦即将脉冲交流电压加到压电元件上，使其向介质发射超声波，同时又利用它作为接收元件，接收从介质中反射回来的超声波，并将反射波转换为电信号送到后面的放大器。因此，压电式超声波换能器实质上是压电式传感器。

换能器由于其结构不同，可分为直探头（纵波）、斜探头（横波）、表面波探头、双探头（一个探头发射，另一个接收）、聚集探头（将声波聚集成一细束）、水浸探头（可浸在液体中）等多种。其中，直探头式换能器又称直探头或平探头，它可以发射和接收纵波。

7.8.1.2　磁致伸缩换能器

铁磁物质在交变的磁场中沿着磁场方向产生伸缩的现象，叫作磁致伸缩效应。磁致伸缩效应的强弱即伸长缩短的程度，因铁磁物质的不同而不同。镍的磁致伸缩效应最大，它在一切磁场中都是缩短的。如果先加一定的直流磁场，再通以交流电流时，它可工作在特性最好的区域。

磁致伸缩超声波发射换能器是把铁磁材料置于交变磁场中，使它产生机械尺寸的交替变化，即机械振动，从而产生超声波。它是用几个厚为 0.1～0.4mm 的镍片叠加而成，片间绝缘以减少涡流损失，其结构形状有矩形、窗形等。发射换能器机械振动的固有频率的表达式与压电式的相同，如式（7-71）所示。如果振动器是自由的，则 $n=1$，2，3，…，如果振动器的中间部分固定，则 $n=1$，3，5，…。磁致伸缩换能器的材料除镍外，还有铁钴钒合金和含锌、镍的铁氧体。其特点是：工作范围较窄，仅在几万赫兹范围内，但功率可达 100kW，声强可达每平方厘米几千瓦，能耐较高的温度。

磁致伸缩超声波接收换能器是利用磁致伸缩的逆效应工作的。当超声波作用到磁致伸缩材料上时，使磁致材料伸缩，引起它的内部磁场（即导磁特性）变化。根据电磁感应定律，磁致伸缩材料上所绕的线圈里便获得感应电动势，其结构与发射换能器差不多。

7.8.1.3 换能器在管道上的布置方式

超声波流量计的换能器大致有夹装型、插入型和管道型三种结构形式。换能器在管道上的布置方式如图 7-31 所示。一般而言，流体以管道轴线为中心对称分布，且沿管道轴线平行地流动，此时应采用如图 7-31（a）所示的直接透过法（简称 Z 法）布置换能器。该布置方法结构简单，适用于有足够长的直管段，且流速沿管道轴对称分布的场合。当流速不对称分布、流动的方向与管道轴线不平行或存在着沿半径方向流动的速度分量时，可以采用反射法（V 法），如图 7-31（b）所示。当安装距离受到限制时，可采用交叉法（X 法），如图 7-31（c）所示。换能器一般均交替转换分时作为发射器和接收器使用。

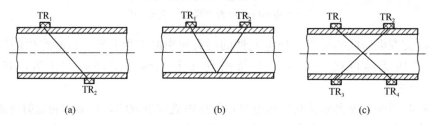

图 7-31 超声波换能器在管道上的配置方式
（a）直接透过法；（b）反射法；（c）交叉法
TR—超声波换能器

迎流流速分布和漩涡对流量测量值影响较大，因此，要求有较长的上游直管段长度。为了克服上述缺点，人们多采用多声道化和声束多反射化方法进行超声波流量测量，其性能和应用范围目前正在不断提高和扩大。

7.8.2 超声波流量计的分类和特点

利用超声波测量液体的流速很早就有人研究，但由于技术水平所限，一直没有很大进展。随着技术的进步，不仅使得超声波流量计获得了实际应用，而且发展很快。超声波流量计的测量原理，就是通过发射换能器产生超声波，以一定的方式穿过流动的流体，通过接收换能器转换成电信号，并经信号处理反映出流体的流速。

7.8.2.1 超声波流量计分类

超声波流量计对信号的发生、传播及检测有各种不同的设置方法，构成了依赖不同原理的超声波流量计，其中典型的有：

（1）速度差法超声波流量计；

（2）多普勒超声波流量计；

（3）声速偏移法超声波流量计，或称波束偏移法超声波流量计；

（4）噪声法超声波流量计；

（5）漩涡法超声波流量计；

（6）相关法超声波流量计；

（7）流速-液面法超声波流量计。

上述各种超声波流量计均有实际应用，但用得较多的还是速度差法超声波流量计和多普勒超声波流量计，而声速偏移法超声波流量计当流速与声速比较低时实施起来很困难。

7.8.2.2　超声波流量计的特点

（1）超声波流量计可以做成非接触式的，即从管道外部进行测量。因在管道内部无任何插入测量部件，故没有压力损失，不改变原流体的流动状态，对原有管道不需任何加工就可以进行测量，使用方便。

（2）测量对象广。因测量结果不受被测流体的黏度、电导率的影响，故可测各种液体或气体的流量。如：可用于各种液体的流量测量，包括测量腐蚀性液体、高黏度液体和非导电液体的流量，尤其适于测量大口径管道的水流量或各种水渠、河流、海水的流速和流量，在医学上还用于测量血液流量等。

（3）超声波流量计的输出信号与被测流体的流量呈线性关系。

（4）和其他流量计一样，超声波流量计前需要一定长度的直管段。一般直管段长度在上游侧需要 $10D$ 以上，而在下游侧则需要 $5D$ 左右。

（5）准确度不太高，约为 1%。

（6）温度对声速影响较大，一般不适于温度波动大、介质物理性质变化大的流量测量；其次也不适于小流量、小管径的流量测量，因为这时相对误差将增大。

7.8.3　速度差法超声波流量计

速度差法超声波流量计是根据超声波在流动的流体中，顺流传播的时间与逆流传播的时间之差与被测流体的流速有关这一特性制成的。按所测物理量的不同，速度差法超声波流量计可分为时差法超声波流量计、相位差法超声波流量计和频差法超声波流量计三种。

7.8.3.1　时差法超声波流量计

时差法超声波流量计就是测量超声波脉冲顺流和逆流时传播的时间差。

1. 插入式时差法超声波流量计

（1）测量原理

如图 7-32 所示，在管道上、下游相距 L 处分别安装两对超声波换能器 T_1、R_1 和 T_2、R_2。设声波在静止流体中的传播速度为 c，流体流动的速度为 v。当超声波传播方向与流体流动方向一致，即顺流传播时，超声波的传播速度为（$c+v$），而当超声波传播方向与流体流动方向相反，即逆流传播时，超声波的传播速度为（$c-v$）。顺流方向传播的超声波从 T_1 到 R_1 所需时间为

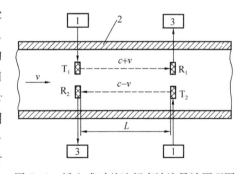

图 7-32　插入式时差法超声波流量计原理图
1—发射电路；2—管道；3—接收电路；
T_1，T_2—超声波发射器；R_1，R_2—超声波接收器

$$t_1 = \frac{L}{c+v} \qquad (7\text{-}72)$$

逆流方向传播的超声波是从 T_2 到 R_2，则所需时间为

$$t_2 = \frac{L}{c-v} \qquad (7\text{-}73)$$

用式（7-73）减去式（7-72），得逆、顺流传播超声波的时间差 Δt 为

$$\Delta t = t_2 - t_1 = \frac{2vL}{c^2 - v^2} \qquad (7\text{-}74)$$

一般情况下，被测液体的流速为每秒数米以下，而液体中的声速每秒约 $1500\mathrm{m}$，即满足 $c^2 \gg v^2$，所以

$$\Delta t = \frac{2vL}{c^2} \tag{7-75}$$

此时，流体的流速为

$$v = \frac{c^2}{2L}\Delta t \tag{7-76}$$

（2）声速修正方法

由式（7-75）可见，当声速 c 为常数时，流体流速和时间差 Δt 成正比。测得时间差即可求出流速，进而求得流量。但应注意：

1）声速是温度的函数，当被测流体温度变化时会带来流速测量误差。

2）若实测声速，其准确度要求高。例如，若流速测量要达到 1% 准确度，则对声速的测量准确度应达到 $10^{-5} \sim 10^{-6}$ 数量级。

因此为了消除声速变化对测量的影响，可进行如下两种处理：

1）将式（7-72）加式（7-73）得

$$t_1 + t_2 = \frac{L}{c+v} + \frac{L}{c-v} = \frac{2Lc}{c^2 - v^2}$$

由于 $c^2 \gg v^2$，所以有

$$c = \frac{2L}{t_1 + t_2} \tag{7-77}$$

将式（7-77）代入式（7-76）得

$$v = \frac{2L}{(t_1 + t_2)^2}\Delta t \tag{7-78}$$

2）将式（7-72）乘以式（7-73）得

$$t_1 t_2 = \frac{L^2}{c^2 - v^2} \tag{7-79}$$

由于 $c^2 \gg v^2$，所以有

$$c^2 = \frac{L^2}{t_1 t_2} \tag{7-80}$$

将式（7-80）代入式（7-76）得

$$v = \frac{L}{2t_1 t_2}\Delta t \tag{7-81}$$

经以上处理，式（7-78）和式（7-81）已基本消除声速变化对测量的不利影响。

2. 夹装式时差法超声波流量计

（1）测量原理

这种超声波流量计的工作原理也是时间差法，所不同的是换能器未直接插入到管道中去，如图 7-33 所示。顺流方向传播的超声波，从 TR_1 到 TR_2 所需时间 t_1 为

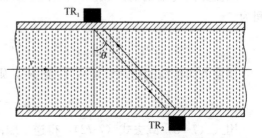

图 7-33　夹装式时差法超声波流量计

注：TR_1、TR_2—超声波换能器

$$t_1 = \frac{D/\cos\theta}{c + v\sin\theta} \tag{7-82}$$

式中 D——管道直径，m；

θ——超声波进入流体中的折射角。

逆流方向传播的超声波，从 TR_2 到 TR_1 所需时间 t_2 为

$$t_2 = \frac{D/\cos\theta}{c - v\sin\theta} \tag{7-83}$$

用式（7-83）减去式（7-82），得逆、顺流传播超声波的时间差 Δt 为

$$\Delta t = t_2 - t_1 = \frac{D}{\cos\theta}\frac{2v\sin\theta}{c^2 - v^2\sin^2\theta} \tag{7-84}$$

由于 $c^2 \gg v^2\sin^2\theta$，对式（7-84）整理可得

$$v = \frac{c^2}{2D\tan\theta}\Delta t \tag{7-85}$$

（2）宽声束换能器与窄声束换能器的比较

夹装式时差法超声波流量计的换能器，按超声波束的宽度可分为窄声束换能器和宽声束换能器。

窄声束换能器具有较好的通用性，不必严格考虑管道的材质和壁厚，但要求知道声速并保持为常数，还需精确安装窄声束换能器在声束到达的位置上，否则换能器可能接收不到超声波。这是因为流体中声速可能变化，折射角 θ 随之发生变化，如果此时声束较窄，接收换能器就可能接收不到超声波。另外，窄声束超声波可能有一部分沿管壁环行到达接收换能器，而没有通过被测介质。这种沿管壁环行的超声波与通过被测介质到达的超声波可以在接收换能器上叠加造成测量误差。

与此相反，宽声束换能器有许多优点，表现为：①对接收换能器的位置要求不严；②所发射的宽声束超声波沿管壁纵向传播，且在传播过程中源源不断地向对面管壁折射声波。因为其声束很宽，沿管壁环行的分量很小，与窄声束比较可小 40dB（1∶100）。但宽声束换能器需要根据管道的材质和壁厚决定换能器的形式和对管壁的发射角。

3. 插入式和夹装式的比较

就换能器安装方式来说，夹装式较插入式有许多优点：

（1）夹装式可以便携使用，插入式是固定的。

（2）插入式换能器与被测介质直接接触，存在腐蚀、粘结和沉淀等问题；夹装式换能器装在管道外面，不与被测介质接触，不会遇到这些问题。

（3）插入式换能器可能导致管道内出现漩涡，造成误差。这种误差虽然在标定时予以一定的修正，但由于使用条件与标定时不尽相同，故误差不可能绝对避免。

（4）插入式换能器由于其发射表面与接收表面互相平行，会产生从接收器到发射器再从发射器到接收器这样多次反射的回声，因此要求下一次发射超声波脉冲必须延迟一段时间，直到回声消失以后再发射，这就降低了发射超声波脉冲的重复发射频率，降低了插入式换能器的超声波流量计的分辨力，也延长了它的响应时间。夹装式换能器的声束反射是离开发射换能器的，所以没有回声效应。夹装式换能器的重复发射频率可以比插入式换能器高 10 倍。

4. 灵敏度

对于插入式时差法超声波流量计，根据式（7-76）可得灵敏度为

$$S = \frac{\Delta t}{v} = \frac{2L}{c^2} \tag{7-86}$$

对于夹装式时差法超声波流量计，根据式（7-85）可得灵敏度为

$$S = \frac{\Delta t}{v} = \frac{2D}{c^2}\tan\theta \tag{7-87}$$

可见灵敏度与声速平方成反比，与管道直径成正比。现在电子技术一般能达到的测时准确度为 $0.01\mu s$，因此在保证 1‰测量准确度的条件下，测量时间差 Δt 的下限只能达到 $1\mu s$。

设 $\theta = 30°$，$c = 1500\text{m/s}$，$D = 300\text{mm}$，测量准确度为 1%，则时间差最低为 $1\mu s$，可测最低流速为

$$v = \frac{c^2}{2D\tan\theta}\Delta t = \frac{1500^2 \times 1 \times 10^{-6}}{2 \times 0.3 \times \tan 30°} = 6.495\text{m/s}$$

这个测量下限有点过高。如果采用声波顺流、逆流各发射 N 次的时间差，可提高测量准确度，降低流速测量下限。

7.8.3.2 相差法超声波流量计

采用时差法测量流速，不仅对测量电路要求高，而且还限制了流速测量的下限。因此，为了提高测量准确度，早期采用了检测灵敏度高的相位差法。

相位差法超声波流量计是把上述时间差转换为超声波传播的相位差来测量。设超声波换能器向流体连续发射如下形式的超声波脉冲

$$s(t) = A\sin(\omega t + \varphi_0) \tag{7-88}$$

式中　$s(t)$——超声波脉冲，V；

　　　　A——超声波的幅值，V；

　　　　ω——超声波的角频率，1/s；

　　　　φ_0——超声波的初始相位。

按顺流和逆流方向发射时收到的信号相位分别为

$$\varphi_1 = \omega t_1 + \varphi_0 \tag{7-89}$$

$$\varphi_2 = \omega t_2 + \varphi_0 \tag{7-90}$$

则顺流和逆流时所接收信号之间的相位差为

$$\Delta\varphi = \varphi_2 - \varphi_1 = \omega\Delta t = 2\pi f\Delta t \tag{7-91}$$

式中　f——超声波振荡频率，1/s。

由此可见，相位差 $\Delta\varphi$ 是时间差 Δt 的 $2\pi f$ 倍，且在一定范围内，f 越大，放大倍数越大，因此相位差 $\Delta\varphi$ 要比时间差 Δt 容易测量。但同时差法一样也存在声速修正问题。此时，流体的流速为

$$v = \frac{c^2}{4\pi fL}\Delta\varphi \tag{7-92}$$

7.8.3.3 频差法超声波流量计

1. 基本测量原理

频差法超声波流量计是通过测量顺流和逆流时，超声波脉冲的循环频率之差来测量流

量的。超声波发射器向被测流体发射超声波脉冲，接收器收到声脉冲并将其转换成电信号，经放大后再用此电信号去触发发射电路发射下一个声脉冲，不断重复，即任一个声脉冲都是由前一个接收信号所触发，形成"声循环"。脉冲循环的周期主要是由流体中传播声脉冲的时间决定的，其倒数称为声循环频率（即重复频率）。因此可得，顺流时脉冲循环频率 f_1 和逆流时脉冲循环频率 f_2 分别为

$$f_1 = \frac{c + v}{L} \tag{7-93}$$

$$f_2 = \frac{c - v}{L} \tag{7-94}$$

顺流和逆流时的声脉冲循环频差为

$$\Delta f = f_1 - f_2 = \frac{2v}{L} \tag{7-95}$$

所以流体流速为

$$v = \frac{L}{2} \Delta f \tag{7-96}$$

由式（7-96）可知，流体流速和频差成正比，式中不含声速 c，因此流速的测量与声速无关，不必进行声速修正，这是频差法超声波流量计的显著优点。由于循环频差 Δf 很小，直接进行测量的误差大，为了提高测量准确度，一般需采用倍频技术。

由于顺、逆流两个声循环回路在测循环频率时会相互干扰，工作难以稳定，而且要保持两个声循环回路的特性一致也是非常困难的，因此实际应用频差法测量时，仅用一对换能器按时间交替转换作为接收器和发射器使用。

2. 马克森（Maxson）流量计

马克森流量计是典型的最早依据频差法原理工作的具有实用意义的超声波流量计，与密度测量部件配合即可测量质量流量，如图 7-34 所示。图中，超声波发射换能器 T_1、接收器 R_1、放大器 1 和超声波发射机 1 构成顺流方向的声循环回路；超声波发射换能器 T_2、接收器 R_2、放大器 2 和超声波发射机 2 构成逆流方向的声循环回路。

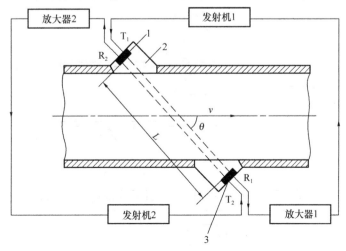

图 7-34　马克森流量计原理方框图
1—发射换能器；2—声楔；3—接收换能器

顺流声循环回路的频率 f_1 约为：

$$f_1 = \frac{c + v\cos\theta}{L} \qquad (7\text{-}97)$$

式中　θ——入射超声波与流体速度方向的夹角；

　　　L——发射换能器与接收换能器之间的距离，m。

逆流声循环回路的频率 f_2 约为

$$f_2 = \frac{c - v\cos\theta}{L} \qquad (7\text{-}98)$$

顺流和逆流时的声循环回路频率差约为

$$\Delta f = f_1 - f_2 = \frac{2v\cos\theta}{L} \qquad (7\text{-}99)$$

这种流量计的优点是：测量准确度优于 2%，测量范围大，最大流量约为最小流量的 20 倍；当雷诺数在 $3\times10^4 \sim 10^6$ 之间时，流速分布对线性的影响为 $\pm1\%$ 左右。但当流速小时，两个回路的声循环频率相近，由于频率牵引现象，使得流速测量不易进行。

3. 锁相环路（PLL）频差法超声波流量计

锁相环路（PLL）频差法超声波流量计的原理方框图如图 7-35 所示。该流量计采用两个锁相环路：一个沿顺流方向发射超声波，另一个沿逆流方向发射超声波，两个换能器的收发交替转换。图中，压控振荡器 VCO（1）、分频器（1）、相位差计（1）、积分器（1）同时接至 b 点的同步开关，发射超声波的换能器 TR$_1$、接收超声波的换能器 TR$_2$ 构成顺流方向的声循环回路；压控振荡器 VCO（2）、分频器（2）、相位差计（2）、积分器（2）同时接至 a 点的同步开关，发射超声波的换能器 TR$_2$、接收超声波的换能器 TR$_1$ 构成逆流方向的声循环回路。

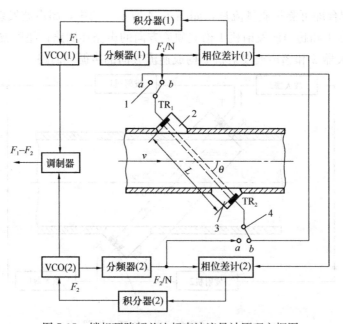

图 7-35　锁相环路频差法超声波流量计原理方框图

1，4—同步转换开关；2，3—声楔；TR1，TR2—超声波换能器以顺流方向的声循环回路为例分析其工作情况。压控振荡器 VCO（1）产生频率为 F_1 的振荡频率信号，经分频器（1）进行 N 分频后分成两路：一路直接送入相位差计（1），另一路经同步转换开关送至换能器 TR_1，使之发射超声波到流体中，顺流传至另一换能器 TR_2 并被接收，再送入相位差计（1）检出两路信号间的相位差。此差值经积分器（1）转换成与其成比例的电压，去控制压控振荡器 VCO（1）的振荡频率 F_1，完成一个环路的锁相过程。压控振荡器 VCO（1）的振荡频率 F_1，由顺流传递时间决定的声循环频率 f_1 锁定，且为 f_1 的 N 倍。N 为倍频数，是人为选定的常数。同理，对逆流方向的声循环回路而言，压控振荡器 VCO（2）的振荡频率 F_2，被由逆流传递时间决定的声循环频率 f_2 锁定为 Nf_2。

两个压控振荡器振荡频率的差值等于

$$\Delta F = F_1 - F_2 = N(f_1 - f_2) = N\Delta f \tag{7-100}$$

将式（7-100）代入式（7-99）可得锁相环路频差法超声波流量计的流速为

$$v = \frac{L}{2N\cos\theta}(F_1 - F_2) = \frac{L}{2N\cos\theta}\Delta F \tag{7-101}$$

可见，锁相环路（PLL）频差法超声波流量计的优点是：提高测量的准确度和灵敏度，降低可测最低流速的下限。

4. 灵敏度

根据式（7-96）可得频差法超声波流量计的灵敏度为

$$S = \frac{\Delta f}{v} = \frac{2}{L} \tag{7-102}$$

当入射超声波与流体速度方向的夹角 θ 一定时，两换能器间的距离 L 与管道直径成正比，故灵敏度与管道直径成反比。

根据式（7-99）可得马克森流量计的灵敏度为

$$S = \frac{\Delta f}{v} = \frac{2\cos\theta}{L} \tag{7-103}$$

根据式（7-101）可得锁相环路频差法超声波流量计的灵敏度为

$$S = \frac{\Delta F}{v} = \frac{2N\cos\theta}{L} \tag{7-104}$$

7.8.3.4 流量方程的修正

时差法、相差法、频差法测得的流速 $\bar{v}$ 是超声波传播途径上的平均流速，它和管道截面平均流速 $\bar{\bar{v}}$ 是不相同的。为准确测量流量，必须对流速 $\bar{v}$ 进行如下修正

$$v = k\bar{v} \tag{7-105}$$

式中 k——修正系数。

在层流流动状态（$Re < 2300$）时，修正系数 k 为

$$k = \frac{4}{3} \tag{7-106}$$

当流动状态为紊流时，修正系数 k 是雷诺数 Re 的函数，在 $Re < 10^5$ 时，修正系数 k 为

$$k = 1.119 - 0.011\lg Re \tag{7-107}$$

当 $Re \geqslant 10^5$ 时，修正系数 k 为

$$k = 1 + 0.01\sqrt{6.25 + 431Re^{-0.237}} \qquad (7\text{-}108)$$

有了测得的流速 v 与管道截面平均流速 $\overline{v}$ 之间的关系以后，即可得满管圆管流的体积流量方程为

$$q_\mathrm{V} = \frac{\pi}{4}D^2\overline{v} = \frac{\pi}{4k}D^2v \qquad (7\text{-}109)$$

式中，修正系数 k、流速 v 用相应的式子代入，即可得到时差法、相差法和频差法的流量方程。

7.8.3.5　速度差法超声波流量计的安装

速度差法超声波流量计是目前极具竞争力的流量测量手段之一，其测量准确度已优于 1.0 级。但由于早期的超声波流量计自身一般不带标准管道，而工业上所用管路又十分复杂，使得超声波流量计的测量准确度大打折扣；另外，由于工业现场，特别是管路周围环境的多样性和复杂性，大大降低了超声波流量计的可靠性和稳定性。因此，如何根据特定的环境安装调试超声波流量计，就成了超声波流量测量领域的一个重要课题。

由于采用管外安装换能器的超声波流量计是通过声波传播途径上流体线平均流速来进行测量的，所以应保证换能器前的流体沿管道轴线平行流动。为此，安装地点的选择必须保证换能器前有一定长度的直管段，所需直管段长度与管道上阻力件的形式有关，可参考节流装置对直管段的要求。一般，当管道内径为 D 时，上游直管段长度应大于 $10D$，下游直管段长度应大于 $5D$。当上游有泵、阀门等阻力件时，直管段长度至少应有（30～50）D，有时甚至要求更高。

此外，还应进行换能器安装方式的选择、安装距离的确定，显示仪表安装地点的选择、连线长度的计算，流量计的调整和检验等，请参阅有关手册。

以前盛行的外夹装式超声波流量计使用方便灵活，然而现场应用的实际测量准确度常因工作疏忽、换能器安装距离及流通面积等测量误差而有所下降。有时不正确的安装甚至会使得仪表完全不能工作。因此，换能器的安装是超声波流量计实现准确、可靠测量的重要环节。近年来，国外竞相开发出经实流核准的高准确度带测量管段的中小口径超声波流量计，且用双声道或多声道以改善单声道测量平均流速的不确定性，这不仅降低了对迎流流速分布的敏感度，而且减少了前后直管段长度和现场安装换能器位置等对测量的影响，使测量准确度大大提高。

7.8.4　多普勒超声波流量计

7.8.4.1　特点

时差法超声波流量计只能用来测量比较洁净的流体。如果在超声波传播路径上，存在微小固体颗粒或气泡，则超声波会被散射，此时若选用时差法超声波流量计就会造成较大测量误差。与此相反，多普勒超声波流量计由于是利用超声波被散射这一特点工作的，所以非常适合测量含固体颗粒或气泡的流体。但应注意，由于散射粒子或气泡是随机存在的，流体传声性能有较大差别。如果是测量传声性能差的流体，则在近管壁的低流速区散射较强；而测量传声性能好的流体，则在高流速区散射占优势，这就使得多普勒超声波流量计的测量准确度较低。虽然采用发射换能器与接收换能器分开的结构，只接收流速断面中间区域的散射，但与时差法超声波流量计相比，测量准确度还是低一些。

多普勒超声波流量计是基于多普勒效应测量流量的，即当声源和观察者之间有相对运

动时，观察者所接收到的超声波频率将不同于声源所发出的超声波频率。二者之间的频率差，被称为多普勒频移，它与声源和观察者之间的相对速度成正比，故由测量频差可以求得被测流体的流速，进而得到流体流量。

利用多普勒效应测流量的必要条件是：被测流体中存在一定数量的具有反射声波能力的悬浮颗粒或气泡。因此，多普勒超声波流量计能用于两相流的测量，这是其他流量计难以解决的难题。

多普勒超声波流量计具有分辨率高，对流速变化响应快，对流体的压力、黏度、温度、密度和导电率等因素不敏感，没有零点漂移，重复性好，价格便宜等优点。因为多普勒超声波流量计是利用频率来测量流速的，故不易受信号接收波振幅变化的影响。与超声波时间差法相比，其最大的特点是相对于流速变化的灵敏度非常大。

7.8.4.2 基本流量方程式

多普勒超声波流量计的原理如图 7-36 所示。在多普勒超声波流量测量方法中，超声波发射器和接收器的位置是固定不变的，而散射粒子是随被测流体一起运动的，它的作用是把入射到其上的超声波反射回接收器。因此，可以把上述过程看作是两次多普勒效应来考虑：

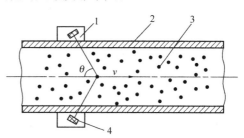

图 7-36　多普勒超声波流量计原理图
1—发射换能器；2—管道；
3—散射粒子；4—接收换能器

（1）超声波从发射换能器到散射粒子。此时发射换能器为固定声源，随流体一起运动的散射粒子相当于与声源有相对运动的观察者。

设入射超声波与流体运动速度的夹角为 θ，散射粒子与被测流体一起以速度 v 沿管道运动。当频率为 f_T 的入射超声波遇到粒子时，粒子相对超声波发射器以 $v\cos\theta$ 的速度离去。所以散射粒子接收到的超声波频率 f' 应低于 f_T，其值为

$$f' = \frac{c - v\cos\theta}{c} f_T \qquad (7\text{-}110)$$

式中　f'——散射粒子接收到的超声波频率，$1/s$；

　　　f_T——发射超声波的频率，$1/s$；

　　　c——流体中的声速，m/s；

　　　v——被测流体的流速，m/s；

　　　θ——入射超声波与流体速度方向的夹角。

（2）超声波从散射粒子到接收换能器。此时，散射粒子是声源，是运动的；接收换能器作为接收器是固定的。

忽略超声波入射方向与反射方向的夹角，由于散射粒子同样以 $v\cos\theta$ 的速度离开接收器，所以接收器接收到的声波频率 f_R 又一次降低，为

$$f_R = \frac{c}{c + v\cos\theta} f' \qquad (7\text{-}111)$$

将式（7-110）代入式（7-111）得

$$f_R = \frac{c - v\cos\theta}{c + v\cos\theta} f_T = \frac{c^2 - 2cv\cos\theta + v^2\cos^2\theta}{c^2 - v^2\cos^2\theta} f_T \qquad (7\text{-}112)$$

由于 $c \gg v$，故可在式（7-112）的分子和分母中略去高阶小项 $v^2 \cos^2 \theta$ 得

$$f_R = f_T \left(1 - \frac{2v\cos\theta}{c}\right) \tag{7-113}$$

接收器接收到的反射超声波频率与发射超声波频率之差，即多普勒频移为

$$\Delta f = f_T - f_R = \frac{2v\cos\theta}{c}f_T \tag{7-114}$$

此时，被测流体的流速为

$$v = \frac{c}{2f_T\cos\theta}\Delta f \tag{7-115}$$

被测流体的流量为

$$q_V = vA = \frac{cA}{2f_T\cos\theta}\Delta f \tag{7-116}$$

式中　A——管道截面积，m^2。

由式（7-115）可见，流速 v 与多普勒频移 Δf 呈正比线性关系。式（7-116）中含有声速 c，而声速与被测流体的温度和组分有关。当被测流体温度和组分变化时，会影响流量测量的准确度。因此，在超声波多普勒流量计中一般采用声楔结构来避免这一影响。此外，在实际应用中，尚需考虑流体参数、环境、结构、流速分布等条件的变化对测量准确度造成的影响。

7.8.4.3　灵敏度

根据式（7-115），多普勒法的测量灵敏度为

$$S = \frac{\Delta f}{v} = \frac{2f_T\cos\theta}{c} \tag{7-117}$$

理论上，灵敏度与声速成反比，与发射的超声波频率成正比。式（7-117）是对一个散射粒子而言，实际上超声波辐射区域内存在着许多粒子的散射，不能简单地用式（7-117）讨论，这里不作详细论述。

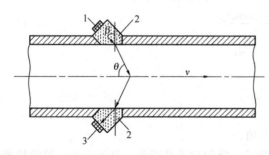

图 7-37　多普勒超声波流量计的声楔结构

1—发射晶片；2—声楔；3—接收晶片

7.8.4.4　消除温度对多普勒频移的影响

如图 7-37 所示，在多普勒超声波流量计中，一般采用声楔结构来消除温度对多普勒频移的影响。为此，需要选择合适的固体材料作为声楔，使超声波先通过声楔及管壁再进入流体中。设声楔材料中的声速为 c_1，流体中的声速为 c，声波由声楔材料射向流体的入射角为 β，经流体折射，超声波束与流体流速 v 的夹角为 θ，则根据折射定律可得

$$\frac{c_1}{\sin\beta} = \frac{c}{\cos\theta} \tag{7-118}$$

将式（7-118）代入式（7-116）得

$$q_V = \frac{c_1 A}{2f_T\sin\beta}\Delta f \tag{7-119}$$

由式（7-119）可知，采用声楔后流量的表达式中就没有流体中声速 c，而只有声楔材

料中的声速 c_1。声楔是固体材料，其中声速 c_1 随温度的变化比液体中声速随温度的变化小一个数量级，且可以事先标定出 c_1。所以，用适当的材料作声楔可以大大减小温度对测量准确度的影响。

7.8.4.5 多普勒信息窗

由于超声波的指向特性，换能器所能接收到的反射信号，只能是由发射元件和接收元件的指向特性所决定的重叠区域内的散射粒子的反射波，这个重叠区域称为多普勒信号的信息窗，如图 7-38 所示。

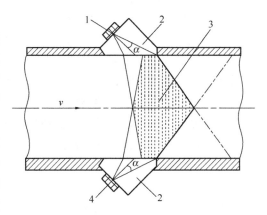

对流量测量而言，有效的多普勒信息主要取决于声场中声压最大至其功率下降一半的区域内的反射信号，所以收发元件的半功率点夹角 α 所形成的重叠区对测量至关重要，如图 7-38 中的阴影部分。信息窗内的散射粒子把入射的超声波反射至接收换能器。信息窗外的散射粒子存在以下三种情况：

图 7-38 多普勒信息窗原理示意图
1—发射换能器；2—声楔；3—多普勒
信息窗；4—接收换能器

（1）绝大部分散射粒子遇不到入射超声波；

（2）少部分散射粒子遇到入射超声波，但其反射的声信号达不到接收换能器；

（3）少部分散射粒子遇到入射超声波，但因其反射信号强度太弱，其作用可以忽略。

因此，接收换能器所接收到的反射信号可看成是由信息窗中所有流动的散射粒子反射回来的杂乱无章的反射波的叠加，那么，信息窗内多普勒频移应该是叠加的平均值，即

$$\overline{\Delta f} = \frac{\sum\limits_{i=1}^{N} k_i \Delta f_i}{\sum\limits_{i=1}^{N} k_i} \tag{7-120}$$

式中　$\overline{\Delta f}$——信息窗内所有散射粒子的多普勒频移的平均值，1/s；

　　Δf_i——信息窗内任一个散射粒子产生的多普勒频移，1/s；

　　k_i——产生多普勒频移 Δf_i 的粒子数。

由于事实上接收换能器所接收的信号是信息窗内平均的多普勒频移，因此流量方程式应变为

$$q_V = \frac{c_1 A}{2 f_T \sin\beta} \overline{\Delta f} \tag{7-121}$$

7.9　容积式流量计

容积式流量测量是一种具有悠久历史的流量测量技术，它是让被测流体充满具有一定容积的空间，然后再把这部分流体从出口排出，根据单位时间内排出的流体体积可直接确定体积流量，根据一定时间内排出的体积总数可确定流体的体积总量。

基于容积式流量测量方法的流量测量传感器一般称为容积式流量传感器。

容积式流量计具有以下特点：

（1）在所有的流量传感器中，容积式流量传感器测量准确度高，测量液体的基本误差一般可达 $\pm 0.1\% R$ 到 $\pm 0.5\% R$（R 为测量值），甚至更高；

（2）测量范围度较宽，典型的流量范围度为 5：1 到 10：1，特殊的可达 30：1；

（3）容积式流量传感器的特性一般不受流动状态的影响，也不受雷诺数大小的限制，但是易受物性参数的影响；

（4）安装方便，流量传感器前不需要直管段，这是其他类型的流量传感器不能及的；

（5）可测量高黏度、洁净单相流体的流量测量，测量含有颗粒、脏污物的流体时，需安装过滤器，防止仪表被卡住，甚至损坏仪表；

（6）机械结构较复杂，体积庞大笨重，一般只适用于中小口径管道；

（7）部分形式的传感器（如椭圆齿轮式、腰轮式、卵轮式、旋转活塞式、往复活塞式等）在测量过程中会产生较大噪声，甚至使管道产生振动。

7.9.1　测量原理

为了连续地在密闭管道中测量流体的流量，可用仪表壳体和仪表内的运动部件构成一个具有一定容积的计量空间。当流体流过流量传感器时，在传感器的入、出口之间产生压力差，从而推动运动部件运动（转动或移动），并将流体一次次充满计量空间并从进口送到出口。

如果运动部件每循环动作一次，从流量传感器内送出的流体体积为 V_0，当流体流过时，运动部件动作次数为 n，则流体通过流量传感器的体积总量为

$$V = nV_0 \tag{7-122}$$

式中　V——流体的累积体积流量，m^3；

　　　n——运动部件的动作次数；

　　　V_0——计量空间的容积，m^3。

可见，根据计量空间的容积和运动部件的动作次数就可获得通过流量传感器的流体总量。

应注意的是，基于容积式测量原理的容积式流量传感器的测量时间间隔是任意选取的，因此，一般不用它来测量瞬时流量，而是常用来计量累积流量。

7.9.2　容积式流量计的结构

由于传感器内部测量元件的结构不同，形成了传感器内不同的计量空间，从而也产生了各种不同的容积式流量传感器，如椭圆齿轮流量传感器、腰轮（罗茨）流量传感器、刮板流量传感器、活塞流量传感器、湿式流量传感器及皮囊式流量传感器等。其中，腰轮（罗茨）、湿式及皮囊式流量传感器可以测量气体流量。下面主要介绍椭圆齿轮、腰轮、刮板式的流量测量原理及结构。

7.9.2.1　椭圆齿轮流量计的结构

椭圆齿轮流量传感器的结构原理如图 7-39 所示，其结构特征为：在传感器的壳体内有一个计量室，计量室内有一对可以旋转的截面为椭圆的齿轮柱体，它们可以相互啮合并进行联动。

椭圆齿轮流量传感器的工作原理可以从图 7-39 的三个过程来分析。当被测流体由左

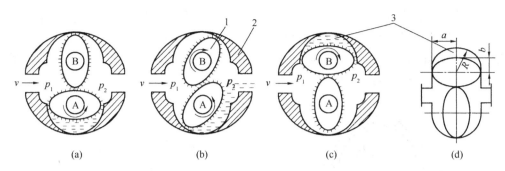

图 7-39　椭圆齿轮流量计结构和工作原理图

1—椭圆齿轮；2—壳体；3—半月形计量室

向右流动，在（a）位置时，传感器流体进出口差压仅作用于上面的椭圆齿轮，它在差压作用下，产生一个顺时转矩，使齿轮顺时针旋转，并把齿轮与外壳之间的初月形容积内的介质排出，同时带动下面的齿轮作逆时针旋转；在（b）位置时，由于两个齿轮同时受到进出口差压作用，产生转矩，使它们继续沿原来方向转动；在（c）位置时，只有下面的齿轮在流体进出口差压作用下产生一个逆时针转矩，使下面的齿轮旋转并带动上面齿轮一起转动，同时又把下面齿轮与外壳之间空腔内的介质排出。这样椭圆齿轮交替或同时受差压作用，保持椭圆齿轮不断地旋转，被测介质以初月形空腔为单位一次又一次地经过椭圆齿轮排至出口。

很显然，椭圆齿轮每转动一周，排出四个初月形空腔的容积。所以，流体总量为 4 倍的初月形空腔的容积和椭圆齿轮转动次数的乘积。

椭圆齿轮流量传感器用于测量清洁流体，主要适用于油品的流量计量，有的也可用于气体测量。其计量精确度高，一般可达 0.2～1 级。

与椭圆齿轮流量计类似的还有卵轮流量计，其测量原理与椭圆齿轮流量计一样。所不同的是，在流量计测量室内以一对光滑的或互不啮合的短齿卵形转子代替椭圆齿轮，其主要目的是消除椭圆齿轮流量计在齿轮啮合过程中的困液现象。

7.9.2.2　腰轮流量计的结构

腰轮流量计又称罗茨流量计，其测量原理、工作过程与椭圆齿轮流量计基本相同，如图 7-40 所示。二者的区别仅在于它的运动部件是一对或两对腰轮，并且在腰轮上没有齿，它们的相互啮合是靠安装在壳体外与腰轮同轴的驱动齿轮进行联动的。主要表现在

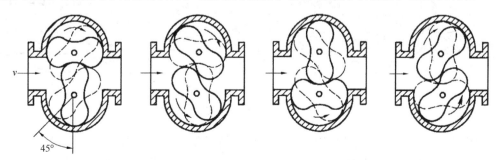

图 7-40　45°角组合式腰轮流量计的工作原理示意图

（1）转子的形状不同。腰轮流量计的转子为腰轮形状，且腰轮上不像椭圆齿轮那样带有小齿。腰轮的组成有两种：一种是只有一对腰轮，如图 7-41（a）所示；另一种是由两对互呈 45°角的组合腰轮构成，称为 45°角组合式腰轮流量计，如图 7-41（b）所示。普通腰轮流量计运行时产生的振动较大，组合式腰轮流量计振动小，适合于大流量测量。

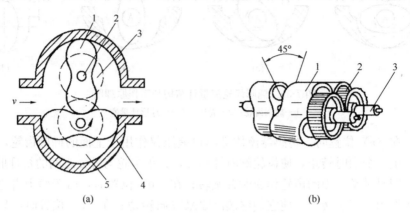

图 7-41　腰轮流量计的结构
（a）一对腰轮　1—腰轮；2—转动轴；3—驱动齿轮；4—外壳；5—计量室
（b）两对互呈 45°角的组合腰轮　1—腰轮；2—驱动齿轮；3—转动轴

（2）计量室，由腰轮（转子）的外轮廓和流量计壳体的内壁面组成，不是半月形。

（3）在流量计壳体外面与两个腰轮同轴安装了一对驱动齿轮，它们相互啮合使两个腰轮可以相互联动。

腰轮流量计可用于各种清洁液体的流量测量，也可制成测量气体的流量计。计量准确度高，可达 0.1～0.5 级。主要缺点是体积大、笨重、进行周期检定比较困难，压损较大，运行中有振动等。

7.9.2.3　刮板式流量计的结构

刮板式流量传感器的运动部件是一对刮板，有凸轮式和凹轮式两种。这里仅介绍凸轮式流量传感器，其结构原理如图 7-42 所示。

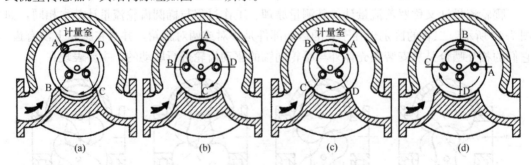

图 7-42　凸轮式流量传感器的结构原理图

刮板式流量传感器的壳体内腔是圆形空筒，转子是一个空心圆筒，筒边开有四个槽，相互成 90°角，可让刮板在槽内伸出或缩进。四个刮板由两根连杆连接，也互成 90°角，在空间交叉，互不干扰。在每个刮板的一端装有一小滚柱，四个滚柱分别在一个不动的凸轮上滚动，从而使刮板时而伸出时而缩进。计量空间是由两块刮板和壳体内壁、圆筒外壁所形成的空间。

刮板式流量传感器的工作原理可以从图 7-42 的四个过程来分析。当有流体流过流量传感器时，在其进出口流体的差压作用下，推动刮板与转子旋转。在图（a）位置时，刮板 A 和 D 由凸轮控制全部伸出圆筒，与测量室内壁接触，形成密封的计量室，将进口的连续流体分隔成一个单元体积（计量室容积）。此时，刮板 B 和 C 则全部收缩到转子圆筒内。在流体差压的作用下，刮板和转子继续旋转。在图（b）位置，刮板 A 仍为全部伸出状态，而刮板 D 则在凸轮控制下开始收缩，将计量室中的流体排向出口。在刮板 D 开始收缩的同时，刮板 B 开始伸出。在图（c）位置，刮板 D 全部收缩到转子圆筒内，而刮板 B 由凸轮控制全部伸出转子圆筒与测量室内壁接触，这样刮板 B 和刮板 A 之间形成密封空间，将进口的连续流体又分隔出一个计量室容积。在流体差压的作用下，刮板和转子继续旋转。在图（d）位置，随着刮板 A 开始收缩，计量室内的流体又开始排向出口。同样的原理，接着是刮板 C、B 和刮板 D、C 形成密封空间，然后回复到图（a）由刮板 A、D 形成密封空间。

这样，转子在入口和出口差压作用下，连刮板一起旋转，四个刮板轮流伸出、缩进，把计量室内的流体逐一排至出口。转子每转动一周，共有四个计量室体积的流体通过流量传感器。只要记录转子的转动次数，同样可以得到通过流量传感器的流体总量。

刮板式流量传感器计量的精确度较高，一般可达 0.2 级；运行时振动和噪声小；它适用于液体流量的测量，也能计量含少量杂质的流体流量。

7.9.3 影响容积式流量传感器特性的因素

容积式流量传感器的工作特性与流体的黏度、密度以及工作温度、压力等因素有关，相对来说，黏度的影响要大一些。

1. 流体黏度的影响

当流体黏度增加时，流量传感器内流动阻力增加，这必将导致传感器进出口间压力损失的增加，对于一定的漏流间隙（容积式流量传感器测量元件与壳体之间的间隙），漏流量（未经计量室计量而通过漏流间隙直接从入口流向出口的流体量）将增加。对于相同的漏流间隙，黏度越高的流体应该越不容易漏流。所以，当流体黏度增加时，漏流量应减小。

2. 流体密度的影响

被测介质为气体时，当温度、压力变化时会使气体密度发生变化，流量传感器前后压力损失也随之变化。

3. 由测量元件动作的机械阻力引起的压力损失

容积式流量传感器内部的测量元件的动作是在流体压力作用下进行的。流体要使流量传感器动作运行，必然要消耗一部分能量，这部分能量消耗最终以流量传感器前后不可恢复的压力损失的形式表现出来。显然，流量越大，压力损失就越大。此外，由于流体黏性造成的流动阻力也会产生压力损失。流体黏度越大，压力损失也越大。

7.9.4 容积式流量计的选择与安装

7.9.4.1 容积式流量计的选择

容积式流量计的选择应从流量计类型、流量计性能和流量计配套设备三个方面考虑。其中，流量计类型的选择应根据实际工作条件和被测介质特性而定，并需考虑流量计的性能指标。

在容积式流量计选择方面主要应考虑以下五个要素：流量范围、被测介质性质、测量准确度、耐压性能（工作压力）和压力损失以及使用目的。这里仅介绍前两个方面。

1）流量范围

容积式流量计的流量范围与被测介质的种类（主要决定于流体黏度）、使用特点（连续工作还是间歇工作）、测量准确度等因素有关。同一容积式流量计，对于介质种类，测量较高黏度的流体时，由于下限流量可以扩展到较低的量值，故流量范围较大；对于使用特点，用于间歇测量时，由于上限流量可以比连续工作时大，故其流量范围较大；对于测量准确度，用于低准确度测量时，其流量范围较大，而用于高准确度测量时，流量范围较小。

为了保持仪表良好的性能和较长的使用寿命，使用时最大流量宜选在仪表最大流量的70%～80%处。

由于一般的容积式流量计体积庞大，在大流量时会产生较大噪声，所以一般适合中小流量测量。在需要测量大流量时，可采用45°组合腰轮结构的流量计；在需要低噪声工作的场合，可选用双转子流量计。

2）被测介质性质

被测介质物性主要考虑流体的黏性和腐蚀性。例如，测量各种石油产品时，可选用铸钢、铸铁制造的流量计。测量腐蚀性轻微的化学液体以及冷、温水时，可选用铜合金制造的流量计。测量纯水、高温水、原油、沥青、高温液体、各种化学液体等应选用不锈钢制造的流量计。

7.9.4.2　容积式流量计的安装

容积式流量计是少数几种使用时仪表前不需要直管段的流量计之一。大多数容积式流量计要求在水平管道上安装，有部分口径较小的流量计（如椭圆齿轮流量计）允许在垂直管道上安装，这是因为大口径容积式流量计大多体积大而笨重，不宜安装在垂直管道上。

为了便于检修维护和不影响流通使用，流量计安装一般都要设置旁路管道。在水平管道上安装时，流量计一般应安装在主管道中；在垂直管道上安装时，流量计一般应安装在旁路管道中，以防止杂物沉积于流量计内。

7.10　流量计的校验与标定

除标准节流装置以及靶式流量计，其流量与差压关系一般不需再通过实验标定刻度外，一般流量仪表都需要通过实验进行标定。

7.10.1　水流量标准装置

用水作为校验介质的流量标准装置称为水流量标准装置，国内外使用得最为广泛的水流量标准装置为稳定压源的静态校验水流量标准装置。这种装置凭借高位水箱或稳压容器获得稳定压源，用换向器切换液流流动方向，以便某时间间隔内流经管道横截面的流体从流动中分割出来流入计量容器，由此得出标准体积流量的量值。

典型的重力式静态容积法水流量标准装置如图 7-43 所示。

在系统开始工作时，首先用水泵向高位水箱上水。高位水箱内装有溢流槽，当水箱内液面上升到高于溢流槽高度时，高出溢流槽的一部分水从溢流槽溢出，并通过溢流管流回水池。用这样的方法便可保持试验管道中流体总压的稳定，从而获得定常流动。把换向器先调整到液流流入旁通容器的位置，液流将通过旁通容器流向水池。开始工作时，先将调节阀调整到所需的流量，待流动达到完全稳定后，即可使用控制器使换向器动作，将液流导入计量容器。过一定时间间隔后，再使用控制器使换向器反方向运动，将液流导入旁通容器。记录换向器两次动作的时间间

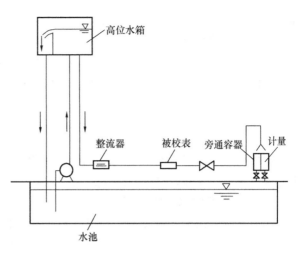

图 7-43 重力式静态容积法水流量标准装置简图

隔 Δt，并读出由换向器导入计量容器的流体体积 ΔV，便可由下式计算出体积流量标准值

$$Q = \frac{\Delta V}{\Delta t} \tag{7-123}$$

装置中的整流器是为消除被校流量计前方来流中的旋涡，并使流动尽可能早地达到特定的速度分布而设置的。

重力式静态容积法水流量标准装置的精度一般可达 $0.1 \sim 0.2\%$ 或更高。

稳定压源的水流量标准装置由于受到基建投资和能耗等因素的影响，一般试验管道内径不大于 500mm，换言之，$\phi 500$ 以下的仪表一般常用稳定压源的水流量标准装置校验。对 $\phi 500$ 以上的大口径、大量程的流量仪表一般不用此类装置标定，而采用若干小量程的标准流量表并联、再与被校流量计串接法，或采用变水头装置来标定。

以气体为校验介质的流量标准装置称为气体流量标准装置。气体流量的量值除与气体体积、时间等参数有关外，还与气体的温度、压力等物性有关，所以气体流量标准装置一般比液体流量标准装置复杂。标定方法有 PVT 法、气体钟罩计量器法等，可参考相关资料。

7.10.2 流量计的现场校验法

虽然流量计在制造厂出厂之前用一种液体（一般常用水）进行校验，但实际使用的液体可能与出厂标定用的液体性质差别很大。这些液体的不同参数对流量指示值影响很大，如液体黏度会影响浮子流量计和涡轮流量计，液体的电导率对电磁流量计有影响等，使用时应给予必要的修正。在被测量液体与标定液体性质差别较大的情况下，我们可以利用现场的液体、现场的设备条件对流量计进行校验，以得到准确的测量值。另外，流量计使用一段时期后亦需要拆卸检修，或换置部分易损零件，检修后也要进行校验。在工厂内一般不可能有像仪表厂那样完备的校验设备，这时可以利用现场的设备条件进行校验标定。这里介绍两种利用现场设备进行校验的方法：

1. 流量计比较法

这种方法比较简便，可以用同一类型仪表来比较，亦可用不同类型的仪表来作比较。例如，已知液体电导率对涡轮流量计没有影响，我们就用涡轮流量计来校验不同电导率液

体对电磁流量计的影响；反过来已知液体黏度不影响电磁流量计，就可以用它来测定黏度对涡轮流量计的影响。

流量计比较法只要在现场管道系统的适当场所，装置一只标准流量计和一只被校流量计，在液体流动时读取二者的指示值，被校流量计读数为 q_2，标准流量计读数为 q_1，流量计的误差为

$$\delta = \frac{q_2 - q_1}{q_1} \times 100\% \tag{7-124}$$

在试验时如能任意改变管道内流量最为理想，这样试验迅速，数据较全面。如生产上不允许任意变动流量，可等候较长时间，利用生产上的流量变动来进行比较。

2. 利用现成容器的体积比较法

本方法是利用生产过程中某些现成容器做体积比较法的流量校验。

如图 7-44 所示，在被校流量计 1 的上游有一圆形储存器 3，被测介质（液体）从地面由泵 5 定期打入，从底部管道流出，经被校流量计后流入反应器，存储容器有一玻璃液面

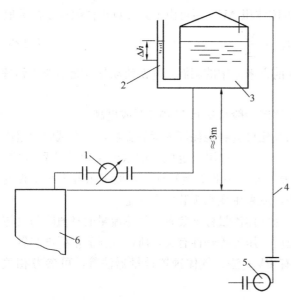

计 2，可以准确地观察容器 3 内的液位，另外，可以测量容器的直径，换算成截面积 A，这样便可以知道容器内液体体积的变化量。校验时，二人在同一段时间 t 内读取流量计指示流量与容器液位高度变化 Δh，求得流过仪表的实际流量 Q_1，流过仪表的液体体积 $V = A \cdot \Delta h$，则实际流量 $Q_1 = \Delta V / \Delta t$，便可按式（7-124）得到流量计的误差。

假如流量不稳定，流量计指示值变动或波动较厉害，可以根据试验情况每隔一段时间（例如半分钟或一分钟）读取一个数值，计算时取它们的平均值。试验一次需要流过多少液体（亦即需要多少时间），应按容器的具体条件来确定。如容器截面积不大，

图 7-44　流量计现场标定实例

1—被校流量计；2—液位计；3—贮存容器；
4—管道；5—泵；6—反应器

试验一次的液位 $\Delta h = 100 \sim 200\text{mm}$ 就足够了。

在试验时要注意与容器连接的各管道系统，除了流过流量计的管道有液体流动外，其他管道必须严密关闭否则将使测定结果不准确。

思　考　题

7-1　分析速度法和容积法测量流量的异同点，并各举一例详加说明。

7-2　试述转子流量计的基本原理及工作特性。

7-3　转子流量计在什么情况下对测量值要做修正，如何修正？

7-4　试述节流式差压流量计的测量原理。

7-5　何谓标准节流装置？它对流体种类、流动条件、管道条件和安装等有何要求，为什么？

7-6　国家规定的标准节流装置有哪几种？标准孔板使用的极限条件是什么？

7-7　何谓标准节流装置的流出系数，其物理意义是什么？何谓流量系数，它受何种因素影响？

7-8　请详细阐述节流式流量计和转子流量计在各方面的异同点。

7-9　涡轮流量计是如何工作的，它有什么特点？涡轮流量计如何消除轴向压力的影响？

7-10　试述电磁流量计的工作原理，并指出其应用特点。

7-11　电磁流量计有哪些激磁方式，各有何特点？采用正弦波激磁时，会产生什么干扰信号，如何克服之？

7-12　试述靶式流量计的测量原理和特点。

7-13　涡街流量计是如何工作的，它有什么特点？

7-14　速度差法超声波流量计和多普勒超声波流量计各自的工作原理是什么，二者有何不同？

7-15　试述容积式流量计的误差及造成误差的原因。为了减小误差，测量时应注意什么？

第8章 液 位 测 量

8.1 概述

8.1.1 液位的概念及其测量的意义

液位是指储存在各种容器中的液体液面的相对高度或自然界的江、河、湖、海以及水库中液体表面的相对高度。有时指相界面，即同一容器中储存的两种密度不同且互不相溶的介质之间的分界面位置。通常指液-液相界面、液-固相界面。测量液位的仪表称为液位计，测量相界面位置的仪表称界面计。

液位测量在工业生产过程中具有重要地位，主要表现在：

（1）液位是液体物料耗量或产量计量的参数。通过液位测量可确定容器内的液体原料、半成品或产品的数量，以保证能连续供应生产中各个环节所需的物料，并为进行经济核算提供可靠依据。

（2）液位是保证连续生产和设备安全的重要参数。连续生产中，需要检测液位是否满足生产工艺的需求，这对保证生产正常连续运行，确保产品质量和产量，实现安全、高效生产具有重要的意义。

特别是现代大工业生产或设备运行过程中，由于具有规模大，速度快，且常使用高温、高压、强腐蚀性或易燃易爆工质或液体物料等特点，其液位的监测和自动控制更是至关重要。例如，供热系统中的热水和蒸汽锅炉汽包水位的测量与控制。对于蒸汽锅炉，若水位过高，将造成蒸汽带水，蒸汽品质降低，加重锅炉和管道的积垢，降低压力和效率。水位过低对于水循环不利，可能使水冷壁管局部过热甚至爆炸。在大型制冷设备中，需要检测制冷机贮液罐的制冷机液位。

8.1.2 液位测量仪表的分类

液位测量方法很多，测量范围较广：可从几毫米到几十米，甚至更高，且生产工艺对液位测量的要求也各不相同。因此，工业上所采用的液位测量仪表种类繁多，按其工作原理可分为：

（1）直读式液位测量仪表。它利用连通器原理，通过与被测容器连通的玻璃管或玻璃板来直接显示容器中的液位高度，是最原始但仍应用较多的液位计。

（2）静压式液位测量仪表。它是利用液柱对某定点产生压力，通过测量该点压力或测量该点与另一参考点的压差而间接测量液位的仪表。这类仪表共有压力计式液位计、差压式液位计和吹气式液位计3种。

（3）浮力式液位测量仪表。这是一种依据力平衡原理，利用浮子一类悬浮物的位置随液面的变化而变化来反映液位的仪表。它又分为浮子式、浮筒式和杠杆浮球式3种。它们均可测量液位，且后两种还可测量液-液相界面。

（4）电气式物位测量仪表。它是将液位的变化转换为电量的变化，进行间接测量液位的仪表。根据电量参数的不同，可分为电容式、电导式和电感式3种。

（5）声学式液位测量仪表。该仪表利用超声波在介质中的传播速度及在不同相界面之间的反射特性来检测液位。它可分为气介式、液介式和固介式3种，其中气介式可测液位；液介式可测液位和液-液相界面；固介式只能测液位。

（6）光学式液位测量仪表。它是利用液位对光波的遮断和反射原理来测量液位的。主要有激光式液位计。

（7）核辐射式液位测量仪表。放射性同位素所放出的射线穿过被测介质时，被吸收而减弱，其衰减的程度与被测介质的厚度（液位）有关。利用这种方法可实现液位的非接触式检测。

除此以外，还有微波式、热电式、磁滞伸缩式等多种类型，且新原理、新品种仍在不断发展之中。

液位测量仪表按仪表的功能不同又可分为连续测量和位式测量两种，前者可实现液位连续测量、控制、指示、记录、远传、调节等，后者比较简单价廉，主要用于定点报警和自动进出物料的自动化系统。

8.1.3 液位测量存在的主要问题（扫码阅读）

8-1 8.1节补充材料

8.2 直读式液位计

直读式液位计是基于连通器工作原理，通过与被测容器连通的玻璃管或玻璃板来直接显示容器中的液位高度，其结构如图8-1所示。图中，观察管4多为玻璃管，其上刻有对应的液位值。实际应用中，也可外包金属或其他材料制成的保护管，但需露出标尺或刻度。

直读式液位计的优点是：结构简单，经济性好，无需外加能源，防爆安全，现已广泛应用于普通锅炉、制冷机以及电厂等。其缺点是：受玻璃管强度的限制，被测容器内的温度、压力不能太高；信号只能就地显示，不能用于远传控制；不能测量高黏度液体，以免沾污玻璃，降低测量准确度。

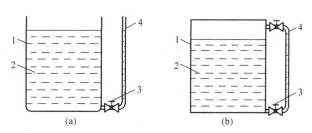

图8-1 直读式液位计

（a）开口容器液位测量；（b）密闭容器液位测量

1—容器；2—被测液体；3—阀门；4—玻璃管

8.3 静压式液位测量仪表

容器中液体由于具有一定的高度，必将对底部（或侧面）产生一定的压力。若液体是均匀的，且密度是个常数，则该处的压力就仅由液位的高度决定。所以，测量其压力的大小就可反映出液位的高低。

静压式液位测量仪表就是利用液柱对某定点产生压力，通过测量该点压力或测量该点与另一参考点的压差而间接测量液位的仪表。这类仪表共有压力计式液位计、差压式液位计和吹气式液位计 3 种。

由于将液位测量转换成了压力或压差测量，因此，在测量压力（或压差）时所采用的各种压力仪表均可作为测量液位的仪表。此时，根据所选压力（或压差）仪表的不同，所测液位信号可就地显示，也可进行远传。

8.3.1 压力计式液位计

8.3.1.1 基本原理

压力计式液位计的结构如图 8-2 所示，它是利用导压管将压力变化直接送入压力表中进行测量的，可用来测量敞口容器中的液位高度。图中，压力表与容器底等高，此时压力表的读数即直接反映液位高度，根据流体静压力原理有：

$$H = \frac{p}{\rho g} \tag{8-1}$$

式中 H——被测液体的液位，m；

p——被测液体对容器底部或侧壁的压力，Pa；

ρ——被测液体的密度，kg/m^3；

g——重力加速度，m/s^2。

当液体密度 ρ 为常数时，由压力表的指示值便可知道液位的高度。因此，进行测量时，要求液体密度 ρ 必须为常数，否则将引起误差。另外，压力表实际指示的压力是液面至压力仪表入口之间的静压力，当压力表与取压点（零液位）不在同一水平位置时，应对由于位置高度差引起的附加压力进行修正。

8.3.1.2 法兰式压力液位计

压力计式液位计的使用范围较广，但要求被测液体必须洁净，且黏度不能太高，以免阻塞导压管。当测量液体有沉淀、易结晶或黏度较大时，应选用法兰式压力液位计，如图 8-3 所示。压力表通过法兰安装在容器底部，作为敏感元件的金属膜盒（或隔离膜片）经导压管与变送器的测量室相连。导压管内封入沸点高、膨胀系数小的硅油，它既能使被测液体与测量仪表隔离，克服管路的阻塞问题，又起传递压力的作用。液位信号可变成电信号或气动信号，用于液位的显示或控制调节。

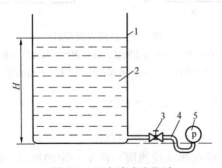

图 8-2 压力计式液位计

1—容器；2—被测液体；3—阀门；

4—导压管；5—压力表

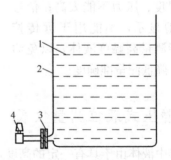

图 8-3 法兰式压力液位计

1—被测液体；2—容器；

3—法兰；4—压力变送器

8.3.2 差压式液位计

8.3.2.1 普通型差压式液位计

当测量密闭容器的液位时，若可忽略液面上部气压及气压波动对测量的影响，可直接采用压力计式液位计；若不能忽略上述因素的影响，则应采用差压式液位计进行测量，此时，容器底部受到的压力除了与液位高度有关外，还与液面上的气体压力有关。

差压式液位计采用差压变送器，其结构如图 8-4 所示。图中，差压变送器的正压室与容器底部取压点（零液位）相连，负压室与液面以上空间相连，若差压变送器与容器底部不位于同一水平线，则应根据它们之间的相对位置，进行修正。差压变送器正压室的压力为

$$p_+ = \rho g H + p_a \tag{8-2}$$

式中　p_+——差压变送器正压室的压力，Pa；

p_a——容器中液面上的气体压力，Pa。

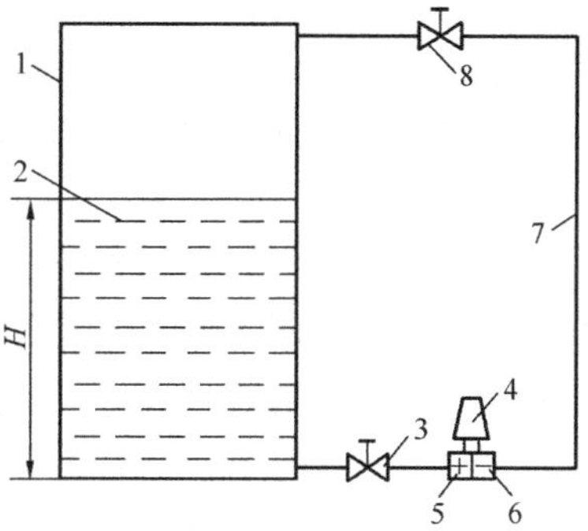

图 8-4　普通型差压式液位计
原理示意图
1—容器；2—被测液体；3，8—阀门；
4—差压变送器；5—差压变送器正压室；
6—差压变送器负压室；7—导压管

差压变送器的负压室与气体取压口虽然不位于同一水平线上，但因为气体密度较小，二者由于高度差而造成的静压差也很小，可忽略不计，则负压室的压力为

$$p_- = p_a \tag{8-3}$$

式中　p_-——差压变送器负压室的压力，Pa。

两室的压差为

$$\Delta p = p_+ - p_- = \rho g H \tag{8-4}$$

同压力计式液位计一样，差压式液位计的示值除了与液位高度有关外，还与液体密度和差压仪表的安装位置有关。当这些因素影响较大时，必须进行修正。

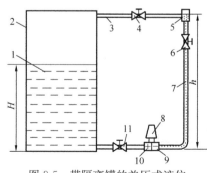

图 8-5　带隔离罐的差压式液位
计原理示意图
1—被测液体；2—容器；3—导压管；
4，6，11—阀门；5—隔离罐；7—隔离液；
8—差压变送器；9—差压变送器负压室；
10—差压变送器正压室

8.3.2.2 带隔离罐的差压式液位计

在实际应用中，为了防止容器内液体和气体进入变送器的取压室造成管路堵塞或腐蚀，为了防止由于内外温差使气体导压管中的气体凝结成液体，以及为了保持低压室的液柱高度恒定，一般在变送器的负压室与气体取压口之间装有隔离罐，并填充隔离液，如图 8-5 所示。注意隔离液应是与被测液体密度不同且不相溶的、不易挥发、无腐蚀、低黏度且易于流动的液体。常用的有水、甘油和变压器油等。这时差压变送器正压室的压力未变，而负压室的压力为

$$p_- = p_a + \rho' g h \tag{8-5}$$

式中　ρ'——隔离液的密度，kg/m³；

h——隔离液柱高度，m。

此时两室的压差为

$$\Delta p = p_+ - p_- = \rho g H - \rho' g h \tag{8-6}$$

当测量液体有沉淀、易结晶或黏度较大时，同压力计式液位计类似，可采用法兰式安装。

8.4 浮力式液位测量仪表

浮力式物位测量仪表的基本原理是通过测量漂浮于被测液面上的浮子随液面变化而产生的位移来检测液位；或利用沉浸在被测液体中的浮筒（也称沉筒）所受的浮力与液面位置的关系来检测液位。前者一般称为恒浮力式液位计，又可细分为浮子式、浮球式和翻板式等，其中以浮子式应用最广；后者一般称为变浮力式液位计，因其典型的敏感元件为浮筒，又被称为浮筒式液位计。

浮力式液位计结构简单、直观可靠，受外界温度、湿度和压力等因素影响较小，应用比较普遍。其主要缺点是使用机械结构，摩擦力较大。

8.4.1 浮子式液位计

浮力式液位测量是依据阿基米德原理工作的，它包括恒浮力式液位测量和变浮力式液位测量两种。由于浮力式液位传感器结构简单，造价低，维护方便，因此在液位测量中应用较广泛。

8.4.1.1 浮子漂浮基本原理

浮子式液位计中的浮子始终漂浮在液面上，其所受浮力为恒定值。浮子的位置随液面的升降而变化，这样就把液位的测量转化为浮子位置或位移的测量。设浮子为扁圆柱形，如图 8-6 所示，浮子因受浮力漂浮在液面上，当它的浮力与本身的重量相等时，浮子平衡在某个位置，此时有

$$G = \frac{\pi D^2}{4} \Delta h \rho g \tag{8-7}$$

式中　G——浮子的重量，N；

　　　D——浮子的等效直径，m；

　　　ρ——被测液体的密度，kg/m³；

　　　Δh——浮子浸入液体中的深度，m。

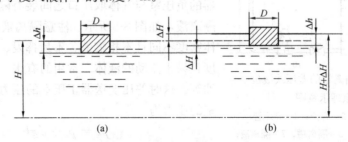

图 8-6　浮子漂浮基本原理

(a) 初始状态的浮子位置；(b) 液位上升 ΔH 时的浮子位置

当液位上升一个 ΔH 时，浮子浸没在液体中的部分变大，所受浮力增加，原来的平衡关系被破坏，浮子要向上移动；随着浮子的上浮，浮子浸没在液体中的部分变小，所受浮力也变小，直至与本身重量相等为止，即达到新的平衡位置，反之亦然。浮子移动的距离就等于液位的变化量 ΔH。在每一个平衡位置，浮子所受的浮力都与它本身的重量相等，因此又将浮子式液位计称为恒浮力式液位计，此时，浮子的位置即为被测液体的液位。该方法的实质是通过浮子把液位的变化转换成机械位移的变化。

吃水线移动 ΔH 所引起的浮力增量为 ΔF，而 $\Delta F = \rho g \Delta V$，则浮子定位力的表达式为

$$\frac{\Delta F}{\Delta H} = \frac{\rho g \Delta V}{\Delta H} = \rho g \frac{\pi}{4} D^2 \tag{8-8}$$

可见，采用大直径的浮子能显著地增大定位力。

8.4.1.2 典型浮子液位计

浮子液位计即可测量液位，也可测量密度不等的两种液体的相界面，但密度差应足够大。以重油为例，其密度为 $0.95 \mathrm{g/cm^3}$，而水的密度为 $1 \mathrm{g/cm^3}$，两者相差 $0.05 \mathrm{g/cm^3}$，浮子直径及摩擦阻力都一样时，比测水位的绝对误差要大 20 倍。但若用来测水和汞的相界面，相对密度差为 $12.6 \mathrm{g/cm^3}$，比相同直径的浮子测水位时定位力要大十多倍，准确度显然大得多。

必须注意的是，理论上两种互不相溶的液体相界面应该一清二楚，但实际界面往往并不是突变而有相当厚的过渡层。例如工业生产设备里的油和水，其相界面是乳化层，是油和水的混合物，密度是渐变的。此时，不宜采用浮子液位计。尽管这样，在单纯液体的液位测量仪表中，浮子液位计仍占主要地位。

浮子重锤液位计

（1）用于常压或敞口容器的浮子重锤液位计

自由状态下的浮子能跟随液面升降，这是尽人皆知的水涨船高道理。然而液位计里的浮子总要通过某种传动方式把位移传到容器外，即构成了如图 8-7 所示的浮子式液位计。液面上的浮子由绳索（钢丝绳）经滑轮与被测液体容器外的平衡重锤和指针相连。随着液位的上升或下降，浮子带动指针上下移动，在标尺上指示出液位的高度。平衡时有

$$G = F + W \tag{8-9}$$

式中　F——浮子所受的浮力，N；

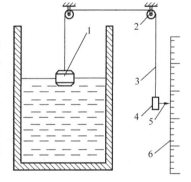

图 8-7　用于常压或敞口容器的浮子重锤液位计
1—浮子；2—滑轮；3—钢丝绳；4—重锤；5—指针；6—标尺

　　　　W——绳索对浮子的拉力，N。

液位增加，浮子上移，重锤下移，即标尺下端代表液位高，与直观印象恰恰相反。若想使重锤指向与液位变化方向一致，则应增加滑轮数目，但这样会使摩擦阻力增大，进而增加测量误差。

图 8-7 所示的浮子式液位计只适用于常压或敞口容器，通常只能就地指示，由于传动部分暴露在周围环境中，使用日久会增大摩擦，则液位计的误差也会相应增大，因此这种液位计只能用于不太重要的场合。

（2）用于密闭容器的浮子重锤液位计

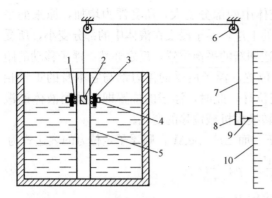

图 8-8　用于密闭容器的浮子重锤液位计
1—导轮；2—铁芯；3—磁铁；4—浮子；5—非导磁管；
6—滑轮；7—钢丝绳；8—重锤；9—指针；10—标尺

图 8-8 所示的浮子重锤液位计在密闭容器中设置一个测量液位的通道。在通道的外侧装有浮子和磁铁，通道内侧装有铁芯。当浮子随液位上下移动时，磁铁随之移动，铁芯被磁铁吸引而同步移动，通过绳索带动指针指示液位的变化。

在实际应用中，还可采用各种各样的结构形式来实现液位——机械位移的转换，并通过机械传动机构带动指针对液位进行指示。如果需要远传，还可通过电转换器或气转换器把机械位移转换为电信号或气信号。

8.4.2　浮筒式液位测量仪表

浮筒式液位计

浮筒式液位计把一中空金属浮筒用弹簧悬挂在液体中，筒的重量大于同体积的被测液体的重量，因此，若不悬挂，浮筒就会下沉，故又称作"沉筒"。设计时，使浮筒的重心低于几何中心，这样无论液位高低，浮筒总能保持直立姿势。当液面变化时，它被浸没的体积也随之变化，浮筒受到的浮力就与原来的不同，所以可通过检测浮筒位移或浮力变化来测定液位。

图 8-9 为浮筒式液位计原理图，浮筒通过连杆连至弹簧的上端，此时弹簧下端固定，弹簧由于浮筒的重力而处于压缩状态；浮筒也可通过连杆直接与弹簧下端相连，此时弹簧上端固定，弹簧处于拉伸状态。

当被测液体的液位尚未达到浮筒底面水平线 OO' 时，浮筒处于初始状态，浮筒的重力等于弹簧的初始弹力，即

$$G = Cx_0 \qquad (8\text{-}10)$$

式中　G——浮筒的重量，N；
　　　C——弹簧的刚度，N/m；
　　　x_0——弹簧的初始压缩值（弹
　　　　　簧下端固定），m。

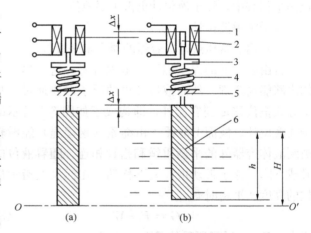

图 8-9　浮筒液位计原理图
（a）初始状态的浮筒；（b）液位为 H 时的浮筒
1—变压器；2—铁芯；3—连杆；4—弹簧；
5—固定端；6—浮筒

当浮筒的一部分被浸没时，浮筒受到液体对它的浮力作用而向上移动，当它与弹簧的弹力和浮筒的重力平衡时，浮筒停止移动，此时三力平衡，即有

$$G = C(x_0 - \Delta x) + \rho g A(H - \Delta x) \qquad (8\text{-}11)$$

式中　H——被测液体相对于水平线 OO' 的液位高度，m；
　　　Δx——弹簧的位移改变量（即浮筒移动的距离），m；

A——浮筒的横截面积，m^2。

注意：浮筒实际浸没在液体中的长度 h 为液位高度 H 与浮筒向上移动量，即弹簧的位移改变量 Δx 之差，且 $h = H - \Delta x$。

上述两式相减得被测液位

$$H = \left(1 + \frac{C}{\rho g A}\right)\Delta x \tag{8-12}$$

一般情况下，$H \gg \Delta x$，$H \approx h$，则上式简化为

$$H = \frac{C}{\rho g A}\Delta x \tag{8-13}$$

当液位发生变化，如液面升高 ΔH，则浮筒所受浮力增加，弹簧被压缩量减小 $\Delta x'$，同理可得

$$\Delta H = \left(1 + \frac{C}{\rho g A}\right)\Delta x' \tag{8-14}$$

可见，随着液位的变化，浮筒浸入液体的部分不同，所受的浮力发生变化，使浮筒产生位移。弹簧的位移改变量 Δx 与液位高度 H（或 $\Delta x'$ 与液位高度变化量 ΔH）成正比关系。因此变浮力液位检测方法实质上就是将液位转换成敏感元件浮筒的位移变化。

由于液位 H 与弹簧变形程度，即浮筒向上移动量 Δx 成比例。因此，在浮筒连杆上安装指针，即可就地显示液位；应用信号变换技术可进一步将位移转换成电信号，配上显示仪表在现场或控制室进行液位指示或控制。如图 8-9 所示，在浮筒的连杆上安装一铁芯，使其随浮筒一起上下移动，通过差动变压器使输出电压与位移成正比关系，从而可测量并传送出液位信号。除此之外，还可以将浮筒所受的浮力通过扭力管达到力矩平衡，把浮筒的位移变成扭力管的角位移，进一步用其他转换元件转换为电信号，构成一个完整的液位计。

浮筒式液位计不仅能检测液位，而且还能检测相界面。改变浮筒的尺寸（更换浮筒），就可以改变量程。

8.5 电容式液位测量仪表

8.5.1 概述

电气式液位测量仪表是将液位的变化转换为电量的变化，间接测量液位的仪表。根据电量参数的不同，它分为电容式、电阻式和电感式 3 种，其中电感式只能测量液位。这里仅介绍电容式液位测量仪。

电容式液位测量仪表是电气式液位测量仪表中常见的一种。它是利用液位升降变化导致电容器电容值变化的原理设计而成的。电容式液位测量仪表的结构形式很多，有平板式、同轴圆筒式等。它的适用范围非常广泛，不仅可作定点控制，还能用于连续测量。

8.5.1.1 平板电容器

对于平板电容器，有如下关系：

$$C = \varepsilon \frac{S}{d} \tag{8-15}$$

式中　C——平板电容器的电容，F；

ε——电容极板之间介质的等效介电常数，$\varepsilon = \varepsilon_p \varepsilon_0 = 8.84 \times 10^{-12} \varepsilon_p$，F/m；

ε_p——介质的相对介电常数；

ε_0——真空介电常数，$\varepsilon_0 = 8.84 \times 10^{-12}$，F/m；

S——电容器极板面积，m²；

d——电容器极板间距，m。

由式（8-14）可见，当极板面积 S、极板间距 d 和介电常数 ε 三个参数中任何一个发生变化时，都会引起电容量 C 的改变。这样就可以根据被测液体的不同性质，采用不同结构的电极，使液面升降时能改变其中一个参数，通过测量电容量的变化来测量液位、两种不同液体的相界面，即可构成不同的电容式液位测量仪表。

8.5.1.2　同轴圆筒电容器

在电容液位计中，常采用如图 8-10 所示的由两个同轴圆筒极板组成的电容器。当两圆筒之间充以介电常数为 ε 的介质时，两圆筒间的电容量为

$$C = \frac{2\pi\varepsilon L}{\ln\dfrac{D}{d}} \tag{8-16}$$

式中　L——同轴圆筒电容器电极的长度，m；

d——同轴圆筒电容器内电极的外径，m；

D——同轴圆筒电容器外电极的内径，m。

可以看出，对于给定的圆筒电容器，即 D、d 一定时，电容量 C 与电极长度 L 和介电常数 ε 的乘积成正比。

8.5.2　用于导电介质的电容液位计

图 8-11 为测量导电介质液位的电容式液位计原理图。该液位计只用一根电极作为电容器的内电极，其材质一般为紫铜或不锈钢，结构为直径 d 的圆柱体。在内电极外安装聚四氟乙烯塑料套管或涂以搪瓷作为绝缘层。内径为 D_0 的容器是金属制作的。

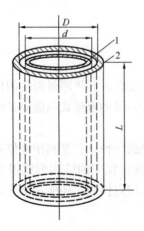
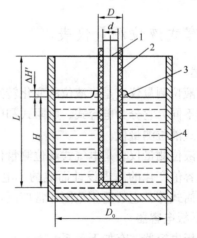

图 8-10　同轴圆筒电容器　　　　　图 8-11　用于导电液体的电容液位计原理示意图

1—内电极；2—外电极　　　　　1—内电极；2—绝缘层；3—虚假液位；4—容器

当容器内没有液体时，容器为外电极，内电极与容器壁组成电容器，空气加塑料或搪瓷作为介电层，电极覆盖长度为整个容器的长度 L，则此时的电容为

$$C_0 = \frac{2\pi\varepsilon_0' L}{\ln \frac{D_0}{d}}$$ (8-17)

式中 ε_0'——电极绝缘层和容器内气体的等效介电常数，F/m；

D_0——容器的内径，m。

当容器内有高度为 H 的导电液体时，总电容由以下两个电容并联组成：

(1) 在有液体的高度 H 范围内，导电液体作为电容器外电极，其内径为绝缘层的直径 D，介电层为绝缘塑料套管或搪瓷，该部分的电容为

$$C_1 = \frac{2\pi\varepsilon H}{\ln \frac{D}{d}}$$ (8-18)

式中 ε——绝缘层（绝缘塑料套管或搪瓷）的介电常数，F/m；

D——绝缘层的直径，m。

(2) 无液体部分的电容与空容器的类似，只是电极覆盖长度仅为容器上部的气体部分长度 $L-H$，该部分的电容为

$$C_2 = \frac{2\pi\varepsilon_0' (L-H)}{\ln \frac{D_0}{d}}$$ (8-19)

此时整个电容相当于有液体部分 C_1 和无液体部分 C_2 两个电容的并联，因此整个系统的电容量为

$$C = C_1 + C_2 = \frac{2\pi\varepsilon H}{\ln \frac{D}{d}} + \frac{2\pi\varepsilon_0' (L-H)}{\ln \frac{D_0}{d}}$$ (8-20)

液位为 H 时电容的变化量为

$$C_x = C - C_0 = \left(\frac{2\pi\varepsilon}{\ln \frac{D}{d}} - \frac{2\pi\varepsilon_0'}{\ln \frac{D_0}{d}} \right) H$$ (8-21)

若 $D_0 \gg d$，且 $\varepsilon_0' \ll \varepsilon$，则上式变为

$$C_x = C - C_0 = \frac{2\pi\varepsilon}{\ln \frac{D}{d}} H$$ (8-22)

从上式看出，电容量的变化与液位高度成正比，测出电容量的变化，便可知道液位高度。测量过程中，电容的变化都很小，因此准确地检测电容量是电容式液位测量仪表的关键。

该仪表的灵敏度 S 为

$$S = \frac{2\pi\varepsilon}{\ln \frac{D}{d}}$$ (8-23)

由此可见，绝缘层（绝缘塑料套管或搪瓷）的介电常数越大，D 与 d 的值越接近（绝缘层越薄），则仪表的灵敏度越高。

当导电介质黏性较大时，由于导电介质作为电容器的一个极板，绝缘层被导电介质沾染，相当于增加一段虚假的液位高度 $\Delta H'$。虚假液位严重影响了仪表的测量准确度。为了减少虚假液位的形成，应尽量使绝缘层表面光滑和选用不沾染被测介质的绝缘层材料。

8.5.3 用于非导电介质的电容液位计

当被测对象为非导电介质时，是以被测介质作为介电层，组成电容式物位测量仪表的，按结构又可分为同轴套筒电极式电容液位计和裸金属电极电容液位计两种。

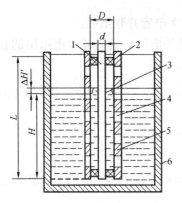

图 8-12 同轴套筒电极式电容液位
计原理示意图

1—内电极；2—绝缘支架；3—虚假液位；
4—开孔；5—外电极；6—容器

8.5.3.1 同轴套筒电极式电容液位计

图 8-12 所示为同轴套筒电极式电容液位计，它适用于非金属容器，或金属非立式圆筒形容器的液位测量。在棒状内电极周围用绝缘支架套装同轴的金属套筒作为外电极。在外电极上均匀开设许多个孔（或金属套筒上下开口），这样被测介质即可流进两个电极之间，使电极内外液位相同。

由于同轴套筒式电极之间距离不大，所以这种电极只适用于测量流动性较好的液体，如煤油、轻油及某些有机溶液、液态气体等。其电容值的大小和容器形状无关，只取决于液位。当容器内没有液体时，介电层为绝缘支架和两极间空气，此时电容器的电容为

$$C_0 = \frac{2\pi\varepsilon'_0 L}{\ln\dfrac{D}{d}} \qquad (8\text{-}24)$$

式中 ε'_0——绝缘支架和两极间空气的等效介电常数，F/m；

当非导电液体液位高度为 H 时，在有液体的高度 H 范围内，非导电液体作为电容器的介电层，而被测液体上部与空容器时一样，是以绝缘支架和空气为介电层，则总电容量为

$$C = \frac{2\pi\varepsilon H}{\ln\dfrac{D}{d}} + \frac{2\pi\varepsilon'_0(L-H)}{\ln\dfrac{D}{d}} \qquad (8\text{-}25)$$

电容量的变化量为

$$C_x = C - C_0 = \frac{2\pi(\varepsilon - \varepsilon'_0)H}{\ln\dfrac{D}{d}} \qquad (8\text{-}26)$$

该仪表的灵敏度 S 为

$$S = \frac{2\pi(\varepsilon - \varepsilon'_0)}{\ln\dfrac{D}{d}} \qquad (8\text{-}27)$$

可见，电容量的变化与液位高度成正比，测出电容量的变化，便可知道液位高度。被测介质的介电常数与空气的介电常数差别越大，仪表的灵敏度越高；D 和 d 的比值越接近于1，仪表的灵敏度也越高。

8.5.3.2 裸金属电极电容液位计

裸金属电极电容液位计适用于金属立式圆筒形容器。裸露的金属棒作为电容的内电

极，容器作为外电极。由于电容的两电极间距较大，适用于黏度大的非导电介质的液位测量。

图 8-13 所示为裸金属电极电容液位计，当容器内没有液体时，介电层为容器内的空气。当液位高度为 H 时，在有液体部分，被测介质作为中间填充介质。被测液体上部的介电层为容器内的空气，其电容和灵敏度计算公式可用式（8-23）～式（8-26）代替。所不同的只是将上述公式中的等效介电常数 ε_0' 替换为空气介电常数 ε_0，外电极内径 D 替换为容器内径 D_0。由于两电极间距离较大，当液位发生变化时引起的电容量变化值较小。为了提高测量灵敏度，安装时可将测量电极安装在容器壁或辅助电极的附近，以增加电容变化量。

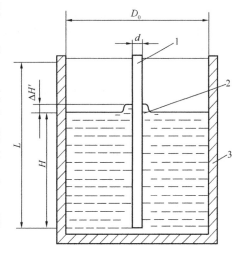

图 8-13 裸金属电极电容液位计原理示意图
1—内电极；2—虚假液位；3—容器

非导电介质电容液位测量仪表也同样存在虚假液位现象，其中同轴套筒式电极电容液位计。因两极间距离太小，虚假液位现象更明显。

8.5.4 特点和使用

1. 特点

电容式液位测量仪表具有如下特点：

1）被测介质适用性广

电容式液位测量仪表几乎可以用于测量任何介质，包括液体和相界面，甚至粉状固体的液-固浆体的界面。对介质本身性质的要求不像其他液位计那样严格，对导电介质和非导电介质都能测量，此外还能测量有倾斜晃动及高速运动的容器的液位。

2）适于各种恶劣的工况条件，工作压力从真空到 7MPa，工作温度从 $-186 \sim 540℃$。

3）测量结果与介质密度、化学成分等因素无关。

4）无可动部件，结构简单、性能可靠，造价低廉。

5）要求液位的介电常数与空气介电常数差别大，且需用高频电路。

6）使用时需注意分布电容的影响。

2. 电容式液位测量仪表的使用

电容式物位测量仪表的上述特点决定了它在物位测量中的重要地位。但在实际应用时，应注意准确选型和正确使用。

测两种液体间的相界面时，如均为不导电液体，可在用于非导电介质的电容物位测量仪表中任选一种。使用时应注意：其灵敏度与两种液体的介电常数之差成正比，这和浮力式物位测量仪表要求的密度差大相对应。如果两种液体密度相近而介电常数差别大，电容法便可大显身手。如其中一种（只限一种）为导电液体，就必须用包有绝缘层的电极。

电容式物位测量仪表也可用于粉粒体料位测量，但应注意物料中含水分时将对测量结果影响很大。例如干燥的土壤介电常数约为 1.9，含水 19% 时达到 8。此外水分还会造成漏电，即使采用带绝缘层的电极，效果也不佳。所以电容式物位测量仪表只适用于干燥粉粒体或水分含量恒定不变的粉粒体。

　　稍有黏着性的不导电液体仍可用裸露电极，若黏性液体有导电性，即使采用绝缘层电极也不能工作，因为粘附在电极上的导电液体不易脱落会造成虚假液位。这种情况下只能借助隔离膜将压力传到非黏性液体上，再用电容式物位测量仪表测量。

　　用电容法构成物位开关，可用于液位、料位报警或位式调节系统，这种应用方式下，不要求电容与物位成正比，只希望在电极附近很高的灵敏度，所以电极宜横向插入容器或用平板形电极。

8.6　超声液位计

8.6.1　概述

　　超声液位测量是一种非接触式的液位测量方法，应用领域十分广泛。既可测量液位，又可测量料位。超声波液位测量是利用超声波在气体、液体和固体介质中传播的回声测距原理进行测量的，超声波发射到分界面（即液体表面或物料表面）后产生反射，由接收换能器接收反射回波，利用发射到接收的时间间隔及声速，通过计算可得到液位高度。按传声介质不同，又可分为气介式、液介式和固介式三种。常用的是前两种，在实际测量时，有时液面会有气泡、悬浮物、波浪或沸腾，引起反射混乱，产生测量误差，因此在上述复杂情况下宜采用固介式液位计，它不会因为上述原因产生反射混乱或声束偏转。

　　按探头构造方式又可分为自发自收的单探头方式和收发分开的双探头方式。单探头方式物位计使用一个换能器，由控制电路控制它分时交替作发射器与接收器。双探头方式则使用两个换能器分别作发射器和接收器。对于固介式，需要有两根金属棒或金属管分别作发射波与接收波的传输管道。

8.6.2　超声液位测量的特点

　　利用超声波测量液位有许多的优越性。

　　(1) 超声波液位传感器可与液体不直接接触，安装维护方便，价格便宜；

　　(2) 测量精确度高，可达 0.1%，测量范围大，可达 $10^{-2} \sim 10^4$ m，以及换能器寿命长；

　　(3) 超声波不受光线、液体的影响，其传播速度并不直接与媒质的介电常数、电导率、热导率有关，因此超声波传感器广泛用于测量腐蚀性和侵蚀性液体及性质易变的液位。

　　但是，超声波的传播速度受传声介质的成分及温度梯度的影响，超声波液位传感器不能测量有气泡和有悬浮物的液位，因为气泡和悬浮物将使超声能量在该区域内消耗而不能传到较远处；当被测液面有很大波浪时，在测量上会引起声波反射混乱，产生测量误差。

8.6.3　工作原理

8.6.3.1　液介式超声液位计

　　液介式超声液位计是以被测液体为导声介质，利用回波测距方法来测量液面高度的。其探头既可以安装在液面的底部，也可以安装在容器底的外部，如图 8-14 所示。单片机时钟电路定时触发发射电路发出电脉冲，激励换能器发射超声脉冲。脉冲穿过容器壁进入被测液体，在被测液体表面上反射回来，再由换能器转换成电信号，经接收电路处理后送至单片机进行存储、显示等。图 8-14（a）为单探头方式，探头起着发射和接收双重作用，则液面高度 H 与超声波在被测液体中的声速 C 及来回传播时间 t 成正比关系，即

$$H = \frac{C}{2}t \tag{8-28}$$

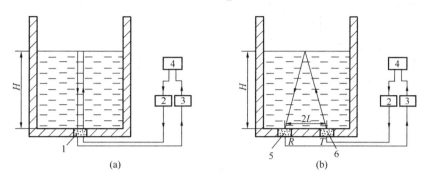

图 8-14 液介式超声液位计

（a）单探头方式；（b）双探头方式

1—换能器；2—发射电路；3—接收电路；4—单片机；5—接收换能器；6—发射换能器

图 8-14（b）为双探头方式，其中一个探头 T 起发射作用，另一个探头 R 起着接收作用。

设两探头之间距离的一半为 L，则超声波传播的距离为 $2\sqrt{H^2 + L^2}$，此时被测液位为

$$H = \sqrt{\frac{C^2 t^2}{4} - L^2} \tag{8-29}$$

这种液位计适用于测量如油罐、液化石油气罐之类容器的液位。具有安装使用方便、可多点检测、准确度高等优点。但当被测介质温度、成分经常变动时，声速随之变化，为提高测量准确度，应进行声速的校正。

8.6.3.2 气介式超声液位计

如换能器装在液面以上的气体介质中垂直向下发射和接收，则称为"气介式"。气介式超声液位计的工作原理同液介式超声液位计一样。所不同的是，超声波换能器置于液面的上方，与液面底部的距离为 H_0。它以空气作为介质，对图中 8-15（a）所示的单探头方式，液面高度 H 与超声波在空气介质中的传播速度 C 及来回传播时间 t 的关系如下

$$H = H_0 - \frac{C}{2}t \tag{8-30}$$

对图 8-15（b）所示的双探头方式，液面高度为

$$H = H_0 - \sqrt{\frac{C^2 t^2}{4} - L^2} \tag{8-31}$$

利用被测介质上方的气体导声，换能器不必和液体接触，便于防腐蚀和渗漏，可测量有悬浮物的液体、高黏度液体与含有颗粒杂质或气泡的液体等，使用维护方便。除了能测各种密封、敞开容器中的液位外，还可以用于测塑料粉粒、沙子、煤、矿石、岩石等固体料位，以及测沥青、焦油等黏稠液体及纸浆等介质料位。

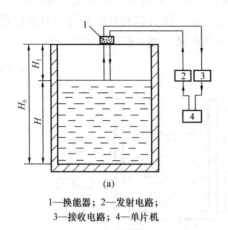 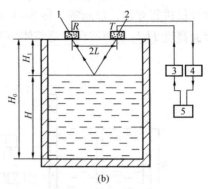

1—换能器；2—发射电路；   1—接收换能器；2—发射换能器；

3—接收电路；4—单片机   3—发射电路；4—接收电路；5—单片机

图 8-15　气介式超声液位计

（a）单探头方式；（b）双探头方式

由于气介式在防腐和维护方面比液介式优越得多，且可测黏性及含杂质的液体，所以气介式的应用更为广泛。

8.6.4　超声液位计的选用

选用超声液位计时，是选择单探头还是双探头，主要应根据测量对象的具体情况考虑。一般多采用单探头方案，因为单探头简单、安装方便、维修工作量也较小，可以直接测出液位高度 h，不必修正。但是，单探头方案有一个接收盲区问题。在发射超声波脉冲时，要在探头上加比较高的激励电压，这个电压虽然持续时间较短，但在停止发射时，在探头上仍存在一定的余振。如果在余振时间内将探头转向接收放大线路，则放大器的输入将还有一个足够强的信号。显然在这段时间内，即使能收到回波信号，该信号也很难被分辨出来，因此称这段时间为盲区时间。过了盲区时间后，接收换能器才能分辨回波信号。探头的盲区时间与结构参数、工作电压、频率等因素有关，可以通过实验确定。如果知道盲区时间，再求得超声波的传播速度，就可以确定盲区距离。由于盲区距离的限制，采用该方案时，不能测量小于盲区距离的液位。

采用双探头方案时，从理论上由于没有盲区问题。但是电路耦合及非定向声波对接收器的作用，在发射超声波脉冲时，接收线路中也将产生微弱的输出。此外，当探测距离较远时，为了保证一定灵敏度，应采用大功率发射换能器，加大发射功率；采用高灵敏度的接收换能器。

此外，还可用固介式。固介式是用固体传声，把传声棒插入液体中，探头装在传声棒上端，当声波经传声棒传到液体表面时，就有反射波沿传声棒传回。由于声波在固体中声波传播较为复杂，同时存在几种不同速度的声波，干扰很大，信噪比很难提高，精确度也很难提高，所以一般很少用固介式方案。

思 考 题

8-1　在液位测量中应着重考虑哪些影响测量的因素？

8-2　液位测量仪表的种类有哪些？各自基本原理是什么？

8-3　浮子式液位计与浮筒式液位计都是利用浮力工作的,原理上究竟有什么不同?

8-4　浮力式液位计受不受气体压力的影响,为什么?

8-5　用电容式液位计测量导电物质与非导电物质液位时,在原理和电极结构等方面有何异同点?

8-6　简述液介式和气介式超声液位计的工作原理。

第9章 冷热量和热流测量

9.1 冷热量测量

建筑环境营造过程需要向建筑能源系统末端供应冷水和热水，需要对冷热源的产冷量和产热量、末端设备的耗冷量和耗热量及建筑冷热负荷进行计量和监测。冷水系统冷量或冷负荷和供热系统热水热量或热负荷的测量原理是一样的，是通过测量供回水管道中水温和流量来实现的。风系统冷热量或冷热负荷，是通过测量送回风管道温度差和流量来实现的。本章介绍热水热量和饱和蒸汽热量的测量原理。

9.1.1 热水热量指示积算仪

1. 热水热量指示积算仪工作原理

以热水为热媒的热源生产的热量，或用户消耗的热量，与热水流量和供、回水焓值有关。它们之间的关系可用下式表示

$$Q = q_m(h_s - h_r) \tag{9-1}$$

式中　Q——热水的热量，kJ/h；

　　　q_m——热水的质量流量，kg/h；

　　　h_r——回水焓值，kJ/kg；

　　　h_s——供水焓值，kJ/kg。

热水的焓值为其比定压热容与温度之积，即

$$h = c_p T \tag{9-2}$$

在供、回水温差不大时，可以把供、回水的比定压热容看成是相等的，而且可以看成为一个常数。此时式（9-1）可以写为

$$Q = k q_m(T_s - T_r) \tag{9-3}$$

式中　T_s、T_r——分别为供回水温度，℃；

　　　k——仪表常数，$k = c_p$。

由式（9-3）可以看出，只要测出供回水温度和热水流量，即可得到热水放出的热量。热水热量计正是基于这个原理测量热水热量的。

2. 热水热量指示积算仪的组成

热水热量指示积算仪的组成如图9-1所示，热水的质量流量经流量变送器转换成0～10mA或4～20mA·DC信号，输入热水热量计。供回水温度由铂热电阻 R_{T1}、R_{T2} 转换为电阻信号，送至仪表的加法器环节。加法器输出的供回水温差信号与流量信号在热量运算环节进行乘法运算后，得到与热水热量成比例变化的电压信号，再经电压电流转换环节变成电流信号，推动表头指示热量瞬时值，并由积算器输出热量累积量。因为水的质量流量

与水的密度有关，而水的密度又是随温度变化的，水的温度升高时，其密度减小。所以，在水的体积流量一定的情况下，水的质量流量随水温升高而减小。若忽视了水温对质量流量的影响，将会产生较大的测量误差。为消除热水温度变化对质量测量结果的影响，必须对质量流量进行温度修正。热水流量指示积算仪是利用铂热电阻 R_{T1} 进行温度修正的。流量变送器输出的信号经

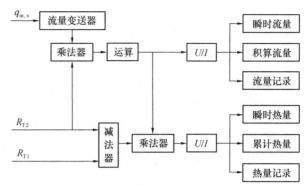

图 9-1　热水热量指示积算仪的组成框图

温度修正后指示热水质量流量瞬时值，并参加热量的乘法运算。

3. 热水热量指示积算仪的使用

图 9-2 所示为热水热量积算仪与涡轮流量变送器配套使用、测量热水热量的原理示意图，涡轮流量变送器测量供水流量，供水温度用两支铂热电阻 R_{T1} 测量，回水管上的单支

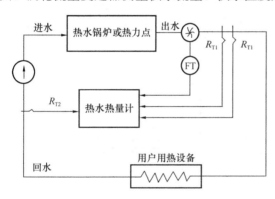

图 9-2　热水热量指示积算仪

铂热电阻 R_{T2} 测量回水温度，同时，R_{T1} 修正流量信号。经热水热量计运算，指示瞬时流量、瞬时热量和累积热量。

为保证仪表的测量精度，热水热量指示积算仪应定期校验。

9.1.2　饱和蒸汽热量指示积算仪

1. 饱和蒸汽热量指示积算仪的工作原理

以蒸汽为热媒的热源产热量或用户耗热量取决于蒸汽流量及蒸汽与凝水的焓差。饱和蒸汽热量可按下式计算

$$Q = q_m(h_s - h_r) \tag{9-4}$$

式中　Q——蒸汽热量，kJ/h；

　　　q_m——蒸汽质量流量，kg/h；

　　　h_s——蒸汽焓值，kJ/kg；

　　　h_r——凝水焓值，kJ/kg。

考虑到蒸汽焓值较凝水焓值大得多，因此，式（9-4）可改写为

$$Q = q_m h_s \tag{9-5}$$

这样，只要知道蒸汽的质量流量和焓值，即可求得蒸汽的热量。

蒸汽质量流量可以用流量计测得。蒸汽焓值用间接测量的方法得到。过热蒸汽的焓值可以通过测量蒸汽压力和温度求得，饱和蒸汽的焓值只与蒸汽温度有关，测出蒸汽温度便可求得蒸汽焓值。

锅炉生产的蒸汽并非纯饱和蒸汽，而是含有少量水分的湿蒸汽，用节流装置测量湿蒸汽流量必须引入干度修正，对于饱和蒸汽流量与湿蒸汽流量间的关系可用下式确定：

$$m = x_c m_h \tag{9-6}$$

式中　m——饱和蒸汽质量流量，kg/h；

　　　m_h——湿蒸汽质量流量，kg/h；

　　　x_c——流量计算中引入的干度修正系数。

x_c 是湿蒸汽干度 x 的函数。当 $x>0.9$ 时，修正汽-液两相流量的干度修正系数为：

$$x_c = (1.56 - 0.56x)/\sqrt{x} \tag{9-7}$$

工业锅炉的湿蒸汽干度 x 一般高于 0.95，因此采用式（9-7）修正流量是合适的。

2. 饱蒸汽热量指示积算仪的组成

饱和蒸汽热量指示积算仪的原理框图如图 9-3 所示，它适用于饱和蒸汽热量测量。安装在供汽管上的标准孔板把蒸汽流量信号转换成差压信号，再经差压流量变送器转换成 $0\sim10\mathrm{mA \cdot DC}$ 信号，作为热量计的输入信号。安装在供汽管上的铂热电阻测量蒸汽温度，并输入热量计，与流量信号一起参加热量运算，再由表头数字显示蒸汽热量瞬时值、蒸汽流量瞬时值。另外，热量信号经积算电路转换后，由仪表指示蒸汽热量累积量。

蒸汽热量指示积算仪设置了干度设定单元，干度值 x 从 0.95 到 1 分六挡连续可调。根据锅炉生产湿蒸汽的干度 x，用调节挡设定干度值，对蒸汽流量和热量进行修正。流量计的流量系数与被测流体的密度、标准孔板的开孔直径、蒸汽管道直径、流量测量范围等因素有关。应用条件不同时流量系数将随之改变。因而蒸汽热量积算仪中设置了流量系数设定单元，这就增强了仪表的通用性。

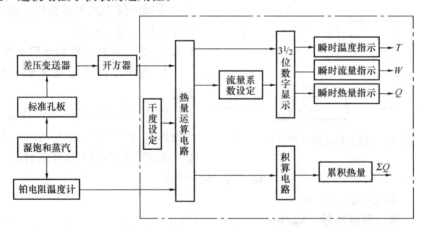

图 9-3　饱和蒸汽热量指不积算仪原理框图

3. 饱和蒸汽热量指示积算仪的应用

如图 9-4 所示，饱和蒸汽热量指示积算仪与标准孔板、差压流量变送器及铂热电阻配

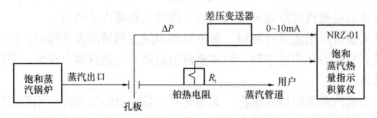

图 9-4　NRZ-01 型饱和蒸汽热量指示积算仪应用框图

套使用，由标准孔板、差压流量变送器把蒸汽的质量流量转换成直流电信号，与测温铂电阻输出的电阻信号一起其输入蒸汽热量指示积算仪，经干度设定和流量系数设定后，仪表直接指示蒸汽的瞬时流量、温度、瞬时热量和累积热量。

9.2　热流测量

在国际上重视温度测量的同时，由于能源计量的需要，对热流的测量也逐渐发展起来。但我国现在对热流计、热量计、热通量传感器等仪表称呼还不完全统一。使用热流计和热通量传感器时要注意，因为二者的英文缩写均为 HFS（Heat Flow Sensor 和 Heat Flux Sensor）。但热流（Heat Flow）和热通量（Heat Flux）是有区别的，前者量纲为 W，后者则为 $W \cdot m^{-2}$，不可混淆。目前在应用时，习惯称呼多为热流计、热流密度计，国内有学者称热通量传感器。这里仍以热流量传感器表示热通量传感器。

9.2.1　热流计的原理

从传热学理论可知，对于一个通过均匀材料壁的一维稳态热流密度 q，它应有下面关系式：

$$q = -\lambda \frac{\partial T}{\partial x} \tag{9-8}$$

式中　λ——材料的导热系数，$W/(m \cdot K)$。

如果壁的厚度为 L_W，而壁的两个表面温度分别为 T_H 和 T_L，如图 9-5 所示。根据式（9-8）可给出：

$$q = \frac{\lambda_W}{L_W}(T_H - T_L) \tag{9-9}$$

式中　λ_W——壁材料的导热系数，$W/(m \cdot K)$。

如果在壁的表面再加上一层由另一种材料制成的附加壁，如图 9-6 所示。并假定上式中的热流密度 q 仍能保持不变，则 q 也可以下式表示：

$$q = \frac{\lambda_s}{L_s} \Delta T \tag{9-10}$$

式中　λ_s——附加壁材料的导热系数，$W/(m \cdot K)$；

　　　L_s——附加壁的厚度，m；

　　　ΔT——附加壁两表面之间的温差，K。

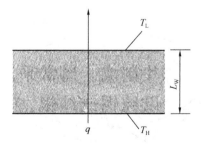

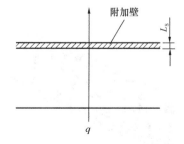

图 9-5　通过厚度为 L_W 和热导率为 λ_W 的热流密度 q　　　图 9-6　厚度为 L_s 和热导率为 λ_s 的附加壁

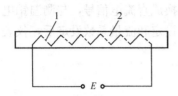

图 9-7　埋入热电堆的热流量
传感器

1—热电堆；2—匹配层材料

显然，只要能测量出温差 ΔT，并且附加壁材料的热导率 λ_S 和厚度 L_S 已知时，则热流密度就可以根据式（9-10）计算出来。

实际上，附加壁就是一种热流量传感器，把它贴附于壁的表面上是为了测量通过壁的热流量。热流量传感器是由若干支串联的热电偶所组成，如图 9-7 所示。

如热电堆的输出电势为 E，则有：

$$E = nS\Delta T \tag{9-11}$$

式中　n——串联的热电偶数目；

　　　S——热电偶的塞贝克系数。

由式（9-10）和式（9-11）得到：

$$q = \frac{\lambda_S}{L_S} \frac{1}{mS} E \tag{9-12}$$

或

$$q = CE \tag{9-13}$$

式中　$C = \dfrac{\lambda_S}{L_S} \dfrac{1}{mS}$，称为检定常数。

理论上检定常数 C 可以由参数 λ_S、L_S、m，以及 S 求出，但更为实用而准确的方法是直接测量。

值得注意的是，通过一个壁的热流量不但与壁的两表面之间的温差有关，也与壁的热阻有关。测量时使用的热流量传感器，即贴上附加壁肯定增加壁热流量的热阻。实际上测得的已是增加后的热流量，这就给测量结果带来了误差。为减小这一测量误差，尽可能选用很薄的（L_S 小）和高热导率（λ_S 大）的材料制作的热流量传感器。当然，这么做将会使温差 ΔT 变小，增加了测温的难度。

9.2.2　热流计的结构

现有的热流量传感器，基本上都是由带有热电堆的薄片制成。通常采用半镀绕丝技术，把铜镍丝绕在可挠曲的塑料片上，而绕丝的一半镀以纯铜或纯银，其交界处起到热电偶的作用，从而形成若干支铜-铜镍或银-铜镍热电偶所组成的热电堆。其结构见图 9-8。

用模压技术制作的圆盘形热电堆（见图 9-9）。其典型尺寸为：直径 $\phi1 \sim \phi30 cm$，厚度 $2 \sim 5 mm$ 热电偶数目在 $1000 \sim 2000$ 之间。制造热电堆的技术还有光刻技术、印制电路技术与厚膜技术等。

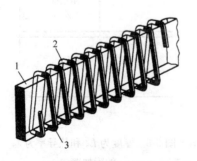

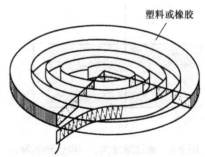

图 9-8　用半镀绕丝技术制作的热电堆

1—塑料带；2—铜镍合金丝；3—镀铜或银

图 9-9　圆盘形热电堆

热流量传感器的技术指标如下：

1) 灵敏度：$0.005\sim1000\mu V \cdot m^2/W$。

2) 温度范围：$-150\sim800℃$。

3) 外部尺寸：（$0.8cm\times1.2cm$）$\sim$（$50cm\times50cm$）。

4) 厚度：$0.07\sim6mm$。

由以上指标可以看出，各种热流量传感器的性能差异很大。

9.2.3 热流密度的测量

根据显示方法的不同，国内外生产的热流显示仪表可分为模拟显示和数字显示两大类。近年来随着微处理器及计算机技术的快速发展，国内外一些厂家生产出带有微处理器的智能型热流计，使用更加方便。

1. 指针式热流显示仪表

指针式热流显示仪表是以指针式表头作为显示部件，其结构比较简单，成本低，是应用较为广泛的一种热流显示仪表，图9-10所示为WY1型指针式热流显示仪表。它主要由直流放大器和指针式表头组成。热流测头将热流密度信号转换成电势信号，经直流放大器放大后驱动指示表头工作，表头直接指示被测热流密度。指示表头是1.0级的直流微安表。仪表电源采用9V积层电池，功耗50mW，正常情况下，电池可使用$1\sim2$个月。显示仪表除直流放大器和指示表头外，在表盘上还设有一些必要的开关、旋钮和插口，使用仪表时，将热流测头引线插头插入测头插口，电源开关接通，再把工作状态开关拨至调零位置，转动调零旋钮，使仪表指针指零。然后根据所需要的测量范围，把量程转换开关打到适当位置，并使工作状态开关投向工作状态，此时仪表即可使用。

2. 数字式热流显示仪表

数字式热流显示仪表主要是解决弱小信号的放大和显示问题，尤其是在测量较小的热流量时，传感器输出信号可能低于$1mV$，需要经过放大才能显示，这就需要低漂移、精度高的仪表放大器。热流

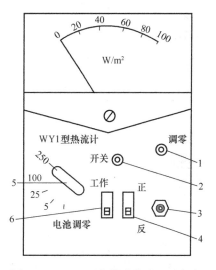

图9-10　WY1型指针式热流显示仪表
1—调零旋钮；2—电源开关；3—测头插口；
4—正反状态开关；5—量程转换开关；
6—工作状态开关

的测量往往是在现场进行的，使用体积较大的仪表，或者在现场布置很多导线都是不便的，因此，这类仪表大多数是便携式的。

数字式热流显示仪表附有测温部分。它采用铜—康铜或镍铬—镍硅热电偶测温，热电偶接点装在热流传感器内部，在测量热流的同时也测出温度的数值。由于传感器很薄，测出的温度与表面温度很接近，因此就可以认为是表面温度。镍铬—镍硅热电偶热电势的线性度很好，使用这种热电偶可以得到较好的测温精度。为了补偿热电偶冷接点的温度，采用了不平衡电桥作为自动冷接点信号补偿器。把热电偶的热电势和补偿器的信号串联后送入前置放大器及数字显示部分，选择适当的放大倍数，就可以直接显示出温度数值。数字式热流显示仪采用9V积层电池供电，工作电流很小，一般可连续使用较长的时间。

9.2.4　热阻式热流计的应用

热阻式热流计的应用基本上可以分三种类型：一种是直接测量热流密度；一种是作为其他测量仪器的测量元件，如作为热导率测定仪、热量计、火灾检测器、辐射热流计、太阳辐射计等仪器的检测元件；另一种是作为监控仪器的检测元件，例如将热流测头埋入燃烧设备的炉墙中监测炉衬的烧损情况等。表 9-1 列举了热阻式热流计在热工学、能量管理和环境工程中的应用。下面着重介绍热阻式热流计的选择、安装及在直接测量热流密度方面的应用。

热阻式热流计的应用　　　　　　　　表 9-1

应用领域	测定对象或应用的仪器	使用温度 （℃）	测量范围 （W/m²）	参考精度 （%）	备注
热工学、能量管理	一般保温保冷壁面	−80～80	0～500	5	旋转炉、水冷壁等包括热分解炉、空调设备
	工业炉壁面	20～600	50～1000	5	
	特殊高温炉壁面	100～800	1000～10000	10	
	化工厂	0～150	0～2000	5	
	建筑绝热壁面	−30～40	0～200	5	
	发动机壳	20～80	100～1000	5	
	农业、园艺设施	−40～50	0～1000	5	
环境工程	一般保温冷壁面	20～80	0～250	3	
	小型锅炉、发动机等	20～60	50～200	5	
	坑道、采掘面	20～70	200～1000	3	
	空调机器设备	0～80	0～1500	3	
	建筑壁、装修，隐蔽材	−40～150	0～1000	3	
	蓄热蓄冷设备	0～80	0～1500	3	

1. 热流测头的选用

热流测头应尽量薄，热阻要尽量小，被测物体的热阻应该比测头热阻大得多。被测物体为平面时采用板式测头，被测物体为弯曲面时采用可挠式测头。可挠式测头弯曲过度也会对其标定系数有一定影响，因此测头弯曲半径不应小于 50mm。另外，辐射系数对热流密度的测量也有影响，所以应采取涂色、贴箔等方法，使测头表面与被测物体表面辐射系数趋于一致。

2. 热流测头的安装

被测物体表面的放热状况与许多因素有关，在自然对流的情况下被测物体放热的大小与热流测点的几何位量有关。对于水平安装的均匀保温层圆形管道，保温层底部散热的热流密度最低，侧面热流密度略高于底部，上部热流密度比下部和侧面均大得多，如图 9-11 所示。这种情况下，测点应选在管道上部表面与水平夹角约为 45°处，此处的热流密度大致等于其截面上的平均值。在保温层局部受冷受热或者受室外气温、风速、日照等因素影响时，热流密度在管道截面上的分布更加复杂，测点应选在能反映管道截面上平均热流密度的位置，最好在同一截面上选几个有代表性的位置进行测量，与所得到的平均值进行比较，从而得到合适的测试位置。对于垂直平壁面和立管也可作类似的考虑，通过测

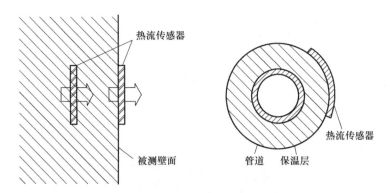

图 9-11　热阻式热流测头的安装

试找出合适的测点位置。至于水平壁面，由于传热状况比较一致，测点位置的选择较为容易。

热流测头表面为等温面，安装时应尽量避开温度异常点。有条件时，应尽量采用埋入式安装测头。测头表面与被测物体表面应接触良好，为此，常用胶液、石膏、黄油等粘贴测头，对于硅橡胶可挠式测头可以使用双面胶纸，这样不但可以保持良好接触，而且装拆方便。热流测头的安装应尽量避免在外界条件剧烈变化的情况下测量热流密度，不要在风天或太阳直射下测量，不能避免时可采取适当的挡风、遮阳措施。为正确评价保温层的散热状况，有条件时可采用多点测量和累积量测量，取其平均值，这样取得的效果更理想。使用热流计测量时，一定要热稳定后再读数。

3. 热分析领域的应用

在热分析领域内，将样品放在温度场中，它所吸收或放出的热量可用差热分析仪（DTA）和差示扫描量热仪（DSC）进行测量。所谓 DTA 是在程序控制温度下，测量被测物与参比物之间的温度差与温度关系的一种技术。而 DSC 是在程序控制温度下，测量输入到被测物和参比物的功率差与温度关系的一种技术。依据测量方法的不同，热量仪又分为功率补偿型和热流型。DSC 法由于灵敏度高，分辨能力强，能定量测量各种热力学及动力学参数。因此，在应用研究及基础研究中获得了广泛应用。

4. 确定最经济的保温层厚度

利用热流计的测定结果来确定最佳保温层厚度 $\delta_{佳}$。如图 9-12 所示，保温层施工经费随保温层厚度（δ）的增加而增加（曲线 1）；而热损失所耗费用随厚度的增加而减少。因而有一最佳值，将曲线 1 与曲线 2 相加可以得到曲线 3，其最低点所对应的横坐标值即为最经济的保温层厚度 $\delta_{佳}$。

5. 热流计和红外热像仪同时使用

当需测热流的设备很庞大或涉及面很广时，检查它的异常部位和测量热流分布就需要很多劳动力。现在发电厂锅炉上同时用热流计和红外热像仪可迅速发现异常部位。采用这种方法时，首先在离开设备较远处，用红

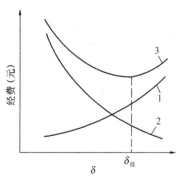

图 9-12　最佳保温层厚度 δ 的确定

1—保温层施工经费曲线；2—热损失曲线；

3—曲线 1 与曲线 2 之和

外热像仪测量锅炉整个壁面的温度图像，温度不同亮度也不同，然后对亮度不同的部分进行热流测量。从测量结果中可以看出，亮度低的低温部位热流密度小，亮度高的高温部位热流密度大，这就可以有效而迅速地发现异常地点。另外，根据红外热像仪得到的温度图像，计算出相同亮度部位的面积，再将各部分的面积与热流密度的乘积相加，即可求出散热损失。

6. 设备安全管理

大型电炉的炉底衬里过薄时，容易发生穿底事故；如果过厚，则停炉时会造成很大的

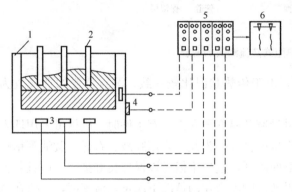

图 9-13　电炉热流管理系统
1—电炉；2—电极；3—埋设形热流传感器；
4—表面型或水冷型热流传感器；5—热流计算器；
6—记录器

经济损失，所以经常需要正确地掌握其厚薄。通常在炉底安装热电偶，根据炉底温度上升情况来估计炉衬损坏情况。但对于强制冷却炉底的大型电炉，该种方法已经不太起作用。目前正在用热流计作为操作管理的重要仪器。如图 9-13 所示，三个热流传感器埋设在三个电极中心正下方炉底的炉衬中，同时测量热流和温度，根据测得的信号推测炉底残存厚度。

为了掌握炉衬的破损情况，一般把热流传感器埋设在最易损坏的金属液面的圆周方向的炉壁中或炉壁上。水冷却时，必须安装水冷型热流传感器。利用热流传感器推测残存砖厚度在电炉使用后期是很重要的。此外，热流传感器也经常用于安全管理和为了延长电炉寿命的检测。

9.3　辐射热测量

9.3.1　辐射热计法

1. 原理

定向辐射热的测试原理见图 9-14。为方便考虑人与其面对的实际环境之间的定向热辐射，用假想的无限大半球面来代替面对的实际空间。辐射热传感器的表面温度为 T_s，接收到的辐射热强度为 E，无限大半球面的表面温度为 T_d。如果两者与人体的辐射热交换效果相同，则此无限大半球面的温度即为定向平均辐射温度。用定向平均辐射温度公式（9-14）表示其相互关系：

$$T_d = \left(\frac{E}{\sigma} + T_s^4 \right)^{\frac{1}{4}} \tag{9-14}$$

式中　T_d——定向平均辐射温度，K；

　　　E——辐射强度，W/m^2；

　　　T_s——测头温度，K；

　　　σ——斯蒂芬波耳兹曼常数，$5.67 \times 10^{-8} W/m^2$。

定向辐射热传感器的示意图见图 9-15。其表面的黑色条纹几乎能全部吸收辐射热，

而白色条纹几乎不吸收辐射热。在辐射热的照射下，黑色条纹温度升高而与白色条纹造成温差。在黑白条纹之后的热电偶组成的热电堆，由于温差产生电动势。此电动势经放大和A/D转换后，通过显示器显示出辐射热强度。

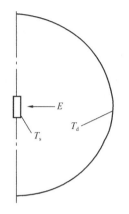

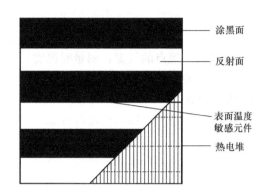

图 9-14　定向辐射测试原理

E—辐射热；T_s—辐射热传感器温度；

T_d—定向平均辐射温度

图 9-15　定向辐射热传感器

2. 仪器

MR-3A 型辐射热计的测量范围为 $0\sim20\mathrm{kW/m^2}$，分辨率为 $0.01\mathrm{kW/m^2}$；MR-4 型辐射热计的测量范围为 $0\sim2\mathrm{kW/m^2}$，分辨率为 $0.01\mathrm{kW/m^2}$。测量误差均不大于 $\pm5\%$。

3. 测定步骤和注意事项

1）辐射热强度测定：将选择开关置于"辐射热"挡，打开辐射测头保护盖将测头对准被测方向，即可直接读出测头所接受到的单向辐射热强度。

2）定向辐射温度的测量：首先在"辐射热"挡读出辐射强度 E 值，并记下度数；然后，将选择开关置于"测头温度"挡，记下此时的测头温度 T_s 值来，利用式（9-14）可计算出平均辐射温度 T_{DMRT} 值。

3）在测量中不要用手接触测头的金属部分，以保证测试的准确性。

9.3.2　黑球温度计

1. 原理

为方便考虑人与周围环境的热交换，用一个假想的无限大球面来代替人周围的实际空间，如果两者与人体的辐射热交换效果相同，则此无限大球面的温度即为平均辐射温度。

环境中的辐射热被表面涂黑的铜球吸收，使铜球内气温升高，用温度计测量铜球内的气温，同时测量空气温度、风速。由于铜球内气温与环境空气温度、风速和环境中辐射热的强度有关，可以根据铜球内的气温、空气温度、风速计算出环境的平均辐射温度。计算公式见式（9-15）和式（9-16）。

2. 仪器

1）黑色空心铜球：直径 150mm，厚 0.5mm，表面涂无光黑漆或墨汁、上部开孔用带孔软木塞塞紧铜球。铜球表面黑色要涂均匀，但不要过分光亮和有反光。

2）温度计：可用玻璃液体温度计或数显温度计，刻度最小分值不大于 $0.2℃$。测量精度 $\pm0.5℃$，测量范围为 $0\sim200℃$。温度计的使用要求见本书 3.2.2 节。

3）风速计。

4）悬挂支架。

3. 测定步骤和注意事项

1）将温度计测头插入黑球木塞小孔，悬挂于欲测点的 1m 高处。

2）15 分钟后读数，过 3 分钟后再读一次，两次读数相同即为黑球温度，如第 2 次读数较第 1 次高，应过 3 分钟后再读一次，直到温度恒定为止。

3）测量同一地点的气温，测量时温度计温包需用热遮蔽，以防辐射热的影响。

4）按电风速计法或数字风速表法测定监测点的平均风速。

4. 结果计算

1）自然对流时平均辐射温度的计算

$$t_r = [(t_g + 273) \times 4 + 0.4 \times 10^8 (t_g - t_a)^{5/4}]^{1/4} - 273 \qquad (9\text{-}15)$$

2）强迫对流量平均辐射温度的计算

$$t_r = [(t_g + 273) \times 4 + 2.5 \times 10^8 \times V^{0.6} (t_g - t_a)]^{1/4} - 273 \qquad (9\text{-}16)$$

式中　t_r——平均辐射温度，℃；

　　　t_g——黑球温度，℃；

　　　t_a——测点气温，℃；

　　　V——测量时平均风速，m/s。

思　考　题

9-1　用图示出热水热量指示积算仪的组成，并简述其工作原理。

9-2　热流计的基本原理是什么？热流计主要应用在哪些场合？

9-3　辐射热测量的基本原理是什么？有何注意事项？

第10章 室内空气污染物测量

10.1 概述

人类生产和生活过程中的绝大部分活动都是在建筑室内环境中进行的，室内空气环境对人体健康具有非常重要的影响。室外大气污染，建筑室内材料有害气体的散发，以及人们的室内活动，使室内空气中含有各种影响人体健康的污染物。室内空气中污染物参数主要有有机污染物：甲醛、苯及同系物、总挥发性有机化合物（TVOC）、苯并［a］芘，无机污染物：一氧化碳、二氧化碳、二氧化硫、氮氧化物、臭氧和氨，以及氡、菌落总数、可吸入颗粒物（PM_{10}）。由于各污染物的物理状态、浓度和化学性质的不同，有不同的分析测量方法和仪器。表10-1列出室内空气主要污染物及其对人体的影响和检测方法。

室内空气主要污染物的危害及其检测方法　　表10-1

序号	污染物类别	污染物	对人体的主要影响	主要检测方法
1	化学性	甲醛(HCHO)	刺激眼睛、呼吸道，可疑致癌物	气相色谱法(填充柱)、电化学传感器法、酚试剂比色法等
2		苯(C_6H_6)及同系物(甲苯，二甲苯)(C_7H_8, C_8H_{10})	刺激呼吸道、黏膜，损害中枢神经和造血组织，致癌	气相色谱法(填充柱)
3		总挥发性有机化合物(TVOC)	大多有毒性部列为致癌物，嗅觉不适、感觉性刺激、过敏反应、神经毒性作用等	气相色谱法(毛细管柱)
4		苯并[a]芘 B(a)P	强致癌物质、毒性瘤、极微量的 B(a)P 也易引起肺功能下降和高肺癌发病率	高效液相色谱法
5		一氧化碳(CO)	血红蛋白降低、缺氧、煤气中毒	气相色谱法(填充柱)、红外气体分析仪法、电化学法、汞置换法
6		二氧化碳(CO_2)	浓度过高时因缺氧影响身体机能	气相色谱法(填充柱)、红外气体分析仪法、容量滴定法
7		二氧化硫(SO_2)	刺激结膜和上呼吸道黏膜，引起心肺疾病、呼吸系统疾病	紫外荧光光度法、库仑滴定法、甲醛溶液吸收-盐酸副玫瑰苯胺比色法
8		氮氧化物(NOx)	刺激呼吸道，高浓度可致肺水肿和神经系统损害	库仑原电池法、化学发光法、盐酸萘乙二胺比色法
9		臭氧(O_3)	呼吸道刺激和损伤、上呼吸道感染	紫外光度法、化学发光法、靛蓝二磺酸钠比色法
10		氨(NH_3)	刺激眼睛、呼吸道和皮肤，可导致头痛、疲劳、厌食	靛酚蓝比色法、钠氏试剂比色法
11		可吸入颗粒物(PM_{10})	呼吸系统的刺激易引发咽喉炎	撞击式—称重法、光散射法、β射线吸收法

续表

序号	污染物类别	污染物	对人体的主要影响	主要检测方法
12	放射性	氡(^{222}Rn)	肺癌	径迹蚀刻法、双滤膜法、闪烁法、气球法、活性炭盒法等
13	生物性	菌落总数	引起肺炎、鼻炎、呼吸道和皮肤过敏、过敏性湿疹、过敏性哮喘、传染病、变应性疾病、肺癌	撞击法

本章介绍室内空气污染物的采样方法和检测中常用方法和仪表。

10.2　室内空气污染物采样方法

10.2.1　采样方法和采样仪器

根据室内空气污染物的存在状态、浓度、物理化学性质及监测方法不同，要求选用不同的采样方法和仪器。

1. 采样方法

采集气体样品的方法可归纳为直接采样法和富集（浓缩）采样两类。

（1）直接采样法及其采样器

当室内空气的被测组分浓度较高时，直接采集少量样品就能满足分析需要。如用氢火焰离子化检测器检测室内空气的苯时，直接注入 1～2mL 空气样，就可测到空气中苯的浓度。一些简便快速测定方法和自动分析仪器也是直接取样进行分析的。如库仑法二氧化硫分析器是以 250mL/min 的流量连续抽取空气样品，能直接测定 0.025mg/m³ 的二氧化硫浓度的变化。这种方法测得的结果是瞬时浓度或短时间内的平均浓度，能较快地得到结果。直接取样法常用的取样容器有注射器、塑料袋和一些固定容器。

1）注射器采样。常用 100mL 注射器连接一个三通活塞来采集有机蒸气样品。采样时先用现场空气抽洗 3～5 次，然后抽样，密封进气口，将注射器进气口朝下，垂直放置，使注射器内压力略大于大气压。此外，要注意样品存放时间不宜太长，一般要当天分析完毕。

2）塑料袋采样。应选择与样气中污染组分既不发生化学反应、也不吸附、不渗漏的塑料袋。常用的有聚四氟乙烯袋、聚乙烯塑料袋及聚酯袋等。为了减少对组分的吸附，可在袋的内壁衬银、铝等金属膜。采样时，先用双联球打进现场气体冲洗 2～3 次，再充样气，夹封进气口，带回实验室分析。

3）采气管采样。采气管是两端具有旋塞的管式玻璃容器，其容积为 100～500mL（见图 10-1）。采样时，打开两端旋塞，将双联球或抽气泵接在管的一端，迅速抽进比容积大 6～10 倍的欲采气体，使采气管中原有气体被完全置换出，关上两端旋塞，采气体积即为采气管的容积。

4）真空瓶采样。真空瓶是一种用耐压玻璃制成的固定容器，容积为 500～1000mL（见图 10-2）。采样前，先用抽真

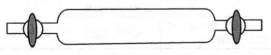

图 10-1　采气管

空装置（见图 10-3）将采气瓶内抽至剩余压力达 1.33kPa 左右，如瓶中预先装有吸收液，可抽至液泡出现为止，关闭活塞。采样时，在现场打开瓶塞，被采气体充入瓶内，关闭旋塞，送实验室分析。若真空瓶内真空度达不到 1.33kPa，采样体积应根据剩余压力进行换算。

$$V = V_0 \times \frac{p - p_0}{p} \tag{10-1}$$

式中　V——采样体积，L；

　　　V_0——真空采样瓶体积，L；

　　　p——大气压力，kPa；

　　　p_0——瓶中剩余压力，kPa。

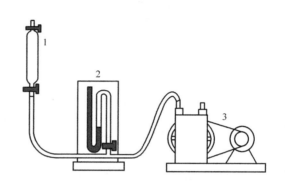

图 10-2　真空采气瓶　　　　　图 10-3　真空采气管的抽真空装置
　　　　　　　　　　　　　　　1—真空采气瓶；2—闭管压力计；3—真空泵

（2）富集采样法及其采样器

当空气中被测物浓度很低（$10^{-6} \sim 10^{-9}$ 数量级）而所用分析方法的灵敏度又不够高时，就需要用富集采样法进行空气样品的富集。富集采样的时间都比较长，所得的分析结果是在富集采样时间内的平均浓度。这个平均浓度，从统计的角度上看，更接近真值，从环保角度上看，更能反映环境污染的真实情况。富集采样方法可分为溶液吸收法、固体阻留法、低温冷凝法及自然沉降法等。

1）溶液吸收法

该方法是用吸收液采集空气中气态、蒸气态以及某些气溶胶污染物的常用方法。采样时，当一定流量的空气样品以气泡形式通过吸收液时，气泡与吸收液界面上的物质或发生溶解作用或发生化学反应，很快地被吸收液吸收。采样后，倒出吸收液进行测定，根据测定的结果及采样体积即可计算出空气中污染物的浓度。溶液吸收法的吸收效率主要取决于吸收速度和样气与吸收液的接触面积。

欲提高吸收速度，必须根据被吸收污染物的性质选择较好的吸收液。选择吸收液的原则是：①与被测物质发生化学反应快而且彻底，或者溶解度大；②污染物被吸收后，要有足够的稳定时间，能满足测定的时间需要；③污染物被吸收后最好能直接进行滴定；④吸收液毒性小，价格低，易得且易回收。

增大被采集气体与吸收液接触面积的有效措施是选用结构适宜的吸收管（瓶）。下面介绍几种常用吸收管（见图 10-4）。

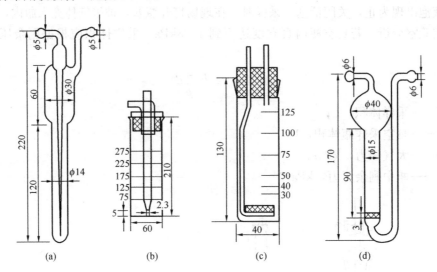

图 10-4　气体吸收（管）瓶（单位：mm）

(a) 气泡式吸收管；(b) 冲击式吸收管；(c) 多孔筛板吸收管；(d) 玻璃筛板吸收管

① 气泡式吸收管。适用于采集气态和蒸气态物质。吸收瓶内可装 5～10mL 吸收液，采样流量为 0.5～2.0L/min。

② 冲击式吸收管。适宜采集气溶胶。由于进气管喷嘴小且距瓶底部近，采样时，试样迅速从喷嘴喷出又很快冲击底部，气溶胶粒很容易被打碎，从而特别易被吸收液吸收，冲击式吸收管不适用于采集气态和蒸气态物质。冲击式吸收管有小型（装 5～10mL 吸收液，采样流量为 3.0L/min）和大型（装 50～100mL 吸收液，采样流量为 30L/min）两种规格。

③ 多孔筛板吸收管（瓶）。可适合采集气态、蒸气态及雾态气溶胶物质。试样通过吸收管的筛板后，被分散成很小的气泡，且阻留时间长，大大增加了气液接触面积，从而提高了吸收效率。吸收瓶内可装 5～10mL 吸收液，采样流量为 0.1～1.0L/min。吸收管有小型（装 10～30mL 吸收液，采样流量为 0.5～2.0L/min）和大型（装 50～100mL 吸收液，采样流量为 30L/min）两种。

2）固体阻留法

固体阻留法包括填充柱阻留法和滤料阻留法。

① 填充柱阻留法。用一根长 6～10cm，内径为 3～5mm 的玻璃管或聚丙烯塑料管填装各种固体填充剂。采样时，气体样品以一定的流速通过填充柱，被测物质因被吸附、溶解或发生化学反应等作用被阻留在填充剂上，达到浓缩气样的目的。采样后送实验室，经解析或洗脱使被测物从填充柱上分离释放出来，然后进行分析测试。根据填充剂阻留作用原理，填充剂可分为吸附型、分配型和反应型三大类。

吸附型填充柱颗粒状吸附剂（如活性炭、硅胶、分子筛等多孔物质）具有较大比表面积，吸附性很强，对气体、蒸气分子有很强的吸附性。表面吸附作用有两种，一种是由于分子间引力引起的物理吸附，吸附力较弱；另一种是由于剩余价键力引起的化学吸附，吸附力较强。应指出的是：吸附能力强，采样效率高，但这给解吸带来困难。因此，选择吸附剂时，既要考虑吸附效率，又要考虑易于解吸。

分配型填充柱：这种填充柱的填充剂是表面涂有高沸点有机溶剂（如异十三烷）的惰性多孔颗粒物（如硅藻土），类似于气相色谱柱中的固定相，只是有机溶剂用量比色谱固定相大。采样时，气样通过填充柱，在有机溶剂（固定相）中分配系数大的组分保留在填充剂上而被富集。如用涂有 5％甘油的硅酸铝载体做固体吸附剂，可以把空气中的狄氏剂（dieldrin）、DDT、多氯联苯（PCB）等污染物全部阻留，采样效率高达 90％～100％。富集后，用甲醇溶出吸附物，用正己烷提纯浓缩样品，再用电子捕获鉴定器测定，检出限量PCB 为 $0.002mg/m^3$。

反应型填充柱：这种柱的填充剂由惰性多孔颗粒物（如石英砂、玻璃微球等）或纤维状物（如滤纸、玻璃棉等）表面涂渍能与被测组分发生化学反应的试剂制成。也可以用能和被测组分发生化学反应的纯金属（如 Al、Au、Ag、Cu、Zn）、丝毛或细粒作填充剂。气样通过填充柱时，被测组分在填充剂表面因发生化学反应而被阻留。采样后，将反应产物用适当的溶剂洗脱或加热吹气解吸下来进行分析测试。反应型填充剂采样量大、采样速度快、富集物稳定，对气态、蒸气态和气溶胶态物质都有较高的富集效率。

② 滤料阻留法。把过滤材料（滤纸、滤膜）夹在采样夹上，用空气装置抽气，则空气中的颗粒物被阻留在过滤材料上，称量过滤材料上富集的颗粒物质量，根据采样体积，即可计算出空气中颗粒物的浓度。如图 10-5 所示为颗粒物采样夹，该设备运用滤料直接阻截、惯性碰撞、扩散沉降、静电引力和重力沉降等作用原理，可以采集空气中的气溶胶颗粒物。滤料有单一作用滤料，也有综合滤料。

③ 低温冷凝浓缩法。空气中某些沸点比较低的气态污染物质（如烯烃类、醛类等）在常温下用固体填充剂等方法富集效果不好，而低温冷凝法可以提高采集效率。

低温冷凝浓缩采样法是将 U 形或蛇形采样管放入冷阱，分别连接采样入口和泵即可采样，浓缩收集后，可送实验室移去冷阱即可分析测试。

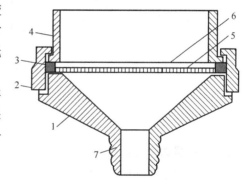

图 10-5　颗粒物采样夹
1—底座；2—紧固圈；3—密封圈；4—接座圈；
5—支撑网；6—滤网；7—抽气接口

2. 采样仪器

将收集器、流量计、抽气泵及气样预处理、流量调节、自动定时控制以不同的形式组合在一起，就构成不同型号、规格的采样仪器。

用于采集室内空气中气态和蒸气态物质，采样流量为 0.5～2.0L/min 的气态污染物采样器，其工作原理如图 10-6 和图 10-7 所示。

如图 10-6 所示的是携带式空气采样器工作原理，有单机、双线路、单泵、定时系统、交直流电源形式组合的 KB-6A 型、KB-6B 型、KB-6C 型；还有双机、双泵、双气路、定时系统、交直流电源形式组合的 PC-4 型、TH-110 型、KB-6C 型。如图 10-7 所示的恒温恒流空气采样器的流量控制采用不锈钢注射针头作临界限流孔，两端压力差保持在 50kPa以上，临界孔前装有微孔滤膜和干燥剂，抽气动力用薄膜泵双气路平行采样。采用这种工作原理的恒温恒流空气采样器有 HZL 型、HZ-2 型、TH-3000 型。

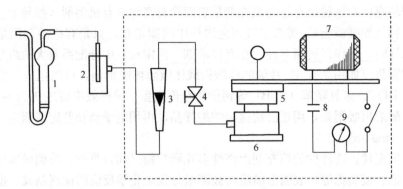

图 10-6　携带式采样器工作原理

1—吸收管；2—滤水阱；3—流量计；4—流量调节阀；5—抽气泵；

6—稳流计；7—电动机；8—电源；9—定时器

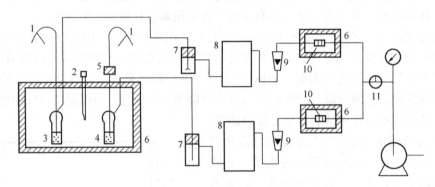

图 10-7　恒温恒流采样器工作原理

1—进气口；2—温度计；3—二氧化硫吸收瓶；4—氮氧化物吸收瓶；

5—三氧化铬-沙子氧化管；6—恒温装置；7—滤水阱；8—干燥器；

9—转子流量计；10—尘过滤膜及限流孔；11—三通阀

10.2.2　采样时间和频率

1. 空气中污染物存在特征

（1）浓度低。空气中污染物一般浓度是比较低的，由于环保和卫生观念的加强，制定了各种限值，不允许高浓度污染物存在，一般常见浓度范围是 $10^{-6} \sim 10^{-3}$ g/m³。

（2）易扩散。空气的流动性很大，污染物随空气的流动而迅速扩散。并且受环境因素如温度、风速、风向、人为活动等影响大。

（3）波动大。由于污染物随空气流动而扩散，将造成空气中污染物浓度在时间和空间上存在差别。

（4）不同污染物在空气中存在状态不同。污染物的种类很多，它们的沸点范围很宽，因此在空气中可能是以气体、蒸气、液滴、固体颗粒等形式存在。一般将液态或固态颗粒与空气共存的体系称为气溶胶。

2. 采样点布置和采样时间

采样点的布置数目要与经济性和精度要求的效益函数适应，应以被检测的污染物空间分布特征为依据。由于污染物在空气中存在着时间和空间的差别，在不同时间和空间采样得到的结果将会有很大差异，在一定条件下采样得到的结果只代表此条件下的空气浓度，为了获得室内空气浓度的代表性结果，在设计采样时要考虑以下因素。

（1）采样点的数量。一个采样器吸入空气的空间范围是有限的，这个范围受采样速度、环境风速影响很大，很难用一个简单的数字描述，一般被人们接受的采样点之间平面距离为 3m 左右，根据房间平面的面积和形状，可以按照 $50m^2$ 以下设 1～3 个采样点，50～$100m^2$ 设 3～5 个采样点，$100m^2$ 以上至少设 5 个采样点。采样点要均匀分布。

（2）采样点高度。考虑到污染物对人体的影响，采样点高度一般设在人的呼吸带，即距离地面 0.5～1.5m。

（3）采样具有代表性。采样点应该避开不能代表空间总体的特殊点，如空调的进风口、门窗缝隙等处，采样点距离墙壁应有 0.5m 的距离。

（4）采样时间和频率。采样时间系指每次采样从开始到结束所经历的时间，也称采样时段。采样频率系指在一定时间范围内的采样次数。这两个参数要根据监测目的、污染物分布特征及人力物力等因素决定。从采样开始到结束，采样器内的压力和流量有一个变化和平衡过程，为了补偿此过程对采样体积的影响，保证测量结果的准确性，除了直接采样和直读仪器外，采样持续时间不能少于 10～15min。同一个采样点采样持续时间不同，测出的浓度差别很大，这是由于空气中污染物浓度在时间上并不稳定所致。根据人体活动接触时间，可以选择 1h、8h、24h 时间加权平均值。8h 平均值常用于职业接触评价，采样持续时间至少 6h；24h 平均值常用于环境接触评价，采样持续时间至少 18h；1h 平均值用于特定条件评价，采样持续时间至少 45min。由于采样容量的限制，一个采样器一次采样时间多数不能超过 0.5h，采样持续时间可以用多个采样器连续或断续采样累积计算时间。

10.2.3 采样效率及评价

一个采样方法的采样效率是指在规定的采样条件下（如采样流量、气体浓度、采样时间等）所采集到的量占总量的百分数。采样效率评价方法一般与污染物在空气中存在状态有很大关系，不同的存在状态有不同的评价方法。

1. 采集气态和蒸气态的污染物效率的评价方法

采集气态和蒸气态的污染物常用溶液吸收法和填充柱采样法，评价这些采样方法的效率有绝对比较法和相对比较法两种。

（1）绝对比较法：精确配制一个已知浓度 c_s 的标准气体，然后用选用的采样方法采集标准气体，测定其浓度 c_1，比较实测浓度和配气浓度（标准气体）c_s，采样效率 K 为：

$$K = \frac{c_s}{c_1} \times 100\%\qquad(10\text{-}2)$$

用这种方法评价采样效率比较理想，但必须配制标准气体，实际应用时受到限制。

（2）相对比较法　配制一个恒定浓度的气体，而其浓度不一定要求已知，然后用 2～3 个采样管串联起来采集，分别分析各管的含量，计算第 1 管含量占各管总量的百分数，采样效率 K 为：

$$K = \frac{c_1}{c_1 + c_2 + c_3} \times 100\%\qquad(10\text{-}3)$$

式中，c_1、c_2、c_3 分别为第 1 管、第 2 管、第 3 管中分析测得浓度。并且要求第 2 管和第 3 管的含量与第 1 管比较是极小的，这样三个管含量相加之和就近似配制的气体浓度。采样效率过低时，可以用更换采样管或串联更多的吸收管，以期达到要求。应该说明的是，此方法灵敏度所限，测定结果误差较大，采样效率只是一个估计值。

2. 采集气溶胶效率的评价方法

采集气溶胶常用滤料采样法。采集气溶胶的效率有两种表示方法。一种是颗粒采样效率，即所采集到的气溶胶颗粒数目占总颗粒数目的百分数；另一种是质量采样效率，即所采集到的气溶胶质量数占总质量的百分数。只有当气溶胶全部颗粒大小完全相同时，这两种表示方法才能一致起来。但是，实际上这种情况是不存在的。微米级以下的极小颗粒在颗粒数上总是占绝大部分，而按质量计算却只占很小部分，即一个大颗粒的质量可以相当于成千上万小的颗粒。所以质量采样效率总是大于颗粒采样效率。由于 $10\mu m$ 以下的颗粒对人体健康影响较大，所以颗粒采样效率有着卫生学上的意义。当要了解气溶胶中某成分的质量浓度时，质量采集效率是有用处的。目前，在空气监测中，评价采集气溶胶方法的采样效率一般是以质量采样效率表示，只是在特殊目的时，才用颗粒采样效率表示。

评价采集气溶胶的方法效率与评价气体和蒸气态的采样方法有很大的不同。一方面是由于配制已知浓度标准气溶胶在技术上比配制标准气体要复杂得多，而且气溶胶粒度范围也很大，所以很难在实验室模拟现场存在的气溶胶各种状态。另一方面用滤料采样时滤料像滤筛一样，能透过第 1 张滤纸或滤膜的更小的颗粒物质，也有可能会漏过第 2 张或第 3 张滤纸或滤膜，所以用相对比较法评价气溶胶的采样效率就有困难了。评价滤纸和滤膜的采样效率要用另外一个已知采样效率高的方法同时采样，或串联在其后面进行比较得出。颗粒采样效率常用一个灵敏度很高的颗粒计数器测量进入滤料前和通过滤料后的空气中的颗粒数来计算。

10.3　红外气体分析仪

10.3.1　红外气体分析原理

根据红外理论，许多化合物分子在红外波段都具有一定的吸收带。吸收带的强弱及所在的波长范围由分子本身的结构决定。只有当物质分子本身固有的振动和转动频率与红外光谱中某一波段的频率相一致时，分子才能吸收这一波段的红外辐射能量，将吸收到的红外辐射能转变为分子振动动能和转动动能，使分子从较低的能级跃迁到较高的能级。实际上，每一种化合物的分子并不是对红外光谱范围内任意一种波长的辐射都具有吸收能力，而是有选择性地吸收某一个或某一组特定波段内的辐射。这个特定的波段就是分子的特征吸收带。气体分子的特征吸收带主要分布在 $1\sim25\mu m$ 波长范围内的红外区。特征吸收带对某一种分子来说是确定的，如同"物质指纹"。通过对特征吸收带及其吸收光谱的分析，可以鉴定识别分子的类型；也可以通过测量这个特征带所在的一个窄波段的红外辐射的吸收情况，得到待测组分的含量。

对于一定波长的红外辐射的吸收，其强度与待测组分浓度间的关系可以由贝尔定律来描述

$$E = E_0 e^{-\kappa_\lambda c l} \tag{10-4}$$

式中　E——透射红外辐射的强度，W/m^2；

　　　E_0——入射红外辐射的强度，W/m^2；

　　　κ_λ——待测组分对波长为 λ 的红外辐射的吸收系数；

　　　　c——待测组分的物质的量浓度，mg/L；

　　　　l——红外辐射穿过的待测组分的长度，μm。

　　由式（10-4）可见，当红外辐射穿过待测组分的长度和入射红外辐射的强度一定时，由于 κ_λ 相对于某一种特定的待测组分是常数，透过的红外辐射强度仅仅是待测组分物质的量浓度的单值函数。所以，通过测定透射的红外辐射强度，可确定待测组分的浓度。此为利用红外技术进行气体分析的基本原理。

10.3.2　红外气体分析仪系统工作原理

　　红外气体分析仪有多种不同形式。图 10-8 是单组分红外气体分析仪系统的基本工作原理图。图中，红外光源 2 产生的红外辐射由凹面镜 1 反射后汇聚成平行的红外光，一束通过样品气室 6，另一束通过参考气室 5，然后再经过聚光器 8 投射到红外探测器 9 上。聚光器与气室之间有一干涉滤光片 7，它只允许某一窄波段的红外辐射通过，该波段的中心波长选取待测组分特征吸收带的中心波长。例如，若待测组分是 CO，它在中近红外光谱区有一个以 $4.65\mu m$ 为中心的特征吸收带，故可选择这个带中的一个窄波段进行红外辐射测量。分析仪中选用的干涉滤光片，只允许中心波长为 $4.65\mu m$ 的一个窄波段内（如 $4.5\sim5.0\mu m$）的红外光通过，红外探测器所接收的也仅仅是这个窄波段内的红外辐射。在红外光源与气室之间，有一只切光片 3，如图 10-9 所示。切光片由同步电机 4 带动。适当地安排样品室、参考气室与切光片之间的相对位置，使得红外辐射在切光片的作用下，轮流通过样品气室和参考气室。红外探测器交替地接收通过样品气室的红外辐射和通过参考气室的红外辐射。

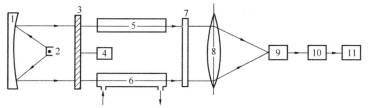
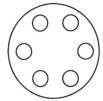

图 10-8　单组分红外气体分析仪原理示意图　　　　图 10-9　切光片

1—反射镜；2—红外光源；3—切光片；4—电动机；5—参考气室；6—样品气室；

7—干涉滤光片；8—聚光镜；9—红外探测器；10—信号放大器；11—显示器

　　参考气室内封有不含待测组分的气体。例如，分析空气或烟气中 CO 含量时，参考气室中可封入 N_2。样品气室中通以被分析的混合气体样品。当被分析的混合气体尚未进入样品气室时，两气室中均无待测组分，红外辐射不会在选定的窄波段上被吸收。因此，红外探测器上交替接收到的红外辐射通量相等，探测器只有直流响应，交流选频放大器 10 输出为零。如果样品气室中通以含有待测组分的混合气体，由于待测组分在其特征吸收带上对红外辐射的吸收作用，使通过样品气室的红外辐射被吸收掉一部分，吸收程度取决于待测组分在混合气体中的浓度。这样，通过样品气室和参考气室的两束红外辐射的通量不再相等，红外探测器接收到的是变化的红外辐射，交流选频放大器输出信号不再为零。经过适当标定，可以根据输出信号的大小推测待测组分的浓度。

　　多组分红外气体分析仪与单组分分析仪的原理基本相同，其关键是信号的分离技术以及对信号间相关干扰的处理。图 10-10 是一种同时测定 3 种组分的红外气体分析仪原理示意图。图中，红外辐射源所产生的平行红外辐射光束，通过切光器、样品室被红外探测器接收。切光器上布置有 6 个气室。如果被分析的混合气体由 3 种待测组分 A，B，C 组成，那么切光器上的 3 个气室 R_a，R_b，R_c 分别是组分 A，B，C 的参考气室。参考气室的窗口分别安装对组分 A，B，C 无吸收作用的滤光片，室内则充以浓度为 100% 的相应待测组分。另外 3 个气室 S_a，S_b，S_c 分别是相应于 3 种组分 A，B，C 的分析室，S_a，S_b，S_c 中分别充有一定浓度的 B，C 组分；A，C 组分和 A、B 组分。样品室中通入被分析的混合气体。电动机带动切光器转动，红外探测器就出现 6 个波峰，R_a 和 S_a 峰是相应于 A 组分的参考峰和分析峰，R_b 和 S_b 峰与组分 B 相对应，R_c 和 S_c 峰则与组分 C 相对应。小灯泡和光敏二极管给放大器提供同步信号，使分离器按程序将 3 组信号分开并各自相减，分别在 3 个放大器上得到相应于待测组分 A，B，C 各自浓度的信号。

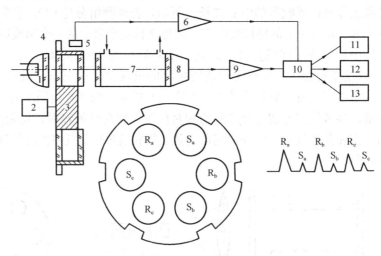

图 10-10　3 组分红外气体分析仪原理示意图
1—红外光源；2—电动机；3—切光片；4—光源；5—光电二极管；6—放大器；
7—样品室；8—红外探测器；9—信号放大器；10—分离器；11，12，13—显示器

严格地讲，贝尔定律只适合于描述在某一波长上红外辐射的吸收。在红外气体分析仪中，测量得到的是在某一窄波段内红外辐射的吸收。这种情况比原理上的贝尔定律所描述的红外辐射吸收与待测组分浓度之间的关系复杂得多。因此，红外气体分析仪测定的红外辐射吸收与待测组分浓度之间的关系必须通过实际标定来确定。

红外气体分析仪除了对单原子气体（如 He，Ne，Ar 等）和双原子气体同核分子（如 O_2，N_2，H_2 等）不能分析外，其他具有偶极矩的气体分子（如 CO、CO_2）都可以分析。此外，它还具有精度高、灵敏度高、反应迅速等独特的优点。

10.4　气相色谱分析仪

10.4.1　概述

色谱法最早是由俄国植物学家茨维特首先提出的。它是将植物色素的石油醚试液从上口注入填充 $CaCO_3$ 的垂直玻璃柱中，然后用石油醚连续从上口加入，使吸附在 $CaCO_3$ 上

的色素脱附而向下部移动，且又被下层 $CaCO_3$ 所吸附，即存在色素在 $CaCO_3$ 上"多次吸附—脱附—再吸附"的过程。由于多种色素组分与 $CaCO_3$ 吸附能力的微小差异，通过石油醚的不断流动，将色素各组分得以分离并形成不同颜色的"色谱"，故取名色谱分离法。各组分分离后先后流出"色谱柱"，再进行分别定量的分析法称为色谱分析法。

色谱分析方法是一种混合物的分离技术，与检测技术配合，可以对混合物的各组分进行定性或定量分析。色谱分析的基本原理是：使被分析样品在"流动相"的推动下流过"色谱柱"（内装填充物，称固定相），由于样品中各组分在流动相和固定相中分配情况不同，它们从色谱柱中流出的时间不同，从而达到分离不同组分的目的。

根据固定相和流动相的状态，色谱分析可分为气相色谱和液相色谱。前者用气体作流动相，后者用液体作流动相。固定相也可有两种状态，即固体或液体。前者是利用固体固定相对不同组分吸附性能的差别，后者则是利用不同组分在液体固定相中的溶解度的差别。以气体为流动相，以液体或固体为固定相的色谱分析法称为气相色谱法（GC）。气相色谱法又分为气-液色谱法（固定相为液体）和气-固（固定相为固体颗粒）色谱法。空气有害成分分析和烟气成分分析用色谱仪的流动相常用气体，固定相用固体颗粒，即气-固色谱。

色谱分析仪是一种多组分的分析仪器，具有灵敏度高、分析速度快、应用范围广等特点，能够完成过去只能由红外分光光谱仪及质谱仪完成的分析任务。但结构却比后两者简单，价格也较便宜。

本节仅讨论气相色谱分析技术。

10.4.2　气相色谱的基本流程和原理

1. 气相色谱流程

对气-固色谱和气-液色谱来说，它们的色谱流程是相同的，如图 10-11 所示，载气由

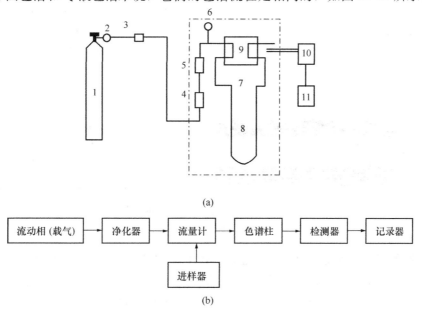

(a)

(b)

图 10-11　气相色谱流程示意图

1—载气钢瓶；2—减压阀；3—净化器；4—稳压阀；5—转子流量计；6—压力表；

7—进样口；8—色谱柱；9—检测器；10—记录器；11—计算机

高压钢瓶中流出，经减压阀后，载气压力降低到所需要的压力，通过净化器使载气纯化，稳压阀使载气稳压并调到所需要的流量与压力后，载气通过转子流量计和柱前压力表即指示出载气的流量与压力（某些仪器在稳压阀后连有稳流阀）。当以热导池为检测器时，载气经过压力表进入热导池的参考臂，再进入汽化室。气体样或液体样进到载气中后被载气带入柱中，样品各组分在柱中得到分离，按一定顺序进入检测器，经检测器检测后载气放空。所产生的信号由记录器记录成色谱峰。当使用氢火焰离子化检测器进行检测时，稍有不同，载气经过稳压阀后分成两路，同时通过稳流阀，压力表、转子流量计、进样器、色谱柱、热导池或其他类型的检测器，再放空。

常用的气相色谱除了填充柱色谱外还有毛细管柱色谱，毛细管柱与一般填充柱在柱长、柱径、固定液膜厚及柱容量方面有较大差别，在仪器设计上考虑了毛细管气相色谱仪的特殊要求，毛细管气相色谱仪的进样系统和填充柱气相色谱有较大的差别，由于毛细管气相色谱要求的载气流量比填充柱小得多，所以大多采用分流进样。在色谱柱出口到检测器的连接和填充柱也有些区别，增加了尾吹装置。

2. 气相色谱分离原理

气相色谱法中所使用的流动相为惰性气体。固定相主要有两类，一类为具有一定活性的多孔性吸附剂，另一类为涂在载体表面的高沸点有机化合物液膜。

在气-固色谱法中所使用的固定相吸附剂，具有一定活性和大的表面积，并均匀地装入色谱柱中，当组分由载气带入柱中时，就会被吸附剂吸附。载体以一定的流速冲洗柱子，被吸附的组分就会被解吸附下来，进到前面的吸附剂表面重新被吸附、解吸附、再吸附、再解吸附。随着载气的不断流动，组分在柱中吸附剂表面就会发生反复多次的吸附，解吸附的过程。如果多组分的样品进入色谱柱，由于吸附剂对各组分有不同的吸附力，经过一段时间以后，各组分在色谱柱中的运行速度就不同。吸附力弱的组分容易被解吸附下来，最先离开色谱柱。吸附力最强的组分不易被解吸附下来，最后离开色谱柱，各组分彼此达到分离，由检测器进行检测，记录器画出每个色谱峰，如图 10-12 所示。

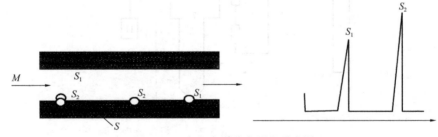

图 10-12　气相色谱分离原理示意图

M—流动相；S—相；S_1、S_2—被分离组分

在气-液色谱法中所使用的固定相是涂在载体表面的液膜，这种液膜均匀地分布在载体表面，对各种有机物具有一定的溶解度。将固定相装入柱中后，组分被载气带入柱中而到达固定相表面时，就溶解在固定相中。由于载气不断地流动，组分就从固定相挥发出来进入流动相，并随载气向前运动，再次溶解于固定相中，又再一次挥发出来，这样反复进行多次。当一含多组分样品进入柱中时，由于各组分在固定相中的溶解度不相同，经过一段时间后，各组分在柱中的运动速度就不同。溶解度小的组分就走在前面而先离开色谱

柱，溶解度大的组分就走在后面而后离开色谱柱。

在色谱分析过程中，组分在两相的吸附与解吸附，溶解与挥发的反复过程，叫作分配过程。当温度一定时，组分在两相之间的分配达到平衡，它在两相之间的浓度之比为一常数，此常数称为分配系数。由于各种化合物的分配系数不同，因此它们在柱中的运动速度就不一样，分配系数小的速度快，分配系数大的速度慢，当经过一定柱长后，便彼此分离，按一定的顺序离开色谱柱。因此，气相色谱的分离原理就是在一定温度下，利用各种组分在两相之间的分配系数不同而达到分离。在一定温度和压力下，组分在两相间分配达到平衡时的浓度比称为分配系数，用符号"K"表示，即：

$$K = \frac{组分在固定相中的质量浓度 /\mathrm{g \cdot mL^{-1}}}{组分在流动相中的质量浓度 /\mathrm{g \cdot mL^{-1}}} \tag{10-5}$$

由上式可知，分配系数小的组分，随载气移动的速度快，在柱内停留时间短；而分配系数大的组分，随载气移动的速度慢，在柱内停留时间长，经过足够多次的分配后就将不同的组分分离开来。

试样中各组分经色谱柱分离后，随载气依次进入检测器，检测器将各组分的浓度（或质量）的变化转换为电压（或电流）信号，再由记录仪将各组分的流出情况记录下来，即得色谱图。色谱图是以检测器对组分的相应信号为纵坐标，流出时间为横坐标，绘图得到的曲线，这种曲线也称为色谱流出曲线。在一定的进样量范围内，色谱流出曲线遵循正态分布。

10.4.3 色谱流出曲线及有关术语

被分析的样品在作为流动相的载气的推动下通过色谱柱的情况如图 10-13 所示。

载气不被固定相吸附或溶解，而样品中被测组分可被固定相吸附或溶解，但各组分被吸附或溶解的多少不同。现考虑其中某一组分在色谱柱中的流动过程。图 10-13 中，色谱柱流出端的检测器用来检测该组分的浓度，将其转变成电信

图 10-13 色谱法基本流程

号输出。从某一时刻 t 开始，样品处于色谱柱始端，在载气的不断推动下，样品在色谱柱中流动，检测器记录下一条随时间变化的曲线。这条曲线叫作色谱流出曲线，它反映了该组分从色谱柱流出的浓度与时间的关系。典型的色谱流出曲线是单峰对称曲线，如图 10-14 所示。色谱流出曲线是进行定性定量分析的基础。

为了便于进行分析，一般取如下一些特征参数来描述图 10-14 所示的曲线：

1. 基线

图 10-14 中 MN 线称为基线，它是在色谱柱没有被测组分流出时检测器的输出线。基线应该是一条

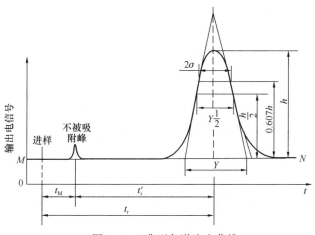

图 10-14 典型色谱流出曲线

平稳的直线，它反映了在实验操作条件下检测系统的稳定性。

2. 保留时间

表示组分在色谱柱中的滞留时间，是进行定性分析的基础，可用如下几个参数表示：

1）死时间 t_M，指不被固定相吸附的气体从进样开始到柱后出现浓度最大值所需的时间，t_M 反映色谱柱中空隙体积的大小。

2）保留时间 t_r，指被测组分从进样开始到柱后出现浓度最大值所需的时间。在操作条件不变时，同一组分的保留时间相同。保留时间具有足够的差别，是各组分得以分离的必要条件。

3）校正保留时间 t'_r，扣除死时间的保留时间称为校正保留时间：

$$t'_r = t_r - t_M \tag{10-6}$$

t_M，t_r 和 t'_r 的大小与操作条件有关，操作条件改变，上述保留值将改变。

4）相对保留时间 r，指被测组分与标准组分的校正保留时间之比。

$$r = \frac{t'_r}{t'_{rs}} = \frac{t_r - t_M}{t_{rs} - t_M} \tag{10-7}$$

式中，保留时间 t_{rs}，t'_r 分别为标准组分的保留时间和校正保留时间。

相对保留时间 r 的大小与操作条件无关。

3. 峰宽、峰高、峰面积

峰高 h 即色谱流出曲线最高点的纵坐标；峰宽 Y 为自色谱峰两侧拐点作两条切线，与基线相交的两点间的距离；峰面积 A 是定量分析的主要依据。可用积分仪直接测定（各组分的色谱峰完全分离时），亦可计算得到。如果是对称峰，可用式

$$A \approx 1.065hY_{1/2} \tag{10-8}$$

计算，如果是非对称峰，则可用式

$$A \approx \frac{1}{2}h(Y_{0.15} + Y_{0.85}) \tag{10-9}$$

计算。以上二式中，$Y_{1/2}$ 为半峰宽，即峰高为 $h/2$ 处色谱峰宽度；$Y_{0.15}$ 和 $Y_{0.85}$ 分别是峰高为 $0.15h$ 和 $0.85h$ 处的峰宽。

10.4.4　气相色谱仪结构及操作条件

典型的气相色谱仪结构如图 10-11（b）所示。

1. 载气系统

包括载气源及压力流量调节器。载气应不被固定相吸附或溶解，通常用氦气、氢气、氮气等。

2. 进样系统

进样需在时间和体积上集中，即在瞬时内进样完毕。如果样品为液体，则进样系统还应包括气化器，把液态样品变成气态，再随载气进入色谱柱。对于工业用色谱仪，还要求能自动取样，故需进样的控制设备，使每隔一定时间进样一次。

3. 色谱柱

色谱柱管所用材料应对样品无吸附性，不起化学反应。常用的有玻璃管、不锈钢管、铜管等。形状多为 U 形或螺旋形。

固定相应根据被测组分进行选择。在气固色谱中，常用石墨化炭黑、分子筛、硅和多

孔性高分子微球等。在气液色谱中，常用液体石蜡、甘油、聚乙二醇等，并用所谓"担体"来支持固定液以扩大固定液的表面积。常用的担体有硅藻土型、四氟乙烯和玻璃。

色谱柱的温度是影响分离度的一个重要因素，一般使柱温在组分沸点附近可得到最好的效果，故色谱柱应采取恒温措施。但对于各组分沸点相差很远的情况，恒定的温度难以满足各组分的要求，这时最好采取程序升温技术，先采用低柱温，然后按一定程序升温，这样就能使低沸点的组分在低柱温下得到良好的分离，随着温度的升高，高沸点组分也能较好地分离出来。

4. 检测器与检测系统

检测系统包括检测器、放大器、显示记录器。

检测器可分为浓度型和质量型两种，前者的输出 V_i 与组分在载气中的浓度 C_i 成正比，故其灵敏度定义为

$$S_i = V_i/C_i \quad (\text{mV} \cdot \text{mL/mg}) \tag{10-10}$$

后者的输出 V_i 与组分质量成正比，其灵敏度定义为

$$S_i = V_i/C_iQ \quad (\text{mV} \cdot \text{s/mg}) \tag{10-11}$$

式中　Q 为载气流量，单位为 mL/s。

1）热导池检测器

热导池检测器属浓度型，其结构如图 10-15 所示。检测器有两个室——参比室和测量室。参比室通以纯载气，而色谱柱流出的气体通过测量室。参比室和测量室内分别置入阻值相等的热电阻（钨丝或铂丝）R_3 和 R_1，并将其作为电桥的相邻两臂。电桥另两臂为固定电阻 R_2 和 R_4。由于流过 R_3 和 R_1 的气体不同，故二者的散热情况不同。散热的差别取决于载气与色谱柱流出气体导热系数的差别，而色谱柱流出气体的导热情况又取决于它所含被测组分的浓度。于是，随着被测组分浓度的变化，R_1 的阻值发生变化，电桥输出的毫伏信号亦发生相应的变化。

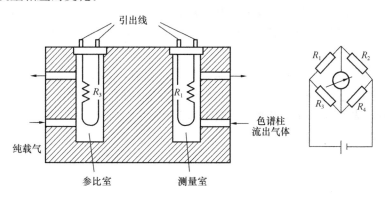

图 10-15　热导池检测器结构原理图

为提高仪器的灵敏度，可采用双臂测量桥路，即把 R_2 和 R_4 也分别置于参比室和测量室内。这样灵敏度可提高一倍。

热导池检测器是一种通用型检测器，几乎对所有组分都具有灵敏度，且简单可靠，故应用十分广泛。

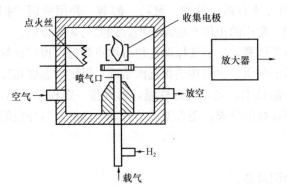

图 10-16　氢火焰电离检测器原理图

2）氢火焰电离检测器

氢火焰电离检测器是一种专用质量型检测器，用于分析碳氢化合物组分，具有很高的灵敏度。其原理如图 10-16 所示。带有样品的载气与纯氢气混合进入检测器，从喷气口喷出。点火丝通电，点燃氢气。碳氢化合物在燃烧中产生离子和电子，其数目随碳氢化合物所含碳原子数目的增大而增大。在火焰周围的电极间加有 $100 \sim 300V$ 的电压。在此电场的作用下，离子和电子沿不同方向运动，形成电流，其大小即反映了被测组分的浓度。

氢火焰电离检测器的灵敏度比热导池检测器高很多，但对 CO，CO_2 却几乎没有灵敏度，如果需用它分析 CO，CO_2，需先经转化炉将它们转化为 CH_4 再进行测量。

10.4.5　定性和定量分析（扫码阅读）

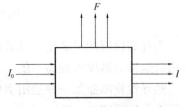

10-1　10.4节补充材料

10.5　荧光分光光度计

荧光通常是指某些物质受到紫外光照射时，各自吸收了一定波长的光之后，发射出比照射光波长长的光，而当紫外光停止照射后，这种光也随之很快消失。

10.5.1　原理

荧光通常发生于具有 π-π 电子共轭体系的分子中，如果将激发荧光的光源用单色器分光后照射这种物质，测定每一种波长的激发光及其强度，以荧光强度对激发光波长或荧光波长作图，便得到荧光激发光谱或荧光发射光谱。不同物质的分子结构不同，其激发光谱和发射光谱不同，以此来进行定性分析。在一定条件下，物质发射的荧光强度与浓度之间有一定的关系，以此来进行定量分析。

含被测物质的溶液被入射光（I_0）激发后，可以在溶液的各个方向观测到荧光强度（F）。但由于激发光源能量的一部分透过溶液，故在透射方向观测荧光是不行的。一般在与激发光源发射光垂直的方向观测，如图 10-17 所示。

根据比耳定律，透过光的比例为

$$\frac{I}{I_0} = 10^{-\varepsilon bc} \qquad (10-12)$$

式中　I_0——入射光激光强度；

　　　I——透过光强度；

　　　c——被测物质的浓度；

　　　ε——被测物质摩尔吸光系数；

　　　b——透过液层厚度。

被吸收的散光的比例为

图 10-17　观测荧光方向示意

$$1 - \frac{I}{I_0} = 1 - 10^{-\varepsilon bc} \qquad (10\text{-}13)$$

即

$$I_0 - I = I_0(1 - 10^{-\varepsilon bc}) \qquad (10\text{-}14)$$

总发射荧光强度（F）与试验吸收的激发光的光量子数和荧光量子效率（Φ_F 为荧光物质吸收激发光后所发射的荧光量子数之比值）成正比。

$$F = \Phi_F(I_0 - I) = I_0\Phi_F(1 - 10^{-\varepsilon cb}) \qquad (10\text{-}15)$$

将上式括号内的指数项展开可得

$$F = I_0\Phi_F\left[2.3\varepsilon bc - \frac{(-2.3\varepsilon bc)^2}{2!} + \frac{(-2.3\varepsilon bc)}{3!} - \cdots\right] \qquad (10\text{-}16)$$

对于很稀的溶液，被吸收的激发光不到 2%，εbc 很小，上式括号内第二项后各项可忽略不计，则简化为

$$F = 2.3\Phi_F\varepsilon bcI_0 \qquad (10\text{-}17)$$

对于一定的荧光物质，当测定条件确定后，上式中的 Φ_F、I_0、ε、b 均为常数，故又可简化为

$$F = kc \qquad (10\text{-}18)$$

即荧光强度与荧光物质浓度呈线性关系。荧光强度与荧光物质浓度仅限于很稀的溶液。

影响荧光强度的因素有：激发光照射时间、溶液浓度的 pH 值、溶剂种类及伴生的各种散射光等。

10.5.2 荧光计及荧光分光光度计

用于荧光分析的仪器有目视荧光计、光电荧光计和荧光分光光度计等。它们由光源、滤光片、单色器、样品池及检测系统等部分组成。光电荧光计以高压汞灯为激发光源，滤光片为色散元件，光电池为检测器，将荧光强度转换为光电流，用微电流表测定。该系统结构简单，可用于微量荧光物质的测定。

如果对荧光物质进行定性研究，则需要使用荧光分光度计，其结构如图 10-18 所示。它以氙灯作光源（在 $250\sim600\text{nm}$ 有很强的连续发射，峰值在 470nm 处），棱镜或光栅为色散元件，光电倍增管为检测器。荧光信号通过光电倍增管转换为电信号，经放大后进行显示和记录；也可以送入数据处理系统经处理后进行数字显示、打印等。

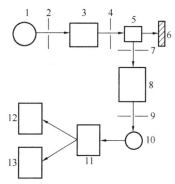

图 10-18　荧光分光度计结构示意图

1—光源；2、4、7、9—狭缝；3—激发光单色器；5—样品池；6—表面吸光物质；8—发射光单色器；10—光电倍增管；11—放大器；12—指示器；13—记录仪

10.5.3 空气中 SO_2 的测定

大气中含硫的污染物主要有 H_2S、SO_2、SO_3、CS_2、H_2SO_4 和各种硫酸盐，而二氧化硫在各种大气污染物中分布最广、影响最大，所以，在硫化物的监测中常常以二氧化硫为代表。

SO_2 是主要的大气污染物之一，来源于煤和石油等

燃料的燃烧、含硫矿石的冶炼等化工产品生产排放的废气。SO_2 测量方法有紫外荧光法、分光光度法、电导法、火焰光度法、库仑滴定法等。

紫外荧光法测定空气中的 SO_2，具有选择性好、不消耗化学试剂、适用于连续自动监测等特点，已被世界卫生组织在全球监测系统中采用。目前广泛用于环境地面自动监测系统中。

若用波长 190~230nm 紫外光照射大气样品，样品则吸收紫外光而被变为激发态，即

$$SO_2 + hv_1 \rightarrow SO_2^*$$

激发态 SO_2^* 不稳定，瞬间返回基态，发射出波峰为 330nm 的荧光，即

$$SO_2^* \rightarrow SO_2 + hv_2$$

hv_1、hv_2 为紫外光。

发射荧光强度和 SO_2 浓度成正比，用光电倍增管及电子测量系统测量荧光强度，即可得知空气中的 SO_2 浓度。

荧光法测定 SO_2 的主要干扰物质是水分和芳香烃化合物。水的影响一方面是由于 SO_2 可溶于水造成损失，另一方面由于 SO_2 遇水产生荧光猝灭而造成负误差，可用半透膜渗透法或反应室加热法除去水的干扰。芳香烃化合物在 190~230nm 紫外光激发下也能产生荧光造成正误差，可用装有特殊吸附剂的过滤器预先除去。

紫外荧光 SO_2 监测仪由气路系统及荧光计两部分组成，如图 10-19 和图 10-20 所示。气样经除尘过滤器后通过采样阀进入渗透膜除水器、除烃器到达荧光反应室，反应后的干燥气体经流量计测定流量后排出。气样流速为 1.5L/min。荧光计脉冲紫外光源发射脉冲紫外光经激发光滤光片（光谱中心 220nm）进入反应室，分子在此被激发产生荧光，经发射光滤光片（光谱中心 330nm）投射到光电倍增管上，将光信号转换成电信号，经电子放大系统等处理后直接显示浓度读数。

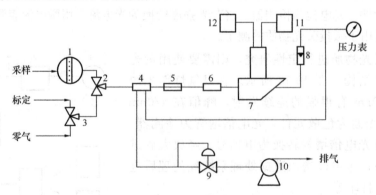

图 10-19　紫外荧光监测仪气路系统

1—除尘过滤器；2—采样电磁阀；3—零气/标定电磁阀；4—渗透膜过滤器；
5—毛细管；6—除烃器；7—反应室；8—流量计；9—调节阀；
10—抽气泵；11—电源；12—信号处理及显示系统

该仪器操作简便。开启电源预热 30min，待稳定后通入零气，调节零点，然后通入标准气，调节指示标准气浓度值，继之通入零气清洗气路，待仪器指零后即可采样测定。如

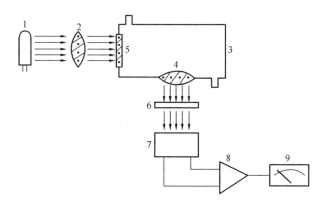

图 10-20　监测仪荧光计工作原理

1—紫外光源；2、4—透镜；3—反应室；5—激发光滤光片；

6—发射光滤光片；7—光电倍增管；8—反应室；9—放大器

果采用微机控制，可进行连续自动监测，其最低检测浓度可达 $1\mu g/L$。

10.6　撞击式-称重法和光散射测尘法

测量空气中可吸入颗粒物常用的方法主要有撞击式-称重法和光散射测尘法两种。这里介绍这两种方法及其基本原理。

10.6.1　撞击式-称重法

（1）原理　利用二段可吸入颗粒物采样器，以 13L/min 的流量分别将粒径 $\geqslant 10\mu m$ 的颗粒采集在冲击板的玻璃纤维滤纸上，粒径 $\leqslant 10\mu m$ 的颗粒采集在预先恒重的玻璃纤维滤纸上，取下再称其重量，以粒径小于 $10\mu m$ 颗粒物的量除以采样标准体积，即可得出可吸入颗粒物的浓度。检测下限为 0.05mg。

（2）采样　将校准过流量的采样器入口取下，旋开采样头，将已恒重过的 $\phi 50mm$ 的滤纸安放于冲击环下，同时在冲击环上放置环形滤纸，再将采样头旋紧，装上采样头入口，放于室内有代表性的位置。打开开关旋钮计时，将流量调至 13L/min，采样 24h 记录室内温度、压力及采样时间，注意随时调节流量，使其保持在 13L/min。

（3）分析步骤　取下采完样的滤纸，带回实验室，在与采样前相同的环境下放置 24h，称量至恒重（mg），以此重量减去空白滤纸重量，得出可吸入颗粒的质量 m_{PM10}（mg）。将滤纸保存好，以备成分分析用。

（4）计算　时间采样体积 V_t 等于采样流量 13L/min 乘以采样时间（min），由记录的温度和大气压力按照空气状态方程换算为标准状态下的采样体积 V_n。

再利用下式就可以算出室内空气可吸入颗粒物的浓度

$$C_{PM10} = \frac{m_{PM10}}{V_n} \tag{10-19}$$

式中　C_{PM10}——可吸入颗粒物浓度，mg/m^3；

　　　m_{PM10}——可吸入颗粒物的质量，mg；

　　　　V_n——换算成标准状况下的采样空气体积，m^3。

（5）注意事项

1）采样前，必须先将流量计进行校准。采样时准确保持 13L/min 的流量。

2）称量空白及采过样的滤纸时，采样环境及操作步骤必须相同。

3）采样时必须将采样器部件旋紧，以免样品空气从旁侧进入采样器。

10.6.2　光散射测尘法

光散射式粉尘浓度计是利用光照射尘粒引起的散射光，经光电器件变成电讯号，用其表示悬浮粉尘（颗粒物）浓度的一种快速测定仪。被测量的含尘空气由仪器内的抽气泵吸入，通过尘粒测量区。在此区域它们受到由专门光源经透镜产生的平行光的照射，由于尘粒的存在，会产生不同方向（或某一方向）的散射光，由光电倍增管接受后，再转变为电讯号。如果光学系和尘粒系一定，则这种散射光强度与粉尘浓度间具有一定的函数关系。如果将散射光量经过光电转换元件变换成为有比例的电脉冲，通过单位时间内的脉冲计数，就可以知道悬浮粉尘的相对浓度。由于尘粒所产生的散射光强弱与尘粒的大小、形状、光折射率、吸收率、组成等因素密切相关，因而根据所测得散射光的强弱从理论上推算粉尘浓度比较困难。这种仪器要通过对不同粉尘的标定，以确定散射光的强弱和粉尘浓度的关系。

光散射式粉尘浓度计可以测出瞬时的粉尘浓度及一定时间间隔内的平均浓度，并可将数据储存于计算机中。量测范围可从 $0.01 \sim 100 mg/m^3$。其缺点是对不同的粉尘，需进行专门的标定。这种仪器在国内应用较为广泛，尤其在需要测量计数浓度的洁净室中。

此外，氮氧化物的测量方法有库仑原电池、化学发光法、盐酸钠乙二胺分光光度法及恒电流库仑滴定法等；氡的测量方法主要有径迹蚀刻法、双滤膜法、气球法、静电计法、闪烁法、活性炭盒法、活性炭浓缩法、活性炭滤纸法、积分计数法、静电扩散法等等。随着技术的进步，测量氡的仪器和方法还在不断地完善和提高。空气中微生物的采样方法主要是撞击法，即采用撞击式空气微生物采样器采样，通过抽气动力作用，使空气通过狭缝或小孔而产生高速气流，使悬浮在空气中的带菌粒子撞击到营养琼脂平板上，经 37℃、48h 培养后，计算出每立方米空气中所含的细菌菌落数的采样测定方法。鉴于篇幅所限，本书对氮氧化物、氡和微生物的测量方法不做详细介绍。

思　考　题

10-1　室内空气主要污染物有哪些？

10-2　常用的采样方法有哪些？怎样确定采样点数和采样频率？如何评价采样效率？

10-3　简述红外气体分析仪的工作原理，它可以检测哪些气体？

10-4　简述气相色谱的流程、分离原理及色谱流出曲线的含义。

10-5　简述气相色谱仪各部分的作用。气相色谱仪的定量和定性分析方法各有哪些？它可检测空气中的哪些污染物？

10-6　简述荧光分光光度计的检测原理和结构。

10-7　简述紫外荧光监测仪气路系统的组成及其对空气中 SO_2 的检测过程。

第11章 其他参数测量

11.1 声的测量

11.1.1 概述

声音是由于物体的振动而产生的，辐射声音的振动物体称之为声源。声源发声后要通过一定的介质才能向外传播，而声波是依靠介质的质点振动向外传播声能的，介质的质点只是振动而不移动，所以声音是一种波动。介质的质点振动传播到人耳时引起人耳鼓膜的振动，通过听觉机构的"翻译"，并发出信号，刺激听觉神经而产生声音的感觉。

人们每天都生活在声音的海洋中。在人们每天从事工作、学习或休息等活动时，凡使人思想不集中、烦恼或有害的各种声音，影响很大而又嘈杂刺耳或者对某项工作来说是不需要或有妨碍的声音，都被认为是噪声。噪声的标准定义是：凡人们不愿听的声音都是噪声。

噪声是通过某种振动而产生的，具有一定的能量，能通过液体、气体和固体将这些振动进行传播。在建筑环境中噪声的主要来源是交通运输、工业生产、建筑施工以及休闲娱乐。噪声的危害是多方面的，它可以使人的听力衰退，引发多种疾病，还影响人们正常的工作与生活，降低劳动生产率。特别强烈的噪声还能损坏建筑物，影响仪器设备的正常运行。

11.1.2 噪声的度量

噪声是声波的一种，它具有声波的一切物理性质，在工程中除了用声速、频率和波长来描述外，还常常用以下的物理量来表征其特性。

11.1.2.1 声强与声压

1）声强

声强是衡量声波在传播过程中声音强弱的物理量，通常用 I 表示。其物理意义为：垂直于声音的传播方向，在单位时间内通过单位面积的声音的能量，即单位面积上的声功率，其数学表达式为

$$I = \frac{W}{A} \tag{11-1}$$

式中　W——声源的能量，W；

　　　A——声源能量所通过的面积，m^2。

对平面波而言，在无反射的自由声场里，由于在声波的传播过程中，声源的传播路线相互平行，声波通过的面大小相同，因此，同一束声波通过与声源距离不同的表面时，声强不变，如图 11-1 所示。

对球面波来说，随着传播距离的增加，声波所触及的面也随之扩大。在与声源相距

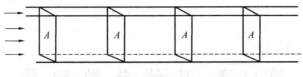

图 11-1　平面波声强与距离的关系

$r\mathrm{m}$ 处，球表面的面积为 $4\pi r^2$，则该处的声强为

$$I = \frac{W}{4\pi r^2} \tag{11-2}$$

由此可知，对球面波而言，其声强与声源的能量成正比，而与到声源的距离的平方成反比，如图 11-2 所示。

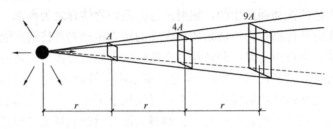

图 11-2　球面波声强与距离的关系

声音是能对人类的耳朵和大脑产生影响的一种气压变化，这种变化将天然的或人为的振动源（例如机械运转、说话时的声带振动等）的能量进行传递。人类最早对声音的感知是通过耳朵，普通人耳能听到的声音有一个确切数据的范围，该范围就称为"阈"。普通人耳能接收到的最小的声音称为"可闻阈"，其声强值约为 $10^{-12}\mathrm{W/m^2}$，而普通人耳能够忍受的最强的声音称"痛阈"，其声强值约为 $1\mathrm{W/m^2}$，超过这一数值，将引起人耳的疼痛。

2）声压

所谓声压是指介质中有声波传播时，介质中的压强相对于无声波时介质压强的改变量。简单地说，声压就是声音所引起的空气压强的平均变化量，用 p 表示。其单位就是压强的单位，即 $\mathrm{N/m^2}$，或帕（Pa），或 $\mu\mathrm{bar}$（微巴）即 $1\mathrm{dyn/cm^2}$（达因/厘米^2）。

声压与声强有着密切的关系。在无反射、吸收的自由声场中，某点的声强与该处的声压的平方成正比，而与介质的密度和声速的乘积成反比，即

$$I = \frac{p^2}{\rho_0 c} \tag{11-3}$$

式中　p——声压，Pa；

$\quad\quad\rho_0$——介质密度，$\mathrm{kg/m^3}$，一般空气取 $1.225\mathrm{kg/m^3}$；

$\quad\quad c$——介质中的声速，m/s；

$\quad\quad\rho_0 c$——又称介质的特性阻抗。

由上式可知，对于球面声波或平面声波（即自由声场），如果测得某一点的声强、该点处的介质密度及声速，就可计算出该点的声压。对应于声强为 $10^{-12}\mathrm{W/m^2}$ 的可闻阈，声压约为 $2.0\times10^{-5}\mathrm{Pa}$，即 $0.0002\mu\mathrm{bar}$。

11.1.2.2 声强级与声压级

从上面可知，可闻阈与痛阈间的声强相差 10^{12} 倍。这样，如用通常的能量单位计算，数字过大，极为不便。况且声音的强弱，只有相对意义，所以改用对数标度。选定某 I_0 作为相对比较的声强标准。如果某一声波的声强为 I，则取比值，I/I_0 的常用对数来计算声波声强的级别，称为"声强级"。为了选定合乎实际使用的单位大小，规定声强级为

$$L_I = 10\lg \frac{I}{I_0} \tag{11-4}$$

这样定出的声强级单位称为 dB（分贝）。

国际上规定选用 $I_0 = 10^{-12}\,\mathrm{W/m^2}$ 作为参考标准，即声强为 $10^{-12}\,\mathrm{W/m^2}$ 的声音就是 0dB，而震耳的炮声 $I = 10^2\,\mathrm{W/m^2}$，所相应的声强级为

$$L_I = 10\lg \frac{I}{I_0} = \left(10\lg \frac{10^2}{10^{-12}}\right)\mathrm{dB} = 10\lg 10^{14}\,\mathrm{dB} = (10 \times 14)\,\mathrm{dB} = 140\mathrm{dB}$$

测量声强较困难，实际测量中常常测出声压。利用声强与声压的平方成正比的关系，可以改用声压表示声音强弱的级别，称为声压级。根据式（11-3），声压级表示为：

$$L_p = L_I = 10\lg \frac{I}{I_0} = 10\lg \left(\frac{p^2/\rho_0 c}{p_0^2/\rho_0 c}\right) = 10\lg \left(\frac{p}{p_0}\right)^2 = 20\lg \frac{p}{p_0} \tag{11-5}$$

声压级单位也是 dB（分贝）。

通常规定选用 $2 \times 10^{-5}\,\mathrm{Pa}$ 作为比较标准的参考声压 p_0，这与上述所提的声强级规定的参考声强是一致的。

表 11-1 中列举了声强值、声压值和他们所对应的声强级、声压级以及与其相对应的声学环境。

声强、声压和对应的声强级、声压级以及与其相对应的声学环境　　表 11-1

声强（$\mathrm{W \cdot m^2}$）	声压（Pa）	声强级或声压级（dB）	相应的环境
10^2	200	140	离喷气机口 3m 处
1	20	120	痛阈
10^{-1}	$2 \times 10^{1/2}$	110	风动铆钉机旁
10^{-2}	2	100	织布机旁
10^{-4}	2×10^{-1}	80	—
10^{-6}	2×10^{-2}	60	相距 1m 处交谈
10^{-8}	2×10^{-3}	40	安静的室内
10^{-10}	2×10^{-4}	20	—
10^{-12}	2×10^{-5}	0	人耳最低可闻阈

11.1.2.3 声功率和声功率级

为了直接表示声源发声能量的大小，还可引用声功率的概念，声源在单位时间内以声波的形式辐射出的总能量称声功率，以 W 表示，单位为 W。在建筑环境中，对声源辐射出的声功率，一般可认为是不随环境条件而改变的、属于声源本身的一种特性。

所有声源的平均声功率都是很微小的。一个人在室内讲话，自己感到比较合适时，其声功率大致是 $(1 \sim 5) \times 10^{-5}\,\mathrm{W}$，400 万人同时大声讲话产生的功率只相当于一只 40W 灯

泡的电功率。

与声压一样，它也可用"级"来表示，声功率级采用如下的表达式

$$L_W = 10\lg \frac{W}{W_0} \tag{11-6}$$

其中 W_0 为声功率的参考标准，其值为 10^{-12} W。

表 11-2 列出了几种不同声源的声功率。

几种不同声源的声功率　　　　　表 11-2

声源种类	喷气飞机	气锤	汽车	钢琴	女高音	日常对话
声功率	10kW	1W	0.1W	2×10^{-3}W	$(1\sim7.2)\times10^{-3}$W	$(1\sim5)\times10^{-5}$W

11.1.2.4 声波的叠加

如果两个不同的声音同时到达耳朵的话，那么耳朵将接受两个不同声波的压力。由于声级原本就是用对数表示的，所以简单的声级的分贝数相加不能正确地表示出声压级叠加的值。举个例子来说，声压级值均为 105dB 的两架喷气式飞机的电动机同时工作，它们叠加的最后声级值不是 210dB，210dB 这个值已经远远地超过了痛阈。

虽然声级不能直接相加，但是声强是能够直接相加的，声压的平方也是能够直接相加的。可以通过下面的公式得到：

当几个声音同时出现时，其总声强是各个声强的代数和，即

$$I = I_1 + I_2 + \cdots + I_n \tag{11-7}$$

而它们的总声压是各个声压平方和的平方根

$$p = \sqrt{p_1^2 + p_2^2 + \cdots + p_n^2} \tag{11-8}$$

当几个不同的声压级叠加时，要得到叠加后的声压级值，可用下式计算

$$\Sigma L_p = 10\lg(10^{0.1L_{p1}} + 10^{0.1L_{p2}} + 10^{0.1L_{pn}}) \tag{11-9}$$

式中　　ΣL_p ——各个声压级叠加的总和（dB）；

L_{p1}、L_{p2}、L_{pn} ——为声源 1、2、…、n 的声压级（dB）。

当有 M 个相同的声压级相叠加时，其总声压级为

$$\Sigma L_p = 10\lg(M \times 10^{0.1L_p}) = 10\lg M + L_p \tag{11-10}$$

从上式可知当两个相同的噪声相叠加时，仅比单个噪声的声压级大 3dB，如果两个噪声的声压级不同并假定二者的声压级之差为 E，即 $E = L_{p1} - L_{p2}$，则由式（11-10）可得叠加后的声压级为

$$\Sigma L_p = 10\lg(1 + 10^{0.1E}) + L_{p1} \tag{11-11}$$

从上式可以看到，如果两个叠加的声音，其中一个声音比另外一个声音的声级要高出 10dB，那么那个小一点的声音对高一点的声音的最后声音效果产生的影响可以忽略。这个结论意味着，一个显著的声音，例如一个声级为 70dB 的声音，在类似的但是声级却是 90dB 的声音影响下不会被听到。在声级比较大的环境中，一个声级比较小的声音要被听到，那么其声音特征应有区别。

11.1.2.5 噪声的频谱特性

噪声不是具有特定频率的纯音，而是由很多不同频率的声音混合而成的。而人的耳朵

能识别的声音的频率为 20～20000Hz（赫），有 1000 倍的变化范围。为了方便起见，人们把该范围划分为几个有限的频段，即噪声测量中常说的频程。

建筑环境与设备工程专业中常使用倍频程，倍频程就是两个频率之比为 2：1 的频程。目前通用的倍频程中心频率为：31.5Hz、63Hz、125Hz、250Hz、500Hz、1000Hz、2000Hz、4000Hz、8000Hz、16000Hz。这十个倍频程就把人耳能识别的声音全部包括进来，大大简化了测量。实际上，在一般噪声控制的现场测试中，往往只要用 63～8000Hz 八个倍频程也就够了，它所包括的频程见表 11-3。

声音的中心频率和频程划分 表 11-3

中心频率(Hz)	63	125	250	500	1000	2000	4000	8000
频程(Hz)	45～90	90～180	180～355	355～710	710～1400	1400～2800	2800～5600	5600～11200

11.1.3 噪声的测量

通常噪声测量的目的是了解被测环境是否满足允许的噪声标准或噪声超标情况，以便采取相应的控制措施。

11.1.3.1 测量噪声常用的仪器

常用的噪声测量仪器主要有：声级计、脉冲积分声级计、声频频谱仪、声级记录仪和噪声统计分析仪等。这里重点介绍声级计。

声级计是声学测量中最常用的噪声测量仪器。在把噪声信号转换成电信号时，可以模拟人耳对声波反应速度的时间特性，对不同频率及不同响度的噪声作出相应的特性反应，描述出不同的反应曲线。

（1）声级计的工作原理

声级计由传声器、放大器、衰减器、计权网络、检波器、对数变换器、示波器、声级记录仪及显示仪表等部分组成，其组成框图如图 11-3 所示。

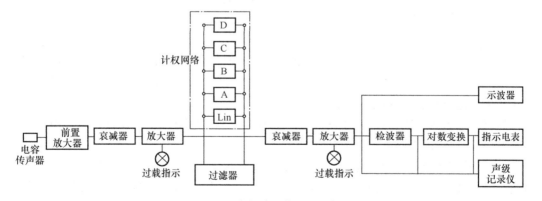

图 11-3 声级计工作原理方框图

声压由电容传声器接收后，将声压信号转换成电信号，传至前置放大器。由于传声器接收来的信号一般是微弱的，在进行分析前必须加以放大，因此，传来的电信号在前置放大器需作阻抗变换，再送到输入衰减器。衰减器是用来控制量程的，通常以每级衰减 10dB 作为换挡单位。由衰减器输出的信号，再输入放大器进行定量放大；为了模拟人耳听觉对不同频率声音有不同灵敏度这一感觉，在声级计中设计了特殊的滤波衰减器，它可以按照等响曲线对不同频率的音频信号进行不同程度的衰减，这部分称为计权网络。计权网络分为 A、B、C、D 几种，通过计权网络测得的声压级，被称为计权声压级或简称为声压级；对应不同计权网络分别称为 A 声级（L_A）、B 声级（L_B）、C 声级（L_C）和 D 声级（L_D），并分别记为 dB（A）、dB（B）、dB（C）和 dB（D）。由于 A 网络对于高频声反应敏感，对低频声衰减强，这与人耳对噪声的感觉最接近，故在测定对人耳有害的噪声时，均采用 A 声级作为评定指标。放大后的信号由计权网络进行计权，在计权网络处可外接滤波器，这样可以做频谱分析。输出的信号由输出衰减器衰减到额定值，随即送到输出放大器放大，使信号达到相应的功率输出。输出信号直接连接到示波器，通过观察示波器所反映出的波形，来控制检波（均方根检波电路，其作用是将非正弦电压信号加以平方，并在 RC 电路中取平均值，最后给出平均电压的开方值）工作。然后送出有效值电压，由于声压级采用的是对数关系，所以电压值通过对数变换，输出显示仪表可接收的电压，推动电表，显示所测的声压级分贝值，同时，将信号传送到声级记录仪，记下测量所得的结果。

（2）声级计的分类

根据精度的不同，声级计可分为两类：一类是普通声级计（图 11-4），它对传声器要求不高。动态范围较狭窄，一般不与带通滤波器相联用；另一类是精密声级计，其传声器要求频响范围广，灵敏度高，稳定性能好，且能与各种带通滤波器配合使用，放大器输出可直接和声级记录仪、录音机等相连接，可将噪声信号显示或储存起来。

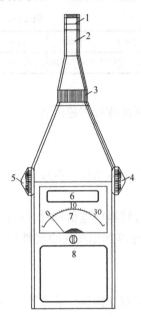

图 11-4　普通声级计

1—电容传声器；2—前置级；
3—前置放大器；4—功能开关；
5—量程开关；6—数字显示部分；
7—表头部分；8—控制开关部分

（3）使用声级计的注意事项

1）声级计每次使用前都要用声级校正设备对其灵敏度进行校正。常用的校正设备有声级校正器，它发出一个 1000Hz 的纯音。当校正器套在传声器上时，在传声器膜片处产生一个恒定的声压级（通常为 94dB）。通过调节放大器的灵敏度，进行声级计读数的校正。另一种校正设备为"活塞发声器"，同样产生一个恒定声压级（通常为 124dB）。活塞发声器的信号频率为 125Hz，所以在校正时，声级计的计权网络必须放在"线性"挡或"C"挡。

2）除特殊场合外，测量噪声时一般传声器应离开墙壁、地板等反射面一定的距离。在进行精密测量时，为了避免操作者干扰声场，可使用延伸电缆，操作者可远离传声器。

3）背景噪声较大时会产生测量误差。如果被测噪声出现前后其差值在 10dB 以上，则可忽略背景噪声的影响，如背景噪声无变化则需进行修正。

4）测量时如果遇上强风，风会在传声器边缘上产生风噪声，给测量带来误差。在室外有风情况下使用，给传声器套上防风罩可减少风噪声的影响。

11.1.3.2　其他噪声测量仪器

1）声级频谱仪

噪声测量中如果需要进行频谱分析，通常在声级计中配以倍频程滤波器。根据规定使用十挡，即中心频率分别为 31.5Hz、63Hz、125Hz、250Hz、500Hz、1000Hz、2000Hz、4000Hz、8000Hz、16000Hz。

2）脉冲积分声级计

脉冲积分声级计是在一般的声级计的基础上增加了 CPU，即增加了储存和计算功能；可以按一定采样间隔在一段时间内连续采样，最后计算出统计百分数声级和等效连续 A 声级；可以进行等效噪声级、单爆发声暴露级、振动级等测量，实际上已成了一台噪声分析仪，用于环境噪声的测量十分方便。

3）声级记录仪

声级记录仪是常用的记录设备之一。它能记录直流和交流信号，可用于记录一段时间内噪声的起伏变化，以便于对环境噪声作出准确评价，如分析某时段交通噪声的变化情况；也可用来记录声压级衰变过程，如测量房间的混响时间。

磁带记录仪（录音机）可以把噪声记录在磁带上加以保存或重放。

4）噪声统计分析仪

噪声统计分析仪是一种数字式谱线显示仪，能把测量范围的输入信号在短时间内同时反映在一系列信号通道显示屏上，这对于瞬时变化声音的分析很有用处。通常用于较高要求的研究、测量。噪声统计分析仪型号很多，其中有用干电池可携带的小型实时分析仪，并具有储存功能，对现场测量，特别是测量瞬息变化的声音很方便。

随着计算机技术的不断发展，计算机应用于声学测量越来越广泛，经传声器接收、放大器放大后的模拟信号，通过模数转换成为数字信号，再经数字滤波器滤波或快速傅里叶变换（FFT）就可获得噪声频谱，对此由计算机作各种运算、处理和分析，可以得到各种所需的信息。最终结果可以很方便地存贮、显示或通过打印机打印输出，做到测量过程自动化，使显示结果直观化，大大节省人力，提高测量效率。可以预计，将来的环境噪声的测量，将把计算机作为接收系统分析、处理数字信号的核心设备。

11.1.3.3 测量噪声的方法

噪声的测量是分析噪声产生的原因、制定降低或消除噪声的措施必不可少的一种技术手段。环境噪声不论是空间分布还是随时间的变化都很复杂，在测量时，随着被测对象、测量环境、检测和控制的目的的不同，噪声测量的方法也有所区别。本专业经常遇到的是空调设备的噪声测量，以及工业企业的噪声测量。工程中测量噪声时的被测量常常是声源的声功率和声压级两个参数。

声功率是衡量声源每秒辐射出多少能量的量，它与测点距离以及外界条件无关，是噪声源的重要声学参数。测量声功率的方法有混响室法、消声室或半消声室法、现场法。对空调设备或机器噪声的要求是基于声强级的。由于声强级在测量过程中使用不太方便，因此，常常用声压级来替代声强级。用这三种方法测量出其噪声的声功率后还要表示声压级。声压级与声功率级的关系式为

$$L_P = L_W - 10\lg A \tag{11-12}$$

式中　L_P——声压级，dB；

L_W——声功率级，dB；

A——垂直于声传播方向的面积，m^2。

现场测量法，一般是在机房或车间内进行，分为直接测量和比较测量两种。直接测量法是用一个假定空心的且壁面足够薄的封闭物体将声源包围起来，测量该物体表面上各测点的声压级，由式（11-13）求出测量表面平均声压级 $\overline{L}_P$ 然后由式（11-14）确定声功率 L_W

$$\overline{L}_P = 10\lg \frac{1}{n}\left(\sum_{i=1}^{n} 10^{0.1L_{Pi}}\right) \tag{11-13}$$

$$L_W = (\overline{L}_P - K) + 10\lg \frac{A}{A_0} \tag{11-14}$$

式中　$\overline{L}_P$——假定的测量物体表面上各测点的平均声压级，dB，基准值为 $20 \times 10^{-5} \text{Pa}$；

L_{Pi}——在假定的测量物体表面上测量所得到的各测点的声压级，dB；

n——测点数；

K——环境修正值；

A——测量表面面积，m^2；

A_0——基准面积，取 1m^2。

比较法测量空调设备或机器本身辐射噪声，是采取利用经过实验室标定过声功率的任何噪声源作为标准噪声源（一般可用频带宽广的小型高声压级的风机），在现场中将标准声源放在待测声源附近位置，对标准噪声源和待测声源各进行一次同一包围物体表面上各点的测量，对比测量两者的声压级，从而得出待测机器声功率。具体数值可利用式（11-15）进行计算

$$L_W = L_{WS} + (\overline{L}_P - \overline{L}_{PS}) \tag{11-15}$$

式中　L_W——声源声功率级，dB；

L_{WS}——标准声源声功率级，dB；

$\overline{L}_P$——所测的平均声压级，dB；

$\overline{L}_{PS}$——标准声源的平均声压级，dB。

工业企业噪声的测量，分为工业企业内部生产噪声的测量和对周围环境造成影响的噪声测量。生产车间内噪声的测量包括车间内部环境噪声和机器本身（噪声源）辐射噪声的测量，机器本身噪声的测量按照前述方法测量。而对直接操作机器的工人健康影响的噪声测量，传声器应置于操作人员常在位置，高度约为人耳高处，但测量时人需离开。如为稳态噪声，则测量 A 声级，记为 dB（A），如为不稳态噪声，则测量等效连续 A 声级（是用一个相同时间内声能与之相等的连续稳定的 A 声级来表示该段时间内噪声的大小的方法）或测量不同 A 声级下的暴露时间，计算等效连续 A 声级。如果车间内各处 A 声级波动小于 3dB，则只需在车间内选择 1～3 个测点；若车间内各处声级波动大于 3dB，则应按声级大小，将车间分成若干区域，任意两区域的声级差应大于或等于 3dB，而每个区域内的声级波动必须小于 3dB，每个区域取 1～3 个测点。这些区域必须包括所有工人为观察或管理生产过程而经常工作、活动的地点和范围。测量时使用慢挡，取平均数；要注意减少气流、电磁场、温度和湿度等环境因素对测量结果的影响。如果要观察噪声对工人长期工作的听力损失情况，则需做频谱的测量。

对周围环境影响的噪声测量，要沿生产车间和非生产性建筑物外侧选取测点。对于生

产车间测点应距车间外侧 3～5m，对于非生产性建筑物测点应距建筑物外侧 1m，测量时传声器应离地面 1.2m，离窗口 1m。如果手持声级计，应使人体与传声器距离 0.5m 以上。测量应选在无雨、无雪时（特殊情况除外），测量时声级计应加风罩以避免风噪声干扰，同时也要保持传声器清洁。四级以上大风天气应停止测量。非生产场所室内噪声测量一般应在室内居中位置附近选 3 个测点取其平均值，测量时，室内声学环境（门与窗的启与闭，打字机、空调器等室内声源的运行状态）应符合正常使用条件。

11.2 建筑照明测量

11.2.1 概述

光是能量的一种存在形式。光在一种介质（或无介质）中传播时，它的传播路径将是直线，称之为光线。光是以电磁波的形式来传播辐射能的。电磁波的波长范围很广，如图 11-5 所示。只有波长在 380～780nm 的这部分辐射才能引起光视觉，称为可见光（简称光），这些范围以外的光称为不可见光。波长小于 380nm 的电磁辐射称为紫外线、X 射线、γ 射线或宇宙线等，波长大于 780nm 的辐射称为红外线、无线电波。紫外线和红外线虽然不能引起人的视觉，但其特性均与可见光相似。

可见光辐射的波长范围是 380～780nm，眼睛对不同波长的可见光产生不同的颜色感觉。将可见光波长从 380nm 到 780nm 依次展开，光将分别呈现紫、蓝、青、绿、黄、橙、红色。例如 700nm 的光呈红色、580nm 的光呈黄色、470nm 的光呈蓝色等。单一波长的光呈现一种颜色，称为单色光。有的光源如钠灯，只发射波长为 583 nm 的黄色光，这种光源称为单色光源；一般光源如天然光和白炽光源等是由不同波长的光组合而成的，这种光源称为多色光源或称复合光源。

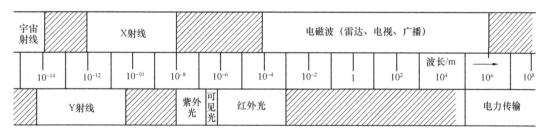

图 11-5 电磁波波谱图

建筑采光和照明技术就是根据建筑物的功能和艺术要求，利用上述光、影、色的基本特性，创造良好的建筑光环境。建筑光环境是为了满足人的视觉效能，创造特定的环境气氛。建筑室内光环境还对人的精神状态和心理感受有大的影响。因此，要求建筑室内有合适的照度和合理的照度分布，舒适的亮度和亮度分布，宜人的光色，避免眩光干扰，合理利用自然光。这就需要对室内光环境进行度量和测量。

11.2.2 光的物理度量

光的度量方法有两种，第一种是辐射度量，它是纯客观的物理量，不考虑人的视觉效果；第二种是光度量，是考虑人的视觉效果的生物物理量。辐射度量与光度量之间有着密切的联系，前者是后者的基础，后者可以由前者导出。常用的光度量有光谱光效率，光通量，照度，发光强度和亮度。

11.2.3　常用光照度测量仪器（扫码阅读）
11.2.4　照度测量（扫码阅读）

11-1　11.2节补充
内容

11.3　烟气成分分析

11.3.1　概述

　　成分分析是指分析和测量混合物中的各成分含量。成分分析在工业生产及科学研究中具有广泛的用途，例如，在燃烧过程中，可以通过对烟气中的 O_2 或 CO 含量的分析来了解燃烧状况；分析排烟中 SO_2、NO_x 的含量，排烟对大气环境的影响状况等。

　　这里主要介绍烟气中含氧量的测量，烟气中的碳氧化物、硫氧化物、氮氧化物的测量方法与第 10 章中一氧化碳、二氧化硫、二氧化氮的测量方法相同。

　　氧含量分析器是目前工业生产自动控制中应用最多的在线分析仪表，主要用来分析混合气体（多为窑炉废气）和钢水中的含氧量等。

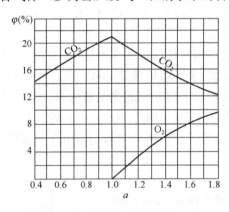

图 11-6　烟气中 O_2 及 CO_2 与 α 的
关系曲线

　　在热力生产过程中，锅炉燃料燃烧得好坏是影响生产经济及环保要求的一个重要因素，最佳燃烧状态是提高电厂经济效益的重要手段。锅炉处于最佳燃烧状态时，应保持一定的过剩空气系数 α，即送入锅炉实际空气量与燃料完全燃烧所需空气量之比。但直接测量过剩空气系数 α 十分困难，而 α 值又与烟气中的 O_2 及 CO_2 有确定的函数关系（如图 11-6 所示），可以看出，α 值与烟气中的 O_2 是单值对应关系，因而可以通过测量烟气中的 O_2 分析锅炉的燃烧状态。

　　过程氧量分析器大致可分为两大类。一类是根据电化学法制成，如原电池法、固体电介质法和极谱法等，另一类是根据物理法制成，如热磁式、磁力机械式等。电化学法灵敏度高，选择性好，但响应速度较慢，维护工作量较大，目前常用于微氧量分析。物理法响应速度快，不消耗被分析气体，稳定性较好，使用维修方便，广泛地应用于常量分析。磁力机械式氧气分析器更有不受背景气体导热率、热容的干扰，具有良好的线性响应，精确度高等优点。

　　氧化锆氧量计是利用氧化锆固体电解质作为测量元件，将氧量信号转换为电量信号，并由氧量显示仪表将被测气体的含氧量显示出来。与磁性氧分析器相比，它具有结构简单，稳定性好，灵敏度高，响应快，价格便宜等优点，因而近年来已经得到了大面积的推广。

11.3.2　氧化锆氧量计的工作原理及结构（扫码阅读）
11.3.3　保证氧化锆氧量计正确测量的条件（扫码阅读）
11.3.4　测量系统（扫码阅读）

11-2　11.3节补充
内容

思 考 题

11-1 声强和声压有什么关系？声强级和声压级是否相等？为什么？

11-2 某一个声音的声强是 $3.16 \times 10^{-4} \, \text{W/m}^2$，请计算这个声音的声强级。

11-3 计算一个声压级为 72dB 的声音的实际的声压值。

11-4 某车间内有 10 台相同的车床，当只有 1 台车床运转时，车间内的平均噪声级是 55dB。当有 2 台、4 台及 10 台同时运转时，车间内的平均噪声级各是多少？

11-5 试给出①光通量；②照度；③亮度；④发光强度的定义及其单位。

11-6 简述照度计和亮度计的工作原理。

11-7 简述氧化锆氧量计的原理及其测量系统的组成？

第 12 章　智能测量技术及其应用

近 20 年来，随着计算机技术、网络通信技术、仪表技术和控制理论的发展，在测量领域中出现了许多新型测量仪表和新的测量技术。这些测量技术有的正逐步应用到建筑能源管理系统及建筑环境与设备工程的研究和实践中。本章将简要介绍智能仪表、网络化仪表等新型仪表和测量技术。

12.1　概述

当前信息化与数字化时代，对于传感器的需求量日益增多，同时，其性能要求也越来越高。随着计算机辅助设计技术（CAD）、微机电系统（MEMS）技术、光纤技术、信息理论以及数据分析算法不断迈上新的台阶，传感器系统正朝着微型化、智能化和多功能化的方向发展。

12.1.1　微型化

传感器微型化归功于计算机辅助设计技术、微机电系统技术以及敏感光纤技术的发展。传感器的设计手段从传统的结构化生产设计转变为基于计算机辅助设计的模拟式工程化设计，使得设计人员能够在较短的时间内设计出低成本、高性能的新型传感器系统，从而推动了传感器系统以更快的速度向着能够满足科技发展需求的微型化方向发展。

微机电系统技术除全面继承氧化、光刻、扩散、沉积等微电子技术外，还发展了平面电子工艺技术、各向异性腐蚀、固相键合工艺和机械分段技术。由于微电子技术、微机械加工与封装技术的巧妙结合，从而能够制造出体积小巧但功能强大的新型传感器系统，由此也将信息系统的微型化、智能化、多功能化和可靠性水平提高到了一个新的高度。光纤传感器或通过光纤传送信号，或者将光纤作为敏感元件，使得光纤传感器具有传统的传感器无法比拟的重量轻、体积小、敏感性高、动态测量范围大、传输频带宽、易于转向作业以及它的波形特征能够与客观情况相适应等优良性能。

目前，微型传感器已经在航空、远距离探测、医疗及工业自动化等领域的信号探测系统得到了大量的应用，也逐步应用到了建筑环境与能源系统领域。

12.1.2　智能化

智能化传感器是微型机与传感器结合的产物，它不仅能进行外界信号的测量、转换，而且能进行信息存储、信息分析和结论判断等功能。它的出现是传感技术的一次革命，对传感器的发展产生了深远的影响。

12.1.3　多功能化

传感器多功能化是当前传感器技术发展中的一个全新方向，它是指将若干种敏感元件总装在同一种材料或单独一块芯片上，用来同时测量多种参数，全面反映被测量的综合信息，或对系统误差进行补偿和校正。美国某公司研制开发的无触点皮肤敏感系统，包括无触点超声波、红外辐射引导、薄膜式电容以及温度、气体传感器等。DTP 型智能压力传感器中集成压力、环境压力和温度三种传感元件。其中，主传感器为差压传感器，用来探测差压信号，辅助传感器为温度和环境压力传感器，它们用于调节和校正由于温度和工作环境的压力变化而导致的测量误差。

12.2 智能传感器

12.2.1 概述

传统的传感器是模拟仪器仪表或模拟计算机时代的产物。它的设计指导思想是把外部信息变换成模拟电压或电流信号。它的输出幅值小，灵敏度低，而且功能单一，因而被人们称为"聋哑传感器"。

随着时代的进步，传统的传感器已经不能满足现代工农业生产要求，20 世纪 70 年代以来，计算机技术、微电子技术、光电子技术获得迅猛发展，加工工艺逐步成熟，新型的敏感材料不断被开发，在高新技术的渗透下，尤其是计算机硬件和软件技术的渗入，人们把微处理器和传感器相结合，开发了具备一定的数据处理能力，并能自检、自校、自补偿的新一代传感器——智能传感器。国外称为 Intelligent sensor 或 Smart sensor（直译就是"灵巧的、机敏的、智能传感器"的意思）。

12.2.2 智能化传感器的结构

智能传感器的结构可用图 12-1 简单表示。传感器将被测的物理量转换成相应的电信号，送到模拟量输入通道，进行滤波、放大、模—数转换后，送到微处理器中。微处理器是智能传感器的核心，它不但可以对传感器测量数据进行计算、存储、数据处理，还可以通过反馈回路对传感器进行调节。由于计算机充分发挥各种软件的功能，可以完成硬件难以完成的任务，从而大大降低传感器制造的难度，提高传感器的性能，降低成本。

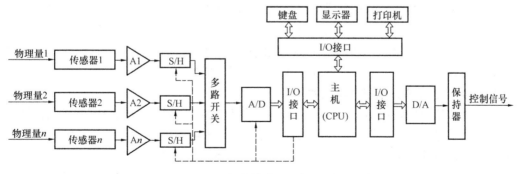

图 12-1　智能传感器的结构框图

智能传感器由硬件和软件两大部分组成。

1. 硬件部分

智能传感器的硬件主要由主机电路、模拟量输入输出、人机联系部件及其接口电路、标准通信接口等组成。

1）主机部分。主机部分通常由微处理器 CPU、存储器、输入输出 I/O 接口电路组成，或者其本身就是一个具有多种功能的单片机。由于智能传感器对主机电路控制功能的要求更强于对数据处理速度和容量的要求，因此目前我国的智能传感器广泛采用 8 位的 MCS—51 系列单片机作为其主机电路。

微处理器 CPU 是智能传感器的核心，它作为控制单元，控制数据采集装置进行采样，并对采样数据进行计算及数据处理，如数字滤波、标度变换、非线性补偿、数据计算等。然后，把计算结果进行显示和打印。

2）模拟量输入输出部分。模拟量输入输出部分用来输入输出模拟量信号，主要由传感器、相应信号处理电路、转换器、输入输出 I/O 接口等几部分组成。其中，传感器把被测物理量转换为电信号输出，信号处理电路将传感器输出的微弱电信号进行适当放大、滤波、调制、电平转换和隔离屏蔽等，提高信号质量，以满足转换器的转换要求，转换器包括 A/D 和 D/A 转换器。

在智能传感器中，无一例外地采用 CPU 作为核心。CPU 能处理的只能是数字量，而绝大多数传感器输出的都是模拟量，同时要求智能传感器的输出量也为模拟量，以便送入执行机构，对被控对象进行控制或调节，这就使得 CPU 与其外围电路之间存在模拟量与数字量之间转换的问题。因此，A/D 及 D/A 转换电路是智能传感器中必不可少的部分。A/D 转换电路是把模拟电信号转换成 CPU 可以接受的数字量信号，D/A 转换电路则是把 CPU 处理后的数字量信号转换成模拟信号输出。

3）人机联系部分。人机联系部分的作用是沟通操作人员和传感器之间的联系，主要由传感器面板中的键盘、显示器等组成。

4）标准通信接口。标准通信接口用于实现智能传感器与通用型计算机的联系，使传感器可以接受计算机的程控指令，较易构成多级分布式自动测控系统（集散控制系统）。目前生产的智能传感器一般都配有 GP-IB、RS232C、RS485、USB 等标准通信接口。

2. 软件部分

智能传感器的软件主要包括监控程序、接口管理程序和数据处理程序三大部分。监控程序面向传感器面板的键盘和显示器，帮助实现由键盘完成的数据输入或功能预置、控制以及由显示器对 CPU 处理后的数据以数字、字符、图形等形式显示等任务。接口管理程序主要通过控制接口电路的工作以完成数据采集、I/O 通道控制、数据存储、通信等任务。数据处理程序主要完成数据滤波、运算、分析等任务。

3. 智能传感器中的信息处理技术

在智能传感器中，传感器输出的模拟量经 A/D 转换器转换后变成数字量送入计算机，这些数字量在进行显示、报警及控制之前，还必须根据需要进行一些加工处理，如量程自动转换、标度变换、自动校准、数字滤波及非线性补偿等，以满足各种不同的需要。

1）量程自动转换。如果传感器和显示器的分辨率一定，而仪表的测量范围很宽，为了提高测量精确度，智能化仪表应能自动转换量程。多回路检测系统中，当各回路参数信号不一样时，为保证送到计算机的信号一致（0~5V），也必须能够进行量程的自动转换。

量程自动转换是指采用一种通用性很强的可编程增益放大器 PGA，根据需要通过程序调节放大倍数，使 A/D 转换器满量程信号达到一致化，因此大大提高测量精确度。

2）标度变换。生产过程中的各个参数都有着不同的量纲和数值，根据不同的检测参数，采用不同的传感器，就有不同的量纲和数值。如检测常用热电偶，温度单位为℃。且热电偶输出的热电势也各不相同，如铂铑—铂热电偶在 1600℃时，其电势为 16.677mV，而镍铬-镍铬热电偶在 1200℃ 时，其电势为 48.87mV。又如测量压力用的弹性元件有膜片、膜盒以及弹簧管等，其压力范围从几帕到几十帕。所有这些参数都经过传感器及检测电路转换成 A/D 转换器所能接受的 0～5V 统一电压信号，又由 ADC 转换成 0000H～0FFFH（12 位）的数字量，以便于 CPU 进行各种数据的处理。为进一步进行显示、记录、打印以及报警等，必须把这些数字量转换成与被测参数相对应的参量，便于操作人员对生产过程进行监视和管理，这就是所谓的标度变换，也称为工程量变换。标度变换有各种不同类型，它取决于被测参数测量传感器的类型，应根据实际情况选择适当的标度变换方法。

3）自动校准。在智能传感器的测量输入通道中，一般均存在零点偏移和漂移，产生放大电路的增益误差及器件参数的不稳定等现象，他们会影响测量数据的准确性，这些误差属于系统误差，必须对这些误差进行校准。自动校准包括零点自动校准和增益自动校准。其中零点自动校准是在零输入信号时，由于零位漂移的存在，输入不为零，预先将它检测出来并存入内存单元，在检测传感器输出值时再从检测值中扣除这个零位漂移值的影响。而增益自动校准是在输入标准信号时，记录检测值和标准信号的比值，即标准增益，预先将它存放在内存单元中，在检测传感器输出值时用此标准增益进行修正，以消除由于增益变化所带来的影响。

4）数字滤波。由于被测对象所处的环境比较恶劣，常存在干扰源，如环境温度、电场、磁场等，在测量信号中往往混有噪声、干扰等，使测量值偏离真实值。对于各种随机出现的干扰信号，在智能传感器中，常通过一定的计算程序，对多次采样信号构成的数据系列进行平滑加工，以提高其有用信号在采样值中所占的比例，减少乃至消除各种干扰及噪声，从而保证系统工作的可靠性，这就是数字滤波。

数字滤波的方法很多，如算术平均法、加权平均法、中值法、系数滤波法、统计法等等。这里仅以算术平均滤波为例进行说明。

算术平均滤波是指利用智能仪表中的微处理器对某点参数作连续 n 次采样测量，获得参数值 x_1，x_2，x_3，$\cdots$，x_n，然后求取其平均值作为该点参数的测量值，它可以有效地减小或消除压力、流量参数测量中的周期性脉动干扰。

5）非线性补偿。在许多智能化传感器中，一些参数往往是非线性参数，常常不便于计算和处理，有时甚至很难找出明确的数学表达式。例如在温度测量系统中，热电阻及热电偶与温度之间的关系，即为非线性关系，很难用一个简单的解析式来表达。在某些时候，即使有较明显的解析表达式，但计算起来也相当麻烦。例如在流量测量中，流量孔板的差压信号与流量之间也是非线性关系，即使能够用公式计算，但开方运算不但复杂，而且误差也比较大。

对于诸如此类的问题，在智能仪表中可以采用软件进行非线性补偿。具体的实施方法是，先找出输入与输出关系的数学模型（如数学方程式），或在线检测时用回归法拟合数学公式，存入内存中。测量时，只要把传感器的输出送入微处理器进行数据处理，即能把实际测量结果输出，从而完成传感器的输出补偿，提高测量的准确度。

4. 结构特点

与传统的传感器相比，智能化传感器具有以下特点。

1）开发性强，可靠性高。计算机软件在智能传感器中起着举足轻重的作用。它不仅对信息测量过程进行管理和调节，使之工作在最佳状态，而且利用计算机软件能够实现硬件难以实现的功能，因为以软件代替部分硬件，可降低传感器的制作难度。在不增加硬件设备情况下，以软件替代硬件，通过开发不同的应用软件使测量系统实现不同的功能，使得智能传感器的研制开发具有费用低、周期短等特点；同时由于"硬件软化"的效果，减少了硬件电路和所用元器件数目，也就降低了故障发生率，提高了传感器的可靠性。

2) 改善了仪表性能，提高了测量精确度。利用微处理器的运算、逻辑判断、统计处理功能，可对测量数据进行分析、统计和修正，还可对线性、非线性、温度、噪声以及漂移等进行处理和误差补偿，提高了测量准确度，极大地改善仪表的性能。

3) 智能化。传感器的智能化表现在：①具有自诊断、自校准功能，可在接通电源时进行开机自检，可在工作中进行自检，并可实时自行诊断测试以确定哪一组件有故障，提高了工作可靠性。②具有自适应、自调整功能，可根据待测物理量的数值大小及变化情况自动选择测量量程和测量方式，提高了测量的适用性。③具有记忆、存储功能，可进行测量数据的随时存取，加快了信息的处理速度。④具有组态功能，可实现多传感器、多参数的复合测量，扩大了测量与使用范围。⑤可通过改变程序或采用可编程的方法增减传感器功能和规模来适应不同环境和对象，甚至达到改变传感器性质的目的。这些都是传统传感器无法实现的。目前有些智能传感器还运用了专家系统技术，使传感器可根据控制指令或外部信息自动地改变工作状态，并进行复杂的计算、比较推理，使之具有较深层次的分析能力，帮助人们思考，具有类似人的智能。

4) 具有友好的人机对话界面。操作人员通过键盘输入命令，智能传感器通过显示器显示仪表的运行情况、工作状态以及对测量数据的处理结果，使得人机联系非常密切。

5) 具有数据通信功能。智能化传感器具有数据通信功能，采用标准化总线接口，可方便地与网络、外设及其他设备进行数据交换，提高了信息处理的质量。总之，智能传感器使得自动化测量技术变得更加灵活，更为经济有效，适应多种要求，具有多功能、高性能和高可靠性等优点。

12.2.3　模糊传感器

模糊传感器是在经典数值测量的基础上，经过模糊推理和知识合成，以模拟人类自然语言符号描述的形式输出测量结果的一种新型智能传感器。它的核心部分是模拟人类自然语言符号的产生及其处理部件。

图 12-2 是模糊传感器的简单结构功能示意图。其中，经典数值测量单元的作用是提取传感信号并对其进行滤波等数值预处理。符号产生和处理单元是模糊传感器的核心部

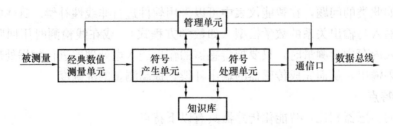

图 12-2　模糊传感器的结构功能示意图

分，它的作用是利用存放在知识库中的知识或经验，对已恢复的传感器传感信号进一步处理，得到符号测量结果。符号处理单元的作用是采用模糊信息处理技术，对模糊化后得到的符号形式的传感信号，结合知识库内的知识（主要有模糊判断规则、传感信号特征、传感器特性及测量任务要求等信息），经过模糊推理和运算，得到被测量的符号描述结果及其相关知识。模糊传感器可以经过学习新的变化情况（如任务发生改变，环境变化等）来修正和更新知识库内的信息。

模糊传感器的"智能"表现在它可以模拟人类感知的全过程。它不仅具有智能传感器的一切优点和功能，而且具有学习推理的能力，具有适应测量环境变化的能力、能够根据自我管理和调节的能力。模糊传感器的作用应当与一个丰富经验的测量工人的作用是等同的，甚至更好。

模糊传感器的突出特点是具有强大的软件功能，它与一般智能传感器的根本区别在于模糊传感器具有实现学习功能的单元和符号产生、处理单元，能够实现专家指导下的学习和符号的推理及合成，使模糊传感器具有可训练性，经过学习与训练，模糊传感器可以适应不同测量环境和测量任务的要求。

12.2.4 集成式智能传感器

传感器的集成化是指将多个功能相同或不同的敏感元件制作在同一个芯片上构成传感器阵列，主要有三个方面的含义：一是将多个功能完全相同的敏感单元集成制造在同一个芯片上，用来测量被测量的空间分布信息，例如压力传感器阵列。二是对不同类型的传感器进行集成，例如将压力、温度、湿度、流量、加速度、化学等敏感单元集成在一起，能同时测到环境中的物理特性或化学参量，用来对环境进行监测。三是对多个结构相同、功能相近的敏感单元进行集成，例如将不同气敏传感元集成在一起组成"电子鼻"，利用各种敏感元对不同气体的交叉敏感效应，采用神经网络模式识别等先进数据处理技术，可以对混合气体的各种组分同时监测得到混合气体的组成信息，同时提高气敏传感器的测量精确度。这层含义上的集成还有一种情况是将不同量程的传感元集成在一起，可以根据待测量的大小在各个传感元之间切换，在保证测量精确度的同时，扩大传感器的测量范围。

1. 智能传感器的实现途径

从结构上划分，智能传感器可以分为模块式和集成式。初级的智能传感器是由许多互相独立的模块组成，如将微计算机、信号调理电路模块、数字电路模块、显示电路模块和传感器装配在同一壳体结构内，则组成模块式智能传感器。混合式智能传感器是将敏感元件、信号处理电路、微处理器单元、数字总线接口等环节以不同的组合方式集成在两块或三块芯片上，并装在一个外壳里，目前这类结构较多。集成化智能传感器系统是采用微机械加工技术和大规模集成电路工艺技术，利用硅作为基本材料制作敏感元件、信号调理电路、微处理单元，并把它们集成在一块芯片上而构成的。这种传感器集成度高，体积小，但目前的技术水平还很难实现。

2. 集成智能传感器的几种模式

按具有的智能化程度来讲，集成化智能传感器有初级、中级、高级三种存在形式。初级形式是智能传感器系统最早出现的商品化形式，因此被称为"初级智能传感器"。它是将敏感元件与智能信号调理电路（不包括微处理器）封装在一个外壳里。其中智能信号调理电路用来实现比较简单的自动校零、非线性的自动校正、温度自动补偿功能。中级形式是将敏感元件、信号调理电路和微处理器单元封装在一个外壳里，强大的软件使它具有完善的智能化功能。高级形式是将敏感元件实现多维阵列化，同时配备更强大的信息处理软件，使之具有更高级的智能化功能。它不仅具有完善的智能化功能，而且具有更高级的传感器阵列信息融合功能，或具有成像与图像处理等功能。

3. 集成智能传感器实例

某公司研制的 DSTJ-3000 型智能式差压、压力传感器，是在同一块半导体基片上用离子注入法配置扩散了差压、静压和温度三种传感元件，其组成包括变送器、现场通信器、传感器脉冲调制器等，如图 12-3 所示。

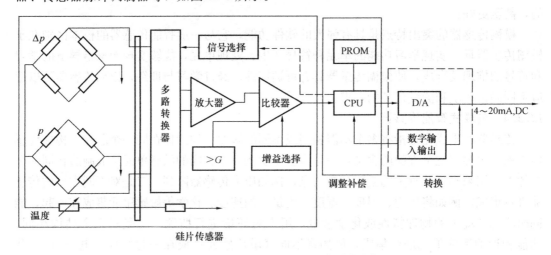

图 12-3　DSTJ-3000 型智能压力传感器方框图

传感器的内部由传感元件、电源、输入、输出、存储器和微处理机（8 位）组成，成为一种固态的二线制（4～20mA）压力变送器。现场通信器的作用是发送信息，使变送器的监控程序开始工作。传感器脉冲调制器是将变送器的输出变为脉冲调制信号。为了使整个传感器在环境变化范围内均可得到非线性补偿，生产后逐台进行差压、静压、温度试验，采集每个测量头的固有特性数据并存入各自的 PROM 中。

DSTJ-3000 型智能压力传感器的特点是量程宽，可调到 100∶1（一般模拟传感器仅达 10∶1）；精确度高达 0.1%。

12.3　网络化仪表

20 世纪 80 年代以来，网络通信技术逐步走向成熟并渗透到各行各业，各种高可靠、低功耗、低成本、微体积的网络接口芯片被开发，微电子机械加工技术 MEMT 的飞速发展给现代加工工艺注入了新的活力，人们把网络接口芯片与智能仪表集成起来，并把通信协议固化到智能仪表的 ROM 中，导致网络仪表的产生。网络仪表继承了智能仪表的全部功能，并且能够和计算机网络进行通信，因而在现场总线控制系统中得到了广泛的应用，成为现场总线控制系统中现场数字化仪表。本节以现场总线差压变送器为例进行简单介绍。

12.3.1 现场总线差压变送器

1. 工作原理

现场总线差压变送器采用电容式传感器（电容膜盒）作为差压感受部件，其结构和原理见本书第5章的相关内容。电路工作原理见图12-4，每一部分的功能描述如下：

1）振荡器。产生一个频率与传感器电容有关的振荡信号；

2）信号隔离器。将来自CPU的控制信号和来自振荡器的信号相互隔离，以免共地干扰；

3）CPU、RAM和PROM。CPU是变送器的智能部件，它负责完成测量工作、功能块的执行、自诊断以及通信任务。程序储存器在PROM中，为了暂存中间数据，设有RAM。如果电源掉电，则RAM中的数据就会丢失。但CPU还有一个内部非易失存储器EEROM，在那里保存着那些必须要保留的数据，例如，调校、组态以及识别数据；

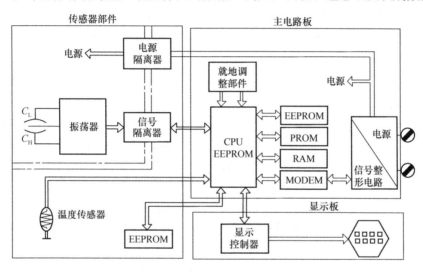

图12-4　现场总线差压变送器的电路原理方框图

4）EEROM。在传感器部件中另有一个EEROM，它保存着不同压力和温度下传感器的特性数据。每只传感器都在制造厂进行标定。主电路上的EEROM用来保存组态参数；

5）MODEM。监测链路活动，调制和解调通信信号，插入和删除起始标志和结束标志；

6）电源。由现场总线上获得电源，为变送器的电路供电；

7）电源隔离器。与输入部分的信号隔离类似，送至输入部分的电源也必须隔离；

8）显示控制器。接收来自CPU的数据，控制液晶显示器各段的显示。控制器还提供各种驱动控制信号；

9）就地调整部件。就地调整部件有两个可用磁性工具调整的磁性开关，因而没有机械和电气接触。

2. 应用介绍

现场总线仪表是以网络节点的形式挂接在现场总线网络上，它采用功能块的结构，通过组态设计，完成数据采集、A/D转换、数字滤波、压力温度补偿等各种功能。

功能块是用户对设备的功能进行组态的模型。某些功能块通过转换块直接由硬件读写数据，块输出可由总线上的其他设备读取，其他设备也可以把数据写到块的输入端。以模拟量输入块为例，它接受一个来自转换块的变量，即实际测量值，并进行标度变换、滤波，然后输出为其他块所用。输出可以是输入的线性函数或者平方根函数，块可以报警并切换到手动，以便迫使输出成为一个可调整的值。

功能块有输入、输出、内含等三类参数。输入参数是功能块接收到要处理的值，输出参数是可送给其他块、硬件或者使用者的处理结果，内含参数是用户块的组态、运行和诊断。在现场总线系统中，用户可以把这些功能块连接起来组态一定的控制策略实现相应的功能。控制策略的组态是把功能块的输出与其他功能块的输入连接在一起，当这种连接完成之后，后一个功能块的输入就由前一个功能块的输出"拉出"数值，因而获得它的输入值。处于同一个设备或不同设备的两个功能块之间均可连接。一个输出可以连接到多个输入，这种连接是纯软件的，对一条物理导线上可以传输多少连接基本上没有限制，内含变量不能建立连接。

功能块输出值总是伴随着一些状态信号，例如来自传感器的数值是否适合于控制，输出信号是否最终正确地驱动了执行器。这样，接收功能块就可以采用适当的动作。

12.3.2　现场总线协议

目前的智能化传感器系统尽管本身全都是数字式的，但其通信协议却仍需借助于 4～20mA 的标准模拟信号来实现。一些国际性标准化研究机构目前正在积极研究推出相关的通用现场总线数字信号传输标准。不过，在眼下过渡阶段仍大多采用远距离总线寻址传感器（HART）协议，这是一种适用于智能化传感器的通信协议，与目前使用 4～20mA 模拟信号的系统完全兼容，模拟信号和数字信号可以同时进行通信，从而使不同生产厂家的产品具有通用性。

HART 是可寻址远程传感器数据通路（Highway Addressable Remote Transducer）的缩写。HART 协议参考了 ISO/OSI 参考模型的物理层、数据链路层和应用层。

1. 物理层

在物理层采用基于 Bell 202 通信标准的频移键控 FSK 技术。在现有的 4～20mA 模拟信号上叠加 FSK 数字信号，以 1200Hz 的信号表示逻辑 1，以 2200Hz 的信号表示逻辑 0，通信速率为 1200bps，单台设备的最大通信距离为 3000m，多台设备互连的最大通信距离为 1500m，通信介质为双绞线，最大节点数为 15 个。

2. 数据链路层

数据链路层采用可变长帧结构，每帧最长为 25 个字节，寻址范围为 0～15。当地址为 0 时，处于 4～20mA 与数字通信兼容状态。而当地址为 1～15 时，则处于全数字通信状态。通信模式为"问答式"或"广播式"。

3. 应用层

应用层规定了三类命令：第一类是通用命令，适用于遵循 HART 协议的所有产品；第二类称为普通命令，适用于遵循 HART 协议的大多数产品；第三类成为特殊命令，适用于遵循 HART 协议的特殊设备。另外 HART 还为用户提供了设备描述语言 DDL（Device Description Language）。

12.3.3　现场总线仪表应用的特点

1. 采用现场总线技术，节省导线、电缆及其安装费用

采用现场总线技术，可以实现多仪表互连、多变量测量和多变量传送。

（1）多仪表互连。在模拟通信方式中，一对导线只能连接一台现场仪表。但现场总线通信方式中采用多仪表的互联方式，现场仪表可通过总线串在一起，几十个现场仪表只用一根 3 芯线。大大减少了现场线缆，方便现场布线。

（2）多变量测量。在模拟通信方式中，测量一个变量就需要一对导线，每台现场仪表只能测量一个过程变量；采用现场总线通信方式，一台现场仪表可以同时测量多个过程变量。

（3）多变量变送。现场总线可以实现多变量传送，一台测量多变量的现场仪表只要用一对导线，就可以把该现场仪表测量的变量全部传送出去。另外，利用现场总线仪表的多变量测量和多变量变送特性还可以实现一些特殊的系统功能，例如变送器周围温度的监测、变送器导压管堵塞的监测等。

2. 现场总线采用数字通信方式，可提高传输精确度

在模拟通信方式中，传输装有微处理器的现场仪表数据时，数据在进行 A/D、D/A 转换时会产生误差，传输模拟信号过程中也会产生误差。现场总线是用数字信号传输数据，可以消除转换误差和传输误差，系统精确度可以保证。

3. 现场仪表具有综合管理功能

使用现场总线不但可以传输过程变量值和控制输出值，而且还可以传输很多用于设备管理的信息。所以，现场仪表能够实现更多的功能。例如，具有温度压力校正的现场总线流量变送器，具有阀门流量特性补偿的现场总线阀门定位器等。

4. 现场总线仪表存在的问题

现场总线仪表是未来工业过程控制系统的主流仪表，它与现场总线是组成 FCS 的两个重要部分。但是目前各种现场总线标准都有自己规定的协议格式，相互之间互不兼容，这就要求在某个现场总线中使用的智能仪表必须符合该现场总线的有关规定，但给系统的扩展、维护等带来了不利的影响。现场总线国际标准的制定却进展缓慢，现场总线标准不统一影响了现场总线仪表的应用。

IEEE1451.2 标准在现场总线和智能仪表之间定义的一个标准接口，用户可以根据自己的需要随意选择不同厂家生产的智能仪表，而不用考虑会受到总线的影响，从而实现真正意义上的即插即用。

在智能测量技术中还发展形成了虚拟仪表和软测量技术。虚拟仪表 VI（Virtual Instrument）是 20 世纪 80 年代末出现的一种测量仪表。它是指以通用计算机作为测量控制器，由软件来实现人机交互和大部分仪表功能的一种计算机仪表系统。仪表的操控和测量结果的显示是借助计算机显示器以虚拟面板的形式来实现的，数据的传送、分析、处理、存储是由计算机软件来完成的。

在过程控制和系统优化领域，有很多非常重要的工艺过程变量由于技术或是经济上的原因，很难通过传感器进行在线连续测量。为了解决此类变量的测量问题，目前已经形成了软测量方法及其应用技术。

软测量（软仪表）技术，区别于现代传统测量分析技术，是一种全新的过程在线分析技术。所谓软测量就是选择与被测变量相关的一组可测变量，构造某种以可测变量为输入、被测变量为输出的数学模型，使用计算机软件进行模型的数值运算，从而得到被测变量的估计值。被测变量称为主导变量，可测变量称为二次变量或辅助变量，这类数学模型及相应的计算机软件也被称为软测量估计器或软测量仪表，软测量得到的估计值可作为控制系统的被控变量或反映过程特征的工艺参数，为优化控制与决策提供重要信息。软测量技术主要包括辅助变量选择、辅助变量的采集及处理、软测量模型建立和在线校正等步骤，软测量技术已在过程控制与系统优化领域得到了广泛应用。

附　录

附录 A　标准化热电偶分度表

分度号：B

铂铑30-铂铑6 热电偶分度表

参考端温度：0℃

表 A-1

单位：mV

温度(℃)	0	100	200	300	400	500	600	700	800	900	1000	1100	1200	1300	1400	1500	1600	1700	1800	温度(℃)
0	0.000	0.033	0.178	0.431	0.786	1.241	1.791	2.430	3.154	3.957	4.833	5.777	6.783	7.845	8.952	10.094	11.257	12.426	13.585	0
10	-0.002	0.043	0.199	0.462	0.827	1.292	1.851	2.499	3.231	4.041	4.924	5.875	6.887	7.953	9.065	10.210	11.374	12.543	13.699	10
20	-0.003	0.053	0.220	0.494	0.870	1.344	1.912	2.569	3.308	4.126	5.016	5.973	6.991	8.063	9.178	10.325	11.491	12.659	13.814	20
30	-0.002	0.065	0.243	0.527	0.913	1.397	1.974	2.639	3.387	4.212	5.109	6.073	7.096	8.172	9.291	10.441	11.608	12.776		30
40	0.000	0.078	0.266	0.561	0.957	1.450	2.036	2.710	3.466	4.298	5.202	6.172	7.202	8.283	9.405	10.558	11.725	12.892		40
50	0.002	0.092	0.291	0.596	1.002	1.505	2.100	2.782	3.546	4.386	5.297	6.273	7.308	8.393	9.519	10.674	11.842	13.008		50
60	0.006	0.107	0.317	0.632	1.048	1.560	2.164	2.855	3.626	4.474	5.391	6.374	7.414	8.504	9.634	10.790	11.959	13.124		60
70	0.011	0.123	0.344	0.669	1.095	1.617	2.230	2.928	3.708	4.562	5.487	6.475	7.521	8.616	9.748	10.907	12.076	13.239		70
80	0.017	0.140	0.372	0.707	1.143	1.674	2.296	3.003	3.790	4.652	5.583	6.577	7.628	8.727	9.863	11.024	12.193	13.354		80
90	0.025	0.159	0.401	0.746	1.192	1.732	2.363	3.078	3.873	4.742	5.680	6.680	7.736	8.839	9.979	11.141	12.310	13.470		90
100	0.033	0.178	0.431	0.786	1.241	1.791	2.430	3.154	3.957	4.833	5.777	6.783	7.845	8.952	10.094	11.257	12.426	13.585		100
温度(℃)	0	100	200	300	400	500	600	700	800	900	1000	1100	1200	1300	1400	1500	1600	1700	1800	温度(℃)

表 A-2

单位：mV

铂铑10-铂热电偶分度表

参考端温度：0℃

分度号：S																		
温度(℃)	0	100	200	300	400	500	600	700	800	900	1000	1100	1200	1300	1400	1500	1600	1700	温度(℃)
0	0.000	0.645	1.440	2.323	3.260	4.234	5.237	6.274	7.345	8.448	9.585	10.754	11.947	13.155	14.368	15.576	16.771	17.942	0
10	0.055	0.719	1.525	2.414	3.356	4.333	5.339	6.380	7.454	8.560	9.700	10.872	12.067	13.276	14.489	15.697	16.890	18.056	10
20	0.113	0.795	1.611	2.506	3.452	4.432	5.442	6.486	7.563	8.673	9.816	10.991	12.188	13.397	14.610	15.817	17.008	18.170	20
30	0.173	0.872	1.698	2.599	3.549	4.532	5.544	6.592	7.672	8.786	9.932	11.110	12.308	13.519	14.731	15.937	17.125	18.282	30
40	0.235	0.950	1.785	2.692	3.645	4.632	5.648	6.699	7.782	8.899	10.048	11.220	12.429	13.640	14.852	16.057	17.243	18.394	40
50	0.299	1.029	1.873	2.786	3.743	4.732	5.751	6.805	7.892	9.012	10.165	11.348	12.550	13.761	14.973	16.176	17.360	18.504	50
60	0.365	1.109	1.962	2.880	3.840	4.832	5.855	6.913	8.003	9.126	10.282	11.467	12.671	13.883	15.094	16.296	17.477	18.612	60
70	0.432	1.190	2.051	2.974	3.938	4.933	5.960	7.020	8.114	9.240	10.400	11.587	12.792	14.004	15.215	16.415	17.594		70
80	0.502	1.273	2.141	3.069	4.036	5.034	6.064	7.128	8.225	9.355	10.517	11.707	12.913	14.125	15.336	16.534	17.711		80
90	0.573	1.356	2.232	3.164	4.135	5.136	6.169	7.236	8.336	9.470	10.635	11.827	13.034	14.247	15.456	16.653	17.825		90
100	0.645	1.440	2.323	3.260	4.234	5.237	6.274	7.345	8.448	9.585	10.754	11.947	13.155	14.368	15.576	16.771	17.942		100
温度(℃)	0	100	200	300	400	500	600	700	800	900	1000	1100	1200	1300	1400	1500	1600	1700	温度(℃)

表 A-3

单位：mV

铂铑13-铂热电偶分度表

参考端温度：0℃

分度号：R																		
温度(℃)	0	100	200	300	400	500	600	700	800	900	1000	1100	1200	1300	1400	1500	1600	1700	温度(℃)
0	0.000	0.647	1.468	2.400	3.407	4.471	5.582	6.741	7.949	9.203	10.503	11.846	13.224	14.624	16.035	17.445	18.842	20.215	0
10	0.054	0.723	1.557	2.498	3.511	4.580	5.696	6.860	8.072	9.331	10.636	11.983	13.363	14.765	16.176	17.585	18.981	20.350	10
20	0.111	0.800	1.647	2.596	3.616	4.689	5.810	6.979	8.196	9.460	10.768	12.119	13.502	15.006	16.317	17.726	19.119	20.483	20
30	0.171	0.879	1.738	2.695	3.721	4.799	5.925	7.089	8.320	9.589	10.902	12.257	13.642	15.047	16.458	17.866	19.257	20.616	30
40	0.232	0.959	1.830	2.795	3.826	4.910	6.040	7.218	8.445	9.718	11.035	12.394	13.782	15.188	16.599	18.006	19.395	20.748	40
50	0.296	1.041	1.923	2.896	3.933	5.021	6.155	7.339	8.570	9.848	11.170	12.532	13.922	15.329	16.741	18.146	19.533	20.878	50
60	0.363	1.124	2.017	2.997	4.039	5.132	6.272	7.460	8.696	9.978	11.304	12.669	14.062	15.470	16.882	18.286	19.670	21.006	60
70	0.431	1.208	2.111	3.099	4.146	5.244	6.388	7.582	8.822	10.109	11.439	12.808	14.202	15.611	17.022	18.425	19.807		70
80	0.501	1.294	2.207	3.201	4.254	5.356	6.505	7.703	8.949	10.240	11.574	12.946	14.343	15.752	17.163	18.564	19.944		80
90	0.573	1.380	2.303	3.304	4.362	5.469	6.623	7.826	9.076	10.371	11.710	13.085	14.483	15.893	17.304	18.703	20.080		90
100	0.647	1.468	2.400	3.407	4.471	5.582	6.741	7.949	9.203	10.503	11.846	13.224	14.624	16.035	17.445	18.842	20.215		100
温度(℃)	0	100	200	300	400	500	600	700	800	900	1000	1100	1200	1300	1400	1500	1600	1700	温度(℃)

表 A-4

镍铬-镍硅热电偶分度表

分度号：K　　参考端温度：0℃　　单位：mV

温度(℃)	-100	-0	0	100	200	300	400	500	600	700	800	900	1000	1100	1200	1300	温度(℃)
-0	-3.533	0.000	0.000	4.095	8.137	12.207	16.395	20.640	24.902	29.128	33.277	37.325	41.269	45.108	48.828	52.393	0
-10	-3.822	-0.392	0.397	4.508	8.537	12.623	16.818	21.066	25.327	29.547	33.686	37.724	41.657	45.486	49.192	52.747	10
-20	-4.138	-0.777	0.798	4.919	8.938	13.039	17.241	21.493	25.751	29.965	34.095	38.122	42.045	45.863	49.555	53.093	20
-30	-4.410	-1.156	1.203	5.327	9.341	13.456	17.664	21.919	26.176	30.383	34.502	38.519	42.432	46.238	49.916	53.439	30
-40	-4.669	-1.527	1.611	5.733	9.745	13.874	18.088	22.346	26.599	30.799	34.909	38.915	42.817	46.612	50.276	53.782	40
-50	-4.912	-1.889	2.022	6.137	10.151	14.292	18.513	22.772	27.022	31.214	35.314	39.310	43.202	46.985	50.633	54.125	50
-60	-5.141	-2.243	2.436	6.530	10.560	14.712	18.938	23.198	27.445	31.629	35.718	39.703	43.585	47.356	50.990	54.466	60
-70	-5.354	-2.586	2.850	6.939	10.969	15.132	19.363	23.624	27.867	32.042	36.121	40.096	43.968	47.726	51.344	54.807	70
-80	-5.550	-2.920	3.266	7.338	11.381	15.552	19.788	24.050	28.288	32.455	36.524	40.488	44.349	48.095	51.697		80
-90	-5.730	-3.242	3.681	7.737	11.793	15.974	20.214	24.476	28.700	32.866	36.925	40.879	44.729	48.462	52.049		90
-100	-5.891	-3.553	4.095	8.137	12.207	16.395	20.640	24.902	29.128	33.277	37.325	41.269	45.108	48.828	52.398		100
温度(℃)	-100	-0	0	100	200	300	400	500	600	700	800	900	1000	1100	1200	1300	温度(℃)

表 A-5

镍铬-康铜热电偶分度表

分度号：E　　参考端温度：0℃　　单位：mV

温度(℃)	-100	-0	0	100	200	300	400	500	600	700	800	900	温度(℃)
-0	-5.237	0.000	0.000	6.317	13.419	21.033	28.943	36.999	45.085	53.110	61.022	68.783	0
-10	-5.680	-0.581	0.591	6.996	14.161	21.814	29.744	37.808	45.891	53.907	61.806	69.549	10
-20	-6.107	-1.151	1.192	7.683	14.909	22.597	30.546	38.617	46.697	54.703	62.588	70.313	20
-30	-6.516	-1.709	1.801	8.377	15.661	23.383	31.350	69.426	47.502	55.498	63.368	71.075	30
-40	-6.907	-2.254	2.419	9.078	16.417	24.171	32.155	40.236	48.306	56.291	64.147	71.835	40
-50	-7.279	-2.787	3.047	9.787	17.178	24.961	32.960	41.045	49.109	57.083	64.924	72.593	50
-60	-7.631	-3.306	3.683	10.501	17.942	25.754	33.767	41.853	49.911	57.873	65.700	73.350	60
-70	-7.963	-3.811	4.329	11.222	18.710	26.549	34.574	42.662	50.713	58.663	66.473	74.104	70
-80	-8.273	-4.301	4.983	11.949	19.481	27.345	35.382	43.470	51.513	59.451	67.245	74.857	80
-90	-8.561	-4.777	5.646	12.681	20.256	28.143	36.190	44.278	52.312	60.237	68.015	75.608	90
-100	-8.824	-5.237	6.317	13.419	21.033	28.943	36.999	45.085	53.110	61.022	68.783	76.358	100
温度(℃)	-100	-0	0	100	200	300	400	500	600	700	800	900	温度(℃)

表 A-6　　单位：mV

铁-康铜热电偶分度表

参考端温度：0℃

分度号：J

温度(℃)	−100	−0	0	100	200	300	400	500	600	700	800	900	1000	1100	温度(℃)
−0	−4.632	0.000	0.000	5.268	10.777	16.325	21.846	27.388	33.096	39.310	45.498	51.875	57.942	63.777	0
−10	−5.036	−0.501	0.507	5.812	11.332	16.879	22.397	27.949	33.683	39.754	46.144	52.496	58.533	64.355	10
−20	−5.426	−0.995	1.019	6.359	11.887	17.432	22.949	28.511	34.273	40.382	46.790	53.115	59.121	64.933	20
−30	−5.801	−1.481	1.536	6.907	12.442	17.984	23.501	29.075	34.867	41.013	47.434	53.729	59.708	65.510	30
−40	−6.159	−1.960	2.058	7.457	12.998	18.537	24.054	29.642	35.464	41.647	48.076	54.431	60.293	66.087	40
−50	−6.499	−2.431	2.585	8.008	13.553	19.089	24.607	30.210	36.066	42.283	48.716	54.948	60.876	66.664	50
−60	−6.821	−2.892	3.115	8.560	14.108	19.640	25.161	30.782	36.671	42.922	49.354	55.553	61.459	67.240	60
−70	−7.122	−3.344	3.649	9.113	14.663	20.192	25.716	31.356	37.280	43.563	49.989	56.155	62.039	67.815	70
−80	−7.402	−3.785	4.186	9.667	15.217	20.743	26.272	31.933	37.893	44.207	50.621	56.753	62.619	68.390	80
−90	−7.659	−4.215	4.725	10.222	15.771	21.295	26.829	32.513	38.510	44.852	51.249	57.349	63.199	68.964	90
−100	−7.890	−4.632	5.268	10.777	16.325	21.846	27.388	33.096	39.130	45.498	51.875	57.942	63.777	69.586	100
温度(℃)	−100	−0	0	100	200	300	400	500	600	700	800	900	1000	1100	温度(℃)

表 A-7　　单位：mV

镍铬硅-镍硅热电偶分度表

参考端温度：0℃

分度号：N

温度(℃)	−100	−0	0	100	200	300	400	500	600	700	800	900	1000	1100	1200	温度(℃)
−0	−2.407	0.000	0.000	2.774	5.912	9.340	12.972	16.744	20.609	24.526	28.456	32.370	36.248	40.076	43.836	0
−10	−2.612	−0.200	0.261	3.072	6.243	9.695	13.344	17.127	20.999	24.919	28.849	32.760	36.633	40.456	44.207	10
−20	−2.807	−0.518	0.525	3.374	6.577	10.053	13.717	17.511	21.390	25.312	29.241	33.149	37.018	40.835	44.577	20
−30	−2.994	−0.772	0.793	3.679	6.914	10.412	14.091	17.896	21.781	25.705	29.633	33.538	37.402	41.213	44.947	30
−40	−3.170	−1.023	1.064	3.988	7.254	10.772	14.467	18.282	22.172	26.098	30.025	33.926	37.786	41.590	45.315	40
−50	−3.336	−1.263	1.339	4.301	7.596	11.135	14.844	18.668	22.564	26.491	30.417	34.315	38.169	41.966	45.682	50
−60	−3.491	−1.509	1.619	4.617	7.940	11.499	15.222	19.055	22.956	26.885	30.808	34.702	38.552	42.342	46.048	60
−70	−3.634	−1.744	1.902	4.936	8.287	11.865	15.601	19.443	23.348	27.278	31.199	35.089	38.934	42.717	46.413	70
−80	−3.766	−1.972	2.188	5.258	8.636	12.233	15.981	19.831	23.740	27.671	31.590	35.476	39.315	43.091	46.777	80
−90	−3.884	−2.193	2.479	5.584	8.987	12.602	16.362	20.220	24.133	28.063	31.980	35.862	39.696	43.464	47.140	90
−100	−3.990	−2.407	2.774	5.912	9.340	12.972	16.744	20.609	24.526	28.456	32.370	36.248	40.076	43.836	47.502	100
温度(℃)	−100	−0	0	100	200	300	400	500	600	700	800	900	1000	1100	1200	温度(℃)

铜-康铜热电偶分度表　　　　　　　　　　　　　　　　　表 A-8

分度号：T　　　　　　　　　　参考端温度：0℃　　　　　　　　单位：mV

温度(℃)	−200	−100	−0	温度(℃)	0	100	200	300	温度(℃)
−0	−5.603	−3.378	0.000	0	0.000	4.277	9.286	14.860	0
−10	−5.753	−3.656	−0.383	10	0.391	4.749	9.820	15.443	10
−20	−5.889	−3.923	−0.757	20	0.789	5.227	10.360	16.030	20
−30	−6.007	−4.177	−1.121	30	1.196	5.712	10.905	16.621	30
−40	−6.105	−4.419	−1.475	40	1.611	6.204	11.456	17.217	40
−50	−6.181	−4.648	−1.819	50	2.035	6.702	12.011	17.816	50
−60	−6.232	−4.865	−2.152	60	2.467	7.207	12.572	18.420	60
−70	−6.258	−5.069	−2.475	70	2.908	7.718	13.137	19.027	70
−80		−5.261	−2.788	80	3.357	8.235	13.707	19.638	80
−90		−5.439	−3.089	90	3.813	8.757	14.281	20.252	90
−100		−5.603	−3.378	100	4.277	9.286	14.860	20.869	100
温度(℃)	−200	−100	−0	温度(℃)	0	100	200	300	温度(℃)

附录 B　主要热电偶的参考函数

（1）S 型、B 型、E 型热电偶的参考函数为

$$E = \sum_{i=0}^{n} C_i T_{90}^i$$

式中　E——热电势，mV；

　　　T_{90}^i——IST-90 的摄氏温度，℃；

　　　C_i——热电偶参考函数的系数，由表 B-1～表 B-3 给出。

（2）K 型热电偶的参考函数为

$$E = \sum_{i=0}^{n} C_i T_{90}^i + \alpha_0 e^{\alpha_1 (T_{90}^i - 126.9686)^2}$$

式中　α_0、α_1——K 型热电偶参考函数系数，由表 B-4 给出。

当 $T_{90}^i = 0$℃ 时，$\alpha_0 = \alpha_1 = 0$；在 0～1372℃ 温区内，$\alpha_0 = 1.185976 \times 10^{-1}$，$\alpha_1 = 1.183432 \times 10^{-4}$。

S 型热电偶参考函数的系数　　　　　　　　　　　　　　表 B-1

温度范围（℃）	−50～1064.18	1064.18～1664.5	1664.5～1768.1
C_0	0.00000000000	1.32900444085	$1.46628232636 \times 10^2$
C_1	$5.40313308631 \times 10^{-3}$	$3.34509311344 \times 10^{-3}$	$-2.58430516752 \times 10^{-1}$
C_2	$1.25934289740 \times 10^{-5}$	$6.54805192818 \times 10^{-6}$	$1.63693574641 \times 10^{-4}$
C_3	$-2.32477968689 \times 10^{-8}$	$-1.64856259209 \times 10^{-9}$	$-3.30439046987 \times 10^{-8}$
C_4	$3.22028823036 \times 10^{-11}$	$1.29989605174 \times 10^{-14}$	$-9.43223690612 \times 10^{-15}$
C_5	$-3.31465196389 \times 10^{-14}$		
C_6	$2.55744251786 \times 10^{-17}$		
C_7	$-1.25068871393 \times 10^{-20}$		
C_8	$2.71443176145 \times 10^{-24}$		

E 型热电偶参考函数的系数

表 B-2

温度范围(℃)	$-270\sim0$	$0\sim1000$
C_0	0.00000000000	0.0000000000
C_1	$5.8665508708\times10^{-2}$	$5.8665508710\times10^{-2}$
C_2	$4.5410977124\times10^{-5}$	$4.5032275582\times10^{-5}$
C_3	$-7.7998048686\times10^{-7}$	$2.8908407212\times10^{-8}$
C_4	$-2.5800160843\times10^{-8}$	$-3.3056896652\times10^{-10}$
C_5	$-5.9452583057\times10^{-10}$	$6.5024403270\times10^{-13}$
C_6	$-9.3214058667\times10^{-12}$	$-1.9197495504\times10^{-16}$
C_7	$-1.0287605534\times10^{-13}$	$-1.2536600497\times10^{-18}$
C_8	$-8.0370123621\times10^{-16}$	$2.1489217569\times10^{-21}$
C_9	$-4.3979497391\times10^{-17}$	$-1.4388041782\times10^{-24}$
C_{10}	$-1.6414776355\times10^{-20}$	$3.5960899481\times10^{-28}$
C_{11}	$-3.9673619516\times10^{-23}$	
C_{12}	$-5.5827328721\times10^{-26}$	
C_{13}	$-3.4657842013\times10^{-29}$	

B 型热电偶参考函数的系数

表 B-3

温度范围（℃）	$0\sim630.615$	$630.615\sim1820$
C_0	0.00000000000	-3.8938168621
C_1	$-2.4650818346\times10^{-4}$	$2.8571747470\times10^{-2}$
C_2	$5.9040421171\times10^{-4}$	$-8.4885104785\times10^{-5}$
C_3	$-1.3257931636\times10^{-9}$	$1.5785280164\times10^{-7}$
C_4	$1.5668291901\times10^{-12}$	$-1.6835344864\times10^{-10}$
C_5	$-1.6944529240\times10^{-15}$	$1.1109794013\times10^{-13}$
C_6	$6.2990347094\times10^{-19}$	$-4.4515431033\times10^{-17}$
C_7		$9.8975640821\times10^{-21}$
C_8		$-9.3791330289\times10^{-25}$

K 型热电偶参考函数的系数

表 B-4

温度范围(℃)	$-270\sim0$	$0\sim1372$	$0\sim1372$ （指数项）
C_0	0.00000000000	$-1.7600413686\times10^{-2}$	$\alpha_0=-1.185976\times10^{-1}$
C_1	$3.9450128025\times10^{-2}$	$3.8921204975\times10^{-2}$	$\alpha_1=-1.183432\times10^{-4}$
C_2	$2.3622373589\times10^{-5}$	$1.8558770032\times10^{-5}$	
C_3	$-3.2858906784\times10^{-7}$	$-9.9457592874\times10^{-8}$	
C_4	$-4.9904828777\times10^{-9}$	$3.1840945719\times10^{-10}$	
C_5	$-6.7509059173\times10^{-11}$	$-5.6072844889\times10^{-13}$	

温度范围(℃)	$-270\sim0$	$0\sim1372$	$0\sim1372$（指数项）
C_6	$-5.7410327428\times10^{-13}$	$5.6075059059\times10^{-16}$	
C_7	$-3.1088872894\times10^{-15}$	$-3.2020720003\times10^{-19}$	
C_8	$-1.0451609365\times10^{-17}$	$9.7151147152\times10^{-23}$	
C_9	$-1.9889266878\times10^{-20}$	$-1.2104721275\times10^{-26}$	
C_{10}	$-1.6322697486\times10^{-23}$		

参 考 文 献

[1] 张华，赵文柱．热工测量仪表[M]．北京：冶金工业出版社，2007．

[2] 吕崇德．热工参数测量与处理[M]．第2版．北京：清华大学出版社，2001．

[3] 张子慧．热工测量与自动控制[M]．北京：中国建筑工业出版社，1996．

[4] 张秀彬．热工测量原理及其现代技术[M]．上海：上海交通大学出版社，1995．

[5] 叶江祺．热工测量和控制仪表的安装[M]．第2版．北京：中国电力出版社，1998．

[6] 陈友明，王盛卫，张泠著．系统辨识在建筑热湿过程中的应用[M]．北京：中国建筑工业出版社，2004．

[7] 王魁汉．温度测量实用技术[M]．北京：机械工业出版社，2006．

[8] 沙占友．智能化集成温度传感器原理与应用[M]．北京：机械工业出版社，2002．

[9] 王智伟，杨振耀．建筑环境与设备工程实验及测试技术[M]．北京：科学出版社，2004．

[10] 田胜元，萧曰嵘．实验设计与数据处理[M]．北京：中国建筑工业出版社，1988．

[11] 徐大中，糜振琥编．热工测量与实验数据整理[M]．上海：上海交通大学出版社，1991．

[12] 厉玉鸣．化工仪表及自动化[M]．第3版．北京：化学工业出版社，1999．

[13] 姚士春．压力仪表使用维修与检定[M]．北京：中国计量出版社，2003．

[14] 蔡武昌，孙淮清，纪纲．流量测量方法和仪表的选用[M]．北京：化学工业出版社，2001．

[15] 孙淮清，王建中．流量测量节流装置设计手册[M]．北京：化学工业出版社，2000．

[16] 杨振顺．流量仪表的性能与选用[M]．北京：中国计量出版社，1996．

[17] 纪纲．流量测量仪表应用技巧[M]．北京：化学工业出版社，2003．

[18] 周庆，王磊，R. Haag．实用流量仪表的原理及其应用[M]．北京：国防工业出版社，2003．

[19] 梁国伟，蔡武昌．流量测量技术及仪表[M]．北京：机械工业出版社，2002．

[20] 丁轲轲，杨晋萍．自动测量技术[M]．北京：中国电力出版社，2004．

[21] 宋文绪，杨帆．自动检测技术[M]．北京：高等教育出版社，2001．

[22] 何希才，薛永毅．传感器及其应用实例[M]．北京：机械工业出版社，2004．

[23] 王雪文，张志勇．传感器原理及应用[M]．北京：北京航空航天大学出版社，2004．

[24] 侯国章．测试与传感技术[M]．第2版．哈尔滨：哈尔滨工业大学出版社，2000．

[25] 陈平，罗晶．现代检测技术[M]．北京：电子工业出版社，2004．

[26] 侯志林．过程控制与自动化仪表[M]．北京：机械工业出版社，2000．

[27] 杜维，张宏建，乐家华．过程检测技术及仪表[M]．北京：化学工业出版社，1998．

[28] 吴邦灿，费龙．现代环境监测技术[M]．北京：中国环境科学出版社，1999．

[29] 崔九思，朱昌寿，宋瑞金，等．室内空气污染监测方法[M]．北京：化学工业出版社，2002．

[30] 周中平，赵寿堂，朱立，等．室内污染检测与控制[M]．北京：化学工业出版社环境科学与工程出版中心，2002．

[31] 宋广生．室内环境质量评价及检测手册[M]．北京：机械工业出版社，2002．

[32] 王炳强．室内环境检测技术[M]．北京：化学工业出版社，2005．

［33］ 房云阁．室内空气质量检测实用技术［M］．北京：中国计量出版社，2007．

［34］ 柳孝图．建筑物理［M］．第2版．北京：中国建筑工业出版社，2000．

［35］ 秦佑国，王炳麟．建筑声环境［M］．第2版．北京：清华大学出版社，1999．

［36］ 詹庆旋．建筑光环境［M］．北京：清华大学出版社，1988．